21世纪高等学校计算机类
课程创新系列教材·微课版

计算机网络

李成友　于承敏　主编

亓民勇　李元振　李季　副主编

清华大学出版社
北京

内 容 简 介

本书共分为 7 章,其中第 1 章为计算机网络概述,对互联网的发展概况,计算机网络的拓扑结构、性能指标以及计算机网络的体系结构进行概述,在此基础上,提出了五层原理体系结构。第 2～6 章分别阐述物理层、数据链路层、网络层、运输层和应用层的内容,系统讲解每层的功能、基本概念和工作原理。第 7 章对网络安全方面的内容进行简要论述。

本书是计算机网络教学团队多年教学经验的总结,也是对标工程教育专业认证要求开展教学改革的结晶,其特点是结构合理、概念准确、内容丰富、论述严谨、图文并茂、深入浅出。

本书适合计算机类专业和电子信息类专业的大学本科生与研究生使用,也适合作为计算机等相关专业的考研教材,对从事计算机网络工作的工程技术人员也有参考价值。

图书在版编目(CIP)数据

计算机网络 / 李成友,于承敏主编. -- 北京:清华大学出版社,2025.8. -- (21 世纪高等学校计算机类课程创新系列教材:微课版). -- ISBN 978-7-302-69686-5

Ⅰ. TP393

中国国家版本馆 CIP 数据核字第 2025LB1781 号

责任编辑:贾　斌　张爱华
封面设计:刘　键
责任校对:郝美丽
责任印制:宋　林

出版发行:清华大学出版社
　　　　　网　　　址:https://www.tup.com.cn,https://www.wqxuetang.com
　　　　　地　　　址:北京清华大学学研大厦 A 座　　邮　　编:100084
　　　　　社　总　机:010-83470000　　　　　　　　邮　　购:010-62786544
　　　　　投稿与读者服务:010-62776969,c-service@tup.tsinghua.edu.cn
　　　　　质量反馈:010-62772015,zhiliang@tup.tsinghua.edu.cn
　　　　　课件下载:https://www.tup.com.cn,010-83470236
印　装　者:三河市东方印刷有限公司
经　　　销:全国新华书店
开　　　本:185mm×260mm　　　印　　张:18.5　　　字　　数:449 千字
版　　　次:2025 年 8 月第 1 版　　　　　　　　印　　次:2025 年 8 月第 1 次印刷
印　　　数:1～1500
定　　　价:69.00 元

产品编号:108756-01

前　言

　　计算机网络技术是计算机技术和通信技术共同发展、相互融合的产物。互联网作为计算机网络技术的典型应用，是全球规模最大、影响最为深远的计算机网络，近三十年来，取得了巨大的成功。它深刻地影响着人们的工作、学习和生活，"互联网＋千行百业"成为大家的共识。所以，掌握计算机网络的基础知识和基本原理成为很多人的愿望。

　　计算机网络教学团队从事计算机网络教学多年，选用和参考了多家出版社的计算机网络教材，这些教材各有特色，各有千秋，但是，一直未能找到令我们满意的教材：有的教材章节偏多，部分内容超纲；有的教材结构欠合理，逻辑欠严密；有的教材部分语言表达不够清晰，部分内容晦涩难懂等。因此，计算机网络教学团队决定按照我们的实际需求出版一本教材。教材撰写的目标如下：

　　(1) 要能满足应用型高校学生的实际需求，更加注重实践能力的培养；

　　(2) 要能满足工程认证标准对课程的要求，对专业认证和审核评估提供有力支撑；

　　(3) 要能满足计算机类专业学生考研的需要，覆盖考研大纲的知识能力要求；

　　(4) 理论体系要严谨，语言表达要清晰，内容编排要图文并茂，兼有科学性和可读性。

　　基于此，计算机网络教学团队结合多年来教学所得，认真研究工程认证标准和考研大纲对"计算机网络"课程的要求，梳理每个章节的知识点，特别是重点和难点，针对重点和难点问题，加大阐述篇幅和力度，配以适当的图表，增设例题和课后习题。

　　为使读者掌握知识之间的关系，形成计算机网络的知识体系，每章以二维码的形式给出了知识图谱，这也是本书的亮点之一。同时，本书配有二维码承载的视频讲解，可以满足读者多样化的学习需求。

　　本书每章都提供重要概念、习题和考研真题，便于读者复习和练习，辅助学生考研。

　　本书对重点内容以蓝色加粗标识，便于读者抓住重点，特别有利于温习巩固阶段的学习。

　　教材编写过程中，得到了校院两级领导的大力支持和帮助，吸纳了不少教师的建议，在此一并致谢！限于编者水平，教材中难免存在疏漏之处，殷切希望广大读者批评指正！

教材编写组

2025 年 6 月

目 录

第1章　计算机网络概述 …………………………………………………………… 1

1.1　互联网概述 ……………………………………………………………… 1
1.1.1　网络的网络 …………………………………………………… 2
1.1.2　互联网的发展历程 …………………………………………… 4
1.1.3　互联网结构发展的三个阶段 ………………………………… 5
1.1.4　互联网在我国的发展 ………………………………………… 8
1.2　互联网的组成 …………………………………………………………… 12
1.2.1　互联网的边缘部分 …………………………………………… 12
1.2.2　互联网的核心部分 …………………………………………… 15
1.3　计算机网络的概念与类别 ……………………………………………… 21
1.3.1　计算机网络的概念 …………………………………………… 21
1.3.2　计算机网络的类别 …………………………………………… 22
1.4　计算机网络的拓扑结构 ………………………………………………… 24
1.4.1　计算机网络拓扑的基本概念 ………………………………… 24
1.4.2　计算机网络拓扑的类型 ……………………………………… 24
1.5　计算机网络的性能 ……………………………………………………… 25
1.5.1　计算机网络的性能指标 ……………………………………… 26
1.5.2　计算机网络的非性能指标 …………………………………… 31
1.6　计算机网络的体系结构 ………………………………………………… 32
1.6.1　网络协议 ……………………………………………………… 32
1.6.2　计算机网络的分层体系结构 ………………………………… 32
1.6.3　具有五层协议的原理体系结构 ……………………………… 35
1.6.4　实体、协议、服务和服务访问点 …………………………… 38
1.6.5　TCP/IP 体系结构 …………………………………………… 39
1.7　计算机网络标准化组织与互联网协议管理机构 ……………………… 41
1.7.1　计算机网络领域有影响的标准化组织 ……………………… 41
1.7.2　RFC 文档、互联网草案与互联网协议标准 ………………… 42
1.7.3　互联网管理机构 ……………………………………………… 43
1.8　本章重要概念 …………………………………………………………… 44
1.9　本章知识图谱 …………………………………………………………… 45
1.10　习题 ……………………………………………………………………… 45
1.11　考研真题 ………………………………………………………………… 46

第 2 章　物理层 ·· 48

2.1　物理层的主要任务 ···································· 48

2.2　数据通信的基础知识 ································· 48

2.2.1　数据通信系统的模型 ······················ 48

2.2.2　信道 ··· 49

2.2.3　编码与调制 ································· 49

2.2.4　信道的极限容量 ·························· 51

2.3　物理层下面的传输媒体 ······························ 52

2.3.1　导引型传输媒体 ·························· 52

2.3.2　非导引型传输媒体 ······················ 54

2.4　信道复用技术 ·· 56

2.4.1　频分复用 ··································· 56

2.4.2　时分复用和统计时分复用 ················ 56

2.4.3　波分复用 ··································· 57

2.4.4　码分复用 ··································· 58

2.5　数字传输系统 ·· 59

2.6　宽带接入技术 ·· 61

2.6.1　ADSL 技术 ································· 61

2.6.2　光纤同轴混合网 ·························· 62

2.6.3　FTTx 技术 ································· 63

2.7　本章重要概念 ·· 63

2.8　本章知识图谱 ·· 64

2.9　习题 ··· 64

2.10　考研真题 ··· 65

第 3 章　数据链路层 ·· 67

3.1　数据链路层概述 ····································· 67

3.1.1　点对点信道与广播信道 ·················· 67

3.1.2　数据链路和帧 ···························· 68

3.1.3　三个基本问题 ···························· 69

3.2　PPP ··· 71

3.2.1　PPP 的特点 ······························· 72

3.2.2　PPP 的组成 ······························· 72

3.2.3　PPP 的帧格式 ···························· 72

3.2.4　PPP 的字节填充与零比特填充 ··········· 73

3.2.5　PPP 的工作状态 ·························· 73

3.3　使用广播信道的数据链路层 ························ 74

3.3.1　局域网的数据链路层 ····················· 75

　　　3.3.2　CSMA/CD 协议 ·· 76

　　　3.3.3　10Base-T 双绞线以太网 ·· 80

　　　3.3.4　以太网的信道利用率 ·· 81

　　　3.3.5　MAC 地址 ··· 82

　　　3.3.6　以太网帧格式 ·· 83

　　3.4　扩展的以太网 ··· 84

　　　3.4.1　在物理层扩展以太网 ·· 84

　　　3.4.2　在数据链路层扩展以太网 ······································ 85

　　　3.4.3　虚拟局域网 ·· 87

　　3.5　高速以太网 ··· 89

　　　3.5.1　100Base-T 以太网 ·· 89

　　　3.5.2　吉比特以太网 ·· 90

　　　3.5.3　10 吉比特以太网和更快的以太网 ································ 90

　　　3.5.4　使用以太网进行宽带接入 ······································ 91

　　3.6　无线局域网 ··· 91

　　　3.6.1　无线局域网的组成 ·· 92

　　　3.6.2　无线局域网的 MAC 层协议 ····································· 94

　　　3.6.3　IEEE 802.11 局域网的 MAC 帧 ································· 99

　　3.7　本章重要概念 ··· 101

　　3.8　本章知识图谱 ··· 102

　　3.9　习题 ··· 102

　　3.10　考研真题 ·· 105

第 4 章　网络层 ··· 108

　　4.1　网络层概述 ··· 108

　　　4.1.1　异构网络互联 ·· 108

　　　4.1.2　路由选择和分组转发 ·· 110

　　　4.1.3　网络服务模式 ·· 112

　　4.2　IP ··· 113

　　　4.2.1　IP 编址 ··· 114

　　　4.2.2　IP 数据报的格式 ··· 121

　　　4.2.3　IP 分组的转发 ··· 124

　　4.3　ARP ·· 129

　　　4.3.1　IP 地址与物理地址 ··· 129

　　　4.3.2　ARP 报文的格式 ·· 130

　　　4.3.3　ARP 工作原理 ·· 131

　　4.4　ICMP ··· 133

　　　4.4.1　ICMP 报文的格式和种类 ······································· 133

　　　4.4.2　ICMP 的应用 ··· 136

4.5　IPv6 ……………………………………………………………………… 137

　　4.5.1　IPv6 引入的主要变化 ……………………………………………… 137

　　4.5.2　IPv6 的基本首部 …………………………………………………… 138

　　4.5.3　IPv6 的地址 ………………………………………………………… 139

　　4.5.4　从 IPv4 向 IPv6 过渡的方法 ……………………………………… 141

4.6　路由选择协议 ………………………………………………………………… 142

　　4.6.1　路由选择协议概述 …………………………………………………… 142

　　4.6.2　RIP …………………………………………………………………… 145

　　4.6.3　OSPF 协议 …………………………………………………………… 151

　　4.6.4　外部网关协议 ………………………………………………………… 155

4.7　IP 多播 ………………………………………………………………………… 160

　　4.7.1　IP 多播的概念 ………………………………………………………… 160

　　4.7.2　在局域网上进行硬件多播 …………………………………………… 161

　　4.7.3　IP 多播协议 …………………………………………………………… 162

4.8　虚拟专用网与网络地址转换 ………………………………………………… 165

　　4.8.1　虚拟专用网 …………………………………………………………… 165

　　4.8.2　网络地址转换 ………………………………………………………… 168

4.9　MPLS …………………………………………………………………………… 171

　　4.9.1　MPLS 概述 …………………………………………………………… 171

　　4.9.2　MPLS 的首部结构 …………………………………………………… 173

　　4.9.3　MPLS 中的路由器 …………………………………………………… 174

　　4.9.4　MPLS 中的表 ………………………………………………………… 174

　　4.9.5　MPLS 的体系结构 …………………………………………………… 175

　　4.9.6　MPLS 的工作原理 …………………………………………………… 175

4.10　SDN ………………………………………………………………………… 176

　　4.10.1　SDN 的产生和发展 ………………………………………………… 177

　　4.10.2　SDN 的体系架构 …………………………………………………… 178

　　4.10.3　SDN 的数据平面 …………………………………………………… 179

　　4.10.4　SDN 的控制平面 …………………………………………………… 181

4.11　本章重要概念 ……………………………………………………………… 184

4.12　本章知识图谱 ……………………………………………………………… 185

4.13　习题 ………………………………………………………………………… 186

4.14　考研真题 …………………………………………………………………… 189

第 5 章　运输层 ……………………………………………………………………… 199

5.1　运输层协议概述 ……………………………………………………………… 199

　　5.1.1　运输层的基本功能 …………………………………………………… 199

　　5.1.2　运输层的两个主要协议 ……………………………………………… 200

　　5.1.3　运输层端口与套接字网络编程 ……………………………………… 202

5.2 UDP ·· 210
   5.2.1 UDP 概述 ··· 210
   5.2.2 UDP 的报文格式 ······································ 210
5.3 TCP 报文段的首部格式 ·· 211
5.4 可靠传输的工作原理 ·· 214
   5.4.1 停止等待协议 ··· 214
   5.4.2 连续 ARQ 协议 ······································· 216
5.5 TCP 的可靠传输 ·· 217
   5.5.1 以字节为单位的滑动窗口 ······························ 217
   5.5.2 超时重传时间的选择 ··································· 220
   5.5.3 选择确认 ··· 221
5.6 TCP 的流量控制 ·· 222
   5.6.1 利用窗口实现流量控制 ································· 222
   5.6.2 提高 TCP 传输效率的算法 ····························· 223
5.7 TCP 的拥塞控制 ·· 224
   5.7.1 TCP 拥塞控制概述 ···································· 224
   5.7.2 TCP 的 4 种拥塞控制算法 ····························· 225
5.8 TCP 的运输连接管理 ·· 228
   5.8.1 TCP 的连接建立 ······································ 228
   5.8.2 TCP 的连接释放 ······································ 230
5.9 本章重要概念 ··· 231
5.10 本章知识图谱 ·· 233
5.11 习题 ·· 233
5.12 考研真题 ·· 236

第6章 应用层 ·· 241

6.1 域名系统 ·· 241
   6.1.1 域名系统概述 ··· 241
   6.1.2 互联网的域名结构 ····································· 242
   6.1.3 域名服务器 ··· 242
6.2 FTP ··· 245
   6.2.1 FTP 概述 ··· 245
   6.2.2 FTP 的基本工作原理 ··································· 246
   6.2.3 TFTP ·· 247
6.3 Telnet ··· 247
6.4 万维网 ·· 248
   6.4.1 万维网概述 ··· 248
   6.4.2 URL ··· 249
   6.4.3 HTTP ·· 250

6.4.4　万维网的文档 ······················· 253

6.4.5　万维网的信息检索系统 ··············· 256

6.5　电子邮件 ································ 257

6.5.1　电子邮件概述 ····················· 257

6.5.2　SMTP ·························· 260

6.5.3　电子邮件的信息格式 ··············· 261

6.5.4　POP3 和 IMAP ·················· 262

6.5.5　基于万维网的电子邮件 ············· 262

6.5.6　MIME ························· 263

6.6　DHCP ································· 265

6.7　P2P 应用 ······························ 267

6.8　本章重要概念 ·························· 268

6.9　本章知识图谱 ·························· 270

6.10　习题 ································· 270

6.11　考研真题 ····························· 270

第7章　网络安全 ······························ 273

7.1　网络安全概述 ·························· 273

7.1.1　安全性威胁 ······················· 273

7.1.2　安全网络 ························· 274

7.2　密码体制 ································ 275

7.2.1　对称密码体制 ····················· 275

7.2.2　公钥密码体制 ····················· 276

7.3　鉴别 ··································· 277

7.3.1　报文鉴别 ························· 277

7.3.2　实体鉴别 ························· 278

7.4　密钥分配 ································ 278

7.4.1　对称密钥分配 ····················· 279

7.4.2　公钥的签发 ······················· 279

7.5　防火墙与入侵检测 ······················ 280

7.5.1　防火墙 ··························· 280

7.5.2　入侵检测系统 ····················· 281

7.6　本章重要概念 ·························· 282

7.7　本章知识图谱 ·························· 282

7.8　习题 ··································· 283

第1章

计算机网络概述

【本章主要内容】

（1）计算机网络和互联网的概念，互联网的发展历程和互联网结构发展的阶段。特别是 CERNET2 在下一代互联网发展中的突出贡献。

（2）互联网边缘部分和核心部分的作用、边缘部分端系统之间的通信方式和核心部分所采用的分组交换。

（3）计算机网络的拓扑结构和分类。

（4）计算机网络的性能指标。

（5）计算机网络体系结构。计算机网络体系结构的核心概念，以及由 OSI 七层体系结构、TCP/IP 四层体系结构综合而成的五层原理体系结构。

（6）互联网的标准化。

1.1 互联网概述

视频讲解

互联网自诞生以来，对人们的生活、学习和工作产生了深远的影响。人们可以随时随地获取信息、进行交流和开展各种活动。互联网使得信息的传播变得迅速且广泛，各类资讯触手可及。同时，各类在线教育平台的出现，使得学习资源更加丰富，学习方式更加灵活，促进了教育公平。工作方面，通过互联网，人们可以异地办公、协同办公、召开线上会议，开展线上商务活动等，大大提高了工作效率。

除互联网外，还有两大类网络，即电信网、有线电视网。这三种不同的网络系统在技术基础、传输内容和使用方式上都有显著区别。

（1）**互联网**。互联网是基于 TCP/IP 的全球性网络，主要用于数据传输和信息共享。互联网连接多种计算设备，提供各种服务，如网页浏览、电子邮件、即时通信等。

（2）**电信网**。电信网主要是指传统的电话网络，在第四代移动通信（简称 4G）之前，它基于电路交换技术，主要用于语音通话和短信服务。

（3）**有线电视网**。有线电视网主要用于传输电视信号，以同轴电缆为主，提供传统的电视节目的播送服务。

这三种网络在信息化过程中都起着十分重要的作用，但其中发展最快且起着核心作用的则是互联网，互联网也是全球规模最大、影响最为深远的计算机网络，而这正是本书所要讨论的内容。

随着技术的发展，电信网和有线电视网都逐渐融入了现代计算机网络的技术，扩大了原有的服务范围,而互联网也能够为用户提供电话通信、视频通信和传送视频节目的服务。这就是早期提出的"三网融合"的概念,即电信网、有线电视网和互联网的融合。从理论上讲,通过"三网融合",用户可以通过同一网络接入不同的服务,如互联网服务、广播电视和电话服务。这一融合不仅降低了网络建设成本,还提高了网络利用效率,促进了信息通信技术的综合应用。然而事实并不如此简单,因为这涉及各方面的经济利益和行政管辖权的问题。

互联网是一个基于 TCP/IP 的全球性网络,能够连接不同国家、不同地区、不同单位的计算机和其他智能设备,提供数据存储、信息传递和资源共享等服务。它有以下特点。

(1) 全球性。互联网覆盖全球,可以连接不同国家和地区的设备,实现全球化的信息交流和资源共享。

(2) 连通性。互联网使上网用户之间无论相距多远都可以非常便捷、非常经济地交换各种信息,好像这些用户终端都彼此直接连通一样。

(3) 开放性。互联网的技术标准和协议是开放的,任何设备都可以基于这些标准接入互联网。

(4) 共享性。所谓共享是指资源共享,包括信息共享、软件共享和硬件共享等。

(5) 多样性。互联网提供多种服务和应用,包括网页浏览、电子邮件、社交媒体、电子商务等,满足不同用户的需求。

(6) 交互性。用户可以通过互联网进行互动交流,如即时通信、在线讨论等,促进了信息互动和知识传播。

在上述六个特点中,连通性和共享性是更基础性的,对互联网完成其功能起到支撑性作用。

当前,"互联网+"方兴未艾。"互联网+"是指"互联网+各个传统行业",如"互联网+农业""互联网+医疗""互联网+教育"等,意思是利用现代通信技术和互联网平台来改造传统行业,创造新的发展生态。其实质是将互联网的创新成果和社会经济各领域深度融合,来提升创新力和生产力。

尽管互联网为我们的生产、生活、学习和工作都带来了诸多便利,但也有一些负面作用,主要包括:①网络安全问题。互联网环境下的安全问题日益突出,如个人隐私泄露、网络诈骗等。②社交障碍问题。过度依赖互联网交流可能导致面对面交流减少,引发社交能力下降和孤独感增加。③不良内容传播。互联网上的暴力、色情、恶意信息等不良内容可能对社会和个人健康产生负面影响。还有一些青少年沉迷于网络游戏而影响了学业等。

总之,互联网是一项极为重要和应用广泛的技术,对人们的生活、学习和工作产生了重大的影响,但也需合理使用以规避其负面作用。

由于互联网已经成为全球规模最大且影响深远的计算机网络,因此,下面我们先从互联网入手讨论计算机网络。在互联网概述部分,先讨论网络的网络。

1.1.1　网络的网络

为了方便,在本书中,"网络"是"计算机网络"的简称,而不是表示电信网或有线电视网。

计算机网络(简称为网络)由若干结点和连接这些结点的链路组成。网络中的结点可以是计算机、集线器、交换机或路由器等(在后续的章节将会陆续介绍)。图 1-1(a)给出了具有四个结点和三条链路的网络,可以看出,图中有三台计算机通过三条链路连接到一个集线器上。这是一个非常简单的计算机网络。

又如图 1-1(b)所示,多个网络通过多台路由器相互连接起来,构成了一个规模更大的计算机网络。这样的网络称为互联网(internetwork 或 internet)[①]。因此,互联网是"网络的网络"(network of network)。图中,用一朵云表示一个网络,这样做的好处是可以先不考虑每一个网络的细节,而是集中精力讨论与这个互联网有关的一些问题。

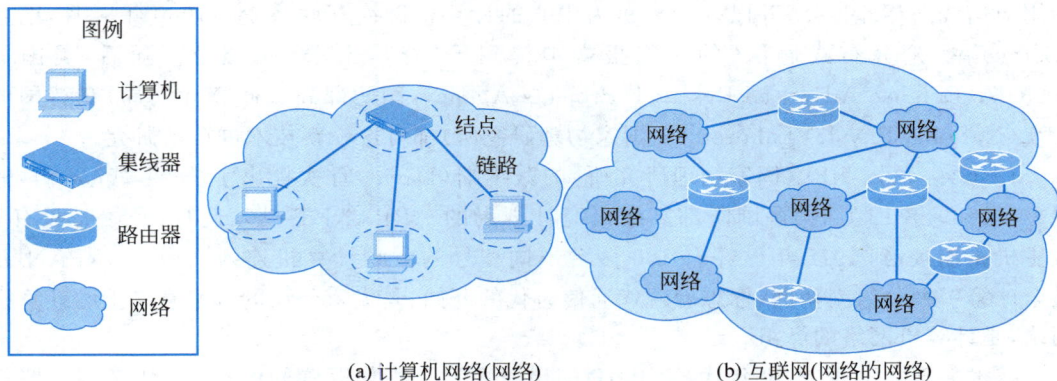

(a)计算机网络(网络)　　　　　(b)互联网(网络的网络)

图 1-1　简单的网络和多个网络构成的互联网

请注意,当使用一朵云来表示网络时,可能会出现两种情况。一种情况如图 1-1 所示,用云表示的网络已经包含了网络中的计算机。但有时为了讨论问题的方便(例如,要讨论多个计算机之间如何通信),也可以把有关的计算机画在云的外面,如图 1-2 所示。习惯上,经常把与网络相连的计算机称为主机(host)。

这样,我们初步形成了如下的基本认知。

图 1-2　互联网和所连接的主机

网络把许多计算机相互连接起来,而互联网则把许多网络(通过路由器)连接在一起。与网络相连的计算机常称为主机。

还需注意,网络互联并不仅仅是把计算机简单地在物理上连接起来,还必须在计算机上安装一些能够使计算机交换信息的软件。原因是,仅仅物理上的连接并不能实现计算机之间相互交换信息的目的。因此,当我们谈到网络互联时,就隐含地表示这些计算机上已经安装了可正常工作的适当软件,计算机之间可以通过网络交换信息。

目前,使用智能手机上网已相当普遍。由于智能手机包含中央处理器、存储器以及操作

---

① internet 和 Internet 的区别:以小写字母 i 开始的 internet 是一个通用名词,常译为互联网,它泛指由多个计算机网络连接而成的计算机网络。这些网络之间的通信协议可以任意选择,不一定使用 TCP/IP。以大写字母 I 开头的 Internet 是一个专用名词,常译为因特网,它指当前全球最大的、开放的、由众多网络相互连接而成的特定互联网,采用了TCP/IP 协议族作为通信的规则,其前身是美国的阿帕网(ARPANET)。

系统,因此,从计算机网络的角度看,连上网络的智能手机也是一个主机。实际上,智能手机已远远不是单一功能的设备,它既是电话机,也是计算机、照相机、摄像机、电视机、导航仪等。同理,连网的智能电视机,也是计算机网络上的主机。

1.1.2　互联网的发展历程

互联网的发展大体经历了 6 个阶段的演进。

1. 萌芽阶段(20 世纪 60 年代—20 世纪 80 年代)

20 世纪 60 年代中期开始,随着计算机技术和通信技术的发展,出现了将多个单处理机利用通信线路相互连接,并以多处理机为中心的计算机网络互联系统。1960 年 8 月,巴兰(Baran)在"论分布式通信"的研究报告中提到了"存储-转发"的概念。随后,美国的DARPA(Defense Advanced Research Projects Agency,国防部高级研究计划局)和英国的NPL(National Physics Laboratory,国家物理研究所)都对这一新技术进行了研究。

1966 年,英国 NPL(国家物理研究所)的戴维斯(David)首次提出了"分组"(packet)的概念。1969 年 12 月,美国国防部高级研究计划局的 ARPANET 投入运行,开始时只有 4台主机相连接,到 1975 年已经有 100 多台不同型号的大型计算机连入网内。ARPANET是全球第一个分组交换网,标志着现代通信时代的开始,是大家公认的真正意义上的计算机网络,是计算机网络的鼻祖。

技术突破:20 世纪 70 年代,TCP/IP 的出现奠定了现代互联网的基础。1974 年,罗伯特·卡恩与温特·瑟夫将题为《关于分组交换的网络通信协议》的研究论文发表在 IEEE上,正式提出了 TCP/IP,此协议能够实现异构网络的互连,奠定了互联网发展的技术基础。1983 年,ARPANET 正式采用 TCP/IP,成为互联网的雏形。

2. 初步发展阶段(20 世纪 80 年代中期—20 世纪 90 年代初期)

在计算机网络的发展初期,为了促进网络产品的开发,各大计算机网络公司纷纷制定自己的网络技术标准,主要有:IBM 公司的 SNA(系统网络体系结构)、DEC 公司的 DNA(数字网络系统结构)和 UNIVAC 公司的 DCA(数据通信体系结构)等。

这些标准有力地推动了这些大型公司网络产品的标准化,但是,由于这些标准之间并不兼容,因此,遵循不同标准的产品无法实现互连。网络通信市场这种各自为政的状况使得用户在投资上无所适从。于是要求制定统一技术标准的呼声日益高涨。1977 年,国际标准化组织开始着手制定开放系统互连参考模型(Open System Interconnection/Reference Model,OSI/RM),并于 1983 年正式颁布。

OSI/RM 的诞生使得计算机网络体系结构有了一个统一的标准,各大厂商的网络产品可以实现兼容,极大地促进了计算机网络的发展,许多大公司纷纷表示支持 OSI。

但是,20 世纪 80 年代末到 90 年代,没有采用 OSI 标准的互联网却发展很快。很多国家和地区开始组建国家/区域主干网,并实现与其他国家和地区的网络互联,进而形成了一个全球性的网络体系。以下两项关键性的网络应用为互联网的发展起到了巨大的推动作用,特别是万维网的诞生。

万维网的诞生:1989 年,蒂姆·伯纳斯-李(Tim Berners-Lee)发明了万维网(World Wide Web,WWW),使互联网的内容呈现更加丰富和直观。

E-mail 的普及:E-mail(电子邮件)作为一种新的通信方式,得到了广泛应用,改变了人们的通信习惯。

3. 爆炸式增长阶段(20 世纪 90 年代中期—21 世纪 00 年代初期)

进入 20 世纪 90 年代中期,互联网的商业化和宽带接入技术的普及使得互联网开启了爆炸式增长阶段。

互联网商用化:互联网向商业领域开放,导致了互联网企业的爆发式增长,如雅虎(Yahoo)、亚马逊(Amazon)、谷歌(Google)、百度、腾讯、搜狐、阿里巴巴等公司相继成立。

宽带接入:宽带接入技术的普及,使得互联网速度大幅提高,用户可以更快地访问信息和内容,推动了互联网应用的发展。

4. Web 2.0 阶段(21 世纪 00 年代中期—21 世纪 10 年代初期)

2004 年,在由 O'Reilly Media 和 MediaLive International 两家公司共同举办的一次头脑风暴会议中,Web 2.0 这个术语首次被提出。这次会议旨在探讨互联网发展的新趋势以及下一代网络应用的特征。Tim O'Reilly 是 Web 2.0 概念的重要倡导者之一,他在会后发表的一篇文章中详细阐述了 Web 2.0 的定义和特征。

Web 2.0 通过技术创新和用户互动,实现了互联网从信息展示到信息互动的重大转变,彻底改变了人们获取、分享和生产信息的方式。它不仅带来了丰富多样的应用和服务,也改变了社会交往和商业运行模式,使互联网更加多元和生机勃勃。

此阶段,智能手机的普及和移动互联技术的发展,使得人们可以随时随地访问互联网,推动了移动应用和服务的快速发展。

5. 智能互联阶段(21 世纪 10 年代—21 世纪 20 年代)

2010 年以后,随着物联网、云计算、大数据和人工智能等技术的发展和逐步成熟,互联网进入了智能互联阶段。

物联网(IoT):随着物联网技术的发展,越来越多的设备连接到互联网,形成万物互联的局面,如智能家居、智能交通等。

云计算和大数据:云计算技术的成熟和大数据技术的应用,使得互联网服务更加高效和智能,数据驱动的决策和服务变得普遍。

人工智能(Artificial Intelligence,AI):AI 技术的突破为互联网增添了更多的智能元素,推动了自动化、个性化和智能化服务的发展。

6. 未来展望(21 世纪 20 年代以后)

2020 年以后,新技术不断涌现,使我们对互联网的发展充满无限的遐想和期待。

5G 及 6G 技术:5G 技术的推广和 6G 技术的研究,将带来更快的网络速度和更低的延迟,为新的应用场景提供支持。

边缘计算:边缘计算的发展将使数据处理更靠近数据源,满足实时处理的需求,推动无人驾驶、智能制造等领域的发展。

量子互联网:量子通信技术的发展,有望带来更高的安全性和更强的计算能力,推动新一代互联网技术的发展。

1.1.3　互联网结构发展的三个阶段

互联网的基础结构大体上经历了三个阶段的演进。但这三个阶段在时间划分上是有部分重叠的,这是因为网络的演进是逐渐的而不是在某个时期发生了突变。

1. 第一阶段：从单个网络 ARPANET 向互连网络发展

1969 年，美国国防部创建了第一个分组交换网 ARPANET，所有要连接在 ARPANET 上的主机都直接与就近的结点交换机相连。但到了 20 世纪 70 年代中期，人们已认识到不可能仅使用一个单独的网络来满足所有的通信需求。这导致了互连网络的出现。互连网络成为现在的互联网的雏形。1983 年，TCP/IP 成为 ARPANET 上的标准协议，所有使用 TCP/IP 的计算机都能利用该网络相互通信，因而人们就把 1983 年作为互联网的诞生时间。1990 年，ARPANET 正式宣布关闭，因为它的实验任务已经完成。

2. 第二阶段：逐步建成三级结构的互联网

从 1985 年起，美国国家科学基金会（National Science Foundation，NSF）围绕 6 个大型计算机中心着手建设全国范围的计算机网络，即国家科学基金网（NSFNET）。它是一个三级结构的计算机网络，分为主干网、地区网和校园网（或企业网）。这种三级结构的计算机网络覆盖了全美国主要的大学和研究所，并且成为互联网中的主要组成部分。1991 年，NSF 和美国的其他政府机构开始认识到，互联网必将扩大其使用范围，不应局限于大学和研究机构。世界上的许多公司纷纷接入互联网，使网络上的通信量急剧增大，互联网的容量已满足不了需要。于是美国政府决定将互联网的主干网转交给私人公司来经营，并开始对接入互联网的单位收费。1992 年，互联网上的主机超过 100 万台。1993 年，互联网主干网的速率提高到 45Mb/s（T3 速率）。

3. 第三阶段：逐渐形成多层次 ISP 结构的互联网

从 1993 年开始，由美国政府资助的 NSFNET 逐渐被若干商用的互联网主干网替代，政府机构不再负责互联网的运营，而是让各种互联网服务提供方（Internet Service Provider，ISP）来运营。ISP 可以从互联网管理机构申请到成块的 IP 地址（互联网上的主机都必须有 IP 地址才能进行通信，这一概念将在 4.2 节详细讨论），同时拥有通信线路（大的 ISP 自己建设通信线路，小的 ISP 则向电信公司租用通信线路）以及路由器等联网设备。

任何机构和个人只要向 ISP 交纳规定的费用，就可从 ISP 得到所需的 IP 地址，并通过该 ISP 接入互联网。我们通常所说的"上网"就是指"通过某个 ISP 接入互联网"。IP 地址的管理机构不会把单个的 IP 地址分配给单个用户（不"零售"IP 地址），而是把一批 IP 地址有偿分配给经审查合格的 ISP（只"批发"IP 地址）。从以上情况可以看出，现在的互联网已不是由某个组织所拥有，而是由全世界无数大大小小的 ISP 所共同拥有。图 1-3 说明了用户要通过 ISP 才能连接到互联网。

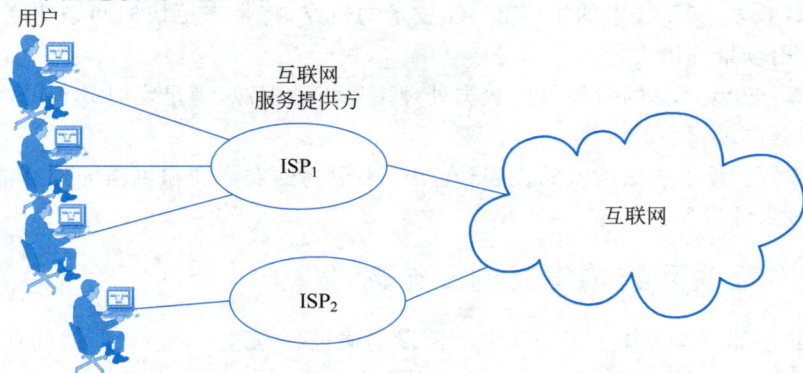

图 1-3　用户通过 ISP 接入互联网

　　根据提供服务的覆盖面积大小以及所拥有的 IP 地址数目的不同,ISP 也分成不同的层次。图 1-4 是基于 ISP 的互联网多层结构示意图,但这种示意图并不表示各 ISP 的地理位置关系。

　　在图 1-4 中,最高级别的第一层 ISP(tier-1 ISP)[①]的服务面积最大,一般能够覆盖国际性区域范围,并拥有高速链路和交换设备。第一层 ISP 通常也被称为互联网主干网(Internet Backbone),并直接与其他第一层 ISP 相连。第二层 ISP 和一些大公司都是第一层 ISP 的用户,常具有区域性或国家性覆盖规模,与第一层 ISP 相连。第三层 ISP 又称为本地 ISP,它们是第二层 ISP 的用户,且只拥有本地范围的网络。一般的校园网或企业网,以及住宅用户和无线移动用户等,都是第三层 ISP 的用户。ISP 向它的用户收费,费用通常根据所提供的带宽而定。一个 ISP 也可以选择与其他同层次 ISP 相连,当两个相同层次 ISP 彼此直接相连时,它们被称为彼此是对等的。

　　如图 1-4 所示,互联网逐渐演变成基于 ISP 的多层次结构。由于今天的互联网规模太大,已经很难对整个网络的结构给出准确的描述。但是,下面这种情况可能是经常遇到的:相距较远的两台主机之间的通信可能需要经过多个 ISP(图 1-4 中的粗线表示主机 A 要经过许多不同层次的 ISP 才能把数据传送到主机 B)。因此,主机 A 和主机 B 通过互联网进行通信,实际上也就是通过许多中间的 ISP 进行通信。

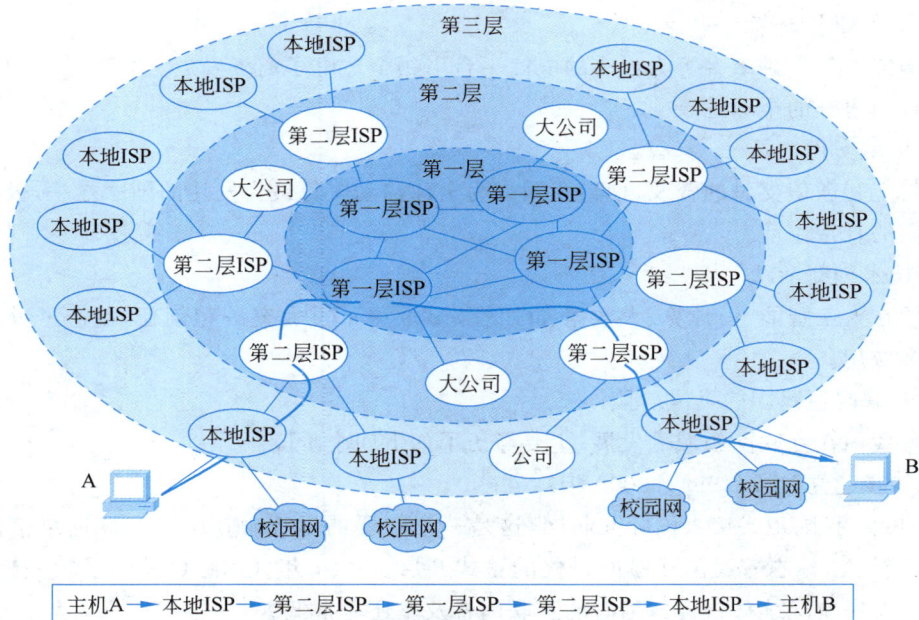

图 1-4　基于 ISP 的互联网多层结构示意图

　　互联网已经成为世界上规模最大且增长速率最快的计算机网络,没有人能够准确说出互联网究竟有多大。互联网的迅猛发展始于二十世纪九十年代。由欧洲原子核研究组织开发的万维网在互联网上被广泛使用,大大方便了广大非网络专业人员使用互联网,成为互联

---

　　① 第一层 ISP 实际上就是第一级 ISP(字典对 tier 的解释有 rank 也有 layer),不过并不需要由哪一个组织批准某个 ISP 属于哪一层(或级)。

网的这种指数级增长的主要驱动力。万维网的站点数目也急剧增长。

由于互联网存在技术上和功能上的不足,加上用户数量猛增,使得互联网不堪重负,因此,1996 年美国的一些研究机构和 34 所大学提出研制和建造新一代互联网的设想,并推出了"下一代互联网"(Next Generation Internet,NGI)计划。

中国积极开展下一代互联网的研究,实施中国下一代互联网(China Next Generation Internet,CNGI)示范工程,目的是建设下一代互联网示范平台,开展下一代互联网关键技术研究、关键设备和软件的开发和应用示范;同时积极参加相关国际组织,开展国际合作,在下一代互联网 IP 地址分配、根域名服务器设置及有关国际标准制定等方面充分发挥我国科技界和产业界的作用。

1.1.4　互联网在我国的发展

1. 互联网在我国的发展成就

互联网在我国的发展相当迅速,且取得了显著的成就,主要表现在以下四方面。

1)用户规模庞大

截至 2024 年年底,我国互联网用户数量已超过 11 亿,互联网普及率达 78.6%。移动互联网月活跃用户已达 12.57 亿,居全球首位。

2)电子商务繁荣

以淘宝、京东、拼多多等为代表的电商平台引领全球电子商务发展。"双十一"购物节创下了单日销售额的全球纪录。

3)移动支付普及

支付宝和微信支付的普及,使得我国成为全球移动支付最为发达的国家之一,极大地方便了人们的日常生活。

4)技术创新活跃

我国在人工智能、云计算、大数据、5G 等领域取得了重大突破和创新,创造了世界领先的技术和应用。

2. 互联网在我国的发展阶段

回顾我国在互联网领域的发展,主要经历了如下四个阶段。

1)初步建立阶段(1994—2000 年)

1994 年,我国正式接入国际互联网,这是一个重要的里程碑。中国互联网络信息中心(CNNIC)建立,标志着我国互联网时代的正式开启。1997 年,CNNIC 发布了第一期《中国互联网络发展状况统计报告》,当时的互联网普及率还非常低。

2)高速增长阶段(2001—2010 年)

进入 21 世纪以后,互联网在我国得到了快速发展。这一时期,宽带互联网开始普及,互联网用户数量迅速增加。2003 年,淘宝网成立,推动了电子商务的快速发展。与此同时,腾讯推出的 QQ,迅速成为人们日常沟通的工具。

3)全面普及和创新阶段(2011—2020 年)

智能手机的普及使得互联网进入了移动互联网时代,微信、支付宝等移动应用极大改变了人们的生活方式。2013 年,"互联网＋"行动计划的提出,推动了互联网与各行业的融合,催生了众多新业态和新模式。

4）高质量发展阶段（2021年至今）

以5G、人工智能、大数据为代表的新一代信息技术在我国迅速发展，推动了互联网向更加智能化、万物互联的方向发展。

数字经济成为经济发展的新引擎，线上教育、远程医疗、在线办公等新服务业态不断涌现。

3．互联网著名人物及其创办的公司

我国互联网在发展过程中，涌现出一批著名人物和著名公司，他们有力地推动了我国互联网的发展，同时，互联网的蓬勃发展也成就了这些互联网风云人物（仅列举部分有代表性的人物和公司）。

1）著名人物

马云：阿里巴巴集团创始人，推动了电子商务和移动支付的发展，改变了人们的消费方式。

马化腾：腾讯公司创始人，腾讯公司推出的QQ和微信深刻影响了人们的沟通方式和社交行为。

李彦宏：百度公司创始人，推动了互联网搜索引擎在中国的发展，为信息检索和获取提供了极大的便利。

张朝阳：搜狐公司创始人，作为最早一批互联网创业者之一，对中国互联网产业的发展起到了重要推动作用。

2）公司概要

阿里巴巴是全球最大的电子商务平台之一，涵盖线上购物、云计算、金融服务等多个领域。

腾讯是涵盖社交、游戏、金融科技等多个领域的互联网巨头公司，旗下的微信已成为全球用户最多的社交应用之一。

百度是领先的搜索引擎公司，积极布局人工智能和自动驾驶汽车领域。

搜狐是中国的新媒体、通信及移动增值服务公司，互联网企业。搜狐网是我国四大门户网站之一。

4．我国四大公用计算机网络

在我国的互联网发展过程中，出现了四大公用计算机网络，为我国的互联网发展提供了强大支撑。

1）中国公用计算机互联网（ChinaNet）

ChinaNet是由原中国电信建立的，是我国最早的大规模公用计算机互联网之一，于1995年正式开通。ChinaNet服务于全国各类用户，包括个人、家庭和企事业单位，提供包括互联网接入、电子邮件、域名注册、虚拟主机等多种服务。

ChinaNet的建立标志着中国正式进入互联网时代，它极大地推动了我国互联网的普及。

2）中国教育和科研计算机网（CERNET）

CERNET由教育部主管，以面向全国教育系统和科研机构提供互联网服务为目标，于1994年启动建设。作为我国第一个开展互联网接入业务的网络，CERNET主要面向教育

和科研领域。它包括骨干网、区域主干网和校园网三个层次。

CERNET 不仅为教育和科研提供了稳定的互联网接入，还推动了我国互联网技术的研究和发展，特别是在下一代互联网的研究和应用方面，贡献巨大，影响深远。

3）中国科学技术网（CSTNET）

CSTNET 由中国科学院主办，旨在服务于我国科技界，于 1994 年开通。CSTNET 主要面向科技人员和科研单位，提供高速稳定的网络服务和丰富的科技信息资源。

CSTNET 对于我国科学技术信息的获取和交流起到了重要的支撑作用，极大促进了科研创新。

4）中国经济信息网（ChinaGBN）

ChinaGBN 由原中国经济信息中心负责建设，于 1997 年正式上线，主要服务于经济领域。它注重经济信息的传播和交流，提供财经资讯、市场分析、数据服务等各类经济信息服务。

ChinaGBN 为我国经济领域的互联网应用开创了新的局面，促进了经济领域的信息化进程。

这些网络在不同领域发挥了重要作用，为我国的互联网发展奠定了坚实基础。同时，它们的兴起也为日后更多样化、专门化的网络服务开辟了道路。

5. 中国的下一代互联网

随着互联网技术的不断进化，我国正积极推动下一代互联网的发展。下一代互联网主要以 IPv6（Internet Protocol version 6）为基础，相比目前广泛使用的 IPv4，IPv6 在地址容量、安全性、传输速度和稳定性等各方面都有显著提升。关于 IPv4 和 IPv6 的内容将在第 4 章网络层介绍。下面，简单介绍我国下一代互联网的发展目标、发展举措和发展成就。

1）发展目标

（1）全面升级到 IPv6。推动互联网的基础设施、运营平台、应用服务等领域全面升级到 IPv6，实现互联网的高效、安全和可持续发展。

（2）支持大数据和物联网。通过建设新一代互联网基础设施，支持大数据、物联网、人工智能等新兴技术的应用和发展，驱动各行各业信息化和智能化进程。

（3）提升全球竞争力。加强自主创新，争取在国际互联网技术标准和产业链中占据重要地位，提升我国在全球互联网领域的竞争力和话语权。

2）发展举措

为了更好地推动我国下一代互联网的发展，采取了如下举措。

（1）政策支持。国家先后发布了一系列政策文件，如《推进互联网协议第六版（IPv6）规模部署行动计划》《新一代人工智能发展规划》等，为下一代互联网发展提供政策保障。

（2）基础设施建设。积极推进网络基础设施的改造升级，建设 IPv6 骨干网及配套设施，提升网络承载能力和服务质量。

（3）技术研发。加大对核心技术、关键设备和应用场景的研发投入，推动自主创新，提升技术自主可控能力。

（4）应用推广。鼓励政府部门、企业和科研机构在政务、教育、金融、医疗等多个领域开展 IPv6 应用示范，积累经验并推广应用。

3）发展成就

（1）IPv6 规模部署。截至 2024 年年底，我国 IPv6 用户数已突破 8 亿，占全球 IPv6 用户总数的 30% 以上，IPv6 流量占比逐年上升。

（2）5G 与 IPv6 结合。推动了 5G 与 IPv6 的深度融合，提升了网络的带宽和传输速度，为智慧城市、智慧交通等提供有力支撑。

（3）科技成果。在人工智能、物联网、大数据等领域涌现出一系列具有国际影响力的创新成果，推动了产业升级和经济高质量发展。

4）未来展望

展望未来，我国将继续推进下一代互联网的发展，进一步提高网络的智能化、稳定性和安全性。通过不断的技术创新和应用推广，我国将实现迈向互联网强国的目标，为全球互联网发展贡献更多的中国智慧和中国方案。

6. CERNET2 在下一代互联网发展中的重要贡献

中国下一代教育和科研计算机网络（China Next-generation Education and Research computer NETwork，CERNET2）为我国下一代互联网的发展做出了重要贡献，主要表现在以下六方面。

1）技术创新

（1）IPv6 技术的先行者。**CERNET2 是全球最早大规模采用 IPv6 的宽带教育网之一**，于 2004 年正式启动建设。它有力地推动了 IPv6 在我国的普及和应用，**为我国从 IPv4 向 IPv6 的过渡积累了宝贵经验**。

（2）高性能网络架构。CERNET2 通过引入先进的网络架构和技术，如高性能路由器、光纤传输技术等，提升了网络骨干的性能和速度，满足了教育和科研对高速网络的需求。

2）应用示范

（1）教育与科研领域的广泛应用。CERNET2 不仅为高校和科研院所提供了高速稳定的互联网接入，还支持了大量的远程教育、在线课程、虚拟实验室等应用，促进了教育资源的共享和科研合作。

（2）智能教育示范区。CERNET2 推动了互联网时代的智能教育，实现了数字校园、智慧课堂等多个项目的试点和推广，为其他行业提供了成功的示范案例。

3）国际合作

（1）学术交流和国际合作。CERNET2 与欧美、亚洲等多个国家和地区的学术网络建立了合作关系，经常开展技术交流和科研合作，推动了国际的知识共享和技术创新。

（2）全球学术网络互联。通过与全球先进学术网络的互联互通，CERNET2 为我国学术界搭建了一个与国际接轨的交流平台，提升了我国在全球科学研究中的影响力。

4）国际互联网标准贡献

（1）积极参与标准制定。CERNET2 积极参与国际互联网标准制定，并贡献了大量有价值的建议和标准提案。特别是在 IPv6 的标准制定和推广中，中国的实践经验和技术创新成为全球标准的参考。

（2）推动中国技术走向世界。通过在国际标准组织中的贡献，CERNET2 帮助我国在下一代互联网技术上形成领先优势，使得"中国方案"在全球互联网标准中占据一席之地，增加了我国在国际互联网技术领域的话语权。

5）人才培养

（1）网络技术领域人才培养。CERNET2 作为先进网络技术的实践平台，为众多高校的相关专业提供了真实应用环境，培养了一大批网络技术和信息安全领域的专业人才。

（2）创新创业支持。为广大高校师生提供了良好的科研和创新资源支持，推动了互联网技术创新和创业项目的孵化，催生了大量以互联网为基础的创新成果。

6）科研推动

（1）重大科研项目的支撑。CERNET2 在多项国家重大科研公关项目中发挥了重要支撑作用，为基因研究、气象研究、天文观测等提供了强大的网络支持和数据传输能力。

（2）科研成果转化。通过 CERNET2，众多科研成果得以快速转化和应用，推动了高校和科研机构在前沿技术领域的突破和进展。

CERNET2 在我国下一代互联网发展中，既是技术创新的先锋，又是应用推广的典范。它通过技术创新、示范应用、国际合作、国际标准贡献、人才培养和科研推动，为我国下一代互联网的建设和发展做出了巨大贡献，奠定了坚实基础，也必将引领我国下一代互联网的发展。

1.2　互联网的组成

互联网的拓扑结构非常复杂，并且规模非常庞大，研究人员必须对复杂网络进行简化和抽象。在各种简化和抽象方法中，将互联网分成边缘部分和核心部分是最有效的方法之一。图 1-5 给出了互联网的边缘部分和核心部分的结构示意图。

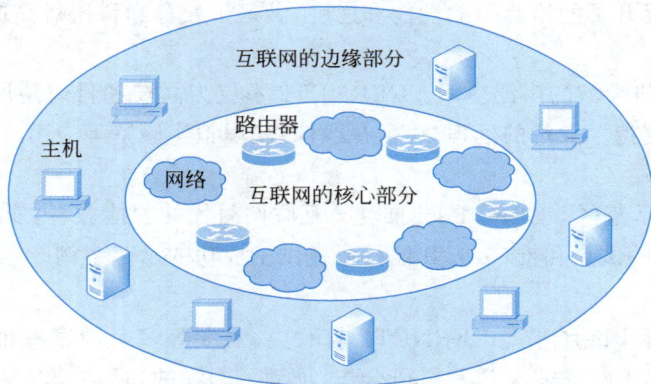

图 1-5　互联网的边缘部分和核心部分的结构示意图

1.2.1　互联网的边缘部分

互联网的边缘部分指连接在互联网上的所有主机。这些主机可称为端系统（endsystem），“端”就是“末端”的意思（即互联网的末端）。端系统在功能上可能差别很大，小的端系统可以是一台普通个人计算机（包括笔记本计算机或平板计算机）和具有上网功能的智能手机，甚至是一个很小的网络摄像头或网络传感器。而大的端系统则可以是一台功能非常强大的大型计算机（这样的计算机通常称为服务器，server）。端系统的拥有者可以是个人，也可以是单位，当然还可以是某个 ISP。

边缘部分利用核心部分提供的服务,使主机之间能够互相通信并交换(或共享)信息,值得注意的是,现今大多数能够提供信息检索、网页浏览以及各种音视频播放等功能的服务器,都不再是单一的服务器,而是属于某个大型数据中心或服务器集群。例如,我国的百度公司在山西阳泉建造的数据中心已有超过 100 万台服务器。

我们先要明确一个概念,即计算机之间通信。我们说"主机 A 与主机 B 进行通信",实际是指"运行在主机 A 上的某个程序和运行在主机 B 上的另一个程序进行通信"。由于"进程"就是"运行着的程序",因此也就是指"主机 A 的某个进程和主机 B 上的另一个进程进行通信"。

端系统之间的通信方式通常可以分为两大类:客户-服务器方式(client/server,C/S 方式)和对等方式(peer-to-peer,P2P 方式)[①]。下面分别介绍这两种方式。

1. 客户-服务器方式

客户-服务器方式是 client/server 方式的中文译名,也可简称为 C/S 方式。这种方式在互联网上是最常见的,如我们上网发送电子邮件或在网站上查阅资料,采用的都是此种方式(有时也写为客户/服务器方式)。

当我们打电话时,电话机的振铃声可以让被叫用户知晓现在有一个电话呼叫。而计算机通信的对象是应用进程,显然不能用振铃的办法来通知对方的应用进程。然而采用客户-服务器方式就可以使两台主机之间的应用进程进行通信。

客户(client)和服务器(server)都是指通信中所涉及的两个应用进程。客户-服务器方式所描述的是进程之间服务和被服务的关系。在图 1-6 中,主机 A 运行客户程序,而主机 B 运行的是服务器程序。在这种情况下,A 是客户而 B 是服务器。客户 A 向服务器 B 发出服务请求,而服务器 B 向客户 A 提供服务。其最主要的特征为客户是服务请求方,服务器是服务提供方。

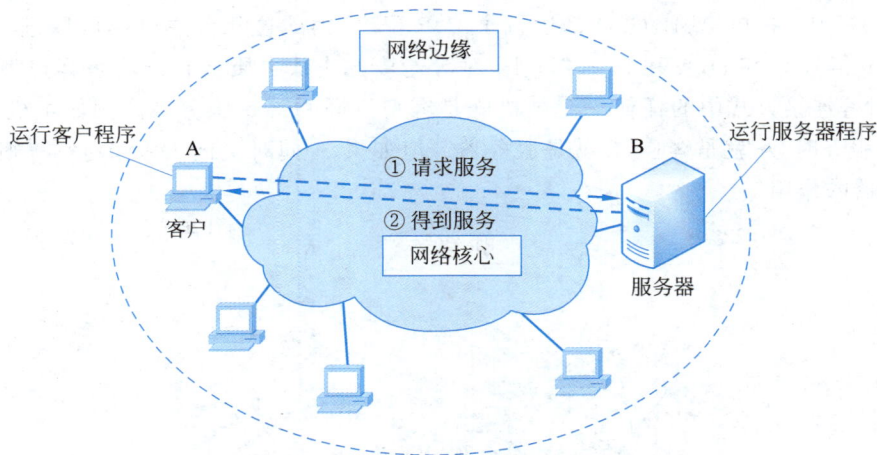

图 1-6 客户-服务器工作方式

而无论是服务请求方还是服务提供方,都要使用互联网核心部分所提供的服务。

在实际应用中,客户程序和服务器程序还具有如下一些特点。

---

① C/S 方式表示 client/server 方式,P2P 方式表示 peer-to-peer 方式。有时还可看到另外一种称为 B/S 方式,它表示 browser/server 方式,但这仍然是 C/S 方式的一种特例。

客户程序：

（1）被用户调用后运行，在通信时主动向服务器发起通信（即请求服务）。因此，客户程序必须清楚服务器程序的地址。

（2）不需要特殊的硬件和复杂的操作系统支持。

服务器程序：

（1）一种专门用来提供某种服务的程序，可同时处理多个客户的请求。

（2）系统启动后即开始运行，被动地等待并接受来自各地的客户请求。因此，服务器程序不需要知道客户程序的地址。

（3）一般情况下，需要有强大的硬件和高级的操作系统来支持。

客户与服务器的通信关系建立后，通信可以是双向的，即客户和服务器都可以发送和接收数据。

需要强调的是，上面所说的客户和服务器都是指的计算机进程（软件）。但在不少国外文献中，经常也把运行客户程序的机器称为 client（这种情况，可把 client 译为"客户机"），把运行服务器程序的机器称为 server。因此，我们要根据上下文来判断 client 或 server 是指软件还是硬件。在本书中，我们将采用"客户端"（或"客户机"）或"服务器端"（或服务器）来表示"运行客户程序的机器"或"运行服务器程序的机器"。

2. 对等连接方式

对等连接方式是 peer-to-peer 的中文译名，可简称为 P2P（这里使用数字 2 是因为英文的 2 是 two，其读音与 to 同）。此种方式是指两台主机在通信时，并不区分哪一个是服务请求方或者服务提供方。只要两台主机都运行了 P2P 软件，它们就可以进行平等的通信，都可以下载对方硬盘中的共享文档。因此，此种工作方式也称为 P2P 方式。

在图 1-7 中，主机 A、B、C、D 都运行了 P2P 程序，因此这几台主机都可以进行对等通信，比如 A 和 B，C 和 D，A 和 D。实际上，对等连接方式从本质上看仍然是客户-服务器方式，只是对等连接方式中的任何一台主机既是客户机同时又是服务器。例如主机 A，当 A 请求 B 的服务时，A 就是客户，B 就是服务器。但如果 A 同时又向 D 提供服务，则 A 又担负着服务器的作用。

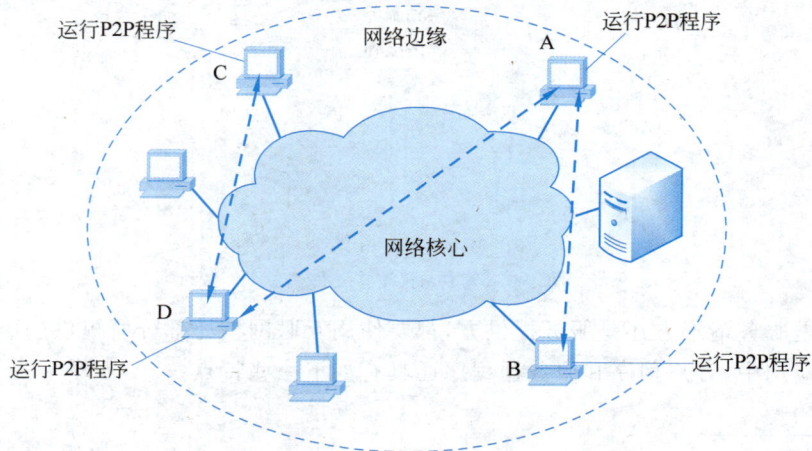

图 1-7　对等连接方式（P2P 方式）

对等连接方式可支持大量对等用户同时工作，一般情况下，有效用户越多传输速度越高，常用于视频文件的传输。关于这方面的文献，网上有许多，可以自行查阅。

1.2.2 互联网的核心部分

互联网的核心部分是互联网中最复杂、最重要的部分，它要向边缘部分的大量主机提供连通性和分组转发功能，使边缘部分中任何一台主机都能够与其他主机通信。

互联网的核心部分是由许许多多网络以及将这些网络互联起来的路由器组成的，其中起关键作用的是路由器（router），而路由器是实现**分组交换**（packet switching）的关键设备，其任务之一是**转发收到的分组**，这也是互联网核心部分最重要的功能。为了弄清分组交换，下面先介绍电路交换的基本概念。

1. 电路交换

在电话问世后不久，人们就发现，要让所有的电话都互相连接起来是不现实的。图1-8(a)表示两部电话只需用一对电话线就能够互相连接起来。但若有4部电话机要两两相连，则需6对电话线，如图1-8(b)所示。显然，若有 N 部电话要两两相连，就需要 $N(N-1)/2$ 对电话线（这是一个数学中的组合问题）。电话机的数量很大时，这种连接方法需要的电话线数量就太大了（与电话机数量的平方成正比）。于是，人们认识到，要想使每一部电话都能够很方便地和另一部电话进行通信，就应当使用一种专用设备（如电话交换机）将这些电话连接起来，如图1-8(c)所示。每一部电话都连接到交换机上，而交换机使用交换的方法，让电话用户彼此之间可以很方便地通信。一台电话交换机可以连接许多电话机，而让许许多多电话交换机通过一定的方式彼此连接起来就可以构成覆盖全球的电信网。

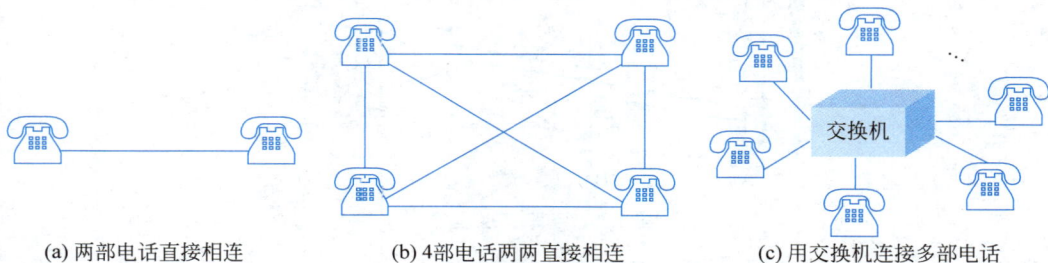

(a) 两部电话直接相连　　(b) 4部电话两两直接相连　　(c) 用交换机连接多部电话

图1-8 电话机的连接方法

电话发明后的一百多年来，电话交换机虽然经过多次更新换代（包括磁石交换、空分交换、程控交换、数字交换等阶段，目前几乎全部是数字化的网络），但交换的方式一直都是**电路交换**（circuit switching）。

电路交换是指数据传输期间，在源站点与目的站点之间建立专用电路连接，在数据传输结束之前，电路一直被占用，而不能被其他结点使用。电路交换要经历三个阶段，如图1-9所示。

1）**电路交换的三个阶段**

（1）建立连接。在使用电路交换打电话之前，必须要建立连接。当拨号的信令通过许多交换机到达被叫用户所在的交换机时，该交换机就向被叫用户的电话机振铃。在被叫用户摘机且摘机信令传回主叫用户的交换机后，呼叫（连接建立）即完成。这时从主叫端到被叫端就建立了一条连接（物理通路）。这条连接拥有了双方通话时所需的通信资源，而这些

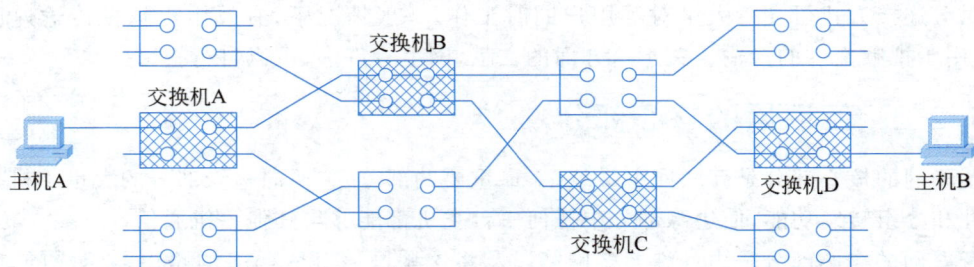

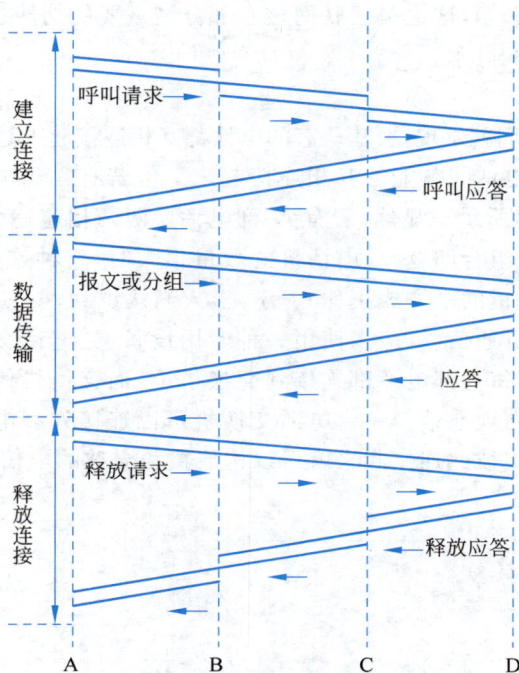

图 1-9　电路交换示意图

资源在双方通话时不会被其他用户占用。

　　（2）数据传输。连接建立后，数据就可以从主机 A 送到主机 B（当然，主机 B 也可以发送数据给主机 A），这种数据传输经过每个中间结点几乎没有延迟，并且不会出现阻塞问题（因为是专用线路）。在整个数据传输过程中，所建立的电路必须保持连接状态，除非有意外的线路或结点故障而使电路中断。

　　（3）释放连接。通话完毕后，由通信的某一方发出释放连接请求（即挂机信令），挂机信令通知这些交换机，使交换机释放刚才使用的这条物理通路（即归还刚才占用的通信资源），对方做出响应释放连接。被拆除的信道空闲后，线路上的资源就可被其他连接请求所使用。

　　如果用户在拨号时，电信网的资源已不足以支持本次呼叫，则主叫用户会听到忙音，表示电信网不接受用户的呼叫，用户必须挂机，等待一段时间后再重新拨号。

　　归纳一下，电路交换的重要特点是：在通话的全部时间内，通话的两个用户始终占有端到端的通信资源。同时，电路交换具有非常明显的优缺点。

2）**电路交换的优点**

（1）传输延迟小，实时性强。连接一旦建立，唯一的延迟是电磁信号的传播时间。

（2）传输无冲突。连接一旦建立，数据传输过程没有冲突。

（3）数据传输可靠，且保持原来的序列。

3）**电路交换的缺点**

（1）通信前必须要建立连接，而这需要一定的时间，不适合于突发式通信。

（2）线路利用率低。通信双方占用一条信道后，即使不传送数据其他用户也不能使用，造成信道容量的浪费。而且当数据传输阶段的持续时间很短暂时，建立连接和释放连接所用的时间也得不偿失。

（3）当用户终端或网络结点负荷过重时，可能出现呼叫不通的情况，即不能建立电路连接。

（4）稳健性差。连接一旦建立，若此连接中间的任何结点出现故障，则通信双方将无法完成正常通信。

综上所述，电路交换适用于大量、持续、实时性强和数据传输质量要求高的情况（例如电话通信），而对于突发式和间断性的通信（例如计算机通信），电路交换效率不高。因此，在电路交换的基础上，提出了存储-转发的交换思想。而报文交换和分组交换都是基于存储-转发思想的，下面分别介绍。

2. 报文交换

报文交换（message switching）方式适用于实时性要求不高的数据传输，且不需要在两个站点之间建立一条专用电路，数据传输单位是报文。所谓报文就是站点一次性要发送的数据块，其长度不限。

传送过程采用存储转发方式。当一个站点要发送报文时，便将目的地址等控制信息附加到报文上，途径的中间结点根据报文上的目的地址信息，把报文转发到下一个结点，中转的结点在收到整个报文并检查无误后，就先把整个报文存储起来并进行必要的处理，然后查找转发表，等到信道空闲时再把信息转发到下一个结点。如果下一个结点仍为中转结点，则仍存储信息，并继续向目的结点方向转发，直至到达目的结点。这种在中间结点把待传输的信息存储起来，然后向下一个结点转发的交换方式称为存储交换或存储转发。因此，在同一时间内，报文的传输只占用两个结点之间的线路。而两个通信用户间的其他线路段，则可传输其他用户的报文，不像电路交换那样必须占用端到端的全部信道，这是报文交换的优点。报文交换的典型例子是传统的电报通信。

报文交换的缺点是：

（1）报文大小不一，缓冲区的管理比较复杂。

（2）大报文存储转发的时延长。

（3）出错后整个报文需要全部重发。

由于报文交换存在上述缺点，因此现在已不再采用，传统的电报通信也已过时。而在其基础上发展起来的分组交换得到了广泛的应用。

3. 分组交换

报文交换对传输的数据块（报文）的大小不加限制，因此中间结点必须要有较大的存储空间才行。而分组交换（又称包交换，packet switching）是在发送报文之前，先将报文分成若干等长的数据段,然后在每一个数据段前面加上一些必要的控制信息(称为首部),就构成了一个个的分组。正是由于分组的首部包含了诸如目的地址和源地址等重要的控制信息,每一个分组才能在互联网中独立地选择传输路径,并被正确交付给传输终点。

由于每个数据段的长度是有限制的,因此分组长度也是有限的。有限长度的分组使得每个结点所需的存储空间降低了,分组可以存储到内存中,提高了交换效率。每个分组中包括数据和目的地址等控制信息。图 1-10 所示是把一个报文分成几个分组的示意图。其传输过程在表面上看与报文交换相类似,但由于限制了每个分组的长度,因此大大地改善了网络传输性能。

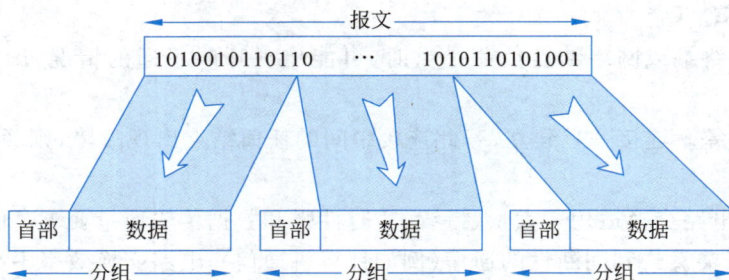

图 1-10   划分分组的示意图

互联网的核心部分是由许多网络以及将这些网络互联起来的路由器组成的,而主机处在互联网的边缘部分,如图 1-11(a)所示。核心部分的路由器之间通常使用高速链路相连接,而边缘部分的普通主机接入到核心部分则一般采用低速链路。

主机是为用户处理信息的,并能通过网络和其他主机交换信息,而路由器是用来转发分组的,即实现分组交换。路由器收到一个分组,先暂存到缓存中,然后检查其首部,根据首部的目的地址查找转发表,找到合适的接口转发出去,把分组传递给下一个路由器。如此一步一步地以存储转发的方式,就能把分组交付给最终的目的主机。同时,各路由器之间必须经常交换彼此拥有的路由信息,用于创建和维护路由器中的转发表,以此作为对网络拓扑结构发送变化的响应。

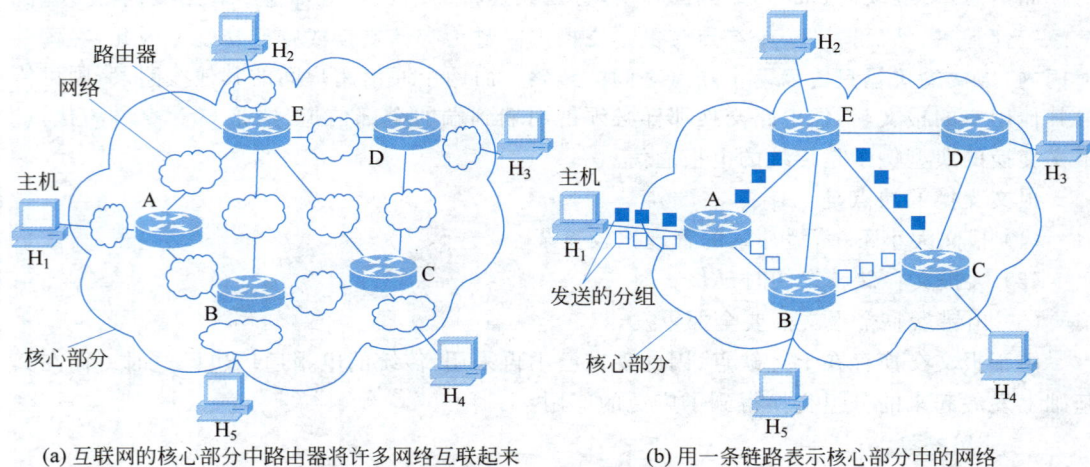

(a) 互联网的核心部分中路由器将许多网络互联起来   (b) 用一条链路表示核心部分中的网络

图 1-11   分组交换示意图

下面以图 1-11(b)所示的例子详细讨论分组交换的过程。为使讨论问题简单化,图中把单个网络简化为一条链路。这种简化图看起来重点突出,因为在转发分组时最重要的就是要搞清路由器是如何连接的。现在,假定主机 H_1 要向主机 H_4 发送数据。主机 H_1 先把分组依次发给与它直接相连的路由器 A。此时,只有 H_1-A 这段链路被通信双方所占用。需注意的是,即使是链路 H_1-A,也只是当分组正在此链路上传输时才被占用,而在分组传输的空闲时间,此链路仍然可以为其他主机发送分组所使用。

路由器 A 收到主机 H_1 发来的分组先放入缓存,然后查找转发表。假定经查找后,下一跳路由器是 B,则路由器 A 将把分组转发给 B。当分组正在链路 A-B 传送时,该分组并不占用网络其他部分的资源。路由器 B 继续按照上述方式存储转发,假定查出应转发给路由器 C。当分组送达路由器 C 后,路由器 C 就可以把分组直接交付给主机 H_4。

假定在某些分组的传输过程中,链路 A-B 的通信量过大(或者此段链路出现故障),那么路由器 A 可以选择另一个路由,如可以先转发给路由器 E,再转发给路由器 C,最后把分组交付主机 H_4。

在图 1-11 中只画出了一对主机 H_1 和 H_4 在进行通信,但实际上,互联网可以允许非常多的主机同时通信,而一台主机的多个进程也可以与不同主机的不同进程进行通信。

可以看出,分组交换在传送数据之前不必先占用一条端到端的通信资源。分组在链路传输时才会占用此链路的通信资源。分组到达一个路由器后,先暂时存储下来,查找转发表,然后从合适的链路转发出去。分组在传输过程中,逐段地占用通信资源,且省去了建立连接和释放连接的开销,因而数据传输效率更高。

互联网为了保证数据传输的可靠性采取了专门的措施(将在 5.4 节讨论)。当网络中的某些结点或链路突发故障时,互联网中的路由器将根据路由选择协议选出合适的路径(将在4.6 节讨论)。

综上可知,采用了存储转发方式的分组交换,在数据通信的过程中实质上是采用了断续(或动态)分配传输带宽的策略。这对突发式的计算机通信非常合适,使得通信线路的利用率大大提高了。

分组交换的主要优点可归纳如下。

(1) **高效**。在分组传输的过程中动态分配传输带宽,对通信链路是逐段占用的。

(2) **灵活**。为每一分组独立地选择最合适的转发路由。

(3) **迅速**。以分组作为传输单位,可以不先建立连接就能向其他主机发送分组。

(4) **可靠**。采用了可靠的网络协议和分布式多路由的分组交换网,可以使网络有很好的生存性。

当然,分组交换也带来一些新问题。

(1) **时延**。分组在各路由器存储转发时需要排队,这会造成一定的时延。可以通过提高路由器的转发效率来降低时延。

(2) **开销**。由于各分组必须携带控制信息,这造成一定的额外开销。

分组交换与报文交换的相同点是都采用了存储-转发方式,但也存在很大的不同。相比之下,分组交换在以下三方面优于报文交换。

(1) 分组交换把分组的最大长度限制在较小的范围内,这样**每个结点所需的存储容量会相对降低**。

（2）分组是较小的传输单位，只有出错的分组才会被重发，因此分组交换**大大降低了重发的比例和开销**。

（3）分组交换**提高了交换效率**。源结点发出第一个分组后，可以连续发出第二个、第三个分组，甚至更多，而第一个分组可能还在半路上，这些分组在各个结点中被同时接收、处理和转发，而且可选择不同的路径。这种并行性缩短了整体传输时间，并可随时根据网络中流量的变化而确定尽可能快的路径。

最后，以图例的形式更形象地展示三种数据交换技术的区别和联系。

三种交换技术在 4 个结点情况下进行通信的时序图如图 1-12 所示。传输过程是有延迟的，而且传输报文或分组的实际时间和结点数目、结点的处理速度、线路传输速率、传输质量、结点的负荷等诸多因素有关。图 1-12 的最下方归纳了三种交换方式在数据传送阶段的主要特点。

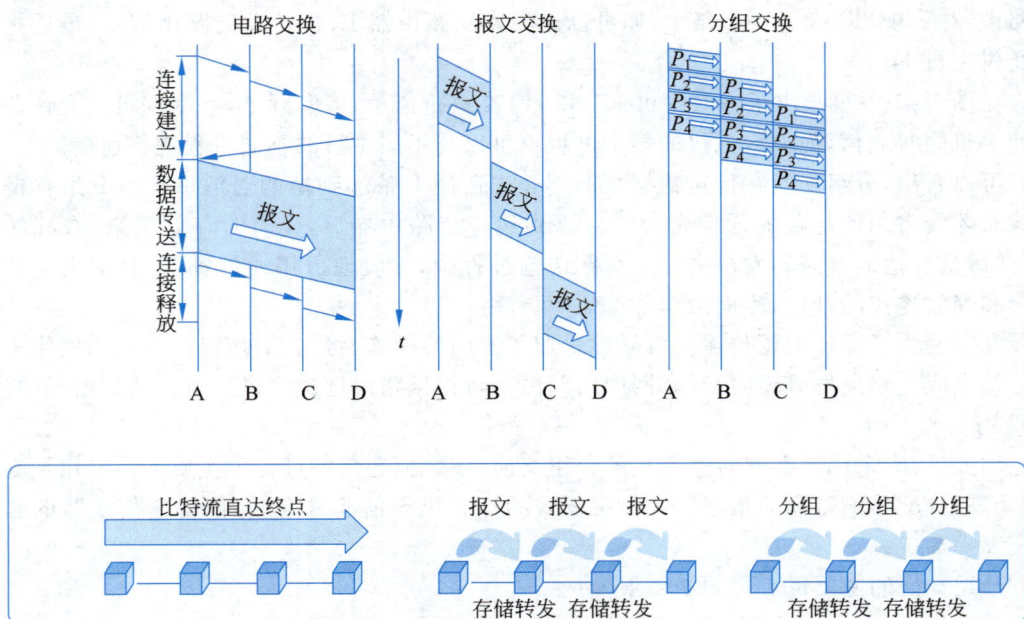

图 1-12　三种交换技术的比较（$P_1 \sim P_4$ 表示 4 个分组）

电路交换：整个报文的比特流连续地从源点直达终点，好像在一个管道中传送。

报文交换：整个报文先传送到相邻结点，全部存储下来后查找转发表，转发到下一个结点。

分组交换：分组（只是报文的一部分）传送到相邻结点，存储下来后查找转发表，转发到下一个结点。中间结点发完一个分组后，可以接着发送其他的分组，并且多个结点是并行工作的，所以效率较高。

从图 1-12 可以明显看出，对于需要连续发送大量数据，且其发送时间远大于连接建立时间的情况，电路交换的传输效率较快。而报文交换和分组交换不需要预先分配传输带宽，在传送突发数据时能够提高网络的信道利用率。由于分组的长度往往远小于报文的长度，因此，分组交换相较于报文交换大大降低了重发的比例和开销，提高了交换效率，同时降低了路由器缓存空间的大小和管理复杂性。所以，互联网采用了更有优势的分组交换。

1.3 计算机网络的概念与类别

前面我们介绍了互联网,下面讨论更具一般意义的计算机网络。本节将讨论计算机网络的概念与分类问题。

1.3.1 计算机网络的概念

1. 计算机网络的定义

计算机网络并没有一个完全统一的定义,本书采用如下定义。

计算机网络是指利用通信设备和线路将分布在不同地点、功能独立的多个计算机互连起来,通过功能完善的网络软件,实现资源共享和信息传递的系统。计算机网络由资源子网和通信子网构成。

所谓通信子网是指由通信结点和通信链路组成,承担计算机网络中的数据传输、交换、加工和变换等通信处理工作。通信结点由通信设备或具有通信功能的计算机组成,通信链路由一段一段的物理线路构成。

所谓资源子网是指由计算机网络中提供资源的终端(称为主机)和申请资源的终端共同构成。

2. 计算机网络的主要特征

(1) 组建计算机网络的主要目的是实现计算机资源的共享和信息交互。

计算机资源主要指计算机的硬件、软件与数据资源。网络用户不但可以使用本地计算机资源,而且可以通过计算机网络访问远程计算机的资源,可以组织多台计算机协作完成一项任务。同时,网络用户之间可以通过计算机网络方便地实现文字、语音、图像与视频的交互。

(2) 联网计算机系统是相互独立的自治系统。

计算机网络中每台计算机的硬件、软件与数据资源可以在各自操作系统的控制下离线独立工作,即网络中的每台计算机都是独立的自治系统。联网计算机在操作系统的内核中增加实现网络通信协议的软件(如 Ethernet 网卡驱动程序与 TCP/IP 软件),构成网络操作系统。联网计算机之间通过网络操作系统之间的进程通信,来实现互连计算机系统之间的协同工作。

(3) 联网计算机之间的通信必须遵循共同的网络协议。

网络中计算机之间要做到有条不紊地交换数据,计算机在通信过程中必须遵守事先规定好的通信规则(如低层的 Ethernet 协议与高层的 TCP/IP)。

理解计算机网络的特征,需要注意以下问题。

第一,早期的大型机时代,一台大型机安装在计算中心的机房里,用户必须到计算中心,通过连接到大型机的终端去完成计算任务。计算机网络实现了用"大量相互独立但又互相连接的计算机共同完成计算任务"的模式,它标志着"计算机中心"计算模式向"分布式"计算模式的演变。

第二,计算机网络与分布式系统(distributed system)是有区别的。分布式系统的设计强调"存在着一个以全局方式管理系统资源的分布式操作系统"。分布式操作系统能够根据计算任务的需求,自动调度系统中的计算资源。而计算机网络中不存在一个以全局方式管理联网计算机资源的分布式操作系统。计算机网络中不同计算机之间的系统工作是通过各自网络操作系统之间的进程通信方式实现的。因此,分布式系统应该是建立在计算机网络基础上的软件系统。

第三,互联网是计算机网络技术最成功的应用。随着网络应用的发展,联网设备的类型已经从大型机、个人计算机、PDA 逐步扩展到智能手机、传感器、控制器、游戏机、家用电器、可穿戴计算设备与智能机器人等各种智能数字终端设备;从以固定方式访问互联网,逐渐扩展到以移动方式访问互联网,实现了人与人、人与物、物与物之间随时、随地的信息交互。

3. computer network、internet、Internet 与 Intranet 的区别与联系

在阅读有关计算机网络的国外文献时,需要注意术语 computer network、internet、Internet 与 Intranet 的区别与联系。

(1) computer network 译为计算机网络,表示的是用通信技术将大量独立的计算机系统互连起来的集合。计算机网络有各种类型,如广域网、城域网、局域网或个人区域网。

(2) internet 译为互联网,是通用名词,指将多个计算机网络互联形成的更大规模的网络系统。

(3) Internet 译为因特网,是专用名词,指当前全球最大的、开放的、由众多网络相互连接而成的特定互联网,它采用了 TCP/IP 协议族作为通信的规则,其前身是美国的 ARPANET。

(4) Intranet 译为内联网,是指一些大型企业或者大型管理机构采用了因特网的组网方法,采用 TCP/IP,将分布在不同地理位置的部门局域网互联形成的企业内部专用网络系统。内联网只供内部员工办公使用,不连接或不直接连接到互联网。

1.3.2　计算机网络的类别

自计算机网络诞生以来,出现过许多类型的计算机网络。为了更好地研究计算机网络,需要对计算机网络进行分类。可以依据计算机网络自身的特点及不同的分类标准来划分这些计算机网络。例如,可以按网络的覆盖范围、网络的使用者、通信介质和拓扑结构等进行分类。下面对目前常见的几种计算机网络分类进行介绍。

1. 按网络的覆盖范围

按网络的覆盖范围可将计算机网络分为个人区域网、局域网、城域网、广域网。这种分类方式可以很好地反映不同类型网络的技术特征,因为不同类型网络覆盖的地理范围不同,所采用的传输技术也就不同,从而形成了不同的网络技术特点与网络服务功能。

1) 个人区域网

个人区域网(Personal Area Network,PAN)是指将属于个人的电子设备(如平板计算机、智能手机等)用无线技术连接起来的网络,也常称为无线个人区域网(Wireless PAN,WPAN)。无线个人区域网络技术、标准与应用是当前网络技术研究的热点之一。

目前,无线个人区域网主要使用 802.15.4 标准、蓝牙与 ZigBee 标准,其范围在 10m 左右。

2) 局域网

局域网(Local Area Network,LAN)是最常见,也是应用最多的一种网络类型。大到各行各业的企业内部网络,小到千家万户的家庭网络都属于局域网,校园网通常也是一种局域网。

局域网是指将一个比较小区域内的各种通信设备互连在一起的计算机网络。局域网覆盖的地理范围一般比较小(如 1km 左右),传输速率比较高(如 100Mb/s、1000Mb/s、10 000Mb/s,甚至更高)。局域网相关技术将在第 3 章介绍。

3) 城域网

城域网(Metropolitan Area Network,MAN)规模局限在一座城市的范围内,是对局域网的延伸,用来连接城市内的多个局域网。其作用范围为 5～100km。很多城域网采用的都是局域网技术,因此有时也将其并入局域网来讨论。

4) 广域网

广域网(Wide Area Network,WAN)又称为远程网。其覆盖的地理范围从几十千米至数千千米,甚至上万千米;可以是一个地区或一个国家,甚至世界几大洲。广域网在采用的技术、应用范围和协议标准方面有所不同。在广域网中,通常是利用电信部门提供的各种公用交换网,将分布在不同地区的计算机网络系统互连起来,达到资源共享与信息交互的目的。广域网使用的主要技术为存储-转发技术。连接广域网各结点交换机的链路一般都是高速链路,具有较大的通信容量。本书不专门讨论广域网。

2. 按网络的使用者分类

按网络的使用者分类,可将计算机网络分为公用网与专用网。

1) 公用网

公用网指由电信部门(国有或私有)出资建造的大型网络。“公用”的意思就是所有愿意按电信部门的规定缴纳费用的个人或单位都可以使用这种网络。因此,公用网也称为公众网。例如,中国公用计算机互联网 CHINANET、中国教育和科研计算机网 CERNET、中国科学技术网 CSTNET、中国联通互联网 UNINET、中国网通公用互联网 CNCNET、中国移动互联网 CMNET 等。

2) 专用网

专用网由某个单位或部门组建,不允许其他部门或单位使用,例如,军队、铁路、金融、石油等行业都有自己的专用网。专用网可以租用电信部门的传输线路,也可以自己铺设线路,后者的成本非常高。

3. 按传输介质分类

按采用的传输介质分类,可将计算机网络分为有线网与无线网。

1) 有线网

有线网指采用双绞线、同轴电缆、光纤等有线传输介质连接的计算机网络。

2) 无线网

无线网指使用电磁波作为传输介质的计算机网络。

4. 按拓扑结构分类

按采用的拓扑结构分类,可将计算机网络分为星状拓扑网络、环状拓扑网络、总线型拓扑网络、树状拓扑网络、网状拓扑网络。

1.4 计算机网络的拓扑结构

1.4.1 计算机网络拓扑的基本概念

现代互联网是由许多个广域网、城域网、局域网和个人区域网互联而成,从表面看,其结构十分庞大而且复杂,但是其中的每个组成部分都会具备某种网络拓扑所共有的特征。任何一种网络系统都规定了它们各自的网络拓扑结构。那么,何谓计算机网络的拓扑结构?

计算机网络的拓扑结构就是网络中通信结点和通信线路的几何排列形式。

此概念来自于拓扑学里面的拓扑图,是指将实体抽象成与其大小、形状无关的点,把连接实体的线路抽象成线,进而研究点、线之间的关系。在计算机网络中,将网络结点(计算机、交换机或路由器)抽象成图的顶点,用图的边代表它们之间的物理链路,形成点和边组成的图形,人们就将此图形称为网络拓扑图。

网络拓扑图可以使人们对网络的整体有一个更清晰的全貌认识。研究计算机网络的拓扑结构就是研究网络中通信线路与结点之间的几何排列形式。

1.4.2 计算机网络拓扑的类型

基本的计算机网络拓扑有5种:星状、环状、总线型、树状与网状。图1-13给出了基本的计算机网络拓扑的结构示意图。

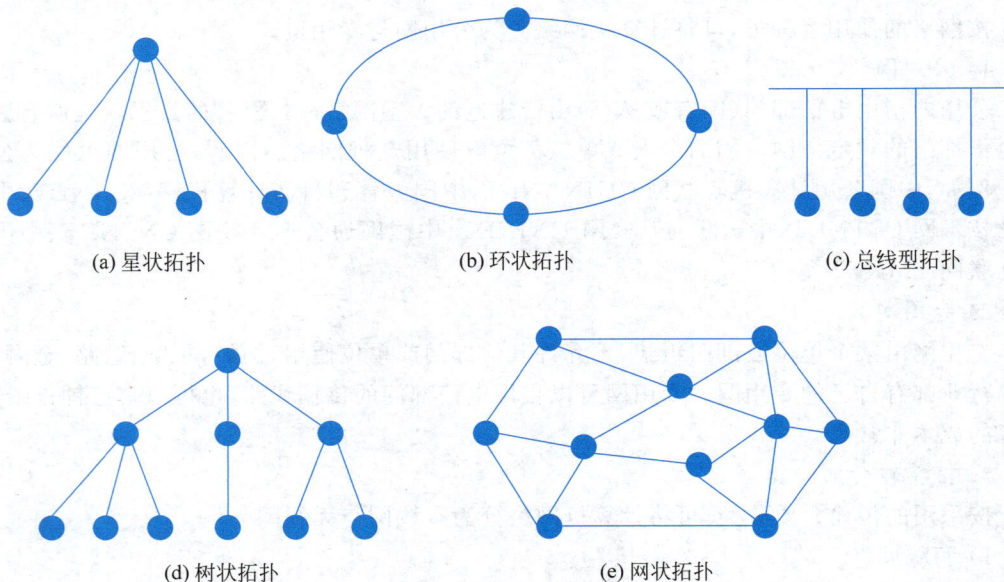

(a) 星状拓扑   (b) 环状拓扑   (c) 总线型拓扑

(d) 树状拓扑   (e) 网状拓扑

图 1-13   基本的计算机网络拓扑的结构示意图

1. 星状拓扑

图1-13(a)给出了星状拓扑的结构示意图。星状拓扑结构的特点为:

(1) 结点通过点-点通信线路与中心结点连接。

(2) 中心结点控制全网的通信,任意两结点之间的通信都要通过中心结点。

（3）星状拓扑结构简单，易于实现，便于管理。

（4）网络的中心结点是全网性能与可靠性的瓶颈，中心结点的故障可能造成全网瘫痪。

以太网采用双绞线作为传输介质，使用集线器作为连接设备，此时的拓扑结构就是星状拓扑，而集线器就承担了中心结点的角色。

2．环状拓扑

图 1-13（b）给出了环状拓扑的结构示意图。环状拓扑结构的特点为：

（1）结点通过点-点通信线路连接成闭合环路。

（2）环中数据将沿一个方向逐站传送。

（3）环状拓扑结构简单，传输延时确定。

（4）环中每个结点与连接结点之间的通信线路都会成为网络可靠性的瓶颈。环中每个结点或线路出现故障，都有可能造成网络瘫痪。

（5）为了方便结点的加入和撤出，控制结点的数据传输顺序，保证环的正常工作，需要设计复杂的环维护协议。

令牌环网采用的就是环状拓扑，该网络技术由 IBM 公司提出并使用，其采用了复杂的令牌（token）维护协议。目前已极少见到采用此技术的网络。

3．总线型拓扑

图 1-13（c）给出了总线型拓扑的结构示意图。总线型拓扑结构的特点为：

（1）所有结点连接到一条作为公共传输介质的总线，以广播方式发送和接收数据。

（2）当一个结点利用总线发送数据时，其他结点只能接收数据。

（3）当有两个或两个以上的结点同时发送数据时，就会出现冲突，造成传输失败。

（4）总线型拓扑结构的优点是结构简单，缺点是必须解决多结点访问总线的介质访问控制问题。

早期的以太网使用同轴电缆作为传输介质，多台计算机连接在同一条同轴电缆上，组成的网络拓扑就是总线型拓扑。

4．树状拓扑

图 1-13（d）给出了树状拓扑的结构示意图。树状拓扑结构的特点为：

（1）结点按层次进行连接，信息交换主要在上下结点之间进行，相邻及同层结点之间通常不进行数据交换，或数据交换量比较小。

（2）树状拓扑可以看作星状拓扑的一种扩展，树状拓扑网络适用于汇集信息。

5．网状拓扑

图 1-13（e）给出了网状拓扑的结构示意图。网状拓扑又称为无规则型。广域网一般采用网状拓扑。网状拓扑结构的特点为：

（1）结点之间的连接是任意的，没有规律。网状拓扑的优点是系统可靠性高。

（2）网状拓扑结构复杂，必须采用路由选择算法、流量控制与拥塞控制方法。

1.5　计算机网络的性能

关于计算机网络的性能，可通过它的几个重要的性能指标来表述。但除了这些重要的性能指标，还有一些非性能特征也对计算机网络的性能有较大的影响。本节将讨论这两方面的问题。

1.5.1　计算机网络的性能指标

不同的性能指标从不同的方面来度量计算机网络的性能。下面介绍常用的 7 个性能指标。

1. 速率

我们都知道,计算机发送的信号都是数字形式的。比特(bit)来源于 binary digit,意思是一个"二进制数字",因此一个比特就是二进制数字中的一个 1 或 0。比特也是信息论中使用的信息量的单位。计算机网络中的速率指的是数据的传输速率,即每秒传输的二进制数的位数。速率也称为数据速率(data rate)或比特率(bit rate)。

速率是计算机网络中最重要的一个性能指标。速率的单位是 b/s(比特每秒)(或 bit/s,也写为 bps,即 bit per second)。当数据速率较高时,就常常在 b/s 的前面加上一个字母。例如,k(kilo)$=10^3=$千,M(Mega)$=10^6=$兆,G(Giga)$=10^9=$吉,T(Tera)$=10^{12}=$太,P(Peta)$=10^{15}=$拍,E(Exa)$=10^{18}=$艾,Z(Zetta)$=10^{21}=$泽,Y(Yotta)$=10^{24}=$尧[①]。这样,4×10^{10} b/s 的数据速率就记为 40Gb/s。现在人们在日常谈到网络速率时,常省略速率单位中应有的 b/s,而使用不太规范的说法,如"40G 的速率"。另外要注意的是,当提到网络的速率时,往往指的是额定速率或标称速率,而并非网络实际上运行的速率。

所谓额定速率是指在理想条件下(即无外部干扰、信号丢失等情况下)能够达到的最高数据传输速率。它表示网络设备、线路或服务在设计或生产时设定的最高性能水平。额定速率一般是理论上的最大值,实际使用中的速率可能会因为各类因素(如网络拥堵、距离、设备性能等)而有所降低。

2. 带宽

带宽(bandwidth)是一个用于描述通信信道容量或数据传输速率的术语。它通常有以下两种不同的意义。

(1) 带宽通常指某个信号具有的频带宽度。信号的带宽是指该信号所包含的各种不同频率成分所占据的频率范围。例如,在传统的通信线路上传送的电话信号的标准带宽是 3.1kHz(从 300Hz 到 3.4kHz,即话音的频率范围)。这时,带宽的单位是赫兹(或千赫、兆赫、吉赫等)。在过去很长的一段时间,通信的主干线路传送的是模拟信号(即连续变化的信号)。因此,表示某信道允许通过的信号频带范围就称为该信道的带宽(或通频带)。

(2) 在计算机网络中,带宽用来表示网络中某信道传送数据的能力,因此网络带宽表示在单位时间内网络中的某信道所能通过的"最高数据传输速率"。在本书中提到"带宽"时,主要是指这个意思。这种意义的带宽的单位就是数据传输速率的单位 b/s。

---

① 在计算机领域,数的计算使用二进制。因此习惯上,千$=K=2^{10}=1024$,兆$=M=2^{20}$,吉$=G=2^{30}$,太$=T=2^{40}$,拍$=P=2^{50}$,艾$=E=2^{60}$,泽$=Z=2^{70}$,尧$=Y=2^{80}$。此外,计算机中的数据量用字节 B 作为度量单位(B 代表 byte),1B$=$8b。例如,10GB 数据块的大小是 $10\times2^{30}\times8$b,而不是 $10\times10^9\times8$b。但 10Gb/s 的速率则表示 10×10^9 b/s。在计算机领域中,所有这些单位都使用大写字母,但在通信领域中,只有 1000 使用小写的 k,其余的也都用大写。

在"带宽"的上述两种表述中,前者为频域称谓,而后者为时域称谓,其本质是相同的。也就是说,一条通信链路的"带宽"越宽,其所能传输的"最高数据传输速率"也越高。

3. 吞吐量

吞吐量(throughput)表示在单位时间内通过某个网络(或信道、接口)的实际数据量。吞吐量更经常地用于对现实世界中网络的一种测量,以便知道实际上到底有多少数据通过网络。显然,吞吐量会受网络带宽(或网络额定速率)的限制。例如,对于一个 1Gb/s 的以太网(其额定速率是 1Gb/s),那么这个数值就是该以太网吞吐量的绝对上限。因此,对该以太网来说,其实际的吞吐量可能只有 300Mb/s,甚至更低。注意,有时吞吐量还可用每秒传送的字节数或帧数来表示。

接入互联网的主机吞吐量取决于互联网的具体情况。假设主机 A 和服务器 B 接入互联网的链路速率分别是 100Mb/s 和 1Gb/s。如果互联网中各链路的容量都足够大,那么当 A 和 B 交换数据时,其吞吐量显然应当是 100Mb/s。原因是,尽管服务器 B 能够以超过 100M/s 的速率发送数据,但主机 A 最高只能以 100Mb/s 的速率接收数据。

现在假定有 100 个用户同时连接到服务器 B(例如,要同时观看服务器 B 发送的视频节目)。在此种情况下,服务器 B 连接到互联网的链路容量被 100 个用户平分,每个用户平均分到 10Mb/s 的带宽。这时,主机 A 连接到服务器 B 的吞吐量就只有 10Mb/s 了。

最糟糕的情况就是,如果互联网的某处发生了严重的拥塞,则可能导致主机 A 暂时收不到服务器发来的数据,因而使主机 A 的吞吐量下降到零,主机 A 的用户或许会想,已经向运营商交了速率为 100Mb/s 的宽带接入费用,怎么现在保证不了这个速率呢? 其实你交的宽带费用,只是保证了从你家里到运营商的某个路由器之间的数据传输速率。再往后的速率就取决于整个互联网的流量分布了,这是任何单个用户或者运营商都无法控制的。了解这一点,对理解互联网的吞吐量是有帮助的。

4. 时延

时延(delay 或 latency)是指数据(一个报文或分组,甚至比特)从网络(或链路)的一端传送到另一端所需要的时间。时延是一个很重要的性能指标,它有时也称为延迟或迟延。网络中的时延由以下四部分组成。

1) 发送时延

发送时延(transmission delay)是主机或路由器发送数据帧所需要的时间,也就是从发送数据帧的第一个比特算起到该帧的最后一个比特发送完毕所需的时间。发送时延的计算公式如式(1-1)所示。

$$发送时延 = \frac{数据帧长度(b)}{发送速率(b/s)} \qquad (1\text{-}1)$$

由此可见,发送时延与发送的帧长(单位比特)成正比,与发送速率成反比。

2) 传播时延

传播时延(propagation delay)是电磁波在信道中传播一定的距离需要花费的时间。传播时延的计算公式如式(1-2)所示。

$$传播时延 = \frac{信道长度(m)}{电磁波在信道上的传播速率(m/s)} \qquad (1\text{-}2)$$

电磁波在自由空间的传播速率是光速,即 3.0×10^5 km/s。而在网络传输媒体中的传播速率要略低一些:在铜线电缆中的传播速率约为 2.3×10^5 km/s,在光纤中的传播速率约为

$2.0 \times 10^5/s$。例如,1000km 长的光纤线路产生的传播时延大约为 5ms。

以上两种时延有本质上的不同,但只要理解这两种时延发生的地方就不会把它们弄混。**发送时延发生在机器内部的发送器中**(一般就是发生在网络适配器中),与传输信道的长度(或信号传送的距离)没有任何关系。但**传播时延则发生在机器外部的传输媒体上**,而与信号的发送速率无关。信号传送的距离越远,传播时延就越大。

可以用一个简单的例子来说明。

【例 1-1】 假定有 10 辆车按顺序从公路收费站入口出发到相距 100km 的目的地。再假定每一辆车过收费站要花费 6s,而车速是 100km/h。现在可以算出这 10 辆车从收费站到目的地总共要花费的时间:发车时间共需 60s(相当于网络中的发送时延),在公路上的行车时间需要 60min(相当于网络中的传播时延)。因此,从第一辆车到收费站开始计算,到最后一辆车到达目的地为止,总共花费的时间是二者之和,即 61min。

下面还有两种时延需要考虑,但比较容易理解。

3) 处理时延

处理时延是指主机或路由器收到分组后花费在对分组进行处理的时间。 例如,分析分组的首部、从分组中提取数据部分、进行差错检验或查找转发表等,这都需要花费一定的时间。

4) 排队时延

排队时延是指分组在路由器的输入队列和输出队列排队等待处理所需花费的时间。 分组在进入路由器后要先在输入队列中排队等待处理。在确定了转发接口后,还要在输出队列中排队等待转发。这就产生了排队时延。排队时延的长短往往取决于网络当时的通信量。当网络的通信量很大时会发生队列溢出,使分组丢失,这相当于排队时延为无穷大。

这样,数据在网络中经历的总时延就是以上 4 种时延之和,如式(1-3)所示。

$$总时延 = 发送时延 + 传播时延 + 处理时延 + 排队时延 \tag{1-3}$$

一般地,小时延的网络要优于大时延的网络。在某些情况下,一个低速率、小时延的网络很可能要优于一个高速率但大时延的网络。

图 1-14 画出了这几种时延所产生的地点,希望有助于读者更好地区分它们。

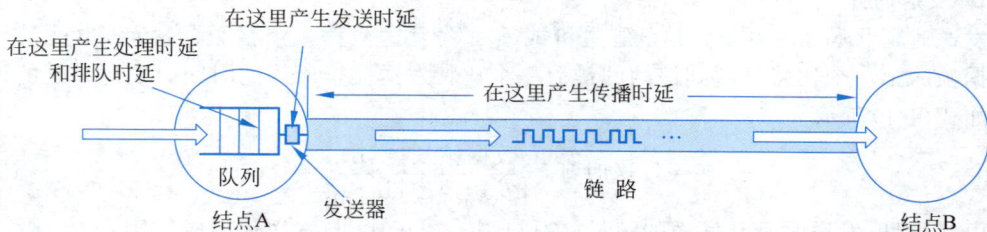

图 1-14 不同的时延产生的地点不同

必须指出,在总时延中,究竟是哪一种时延占主导地位,必须具体情况具体分析,下面举例说明。

【例 1-2】 现在,我们暂时忽略处理时延和排队时延[①]。假定有一个大小为 100MB 的

---

① 当计算机网络中的通信量很大时,网络中的许多路由器的处理时延和排队时延将会大大增加,因而处理时延和排队时延有可能在总时延中占据主要成分。这时整个网络的性能就变差了。

数据块(这里的 M 显然不是指 10^6 而是指 2^{20}。B 是字节,1 字节＝8 比特)。在带宽为 10Mb/s 的信道(这里的 M 显然是 10^6)连续发送(即发送速率为 10Mb/s),则其发送时延是

$$100 \times 2^{20} \times 8 \div 10^7 = 83.89(s)$$

现在要把这个数据块用光纤传送给相距 100km 远的计算机。由于在 100km 的光纤上的传播时延约为 0.0005s,因此在这种情况下,发送 100MB 的数据块的总时延＝83.89＋0.0005＝83.8905(s)。可见对于这种情况,发送时延决定了总时延的数值。

如果我们把发送速率提高到 100 倍,即提高到 1000Mb/s,那么总时延就变为 0.8389s＋0.0005s＝0.8394s,缩小到原有数值的 1/100。

但是,并非在任何情况下,提高发送速率就能减小总时延。

例如,要传送的数据仅有 1 字节(如键盘上键入的一个字符,共 8b)。当发送速率为 10Mb/s 时,发送时延是 $8 \div 10^7 = 8 \times 10^{-7} = 0.8(\mu s)$。

若传播时延仍为 0.0005s,即 $500\mu s$,则总时延为 $500.8\mu s$。在这种情况下,传播时延决定了总时延。如果我们把数据速率提高到 100 倍(即将数据的发送速率提高到 1Gb/s),不难算出,总时延基本上仍是 $500\mu s$,并没有明显减小。这个例子告诉我们,**不能笼统地认为"数据的发送速率越高,其传送的总时延就越小"**。这是因为数据传送的总时延是由式(1-3)右端的 4 项时延组成的,不能仅考虑发送时延一项。

如果上述概念没有弄清楚,就很容易产生这样错误的认知:"在高速链路(或高带宽链路)上,比特会传送得更快些"。但这是不对的。我们知道,汽车在路面质量很好的高速路上可明显地提高行驶速率。然而对于高速网络链路,我们提高的仅仅是数据的发送速率而不是比特在链路上的传播速率。载荷信息的电磁波在通信线路上的传播速率取决于通信线路的介质材料,而与数据的发送速率并无关系。**提高数据的发送速率只是减小了数据的发送时延**。

还有一点应当注意,就是**发送速率的单位是每秒发送多少比特**,指在某个点或某个接口上的发送速率。而**传播速率的单位是每秒传播多少千米**,是指在某一段传输线路上比特的传播速率。因此,通常所说的"光纤信道的传输速率高"是指可以用很高的速率向光纤信道发送数据,而光纤信道的传播速率实际上还要比铜线的略低一点。这是因为经过测量得知,光在光纤中的传播速率约为每秒 20.5 万千米,它比电磁波在铜线(如 5 类线)中的传播速率(每秒 23.1 万千米)略低一些。

上述的重要概念请读者务必弄清。

5. 时延带宽积

把以上讨论的两个性能指标传播时延和带宽相乘,就得到另一个很有用的度量:时延带宽积,如式(1-4)所示。

$$\text{时延带宽积} = \text{传播时延} \times \text{带宽} \tag{1-4}$$

我们可以用图 1-15 来形象地表示时延带宽积。这是一个代表链路的圆柱形管道,管道的长度是链路的传播时延(请注意,现在是以时间作为单位来表示链路长度),而管道的截面

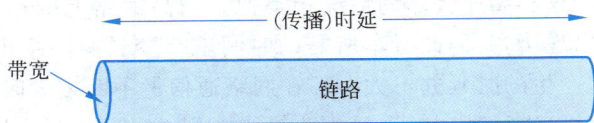

图 1-15　时延带宽积示意图

积是链路的带宽。因此时延带宽积就表示这个管道的体积，表示这样的链路可容纳多少比特。例如，设某段链路的传播时延为 20ms，带宽为 10Mb/s，则可算出

$$时延带宽积 = 20 \times 10^{-3} \times 10 \times 10^{6} = 2 \times 10^{5}(b)$$

这就表明，若发送端连续发送数据，则在发送的第一个比特即将到达终点时，发送端就已经发送了 20 万比特，而这 20 万比特都正在链路上向前移动。因此，链路的时延带宽积又称为以比特为单位的链路长度。

不难看出，管道中的比特数表示从发送端发出但尚未到达接收端的比特数。对于一条正在传送数据的链路，只有在代表链路的管道都充满比特时，链路才得到最充分的利用。

6. 往返时间

在计算机网络中，往返时间（round-trip time，RTT）也是一个重要的性能指标。这是因为在许多情况下，互联网上的信息不是单方向传输而是双向交互的。因此，我们有时需要知道双向交互一次所需的时间。例如，A 向 B 发送数据。如果数据长度是 100MB，发送速率是 100Mb/s，那么

$$发送时间 = \frac{数据长度}{发送速率} = \frac{100 \times 2^{20} \times 8}{100 \times 10^{6}} \approx 8.39(s)$$

假定 B 正确收完 100MB 的数据后，就立即向 A 发送确认。再假定 A 只有在收到 B 的确认信息后，才能继续向 B 发送数据。显然，这就要等待一个往返时间（这里假定确认信息很短，可忽略 B 发送确认的发送时延）。如果 RTT=2s，那么可以算出 A 向 B 发送数据的有效数据速率。

$$有效数据速率 = \frac{数据长度}{发送时间 + RRT} = \frac{100 \times 2^{20} \times 8}{8.39 + 2} \approx 80.7Mb/s$$

这个数据比原来的数据速率 100Mb/s 小不少。在互联网中，往返时间还包括各中间结点的处理时延、排队时延以及转发数据时的发送时延。当使用卫星通信时，往返时间相对较长，是很重要的一个性能指标。顺便指出，在计算机网络的文献中，也有把 RTT 称为往返时延（round-trip time_delay）的，强调发送方至少要经过这样多的时间，才能知道自己所发送的数据是否被对方接收了。还有的文献把带宽时延积定义为带宽与 RTT 的乘积。这样定义的数值就比前面式(1-4)定义的数值大了一倍。这样定义的带宽时延积表示，如果发送方以最高发送速率连续发送数据，而接收方一收到数据就立即发送对收到数据的确认，那么发送方在收到这个确认时，已经发送出的数据量就是按这种定义的带宽时延积。

7. 利用率

利用率有信道利用率和网络利用率两种。信道利用率指出某信道有百分之几的时间是被利用的（即有数据通过）。完全空闲的信道的利用率是零。网络利用率则是全网络的利用率的加权平均值。

信道利用率并非越高越好。这是因为，根据排队论当某信道利用率增大时，该信道引起的时延也就迅速增加。这和高速公路的情况相类似。当高速路上的车流量很大时，由于在公路上的某些地方会出现堵塞，因此行车所需的时间就会变长。网络也有类似的情况。当网络的通信量很少时，产生的时延并不大。但在网络通信量不断增大时，由于分组在网络结点（路由器或结点交换机）进行处理时需要排队等待，因此网络引起的时延就会增大。

如果令 D_0 表示网络空闲时的时延，D 表示网络当前的时延，当前的网络利用率用 U 表

示,那么在适当的假定条件下,可以用下面的式(1-5)表示 D 与 D_0 以及利用率 U 之间的关系:

$$D = \frac{D_0}{1-U} \qquad (1-5)$$

这里 U 是网络利用率,数值在 0 到 1 之间。当网络利用率达到其容量的 1/2 时,时延就要加倍。特别值得注意的是,当网络利用率接近最大值 1 时,网络产生的时延就趋于无穷大。因此,我们必须有这样的认识:信道利用率或网络利用率过高就会产生非常大的时延。

图 1-16 给出了上述概念的示意图。因此,一些拥有大型主干网的 ISP 通常控制网络利用率不要超过 50%。如果超过了就要准备扩容,增大线路的带宽。

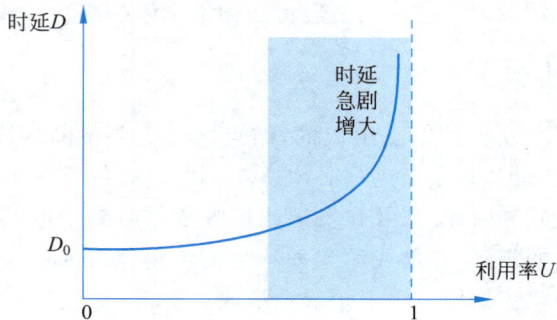

图 1-16　时延与利用率之间的关系

1.5.2　计算机网络的非性能指标

计算机网络还有一些非性能指标也有重要意义。这些非性能指标与前面介绍的性能指标有很大的关系。下面简要地加以介绍。

1. 价格

网络的价格(包括设计和实现的费用)总是必须考虑的,因为网络的性能与其价格密切相关。一般说来,网络的速率越高,其价格也越高。

2. 质量

网络的质量取决于网络中所有构件的质量,以及这些构件的组织方式。网络质量的影响是多方面的,如网络的可靠性、易用性,以及网络的一些性能指标。一般来说,质量好的网络,其可靠性高,一些性能指标也会高些。但高质量的网络往往价格也较高。

3. 标准化

网络硬件和软件的设计既可以按照通用的国际标准,也可以遵循特定的专用标准。最好采用国际标准的设计,因为这样互操作性更好,更易于升级换代和维修,也更容易得到技术上的支持。

4. 可靠性

可靠性与网络的质量和性能都有密切关系。高速网络的可靠性不一定很差。但高速网络要可靠地运行,则往往更加困难,同时所需费用也会较高。

5. 可扩展性和可升级性

在规划网络时就应当考虑今后可能会需要扩展(即规模扩大)和升级(即性能和版本的提高)。网络的性能越好,其扩展费用往往也越高,难度也会相应增加。

6. 易于管理和维护

网络如果没有良好的管理和维护,就很难实现和保持所设计的性能。

1.6 计算机网络的体系结构

在计算机网络的基本概念中,协议和分层次的体系结构(或架构)是最基本的,也是最重要的。这部分内容概念较多,也比较抽象,在学习时要多思考。在没有了解具体的计算机网络之前,很难完全把握这些抽象的概念。但这些概念对后面的学习很有指导意义,因此也必须先从这些概念学起。在学习了后续章节后再回顾本章中的概念,会有更深入的理解。

1.6.1 网络协议

计算机网络是由多个互连的结点组成的,结点之间需要不断地交换数据与控制信息。要做到有条不紊地交换数据,每个结点都必须遵守一些事先约定好的规则。这些规则明确规定了交换的数据的格式和时序,以及在发送或接收数据时要采取的动作等。这些**为进行网络中数据交换而建立的规则、标准或约定即称为网络协议**(network protocol)。网络协议也简称为协议。网络协议主要由以下三个要素组成。

(1)**语法**。即数据与控制信息的结构或格式。例如,地址字段多长以及它在整个分组中什么位置。

(2)**语义**。即各个控制信息的具体含义,包括需要发出何种控制信息、完成何种动作及做出何种响应。

(3)**同步(或时序)**。即事件实现的顺序和时间的详细说明,包括数据应该在何时发送出去,以及数据应该以什么速率发送。

其实协议不是网络所独有的,而是日常工作、生活中经常可见的。凡是多个实体通过传递信息来协作完成一项任务都需要协议。协议通常都包含语法、语义和时序这三个要素。例如,人们在使用邮政系统进行通信时,需要遵守一些强制的或约定俗成的规则,这些规则就是协议。人们在书写信封时需要遵守信封书写规范,规范对收信人和发信人的地址、姓名、邮政编码的书写都有明确的要求。又如,在古代战场上,军队统帅用击鼓鸣金的方法来指挥作战的过程中就需要协议。显然将士和统帅要遵守某种共同的约定,如击鼓表示进攻,鸣金表示收兵,击鼓和鸣金的节奏也有明确的规定。若事先没有明确约定,军队行动肯定会产生混乱。

在计算机网络中,任何一个通信任务都需要由多个通信实体协作完成,因此,网络协议是计算机网络不可缺少的组成部分。实际上,只要我们想让连接在网络上的另一台计算机做点什么事情(例如,从网络上的某个主机下载文件),就需要有协议。

协议必须在计算机上或通信设备中用硬件或软件来实现,有时人们将实现某种协议的软件也简称为协议。我们经常会听到有人说在计算机上安装某协议,注意,这里的协议指的是协议软件,即实现该协议的软件。

1.6.2 计算机网络的分层体系结构

在考虑、设计和处理一个复杂系统时,总是将复杂系统划分为多个小的、功能相对独立的模块或子系统。这样,可以将注意力集中在这个复杂系统的某个特定部分,并有能力把握它。这就是模块化的思想。计算机网络是一个非常复杂的系统,当然需要利用模块化的思想将其划分为多个模块来处理和设计。人们发现层次式的模块划分方法特别适合网络系统,因此目前所有的网络系统都采用分层体系结构。

1. 分层的思想

在日常生活中不乏分层结构,例如,邮政系统就是一个分层的系统,而且它与计算机网络有许多相似之处。所以,在讨论计算机网络的分层体系结构之前,先来看看我们所熟悉的邮政系统的分层结构。如图 1-17 所示,可以将邮政系统抽象为用户应用层、信件递送层、邮包运送层、交通运输层和交通工具层共 5 个层次。发信人与收信人通过邮政系统交换信息,将传递的信息写在纸上并封装在信封里,信封上写上收信人和发信人的姓名与地址等信息,然后将信件投入邮箱或直接送到邮局。邮局工作人员将送往同一地区的信件装入一个邮包,并贴上负责这一地区的邮局的地址,然后交给邮政系统中专门负责运送邮包的部门。该部门将根据邮包的目的地选择运送路线、中转站和交通工具。注意,到目的邮局可能要用到多种交通工具,例如,经火车从北京运送到南京后再经汽车运送到南通。运送邮包的部门要将邮包作为货物交给铁路部门或汽运公司去运送,在中转站,该部门还要负责在不同交通工具间中转,最后将邮包交给目的邮局。目的邮局再将邮包中的信件取出分发给收信人。

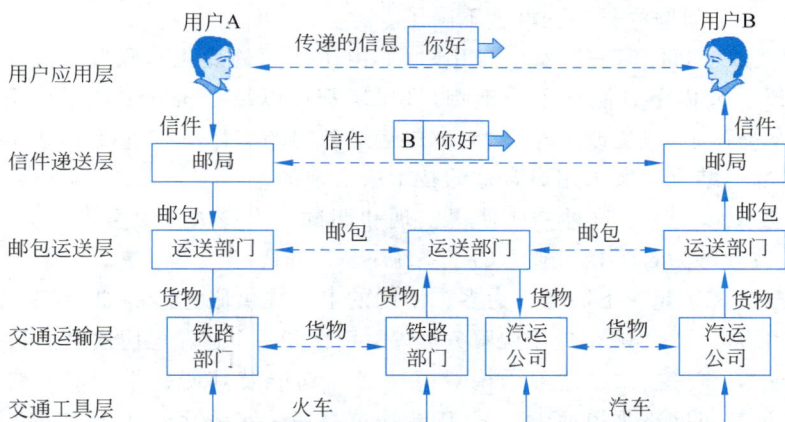

图 1-17 邮政系统的分层结构

邮政系统的最上层是用户应用层,其任务是用户通过信件来传递信息,如写家书、求职或投稿等。通信的双方必须用约定的语言和格式来书写信件内容。为了保密,双方还可以用约定的暗语或密文进行通信。

用户应用层的下层是信件递送层,其任务是将用户投递的信件递送到收信人。为完成该功能,必须对信封的书写格式、邮票、邮戳等进行规定。

再下层是邮包运送层,任务是按运送路线运输邮包,包括在不同交通工具间中转。为把邮包运送到目的地,邮包运送部门需要规定邮包上的地址信息的内容和格式。

再下层是交通运输层,其任务是提供通用的货物运输功能,并不一定仅为邮政系统提供服务。不同类型的交通运输部门是相互独立的,并且有各自的寻址体系。

最下层是具体的交通工具,如火车和汽车,它们是货物运输的载体。

邮政系统是一个很复杂的系统,但通过划分层次,整个通信任务被划分为 5 个功能相对独立和简单的子任务。每一层任务为其上层任务提供服务,并利用其下层任务提供的服务来完成本层的功能。计算机网络的层次结构与其非常相似。

在计算机网络的术语中,我们将计算机网络的层次结构模型与各层协议的集合称为计算机网络的体系结构(architecture)。换种说法,计算机网络的体系结构就是这个计算机网络及其部件所应完成的功能的精确定义。需要强调的是,这些功能究竟是用何种硬件或软件实现,则是一个遵循这种体系结构的实现(implementation)的问题。体系结构的英文名词 architecture 的原意是建筑学或建筑的设计和风格。它和一个具体的建筑物的概念很不相同。例如,我们可以走进一个清代的建筑物中,但却不能走进一个清代的建筑风格中。同理,我们也不能把一个具体的计算机网络说成是一个抽象的网络体系结构。总之,体系结构是抽象的,而实现则是具体的,是真正在运行的计算机硬件和软件。

2. 分层思想的优点

采用分层的思想设计和实现计算机网络的体系结构具有很多优点。

(1) 各层之间是独立的。某一层并不需要知道它的下一层是如何实现的,而仅仅需要知道该层通过层间的接口(即界面)所提供的服务。例如,邮包运送部门将邮包作为货物交给铁路部门运输时无须关心火车运行的具体细节,这是铁路部门的事。由于每一层只实现一种相对独立的功能,因此可将一个难以处理的复杂问题分解为若干较容易处理的小一些的问题。这样,整个问题的复杂程度就下降了。

(2) 灵活性好。当任何一层发生变化时(如由于技术的变化),只要层间接口关系保持不变,则该层以上或以下各层均不受影响,且每层都可以结合实际采用最合适的技术来实现。例如,火车提速了,或更改了车型,对邮包运送部门的工作没有直接影响,且火车如何提速都是由铁路部门结合现实采用最合适的技术来实现的。

(3) 易于实现和维护。这种结构使得实现和调试一个庞大而又复杂的系统变得容易,因整个系统已被分解为若干相对独立的子系统。

(4) 有利于功能复用。下层可以为多个不同的上层提供服务。例如,运输层可以为很多不同的网络应用提供服务,多个应用层服务可以复用在同一个运输层协议之上(如 TCP)。

(5) 能促进标准化工作。这种结构对每一层的功能及其所提供的服务都有精确的说明。标准化对计算机网络来说非常重要,因为协议是通信实体共同遵守的约定。

分层时应注意使每一层的功能非常明确,且选择合适的层数。若层数太少,就会使每一层的协议太复杂。层数太多又会在描述综合各层功能的系统工程任务时遇到较多的困难。到底计算机网络应该划分为多少层,不同人有不同的看法。

3. 计算机网络体系结构的形成

1974 年,美国的 IBM 公司宣布了它研制的系统网络体系结构(System Network Architecture,SNA),这是世界上第一个计算机网络的体系结构。此后,许多公司纷纷提出各自的网络体系结构。这些网络体系结构的共同点是都采用层次结构模型,但层次划分和功能分配均不相同。

为了使不同体系结构的计算机网络都能互联,国际标准化组织(International Standard Organization,ISO)于 1977 年成立了专门机构研究该问题。他们提出了一个试图使各种计算机在世界范围内互连成网的标准框架,即著名的开放系统互连参考模型(Open System Interconnection Reference Model,OSI/RM),简称为 OSI。“开放”是指只要遵循 OSI 标准,任何系统都可以和位于世界上任何地方的也遵循这一标准的其他系统进行通信。该模型是一个七层协议的体系结构,如图 1-18(a)所示。

在 OSI 模型之前,TCP/IP 协议族就已经在运行,并逐步演变成 TCP/IP 参考模型,如图 1-18(b)所示。到了 20 世纪 90 年代初期,虽然整套的 OSI 国际标准都已经制定出来了,但随着互联网的商业化,互联网得到了极大的发展,成为覆盖全世界的、影响巨大的计算机网络,因此,得到最广泛应用的不是国际标准 OSI,而是非国际标准 TCP/IP。于是,TCP/IP 就被称为事实上的国际标准。从这个意义上说,能够占领市场的就是标准。过去制定标准的组织中往往以专家、学者为主,但现在许多公司纷纷挤进各种各样的标准化组织,使得技术标准具有浓厚的商业气息。一个新标准的出现,有时不一定能反映出其技术水平是最先进的,而是它往往有着一定的市场背景。

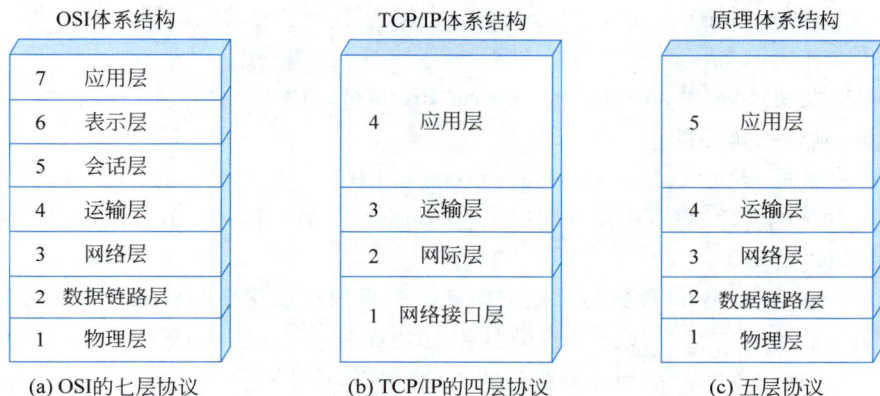

OSI体系结构	TCP/IP体系结构	原理体系结构
7　应用层		5　应用层
6　表示层	4　应用层	
5　会话层		
4　运输层	3　运输层	4　运输层
3　网络层	2　网际层	3　网络层
2　数据链路层	1　网络接口层	2　数据链路层
1　物理层		1　物理层
(a) OSI的七层协议	(b) TCP/IP的四层协议	(c) 五层协议

图 1-18　计算机网络体系结构

总结一下 OSI 失败的原因,大体可归纳如下。

(1) OSI 的专家们缺乏实际经验,他们在完成 OSI 标准时没有商业驱动力。

(2) OSI 的协议实现起来过于复杂,而且运行效率低。

(3) OSI 标准的制定周期太长,使得按 OSI 标准生产的设备无法及时进入市场。

(4) OSI 的层次划分也不太合理,有些功能在多个层次中重复出现。

1.6.3　具有五层协议的原理体系结构

OSI 的七层协议体系结构概念清楚,理论也较完整,但它既复杂又不实用。TCP/IP 是一个四层协议的体系结构,它包含应用层、运输层、网际层和网络接口层。不过从实质上讲,TCP/IP 只有上面的三层,因为对于最下面的网络接口层,它并没有规定具体内容。TCP/IP 体系结构虽然简单,却得到了非常广泛的应用,成为支撑互联网发展的理论和技术基础,同时也是事实上的国际标准。因此,在学习计算机网络原理时往往采取折中的办法,即综合 OSI 和 TCP/IP 的优点,采用一种只有五层协议的原理体系结构,如图 1-18(c)所示,这样既简洁又能将概念表述清楚。

现在结合互联网的情况,自上而下、非常简要地介绍一下各层的主要功能。实际上,只有认真学习完本书各章的协议后才能真正弄清各层的作用。

视频讲解

1. 应用层

应用层(application layer)是原理体系结构中的最高层。应用层的任务是**通过应用进程**

间的交互来完成特定的网络应用。应用层协议定义的是应用进程间通信和交互的规则。这里的进程指正在运行的程序。不同的网络应用需要不同的应用层协议。互联网中的应用层协议有很多，如支持万维网应用的 HTTP、支持电子邮件的 SMTP 和支持文件传送的 FTP 等。应用层交换的数据单元称为报文（message）。

2．运输层

运输层（transport layer，或翻译为传输层）的任务就是向两台主机中进程之间的通信提供通用的数据传输服务。应用进程利用该服务传送应用层报文。所谓通用，是指并不针对某个特定网络应用，多种应用可以使用同一个运输层服务。由于一台主机可同时运行多个进程，因此运输层有复用和分用的功能。复用就是多个应用层进程同时使用下面运输层的服务，分用则是运输层把收到的信息分别交付上面应用层中的相应进程。

互联网中主要有如下两个运输层协议。

（1）传输控制协议（Transmission Control Protocol，TCP）。提供面向连接的、可靠的数据传输服务，其数据传输的单位是报文段。

（2）用户数据报协议（User Datagram Protocol，UDP）。提供无连接的、尽最大努力交付（best-effort）的数据传输服务（不保证数据传输的可靠性），其数据传输的单位是用户数据报。

3．网络层

网络层（network layer）负责为分组交换网上的不同主机提供通信服务。在发送数据时网络层把运输层产生的报文段或用户数据报封装成分组或包进行传送。在 TCP/IP 体系中，由于网络层使用 IP 协议，因此分组也叫 IP 数据报，或直接称为 IP 分组。

注意，不要将运输层的"用户数据报"和网络层的"IP 数据报"弄混。还有一点，也请注意，无论在哪一层传送的数据单元，习惯上都可笼统地用"分组"来表示。在阅读国外文献时，特别要注意 packet 往往可指代任何一层传送的数据单元。

网络层的一个重要任务就是选择合适的路由（route），将源主机运输层传送下来的分组通过网络中路由器的转发（通常要经过多个路由器的转发），最后送达目的主机。

这里要强调指出，网络层中的"网络"二字，已不是我们通常谈到的具体的网络，而是指计算机网络体系结构中的专用名词。

互联网是由大量的异构（heterogeneous）网络通过路由器（router）相互连接而成的，主要的网络层协议是无连接的网际协议（Internet Protocol，IP）和许多种路由选择协议。因此，互联网的网络层也叫作网际层或 IP 层。在本书中，网络层、网际层和 IP 层是同义语。

4．数据链路层

数据链路层（data link layer）常简称为链路层。计算机网络由主机、交换机、路由器和将它们连接在一起的链路组成，从源主机发送给目的主机的分组必须在一段一段的链路上传送。当两个相邻结点间传送数据时，数据链路层的任务就是将网络层交下来的分组封装成帧，然后在两个相邻结点之间的链路传送数据帧。数据链路层传送的数据单元称为帧（frame），因此，数据链路层的任务就是在相邻结点之间传送以帧为单位的数据。

每一帧包括数据和必要的控制信息（如同步信息、地址信息、差错控制等）。例如，在接收数据时，控制信息使接收端能够知道一个帧从哪个比特开始和到哪个比特结束。控制信息还可用于接收端检测所收到的帧中有无差错。如发现有差错，数据链路层应丢弃该帧，以免继续传送下去白白浪费网络资源。

5. 物理层

物理层（physical layer）是原理体系结构的最底层，完成计算机网络中最基础的任务，即在传输媒体上传送比特流，将数据链路层帧中的每个比特从一个结点通过传输媒体传送到下一个结点。物理层传送数据的单位是比特。发送方发送 1（或 0）时，接收方应当收到 1（或 0）而不是 0（或 1）。因此，物理层要考虑用多大的电压代表 1 或 0，以及接收方如何识别出发送方所发送的比特。物理层还要考虑所采用的传输媒体的类型，如双绞线、同轴电缆、光缆等，以及与传输媒体之间的接口。注意，传递信息所利用的一些物理传输媒体本身是在物理层的下面，因此也有人把物理传输媒体当作第 0 层。

为了更好地理解原理体系结构中五层的特点以及它们之间的关系，采用图 1-19 来说明。图 1-19 中展示了应用进程的数据在各层之间进行传递时所经历的变化，以及传送到接收端时所发生的逆向变化。这里假定两台主机通过一台路由器连接起来。

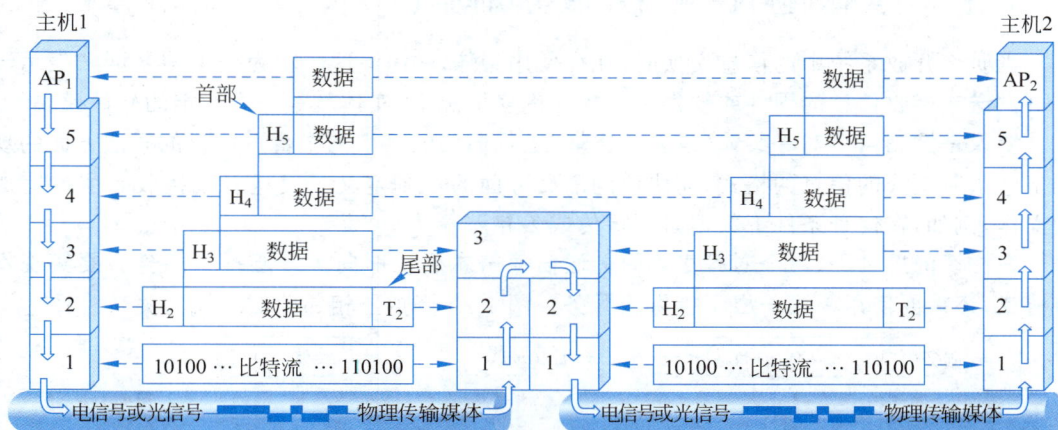

图 1-19　数据在各层之间的传递过程

假定主机 1 的应用进程 AP_1 向主机 2 的应用进程 AP_2 传送数据。AP_1 先将其数据交给本主机的第 5 层（应用层）。数据在第 5 层被加上必要的控制信息 H_5，就变成了这一层的数据单元，并被交给下层。第 4 层（运输层）收到这个数据单元后，加上本层的控制信息构成本层的数据单元，再交给第 3 层（网络层）。以此类推。不过到了第 2 层（数据链路层）后，控制信息被分成两部分，分别加到上一层数据单元的首部（H）和尾部（T）构成本层的数据单元，而第 1 层（物理层）利用传输媒体最终将数据链路层数据单元的所有比特以比特流的形式进行传送。

OSI 把对等层次之间传送的数据单元称为该层的协议数据单元（Protocol Data Unit，PDU），这个名词现已被许多非 OSI 标准采用。

这一串比特流离开主机 1 经网络的物理传输媒体传送到路由器后，就从路由器的第 1 层依次上传到第 3 层。每一层都根据控制信息进行必要的操作，然后将控制信息剥去，将剩下的数据单元上交给更高的一层。当分组上传到第 3 层时，该层根据首部中的目的地址查找转发表，找出转发分组的接口，然后将分组往下传送到第 2 层，加上新的首部和尾部后，再传送到最下面的第 1 层，然后在物理传输媒体上把每一个比特发送出去。

这一串比特流离开路由器到达目的站主机 2 后，就从主机 2 的第 1 层按照上面讲过的方式，依次上传到第 5 层。最后，应用进程 AP_1 发送的数据被交给目的站的应用进程 AP_2。

可以用一个简单例子来比喻上述过程。有一封信从最高层向下传，每经过一层就包上一个新的信封,写上必要的地址信息。包有多个信封的信件传送到目的站后,从第 1 层起,每层拆开一个信封后把信封中的信交给它的上一层。传到最高层后,发信人所发的信被交给收信人。

虽然应用进程数据要经过图 1-19 所示的复杂过程才能送到目的站的应用进程,但这些过程对用户来说都被屏蔽掉了,看上去好像是应用进程 AP_1 直接把数据交给了应用进程 AP_2。同理,任何两个对等的层次(如两个系统的第 4 层)之间,看上去也如同图 1-19 中的水平虚线所示的那样,是将数据(即数据单元加上控制信息)直接传递给了对方。这就是所谓的"对等层"(peer layer)之间的通信。前面经常提到的各层协议,实际上就是在各个对等层之间传递数据时所要遵守的各项规定。

在文献中还可以见到术语"协议栈"(protocol stack),这是因为几个层次画在一起很像一个栈(stack)的结构。

1.6.4　实体、协议、服务和服务访问点

当研究开放系统中的信息交换时,往往使用实体(entity)这一较为抽象的名词来表示任何可发送或接收信息的硬件或软件进程。在许多情况下,实体就是一个特定的软件模块。

协议是控制两个对等实体(或多个实体)进行通信的规则的集合。协议的语法方面的规则定义了所交换的信息的格式,而协议的语义方面的规则定义了发送者或接收者所要完成的操作,例如,在何种条件下数据必须重传或丢弃。

在协议的控制下,两个对等实体间的通信使得本层能够向上一层提供服务。要实现本层协议,还需要使用下面一层所提供的服务。图 1-20 概括了相邻两层之间的关系。

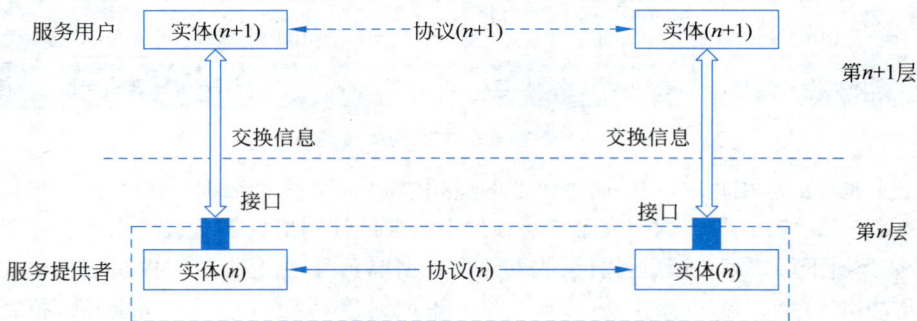

图 1-20　相邻两层之间的关系

一定要弄清楚,协议和服务在概念上是很不一样的。

首先,协议的实现保证了能够向上一层提供服务。使用本层服务的实体只能看见服务而无法看见下面的协议。下面的协议对上面的实体是透明的。"透明"是一个很重要的术语。它表示某一个实际存在的事物看起来却好像不存在一样。例如,运输层使用了很复杂的协议实现了可靠传输。上面的应用层只感受到运输层所提供的这种可靠传输服务,却看不见运输层是怎样借助于复杂协议来实现可靠传输的。因此,运输层的协议对应用层来说是透明的。

其次,协议是"水平的",即协议是控制对等实体之间通信的规则;但服务是"垂直的",即服务是由下层向上层通过层间接口提供的。另外,并非在一个层内完成的全部功能都称为服务。只有那些能够被上一层实体"看见"的功能才能被称为"服务"。为获取服务,上层实体需要通过层间接口与下层实体交换信息,这里的层间接口也被称为服务访问点。例如,上层实体

将要发送数据交给下层实体去处理,下层实体将收到的分组的数据提取出来交付上层实体。

1.6.5　TCP/IP 体系结构

在互联网所使用的各种协议中,最重要、最著名的就是 TCP 和 IP 两个协议。现在人们经常提到的 TCP/IP 并不是单指 TCP 和 IP 这两个具体的协议,而往往是表示互联网所使用的整个 TCP/IP 协议族(protocol suite),也称为 TCP/IP 协议栈。互联网的体系结构也被称为 TCP/IP 体系结构。

图 1-21 给出了 TCP/IP 四层体系结构的表示方法举例。注意,图 1-21 中的主机 A 和主机 B 在进行通信时要用到应用层、运输层、网际层和网络接口层,但路由器在转发分组时最高只用到网际层而没有使用运输层和应用层。这反映出互联网的一个十分重要的设计理念:网络的核心部分越简单越好,把一切复杂的部分让网络的边缘部分去实现,如此才能确保互联网的高效。

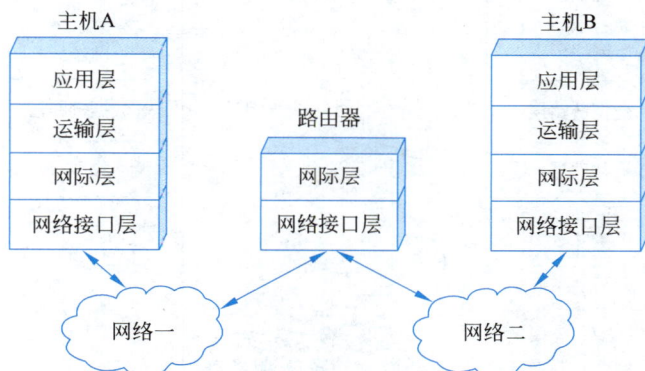

图 1-21　TCP/IP 四层体系结构的表示方法举例

图 1-22 用另一种方法来表示 TCP/IP 协议族,它的特点是上下两头大而中间小:应用层和网络接口层都有多种协议,而中间的 IP 层很小,上层的各种协议都向下汇聚到一个协议中。这种沙漏计时器形状的 TCP/IP 协议族表明,**TCP/IP 可以为各式各样的应用提供服务(everything over IP)**,同时 **TCP/IP 也允许 IP 在各式各样的局域网络上运行(IP over everything)**。正因如此,互联网才会发展到今天的全球规模。从图 1-22 中不难看出,IP 在互联网中的核心作用。

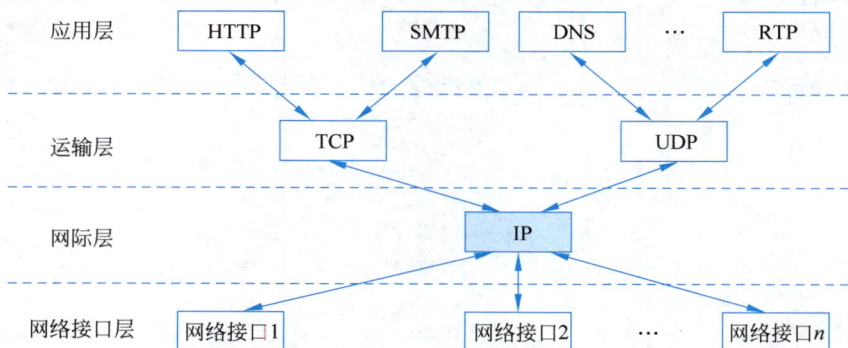

图 1-22　沙漏计时器形状的 TCP/IP 协议族示意图

【例 1-3】 利用协议族的概念,说明在互联网中常见的客户-服务器工作方式。

解答:先用图 1-23 说明一个客户与一个服务器交互的工作方式。图 1-23 中的主机 A 和主机 B 都各有自己的协议族。主机 A 中的应用进程(假设是客户进程)的位置在最高的应用层。这个客户进程向主机 B 应用层的服务器进程发出请求,请求建立连接(图 1-23 中的①)。然后,主机 B 中的服务器进程接受 A 的客户进程发来的请求(图 1-23 中的②)。所有这些通信,实际上都需要使用下面各层所提供的服务。但若仅仅考虑客户进程和服务器进程的交互,则可把它们之间的交互看作图 1-23 中的水平虚线所示的那样。

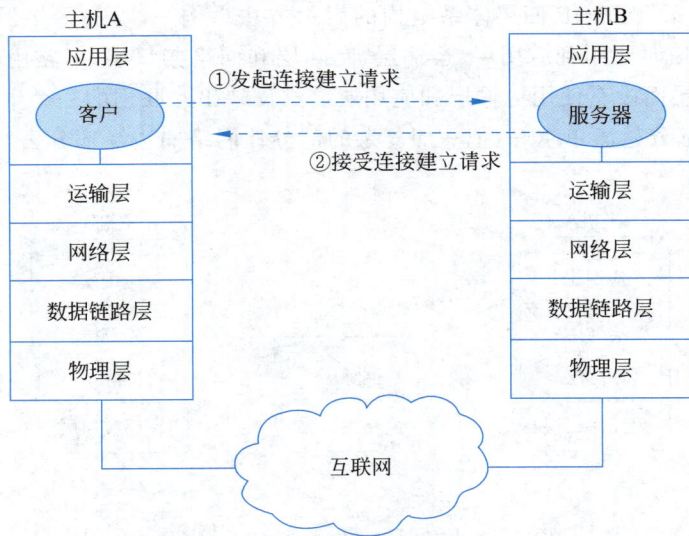

图 1-23　互联网上的客户-服务器工作方式

再使用图 1-24 来进一步说明两个客户与两个服务器进程之间的交互。图 1-24 中画出了三台主机的协议栈。主机 C 的应用层中同时有两个服务器进程。服务器 1 在和主机 A

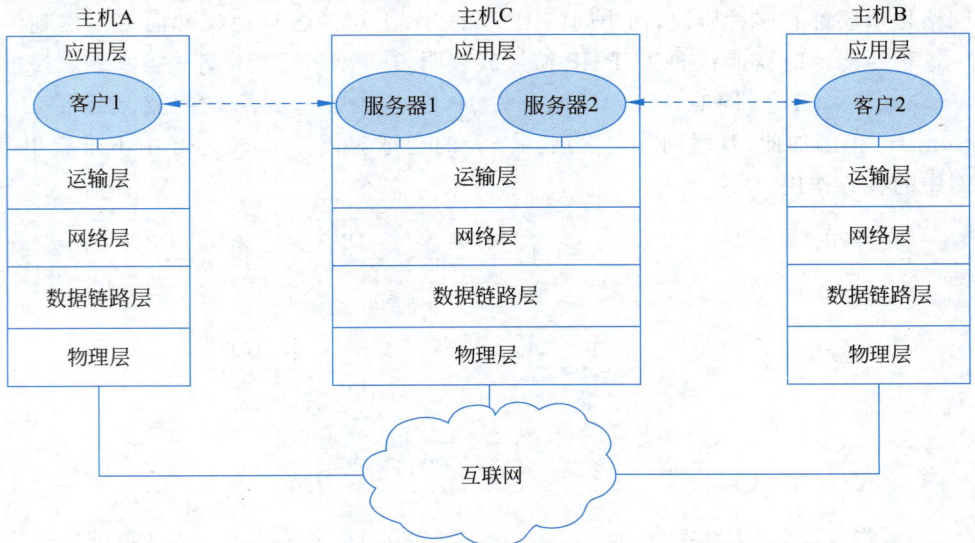

图 1-24　主机 C 的两个服务器进程分别向主机 A 和主机 B 的客户进程提供服务

中的客户1通信,而服务器2在和主机B中的客户2通信。有的服务器进程可以同时向几百个或更多的客户进程提供服务。

1.7　计算机网络标准化组织与互联网协议管理机构

互联网的标准化工作对互联网的发展起到了非常重要的作用。标准化工作的好坏对一种技术的发展有着很大的影响。缺乏国际标准会使技术的发展处于比较混乱的状态,盲目自由竞争很可能造成多种技术体制并存且互不兼容的状态(如过去形成的彩电三大制式),给用户带来较大的不便。但国际标准的制定又是一个比较复杂的过程,这里既有技术问题,也有非技术问题,例如不同厂商之间的利益冲突等。标准制定的时机也很重要。标准制定得过早,技术发展还不成熟,落后的标准会限制产品的技术水平。反之,制定得太迟会使技术的发展无章可循,造成产品的不兼容,也会影响技术的发展。

下面将介绍在计算机网络发展过程中起关键作用的几个国际标准化组织。

1.7.1　计算机网络领域有影响的标准化组织

1. ISO

ISO是一个全球性的非政府组织,是国际标准化领域中一个十分重要的组织。ISO于1947年2月23日正式成立,总部设在瑞士的日内瓦。ISO致力于开发科学、技术、经济领域的广泛合作,尤其在信息技术方面,ISO制定了网络通信的标准,OSI参考模型就是ISO的TC97组织制定的。

2. 互联网工程任务组(Internet Engineering Task Force,IETF)

IETF是许多工作组(Working Group,WG)组成的论坛,具体工作由互联网工程指导小组(Internet Engineering Steering Group,IESG)管理。这些工作组划分为若干领域,每个领域集中研究某一特定的短期和中期的工程问题。其主要工作是针对协议的开发和标准化。

3. 互联网研究任务组(Internet Research Task Force,IRTF)

IRTF是由一些研究组组成的论坛,具体工作由互联网研究指导小组(Internet Research Steering Group,IRSG)管理。IRTF的任务是研究一些需要长期考虑的问题,包括互联网的一些协议、应用、体系结构等。

4. 国际电信联盟(International Telecommunication Union,ITU)

国际电信联盟是世界各国政府电信主管部门之间协调电信事务的一个国际组织,成立于1865年5月17日,ITU的原设机构有国际电报电话咨询委员会(CCITT)、国际无线电咨询委员会(CCIR)、国际频率登记委员会(IFRB)。1993年3月1日,经第一届世界电信标准大会(WTSC-93)确定,经改组后,现有机构有电信标准部门(TSS,ITU-T)、无线电通信部门(RS,即ITU-R)和电信发展部门(TDS,即ITU-D)。在通信领域,最著名的ITU-T标准有V系列标准,例如V.32、V.35、V.42标准,对使用电话线传输数据做了明确的说明,还有X系列标准,例如X.25、X.400、X.500为公用数字网上传输数据的标准,ITU-T的标准还包括了电子邮件、目录服务、综合业务数字网ISDN以及宽带ISDN等方面的内容。

5. 电气和电子工程师学会(Institute of Electrical and Electronics Engineers,IEEE)

IEEE于1963年由美国电气工程师学会(AIEE)和美国无线电工程师学会(AIRE)合并

而成,是美国规模最大的专业学会。IEEE 的标准制定内容有电气与电子设备、试验方法、元器件、符号、定义以及测试方法等。IEEE 最大的成果是定义了局域网和城域网的标准。这个标准被称为 802 项目或 802 系列标准。

6. 电子工业协会(Electronic Industries Association,EIA)

EIA 创建于 1924 年,它代表了设计生产电子元件、部件、通信系统和设备的制造商以及工业界、政府和用户的利益,在提高美国制造商的竞争力方面起到了重要的作用。在信息领域,EIA 在定义数据通信设备的物理接口和电气特性等方面做了巨大的贡献,尤其是数字设备之间串行通信的接口标准,例如 EIA RS-232,EIA RS-449 和 EIA RS-530。

此外,还有一些组织也起到了重要的作用,如欧洲计算机制造商协会(European Computer Manufacturers Association,ECMA)、欧洲电信标准化协会(European Telecommunications Standards Institute,ETSI)、美国国家标准学会(American National Standards Institute,ANSI)、互联网体系结构委员会(Internet Architecture Board,IAB)和中国国家标准化管理委员会(中华人民共和国国家标准化管理局)。

1.7.2　RFC 文档、互联网草案与互联网协议标准

1. RFC 文档的基本概念

互联网在制定其标准上很有特色,其中一个很大的特点就是开放性。所有的互联网标准都是以 RFC(Request For Comment,请求评论)的形式在互联网上发表的。

最早出现的 RFC 文档的名字为 RFC1 Host software,它是在 1969 年 4 月 7 日由参与 ARPANET 研究的加州大学洛杉矶分校(UCLA)研究生 Steve Crocker 发布的。Steve Crocker 最初的设想是希望创造一种非官方的、所有参与 ARPANET 项目技术人员之间交流研究成果的方式,以系列的方式发布各种网络技术与标准的研究文档,并取名为请求评价文档。这种形式很快就受到所有参与 ARPANET 项目研究人员的欢迎,并逐步成为有关互联网技术研究成果、标准讨论最主要的方式,在互联网技术研究以及互联网标准从研究到修改、确定过程中发挥了重要的作用,也是当前所有网络技术研究人员了解互联网技术动态与标准内容最重要的信息来源。

2. RFC 文档类型、互联网草案与互联网协议标准的关系

在了解 RFC 文档对计算机网络研究的作用时,需要注意以下问题。

(1) 任何研究人员都可以提交 RFC 文档。

管理 RFC 文档的机构根据收到文档之后的时间,经过 IETF 专家审查并认为可以发布时,将按照接收文档的时间先后对 RFC 排序。第一个 RFC 文档序号为 1,即 RFC1 Host software,之后很快就出现了 B. Duvall 关于主机软件讨论的文档,即 RFC2 Host software。从 1969 年 4 月第一个 RFC 文档的出现到 2009 年 4 月的 40 年中,发布的 RFC 文档研究已经达到数千个。2009 年 4 月 7 日发布的 RFC5540 文档为 *40 years of RFCs*,它对 RFC 文档 40 年的发展过程进行了总结。因此,读者在查询与阅读 RFC 文档时需要注意两个问题:一是 RFC 文档的类型;二是确定是否是最新文档。

(2) 互联网标准的制定需要经过草案、建议标准、标准三个阶段。

"草案"阶段的文档是提供给大家讨论用的。当研究人员提交的文档经过 IETF 专家审查认为有可能成为协议标准时,将被接受为"建议标准"阶段的 RFC 文档。处于"建议标准"

阶段的 RFC 文档,表示该文档正在按协议标准的要求进行审查。"标准"阶段的 RFC 文档表示该文档已成为互联网协议标准。

不是所有的 RFC 文档都会成为互联网协议标准,其中只有一小部分会成为标准。

(3) **RFC 文档有实验性 RFC 文档、信息性 RFC 文档与历史性 RFC 文档三种形式。**

实验性 RFC 文档表示该文档是某一项技术研究当前实验的进展报告。信息性 RFC 文档表示该文档是与互联网相关的一般性信息或指导性的信息。历史性 RFC 文档表示该协议已经被新的协议取代,或者是从未使用的标准。

(4) **一种网络协议可能会出现很多相关的 RFC 文档。**

例如,讨论 TCP 的第一个 RFC 文档 *RFC 793 Transmission Control Protocol*,是 J. Postel 于 1981 年 9 月发布的。为了解决 TCP 在网络拥塞下的恢复性能,以及选择传输窗口、接收窗口、超时数值、报文段长度等 TCP 变量值问题,在之后的 20 多年里,IETF 又公布了十几个对 TCP 的功能扩充、调整的 RFC 文档。因此,如果要系统地了解一个协议标准的细节时,可能需要阅读多个 RFC 文档。

同时需要注意另一类问题,那就是对于同一个协议,可能有后面的新协议文档取代了前面的旧协议文档。例如,对于 Internet Official Protocol Standards 存在着两个 RFC 文档,其中 2003 年 11 月发布的 RFC 3600 明确表示它将取代 2002 年 11 月发布的 RFC 3300。这种情况是比较多的。

1.7.3　互联网管理机构

实际上,没有任何组织、企业或政府能够拥有互联网,因为它是由一些独立的机构来管理的,这些机构都有自己特定的职能。大多数互联网管理和研究机构都有两个共同点:一是它们都是非营利的;二是都是自下而上的结构。这种结构的优点是能够体现出互联网资源与服务的开放性与公平性原则。以下是互联网主要的管理和研究机构。

1. 美国国家科学基金会

尽管美国国家科学基金会(National Science Foundation,NSF)并不是一个官方的互联网组织、并且也不能参与互联网的管理,但是它对互联网的发展却发挥了重要的作用。NSF 于 1950 年创立,根据美国《国家科学基金会法案》,该组织成为一个独立于美国的机构。

2. 互联网协会

1992 年,互联网协会(Internet Society,ISOC)创立,它是一个最权威的互联网全球协调与合作的国际化组织。ISOC 是由互联网专业人员和专家组成的协会,致力于调整互联网的生存能力和规模。ISOC 的重要任务是与其他组织合作,共同完成互联网标准的制定。

3. 互联网体系结构委员会

1992 年 6 月,互联网体系结构委员会(Internet Architecture Board,IAB)创立,它是互联网协会 ISOC 的技术咨询机构。IAB 的权力在 RFC 1601(IAB 章程)中做了规定。IAB 的主要职责为:负责互联网协议体系结构的监管,把握互联网技术的长期演进方向,负责互联网标准的制定规则,指导互联网标准文档 RFC 的编辑出版,负责互联网的编号管理,组织与其他国际标准化组织的协调,批准 IETF 领域主席和任命国际互联网研究任务组主席等项工作。IAB 由十几个任务组组成,IAB 的每个成员都是一个互联网任务组的主持者,分管研究某个或某几个系列的重要课题。IAB 包括两个下属机构:互联网工程任务组和互联网研究任务组。

4．互联网工程任务组和互联网工程指导组

互联网工程任务组的责任是为互联网工程发展提供技术及其他支持，包括简化现有标准与开发一些新的标准，以及向互联网工程指导组（Internet Engineering Steering Group，IESG）推荐标准。

5．互联网研究任务组

互联网研究任务组致力于互联网有关的长期项目研究，主要包括互联网协议、体系结构、应用程序及相关技术领域。

6．互联网网络信息中心

互联网网络信息中心（Internet Network Information Center，InterNIC）负责互联网域名注册和域名数据库的管理。

7．互联网分配号码管理局

互联网分配号码管理局（Internet Assigned Numbers Authority，IANA）负责组织、监督 IP 地址的分配，以及 MAC 地址中公司标识等编码的注册管理工作。

1.8　本章重要概念

1．计算机网络（可简称为网络）把许多计算机连接在一起，而互联网则把许多网络连接在一起，是网络的网络。

2．以小写字母 i 开始的 internet（互联网）是通用名词，它泛指由多个计算机网络互联而成的网络。在这些网络之间的通信协议可以是任意的。

3．以大写字母 I 开始的 Internet（因特网）是专用名词，它指当前全球最大的、开放的、由许许多多网络相互连接而成的特定计算机网络，采用 TCP/IP 协议族作为通信规则，且其前身是美国的 ARPANET。

4．互联网的发展经历了六个阶段的演进，其成功的原因之一是采用了 TCP/IP，为其互联各种异构网络提供了技术支撑。互联网结构发展经历了三个阶段。互联网在我国取得了辉煌的发展成就，特别是在下一代互联网发展中，CERNET2 做出了重要贡献。

5．互联网按工作方式可划分为边缘部分与核心部分。主机在网络的边缘部分，其作用是进行信息处理。路由器在网络的核心部分，其作用是按存储转发方式进行分组交换。

6．计算机通信是计算机中的进程（即运行着的程序）之间的通信。计算机网络采用的通信方式有客户/服务器方式（C/S 方式）和对等连接方式（P2P 方式）两种。

7．客户和服务器都是指通信中所涉及的应用进程，客户是服务请求方，服务器是服务提供方。

8．计算机网络可以根据不同的分类标准进行分类，其中，按作用范围的不同，可以将计算机网络分为广域网（WAN）、城域网（MAN）、局域网（LAN）、个人区域网（PAN）。

9．计算机网络最常用的性能指标是速率、带宽、吞吐量、时延（发送时延、传播时延、处理时延、排队时延）、时延带宽积、往返时间和信道（或网络）利用率。

10．网络协议即协议，是为进行网络中的数据交换而建立的规则。计算机网络的各层及其协议的集合称为网络的体系结构。

11. 五层协议的原理体系结构由应用层、运输层、网络层(或网际层)、数据链路层和物理层组成。运输层最重要的协议是 TCP 和 UDP,而网络层最重要的协议是 IP。

12. 实体表示任何可发送或接收信息的硬件或软件进程,协议是控制两个对等实体(或多个实体)进行通信的规则的集合。在协议的控制下,两个对等实体间的通信使得本层能够向上一层提供服务。要实现本层协议,还需要使用下一层所提供的服务。

协议是"水平的",即协议是控制对等实体之间通信的规则;但服务是"垂直的",即服务是由下层向上层通过层间接口提供的。这里的层间接口也被称为服务访问点。

13. TCP/IP 体系结构是互联网采用的体系结构,其协议族为事实上的国际标准,其结构共分为四层:应用层、运输层、网际层、网络接口层。

14. 互联网协议成为正式标准需经历的三个阶段:草案、建议标准和标准。

1.9　本章知识图谱

1.10　习题

习题答案

1. 解释重要概念:计算机网络(简称网络)、互联网、因特网。

2. 互联网的发展经历了哪几个阶段? 每个阶段的主要特点是什么?

3. 总结互联网结构发展的三个阶段及主要特点。

4. 中国下一代教育科研计算机网(CERNET2)对下一代互联网发展做出了哪些重要贡献?

5. 互联网由哪几部分组成? 各部分的主要功能是什么?

6. 简述分组交换的要点。

7. 请说出电路交换、分组交换以及报文交换的特点,然后重点分析分组交换和报文交换的不同点。

8. 简述计算机网络的分类。各种类别的网络的主要特点有哪些?

9. 何谓计算机网络拓扑结构? 计算机网络的拓扑结构有哪几种? 不同拓扑结构的网络对通信进行控制的方法有什么不同?

10. 两台主机之间的传输介质长度为 1000km,电磁波在该种传输介质中的传播速率为 2×10^8 m/s。试计算以下两种情况下的发送时延与传播时延。

(1) 数据长度为 1×10^3 b,数据发送速率为 100kb/s。

(2) 数据长度为 1×10^8 b,数据发送速率为 1Gb/s。

11. 假设信号在传输介质上的传播速率为 2×10^8 m/s,传输介质的长度分别为:

(1) 100m(局域网)。

(2) 100km(城域网)。

(3) 3000km(广域网)。

现在,向传输介质中连续地发送数据,数据速率分别为 10Mb/s 和 10Gb/s。请计算每一种情况下在传输介质中的比特数(提示:媒体中的比特数取决于媒体的长度和数据速率。本题是假定我们能够看见媒体中正在传播的比特,能够给媒体中的比特拍个快照)。

12. 什么是网络协议?网络协议的三要素是什么?各有什么含义?

13. 网络体系结构采用分层次的结构有哪些好处?试举出一些日常生活、学习中采用分层次思想的例子。

14. 请解析实体、协议、服务以及服务访问点这几个概念。

15. 协议和服务的主要区别是什么?

16. 长度为 6B 与 1460B 的应用层数据通过传输层时加上了 20B 的 TCP 首部,通过网络层时加上 20B 的 IP 分组首部,通过数据链路层时加上了 18B 的 Ethernet 帧头和帧尾。分别计算两种情况下的数据传输效率(提示:数据传输效率是指发送的应用层数据除以所发送的总数据)。你有何感想?

17. 五层体系结构设置了哪些层次?各层的作用和功能是什么?把每一层次的最主要的功能归纳成一两句话。

18. 请解释 everything over IP 和 IP over everything 的含义。

19. 与计算机网络相关的标准化组织有哪些?互联网的管理机构有哪些?

20. 主机 A 向主机 B 要发送一个长度为 10^8 比特的报文,中间需要经过三台交换机,即一共需要经过四段链路。假设每段链路的传输速率为 10Mb/s,且不考虑所有的传播、处理和排队时延。请解答以下几个问题。

(1) 若采用报文交换,请问从主机 A 把报文传送到主机 B 需要多长时间?

(2) 若采用分组交换,报文被划分成 10 000 个等长的分组(本题忽略分组首部对计算的影响),并连续发送。交换机能够边接收边发送。请计算主机 A 把第一个分组传送到主机 B 需要多长时间?而要把这 10 000 个分组传送到主机 B 共需要多长时间?

(3) 试比较通常情况下,用整个报文传送和通过划分成多个分组来传送两种方式的优缺点。

1.11　考研真题

1. (2010 年)在图 1-25 所示的采用"存储转发"方式的分组交换网络中,所有链路的数据传输速率为 100Mb/s,分组大小为 1000B。其中,分组头大小为 20B。若主机 H1 向主机 H2 发送一个大小为 980 000B 的文件,则在不考虑分组拆装时间和传播延迟的情况下,从 H1 发送开始到 H2 接收完为止,需要的时间至少是(　　)ms。

    A. 80　　　　　　　B. 80.08　　　　　　C. 80.16　　　　　D. 80.24

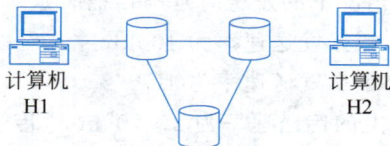

图 1-25　"存储转发"方式的分组交换网络

2. (2013 年)主机甲通过 1 个路由器(存储转发)与主机乙互联,两段链路的数据传输速率均为10Mb/s,主机甲分别采用报文交换和分组大小为10kb的分组交换向主机乙发送一个大小为8Mb(1M＝10^6)的报文。忽略链路传播延迟、分组头开销和分组拆装时间,则两种方式完成传输需要的时间分别是(　　)。

  A. 800ms,1600ms   B. 801ms,1600ms

  C. 1600ms,800ms   D. 1600ms,801ms

  3. (2023年)分组交换网,主机 H1 和 H2 通过路由器互连,两段链路的带宽均为100Mb/s,时延带宽积均为1000b。若 H1 向 H2 发送一个大小为1MB的文件,分组长度为1000B,则从 H1 开始发送时刻起到 H2 收到文件全部数据时刻止,所需的时间至少是(注:1M＝10^6)(　　)。

  A. 80.02ms   B. 80.08ms   C. 80.09ms   D. 80.10ms

第 2 章

物理层

【本章主要内容】

    物理层是 OSI 模型的最底层,它负责在物理介质上传输原始的比特流。物理层主要涉及数据传输的物理特性,如电压水平、传输速率、最大传输距离、信号的调制和解调等。本章也介绍数据通信基础,包括数据编码、传输模式(如单工、半双工、全双工)、同步和异步传输等。传输媒体是数据传输的媒介,例如双绞线、同轴电缆、光纤和无线传输。信道复用技术允许多个信号在同一个传输媒体上同时传输而不相互干扰。常见的复用技术有频分复用(FDM)、时分复用(TDM)、波分复用(WDM)和码分复用(CDMA)。数字传输系统是用于传输数字数据的系统,它包括调制解调器、路由器、交换机等设备,以及它们之间的连接协议。宽带接入技术是指能够提供高速数据传输的接入方法,包括 DSL(数字用户线路)、光纤到户(FTTH)等。每个概念都包含了一系列复杂的理论和实践,是构建现代通信网络的基础。

2.1　物理层的主要任务

    物理层研究的是在各种传输媒体上传输比特流,而不是指具体的传输媒体。物理层尽量屏蔽掉传输媒体和通信手段的差异,使得数据链路层感觉不到这种差异从而专注于数据链路层的协议和服务。

    为了描述物理层的主要任务,一般需要确定与传输媒体接口相关的以下四个特性。

    (1) 机械特性指明接口的形状和尺寸、引脚数目和排列、固定和锁定装置等。

    (2) 电气特性指明在接口的各条引线上出现的电压范围。

    (3) 功能特性指明某条线路上出现的某一电压的含义。

    (4) 过程特性指明对于不同功能的各种可能事件出现的先后顺序。

    数据在计算机内部多采用并行传输方式。但数据在通信线路(传输媒体)上的传输方式一般都是串行传输,即逐个比特按照时间顺序传输,因此物理层还要完成传输方式的转换。

    另外,物理层和数据链路层的协议通常被称为规程。

2.2　数据通信的基础知识

2.2.1　数据通信系统的模型

    图 2-1 是早期两个计算机通过调制解调器(modem)连接普通电话线,再通过公用交换

电话网(PSTN)进行通信的例子。可以看到,数据通信系统可划分为三大部分:源系统(或发送端、发送方)、传输系统(或传输网络)和目的系统(或接收端、接收方)。

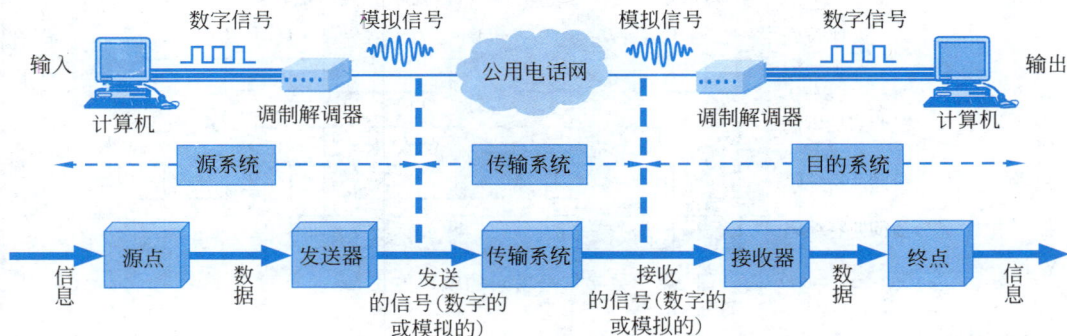

图 2-1 数据通信系统的模型

源系统一般包括源点和发送器。源点设备产生要传输的数据,如计算机产生的数字比特流。源点又称为信源。通常计算机产生的数字比特流并不适合直接传输,要通过发送器处理后才能够在传输系统中进行传输。处理方式是调制。典型的发送器就是调制器。调制器将数字信号转换为模拟信号,以便在公用电话网中传输。

目的系统一般包括接收器和终点。终点又称为目的站或信宿。接收器接收传输系统传送过来的模拟信号,将模拟信号转换为数字信号。典型的接收器就是解调器。目的计算机就是终点设备,收到解调后的信号将信息输出。

中间的传输系统可以是简单的传输线路,也可以是一个复杂的网络系统。

2.2.2 信道

一般用信道来表示向某一个方向传送信息的媒体。一次通信过程往往包含一条发送信道和一条接收信道。

根据双方信息交互的方式,信道可以分为以下三种。

(1) 单向通信:又称为单工通信,即只能有一个方向的通信而没有反方向的通信。例如,无线电广播、有线电广播以及电视广播。

(2) 双向交替通信:又称为半双工通信,即通信的双方都可以发送信息,但不能同时。这种通信方式是一方发送而另一方接收,过一段时间后可以根据需要反过来。

(3) 双向同时通信:又称为全双工通信,即通信的双方可以同时发送和接收信息。

单向通信只需要一条信道,而双向交替通信或双向同时通信则都需要两条信道(每个方向各一条)。显然,双向同时通信的传输效率最高。

2.2.3 编码与调制

1. 基本的带通调制方法

将二进制 0 和 1 利用不同的基本波形表示出来称为编码。数字信号常用的编码方式如图 2-2 所示。不归零制用正电平代表 1,负电平代表 0。归零制用正脉冲代表 1,负脉冲代表 0。曼彻斯特编码用中心位置的高-低电平跳变表示 1,中心位置的低-高电平跳变表示 0。差分曼彻斯特编码和曼彻斯特编码有点类似。在每一位的中心处始终都有跳变。位起始边界有跳变代表 0,而位起始边界没有跳变代表 1。曼彻斯特编码产生的信号频率比不归零制高。曼彻斯特编码具有自同步能力。

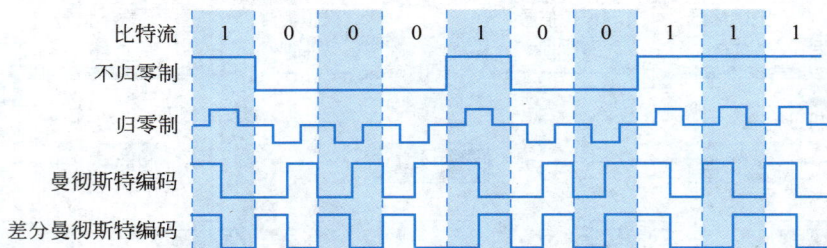

图 2-2　数字信号常用的编码方法

2.调制

信源产生的信号常被称为基带信号(即基本频带信号)。例如,计算机直接输出的信号是基带信号。基带信号往往包含低频分量,甚至有直流分量,这样的信号不适合在多数信道上直接传输。这时就需要对信号进行调制。使用载波,把基带信号的频率搬移到较高的频段,并转换为模拟信号,这样就能够更好地在模拟信道中传输。

图 2-3 给出了最基本的调制方法。

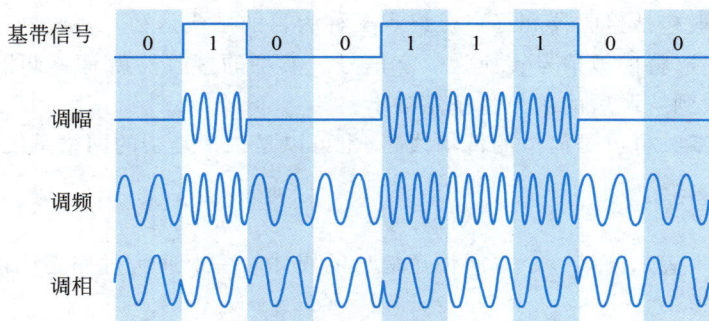

图 2-3　最基本的三种调制方法

最基本的调制方法有三种:调幅、调频和调相。调幅(AM)根据基带数字信号调整载波的振幅。例如,振幅为 0 表示数字信号 0,而振幅是特定非零值时表示数字 1。调频(FM)即载波的频率随基带数字信号而变化。例如,用频率为 f_1 的载波表示 0 而用频率为 f_2 的载波表示 1。类似地,调相(PM)依据载波的初始相位来决定数字信号。例如,初始相位 0 和180 度分别对应于数字信号 0 和 1。

码元是数字通信中用于表示数字信息的基本单元。在使用时间(或简称为时域)的波形表示数字信号时,代表不同离散数值的基本波形就称为码元。在数字通信系统中,信息通常被转换为二进制或其他进制的码元进行传输。在使用二进制编码时,只有两种不同的码元,一种代表 0 状态,而另一种代表 1 状态,这时一个码元携带 1 比特二进制数。图 2-3 所示的调制方法,一个码元携带一个比特的数据。

为了进一步提高数据速率,在编码时可以使用多于两个码元。例如使用四个码元,第一个码元表示二进制数 00,第二个码元表示二进制数 01,第三个码元表示二进制数 10,最后一个码元表示二进制数 11,这时一个码元就携带了 2 比特二进制数。具体实现上,可以将基本的调制方法融合起来,采用技术上更为复杂的多元制的振幅相位混合调制方法。例如,正交振幅调制(Quadrature Amplitude Modulation,QAM),其是一种振幅和相位联合键控。在 QAM 体制中,信号的振幅和相位作为两个独立的参量同时受到调制。例如,调制时采用 4 个相位,每个相位具有 4 种振幅,这样就有 4×4=16 个波形,一个码元可以携带 4 比特的信息。MQAM(Multiple Quadrature Amplitude Modulation,多进制正交幅度调制)包括 4QAM、16QAM、64QAM、256QAM 等 QAM 信号,其矢量图像是星座,故又称为星座调制。

码元的计算通常涉及码元的速率,即单位时间内传输的码元数量。波特率是码元传输速率单位,它说明单位时间传输了多少个码元。波特率的单位可以是码元/s,或称为波特。

2.2.4 信道的极限容量

科学家和工程师一直致力于寻找提供高速率通信的方法。任何实际的信道都不是理想的,会有噪声和干扰,发生失真。如图 2-4 所示,失真严重接收方就不能还原原始信号。一般而言,传输的速率越高、信号传输的距离越远、噪声干扰越大或传输媒体质量越差,在接收端的波形的失真就越严重。

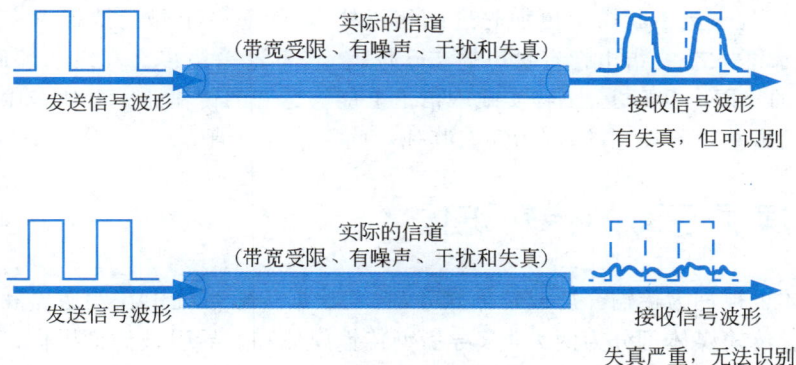

图 2-4 数字信号通过实际的信道

1. 奈氏准则

1924 年,奈奎斯特推导出了著名的奈氏准则。奈氏准则给出了在假定的理想条件下码元传输速率的上限值。在带宽为 W(Hz)的低通信道中,若不考虑噪声影响,则码元传输的最高速率是 $2W$(码元/秒)。码元速率超过此上限,就会出现严重的码间串扰,使得接收端无法对码元识别。例如,信道的带宽为 4000Hz,那么最高码元传输速率就是每秒 8000 码元。实际的信道都是有噪声的,因此还必须知道信道的信噪比数值。

2. 香农定理

电子设备和通信信道中普遍存在噪声。噪声的存在有可能对通信产生影响。因此,信噪比就很重要。所谓信噪比就是信号的平均功率和噪声的平均功率之比,常记为 S/N,无量纲。但通常大家都是使用分贝(dB)作为度量单位。即

$$信噪比 = 10\lg(S/N)(dB) \tag{2-1}$$

例如,当 $S/N=10$ 时,信噪比为 10dB;而当 $S/N=1000$ 时,信噪比为 30dB。

信息论的创始人香农(Shannon)推导出了著名的香农定理。香农定理给出了信道的极限信息传输速率 C。

$$C = W \log_2(1 + S/N)(\text{b/s}) \tag{2-2}$$

式中，W 为信道的带宽（以 Hz 为单位），S/N 为信噪比。

可以看到，带宽越大，信道的极限传输速率就越高；相应地，信噪比越大，信道的极限传输速率就越高。香农给出了信息传输速率的上限。

3. 码元速率和比特率的关系

如果码元传输速率达到了上限值，则可以通过编码的方式，让一个码元携带更多比特，以提升信道的数据传输速率。这时，码元速率和数据传输速率的关系如式（2-3）所示。

$$C = B \log_2(n) \tag{2-3}$$

其中，C 表示数据传输速率，B 表示码元速率，n 表示每个码元可能波形的个数。

例如，用 8 种不同的振幅（$A_0, A_1, A_2, A_3, A_4, A_5, A_6, A_7$）进行调制，此时 $n = 8$。用 A_0 表示 000，A_1 表示 001，A_2 表示 010，A_3 表示 011，A_4 表示 100，A_5 表示 101，A_6 表示 110，A_7 表示 111。8 个调制的波形刚好对应 3 位二进制数。传送 1 个码元相当于传输 3 比特。这种方式带来的问题就是接收方需要能识别出来 8 种不同的波形，解码的难度加大了。因此，不能简单为了提高数据传输速率，而让每一个码元表示非常多比特。

一方面，工程人员不断探索更加先进的编码技术，使每一个码元携带更多比特的信息量。另一方面，香农公式指出在有噪声的实际信道上，不论采用多么高级的编码，都不可能突破式（2-2）的极限。实际上，工程实践中信道上能够达到的传输速率要比极限传输速率低不少。实际信道总是不理想的，因为还有其他一些干扰和失真。

2.3　物理层下面的传输媒体

传输媒体也被称为传输介质或传输媒介，它是数据传输系统中在发送器和接收器之间的物理通路。传输媒体可分为两大类：导引型传输媒体和非导引型传输媒体。在导引型传输媒体中，信号沿着传输媒体传播，例如双绞线、光纤，而非导引型传输媒体就是指自由空间。在非导引型传输媒体中电磁波的传输常称为无线传输。

2.3.1　导引型传输媒体

1. 双绞线

双绞线是目前比较常用的传输媒体。电话线和网线是非常常见的双绞线。把两根相互绝缘的铜导线绞合起来构成双绞线。绞合可减少对相邻导线的电磁干扰。双绞线的导线越粗，其通信距离就越远，但价格也越高。如果信号的传输距离太长，就要在中间位置使用放大器对信号进行放大或者用中继器对失真的信号进行整形。

增加双绞线的绞合度以及增加电磁屏蔽可以提高其抗电磁干扰的能力以及减少电缆内不同双绞线对之间的串扰。绞合度越高的双绞线能够用越高的数据速率传送数据。根据双绞线的绞合程度可以将双绞线分为不同的类别。

双绞线分为无屏蔽双绞线（Unshielded Twisted Pair，UTP）（见图 2-5（a））和屏蔽双绞线（见图 2-5（b））。无屏蔽双绞线价格便宜，数据传输速率有限。屏蔽双绞线，有屏蔽层，具有较好的抗干扰能力，但是价格较贵。所有的屏蔽双绞线都必须有接地线。图 2-5（c）表示 5 类线具有比 3 类线更高的绞合度，5 类线具有更好的数据传输速率。

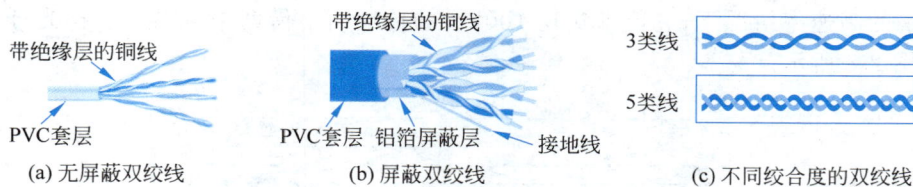

带绝缘层的铜线
PVC套层
(a) 无屏蔽双绞线

带绝缘层的铜线
PVC套层　铝箔屏蔽层　接地线
(b) 屏蔽双绞线

3类线
5类线
(c) 不同绞合度的双绞线

图 2-5　几种不同的双绞线

1991 年，美国电子工业协会（Electronic Industries Association，EIA）和电信行业协会（Telecommunications Industries Association，TIA）联合发布了 EIA/TIA-568 标准，其名称是"商用建筑物电信布线标准"。这个标准规定了用于室内以及在建筑物之间传送数据的各种电缆的有关标准。

2. 同轴电缆

同轴电缆由内导体、绝缘层、外导体屏蔽层以及绝缘保护套层组成，如图 2-6 所示。目前有线电视网的电视端一般使用同轴电缆。由于屏蔽层的作用，同轴电缆比双绞线具有更好的抗干扰特性，被广泛用于传输较高速率的数据。

早期的局域网使用同轴电缆作为传输媒体，但随着技术的进步，目前基本上都采用双绞线作为传输媒体了。

3. 光纤

利用光导纤维（简称为光纤）传递光脉冲来进行通信就是光纤通信。光纤是光纤通信的载体。在发送端可以采用发光二极管或半导体激光器，根据要传输的数据产生出光脉冲。有光脉冲相当于1，而没有光脉冲相当于 0。在接收端利用光电二极管做成光检测器用以还原出原始数据。光纤的传输带宽远远大于目前其他各种传输媒体的带宽。

光线在光纤中的折射如图 2-7 所示。光纤通常由非常透明的石英玻璃拉成细丝，主要由纤芯和包层构成。纤芯很细，其直径只有 $8\sim100\mu m$。光波正是通过纤芯进行传导的。包层较纤芯有较低的折射率。光线从高折射率的介质射向低折射率的介质时，如果入射角足够大，就会出现全反射。全反射过程不断重复，光也就沿着光纤传输下去。

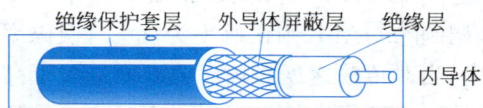

绝缘保护套层　外导体屏蔽层　绝缘层
内导体

图 2-6　同轴电缆的结构

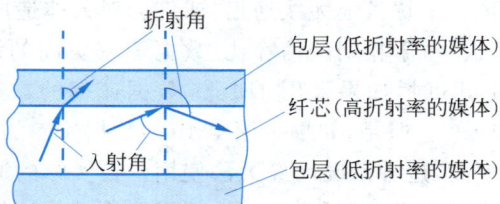

折射角
包层（低折射率的媒体）
纤芯（高折射率的媒体）
入射角
包层（低折射率的媒体）

图 2-7　光线在光纤中的折射

实际上，可以将多个光信号以不同的入射角在一条光纤中传输，这种光纤称为多模光纤。多模光纤中的光信号失真严重，其只适用于近距离传输。若纤芯的直径减小到只有一个光的波长，光信号就会一直向前传播，而不会发生反射现象，这种光纤被称为单模光纤。单模光纤具有一系列独特的特性：其纤芯极为纤细，直径仅仅只有几微米。正因如此，单模光纤的制造工艺繁杂且要求严苛，致使制造成本相对较高。而且，单模光纤所采用的光源不是价格较为便宜的发光二极管，而是昂贵的半导体激光器，这无疑又增加了其使用成本。不过，单模光纤也有突出的优点，那就是衰耗程度较低。例如，在

100Gb/s 的高速率情况下,它能够实现 100km 的传输而不借助中继器。多模光纤和单模光纤如图 2-8 所示。

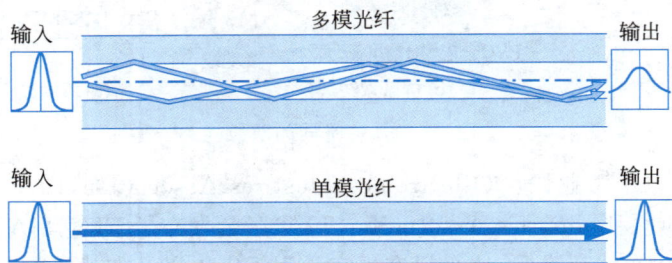

图 2-8　多模光纤和单模光纤

光纤拥有众多显著的优势:

第一,其通信容量极大。第二,传输损耗微小,中继距离较长,对于远距离的传输而言极为经济。第三,在抗雷电和电磁干扰方面表现出色。这一点在存在大电流脉冲干扰的环境中显得尤为关键。例如,在电力设施附近,光纤仍能稳定工作。第四,不存在串音干扰,保密性良好,难以被窃听或者截取数据。这在对信息安全要求极高的场景中优势明显。第五,体积小巧,重量轻盈。然而,要将两根光纤精确连接起来,需要借助专用设备。

2.3.2　非导引型传输媒体

在城市或者偏远山区、岛屿等场景,导引型传输媒体难以敷设且敷设费时;或者通信距离较远,敷设成本比较昂贵。这种场景下,站点可以使用无线射频信号进行通信。将自由空间称为"非导引型传输媒体"。

一般无线信道不稳定,误码率较高。实际应用中必须使误码率控制在可允许的范围内。

在给定的调制方式和数据速率的条件下,信噪比越大,误码率就越低。信噪比的选择需要综合考虑。以手机通信为例,增加手机的发射功率,提高信噪比,必然消耗更多电量,缩短电池的使用时间;增大电池容量,势必会增加电池的体积和重量。另外,过大的发射功率甚至会干扰其他无线通信,或许会对人体造成辐射。

对于相同的信噪比,数据速率更高的调制技术其误码率也会更高。例如,当信噪比是 10dB 时,如果采用 1Mb/s 数据速率的二进制相移键控 BPSK 调制技术,那么误码率小于 10^{-7}。但是,如果采用 4Mb/s 数据速率的正交振幅调制 16QAM,则误码率为 10^{-1},误码率太高,这种情况已经无法使用。在实际的通信场景中,当对传输速度有较高要求而选择了高数据速率的调制技术时,就需要格外关注信噪比的保障,否则很容易出现误码率过高而导致通信质量严重下降的问题。

通信终端的移动也会对无线通信产生影响。移动会导致无线信道特性的变化,信噪比和误码率都会发生改变。因此,移动设备应该具有一定的自适应能力,会根据当时的信道状况灵活选择合适的调制和编码技术,以便获得最优的数据传输速率。

1. 微波通信

无线电微波通信是目前使用比较多的无线通信方式。微波的频率介于 300MHz 和 300GHz 之间(对应的波长为 1m～1mm),不过在实际运用中,主要使用的频率范围是 2～40GHz。微波会穿透电离层,而不具有短波碰到电离层反射的特性。微波主要以直线的方式进行传播。由于地球的曲面特性,大约超过 50km 就要增加天线塔进行中继。中继器把前一站送来的信号经过放大后再发送到下一站。为了将微波信号传到更远的位置,就需要在终端之间建立若干中继站。这种通信方式被称为微波接力。

无线通信中要考虑多径效应的影响。基站发出的信号可以经过多个障碍物的数次反射到达手机。多条路径的信号叠加后一般都会产生很大的失真,而不是信号加强。

微波接力通信能够传输电话、电报、图像、数据等信息。其主要优点有:①通信信道的容量很大。②微波传输质量较高。③微波接力通信建设投资少,见效快,易于跨越山区、江河。微波接力通信的缺点有:①相邻站之间不能有障碍物。②有时也会受到恶劣气候的影响。③微波通信的隐蔽性和保密性较差。④中继站的使用和维护要耗费较多的人力和物力。

2. 短波通信

短波通信(即高频通信)主要靠电离层的反射。但电离层受到多种因素的影响,包括太阳活动、大气各风系的运动等,导致电离层不稳定。电离层的不稳定导致的衰落,以及电离层反射形成的多径效应,使得短波信道的通信质量较差,甚至有时可能会中断。

3. 卫星通信

卫星通信可以看作中继站在卫星上的一种微波接力通信。卫星通信的主要优缺点和地面微波通信差不多。

卫星通信通信距离远,且通信费用与距离无关。理论上在地球赤道上空的同步轨道上,均匀部署 3 颗卫星,就能满足除了南极和北极的全球大部分区域的通信。

卫星通信的频带很宽,通信容量很大,信号所受到的干扰也较小,通信比较稳定。

卫星通信另一个不容忽视的特点是具有较大的传播时延。从一个地球站经卫星到另一地球站的传播时延为 250～300ms。一般可取为 270ms。对比之下,地面微波接力通信链路的传播时延一般取为 $3.3\mu s/km$。利用卫星信道进行对实时性要求比较高的交互式通信是不合适的。

在偏远人迹罕至区域或在远洋上,几乎只能依赖于卫星通信。卫星通信覆盖面很广,天然地适合广播通信。但卫星通信系统的保密性相对较差,卫星通信的成本和造价比较高,使用寿命有限。

4. ISM 频段及红外、激光通信

无线通信得到了迅速的发展和应用。但是,任何人或机构要用无线电频谱进行通信,一般必须得到本国政府无线电频谱管理机构的许可。政府放开了 ISM 频段供个人和机构自由使用。ISM(industrial,scientific,and medical)频段是国际上预留的一系列无线电频谱频段,主要供工业、科学和医疗领域使用,无须单独申请许可证即可在遵守一定条件的情况下自由使用。这些频段的使用无须支付费用,但使用者必须确保其设备的发射功率低于规定的最大值(通常小于 1W),并且不得对同一频段内的其他合法使用者造成有害干扰。现在的无线局域网就使用其中的 2.4GHz 和 5.8GHz 频段。各国的 ISM 标准有可能略有差别。

红外通信、激光通信也属于非导引型传输媒体,它们的方向性比较强,例如各种遥控器广泛使用红外线通信。

2.4 信道复用技术

复用是将多路信号在一个共享信道上传输的技术,例如光纤可以被多个通信用户复用。图 2-9 展示了复用的示意图。显然,共享信道比多个单独信道的容量之和要大。复用会产生额外的开销,但如果复用的信道数量较大,这种开销还是值得的。

2.4.1 频分复用

最基本的复用是频分复用(Frequency Division Multiplexing,FDM)和时分复用(Time Division Multiplexing,TDM)。频分复用的原理如图 2-10 所示。将各路信号通过调制的方法搬移到合适的频率,使得各路信号占据的频带是不同的,不发生相互干扰。频分复用的各路信号持续时间内占用不同的频带。频分复用也被称为频分多址接入(Frequency Division Multiple Access,FDMA),简称频分多址。在使用频分复用时,若每个用户占用的带宽不变,则当复用的用户数增加时,复用后的信道的总带宽就跟着变宽。

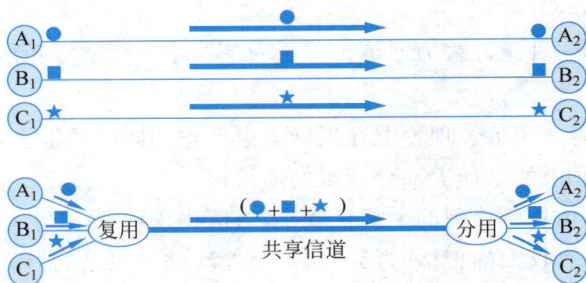

图 2-9 复用的示意图

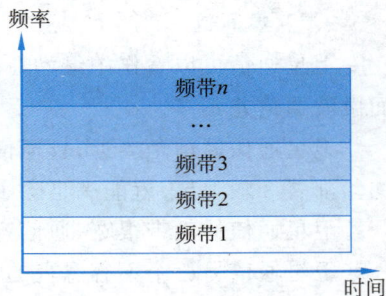

图 2-10 频分复用的原理

2.4.2 时分复用和统计时分复用

时分复用如图 2-11 所示,每个用户占用时分复用(即 TDM)帧的固定时隙,因此 TDM 信号也称为等时信号。时分复用的所有用户是在不同的时间使用相同的频带。时分复用更有利于数字信号的传输。时分复用也称为时分多址接入(Time Division Multiple Access,TDMA),简称时分多址。

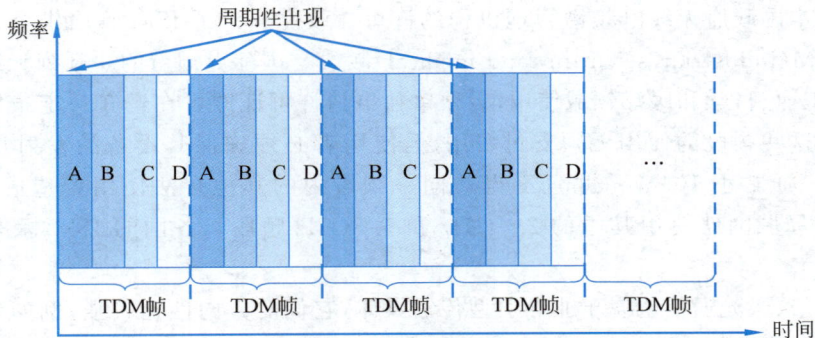

图 2-11 时分复用

如图 2-12 所示,计算机数据具有突发性,当用户在一段时间内暂时无数据传输时,就会导致已经分配给该用户的时隙空闲,而其他用户也无法使用这个时隙,从而导致线路资源的浪费。例如,第一个时分复用帧的后两个时隙,第二个时分复用帧的第 1 个和第 4 个时隙,第三个时分复用帧的第 1、2、4 个时隙,以及第四个时分复用帧的第 2、3 个时隙,都被浪费了。

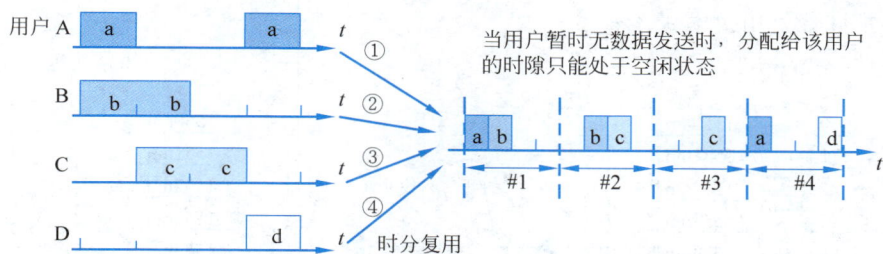

图 2-12 时分复用可能会造成线路资源的浪费

为了解决时分复用信道利用率低的问题,提出了统计时分复用(Statistic TDM,STDM)。图 2-13 是统计时分复用的工作原理。STDM 不是固定地分配时隙,而是动态地分配时隙。由于时隙不是固定地分配给某个用户的,因此在每个时隙中还必须有用户的地址信息。图 2-13 中每个时隙之前的白色短时隙用于放入地址信息。这是统计时分复用必须和额外的开销。统计时分复用又称为异步时分复用,而普通的时分复用称为同步时分复用。

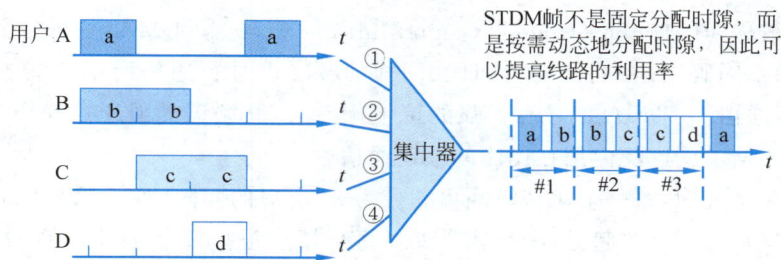

图 2-13 统计时分复用的工作原理

TDM 帧和 STDM 帧都是在物理层传送的比特流中所划分的帧,其和数据链路层的"帧"是完全不同的概念,不可弄混。

2.4.3 波分复用

光纤的带宽很大,使用一根光纤来同时传输多个频率很接近的光载波信号,这就是波分复用。由于光载波的频率很高,因此习惯上用波长而不用频率来表示所使用的光载波。波长乘以频率等于常数 c。实际上波分复用(Wavelength Division Multiplexing,WDM)就是光的频分复用。

现在已能做到在一根光纤上复用几十路或更多路数的光载波信号,这就是密集波分复用(Dense Wavelength Division Multiplexing,DWDM)。

图 2-14 展示了 8 根传输速率 2.5Gb/s 的光信号通过复用器在一根 20Gb/s 的光纤中传

输。光信号传输一定距离后产生衰减,然后利用掺铒光纤放大器 EDFA 对光信号进行放大。EDFA 不需要进行光电转换而直接对光信号进行放大。两个光纤放大器之间的光缆线路长度可达 120km,而光复用器和光分用器之间的无光电转换的距离可达 600km(只需放入 4 个 EDFA 光纤放大器)。现在光纤通信的容量和传输距离还在不断增长。在地下铺设光缆是耗资很大的工程。因此人们总是在一根光缆中放入尽可能多的光纤,然后对每根光纤使用密集波分复用技术。

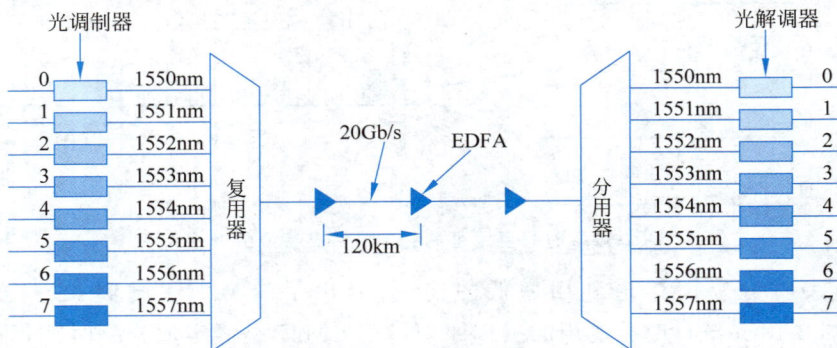

图 2-14   波分复用的概念

2.4.4 码分复用

码分复用(Code Division Multiplexing,CDM)是另一种广泛使用的多个用户复用信道的方法,其也被称为码分多址(Code Division Multiple Access,CDMA)。每一个用户使用经过特殊挑选的不同码型,在同样的时间段、同样的频率上进行通信而不相互干扰。CDMA 最初用于军事通信。CDMA 信号有很强的抗干扰能力,其频谱类似于白噪声,不易被敌人发现。现在 CDMA 已广泛使用在民用的移动通信中。

在 CDMA 系统中,每一个比特时间再划分为 m 个短的间隔,称为码片(chip)。在下面的原理性说明中,为了简单起见,m 设置为 8。每个站点被指派一个唯一的 mb 码片序列。一个站如果要发送比特 1,就发送指派给它的码片序列。如果要发送比特 0,则发送该码片序列的反码。例如,指派给站点 S 的 8b 码片序列是 00011011。当 S 发送 1 时,就发送 00011011,而当 S 发送 0 时,就发送 11100100。同时,按惯例将码片中的 0 记为 -1,将 1 记为 $+1$。因此 S 站的码片序列是 $(-1\ -1\ -1\ +1\ +1\ -1\ +1\ +1)$。

现假定 S 站要发送信息的数据速率为 bb/s。由于每一个比特要转换为 m 个比特编码,因此 S 站实际上发送的数据速率是 $m$bb/s,同时 S 站所占用的频带宽度也是原来的 m 倍。所以,这种通信方式是扩频通信中的一种。扩频通信通常有两大类:一类是直接序列扩频(DSSS),本节所讲的使用码片序列是这一类;另一类是跳频扩频(FHSS)。

CDMA 还要求给每一个站分配的码片序列是唯一的且还必须互相正交。在实用的系统中使用伪随机码序列。令向量 S 表示站 S 的码片向量,再令 T 表示另一个站点的码片向量。站 S 和站 T 的码片序列正交,即向量 S 和 T 的规格化内积是 0。

$$S \cdot T = \frac{1}{m} \sum_{i=1}^{m} S_i T_i = 0 \tag{2-4}$$

例如,向量 S 为(−1 −1 −1 +1 +1 −1 +1 +1),同时设向量 T 为(−1 −1 +1 −1 +1 +1 +1 −1),这相当于 T 站的码片序列为 00101110。将向量 S 和 T 的各分量值代入式(2-4)就可看出这个码片序列是正交的。根据规格化内积的计算公式,可知有如下结论:①向量 S 和其他站码片向量的内积是 0,向量 S 和其他站码片向量反码的内积也是 0。②任何一个码片向量和该码片向量自己的规格化内积都是 1。③一个码片向量和该码片向量的反码的规格化内积值是 −1。

在 CDMA 系统中,每一个站如果发送比特 1 就发送本站的码片序列,如果发送 0 就发送本站码片序列的反码。当然,如果一个站不发送 0 也不发送 1,就不发送任何信号。假定所有的站所发送的码片序列都是同步的,即所有的码片序列都在同一个时刻开始,这可以用全球定位系统(GPS)实现。

假设在一次通信过程中,站点 S 是发送方,X 是接收方。X 站事先知道 S 站所特有的码片序列。X 站接收到的信号是各个站发送的码片序列之和。X 站利用码片向量 S 与接收到的信号进行求内积的运算。根据前面得到的结论,再根据叠加原理(假定各种信号经过信道到达接收端是叠加的关系),所有其他站(非站点 S)的信号都被过滤掉(其内积的都是 0),只剩下 S 站发送的信号。当 S 站发送比特 1 时,X 站计算内积的结果是 +1;当 S 站发送比特 0 时,内积的结果是 −1。

图 2-15 是 CDMA 的工作原理。S 站要发送的数据是 110 三个码元。T 站也发送 110 三个码元。由于所有的站都使用相同的频率,因此每一个站都能够收到所有的站发送的扩频信号。对于我们的例子,所有的站收到的都是叠加的信号 $S_x + T_x$。接收站利用 S 站的码片序列与收到的信号求规格化内积,得到 S 站点发送 110。

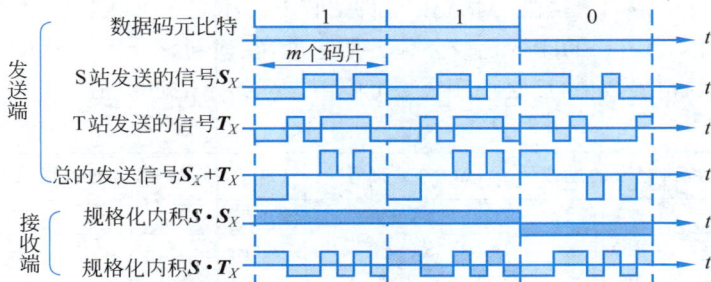

图 2-15 CDMA 的工作原理

2.5 数字传输系统

数字通信与模拟通信相比具有明显的优势。目前,长途干线大多采用时分复用的数字传输方式。现在的模拟线路基本上只剩下从用户电话机到市话交换机之间的这一段几千米长的用户线。脉冲编码调制(Pulse Code Modulation,PCM)技术可以将一路模拟电话信号转换为 64kb/s 的 PCM 信号。为了充分利用高速传输线路的带宽,通常将多路 PCM 信号用 TDM 方法汇集成时分复用帧,按某种固定的复用结构进行长途传输。由于历史的原因,国际上存在两个互不兼容的 PCM 复用速率标准,即北美的 24 路 PCM(简称为 T1)和欧洲的 30 路 PCM(简称为 E1)。我国采用的是欧洲的 E1 标准。T1 的速率是 1.544Mb/s,E1

的速率是 2.048Mb/s。

现代电信网除了传输话音,还需要传输包括视频、图像等各种数据业务。因此,需要一种能承载来自其他各种业务网络数据的传输网络。光纤由于其优越特性,成为传输网的主要传输媒体。早期的数字传输系统存在着许多缺点,其中最主要的是以下两个。

(1) 速率标准不统一。多路复用的速率体系有两个互不兼容的国际标准,北美和日本的 T1 速率和欧洲的 E1 速率。再往上复用,日本又使用了第三种不兼容的标准。这样,国际范围的基于光纤的高速数据传输就难实现。

(2) 不是同步传输。在过去相当长的时间,为了节约经费,各国的数字网主要采用准同步方式。在准同步系统中,各支路信号的时钟频率有一定的偏差,给时分复用和分用带来很多麻烦。当数据传输的速率很高时,收发双方的时钟同步就成为很大的问题。

为了解决上述问题,美国在 1988 年首先推出了一个数字传输标准,叫同步光纤网(Synchronous Optical Network,SONET)。整个同步网络的各级时钟都来自一个非常精确的时钟(通常采用昂贵的铯原子钟)。SONET 为光纤传输系统定义了同步传输的线路速率等级结构,其传输速率以 51.840Mb/s 为基础,大约对应于 T3/E3 的传输速率,此速率对电信号称为第 1 级同步传送信号(Synchronous Transport Signal),即 STS-1。对光信号则称为第 1 级光载波(Optical Carrier),即 OC-1。

ITU-T 以美国标准 SONET 为基础,制定出国际标准同步数字系列 SDH(Synchronous Digital Hierarchy),即 1988 年通过的 G.707~G.709 三个建议书。到 1992 年又增加了 10 个建议书,它不仅能够适用于光纤,也能够适用于微波和卫星传输。一般可认为 SDH 与 SONET 是同义词,但其主要不同点是:SDH 的基本速率是 155.520Mb/s,称为第 1 级同步传递模块(Synchronous Transfer Module),即 STM-1,相当于 SONET 体系中的 OC-3 速率。表 2-1 为 SONET 和 SDH 的比较。为方便起见,在谈到 SONET/SDH 的常用速率时,往往不使用速率的精确数值,而是使用表 2-1 中第二列给出的近似值。

表 2-1 SONET 与 SDH 的比较

线路速率/(Mb/s)	线路速率的近似值	SONET 符号	ITU-T 符号	相当的话路数(每个话路 64kb/s)
51.840	—	OC-1/STS-1	—	810
155.520	155Mb/s	OC-3/STS-3	STM-1	2430
622.080	622Mb/s	OC-12/STS-12	STM-4	9270
1244.160	—	OC-24/STS-24	STM-8	19 440
2488.320	2.5Gb/s	OC-48/STS-48	STM-16	38 880
4976.640	—	OC-96/STS-96	STM-32	77 760
9953.280	10Gb/s	OC-192/STS-192	STM-64	155 520
39 813.120	40Gb/s	OC-768/STS-768	STM-256	622 080

SDH/SONET 定义了标准光信号,规定了波长为 1310nm 和 1550nm 的激光源。在物理层定义了帧结构。SDH 的帧结构是以 STM-1 为基础的,更高的等级是用 N 个 STM-1 复用组成 STM-N,如 4 个 STM-1 构成 STM-4,16 个 STM-1 构成 STM-16。

SDH/SONET 标准的制定,使北美、日本和欧洲这三个地区三种不同的数字传输体制在 STM-1 等级上获得了统一。这是第一次真正实现了数字传输体制上的世界性标准。现在 SDH/SONET 标准已成为公认的新一代理想的传输网体制,对世界电信网络的发展具有重大的意义。

2.6 宽带接入技术

用户要连接到互联网,必须先连接到某个 ISP,然后从该 ISP 处获得上网所需的 IP 地址。在早期,用户利用电话线通过调制解调器连接到 ISP,这时速率很低,最高只能达到 56kb/s。为了提升用户的上网体验,近年来出现了多种宽带技术。“宽带”目前暂无统一的定义。2015 年 1 月,美国联邦通信委员会(FCC)对接入网的“宽带”进行了定义,将原定的宽带下行速率调整至 25Mb/s,原定的宽带上行速率调整至 3Mb/s。从宽带接入的媒体来看,可以划分为两大类:一类是有线宽带接入;另一类是无线宽带接入。

2.6.1 ADSL 技术

非对称数字用户线(Asymmetric Digital Subscriber Line,ADSL)技术是用数字技术对现有模拟电话的用户线进行改造,使它能够承载宽带数字业务。标准模拟电话信号的频带被限制在 300～3400Hz 的范围内,但实际上用户线可通过的信号频率却超过 1MHz。ADSL 技术把 0～4kHz 低端频谱留给传统电话使用,而把原来没有使用的高端频谱留给用户上网使用。ADSL 的 ITU 的标准是 G.992.1(或称 G.dmt,表示它使用 DMT 技术)。“非对称”的含义是 ADSL 的下行(从 ISP 到用户)带宽都远远大于上行(从用户到 ISP)带宽。ADSL 的传输距离取决于数据速率和用户线的线径,用户线的线径越小,信号传输时的衰减越大。此外,ADSL 所能得到的最高数据传输速率还与信噪比密切相关。

ADSL 在用户线的两端各安装一个 ADSL 调制解调器。我国采用了离散多音调(Discrete Multi-Tone,DMT)调制技术。DMT 采用频分复用的方法把 40k～1.1MHz 的高端频谱划分为许多子信道,其中 25 个子信道为上行信道,而 249 个子信道用于下行信道,并使用不同的载波(即音调)进行数字调制。这相当于在一对用户线上使用许多小的调制解调器并行地传送数据。用户线的长度、线径、受到相邻用户线的干扰程度等都不尽相同,ADSL 采自适应调制技术使用户线尽可能达到较高的数据速率。当 ADSL 启动时,用户线两端的 ADSL 调制解调器先进行测试,然后 ADSL 选择合适的调制方案以获得尽可能高的数据速率。ADSL 不能保证固定的数据速率。图 2-16 显示的是 DMT 技术的频谱分布。

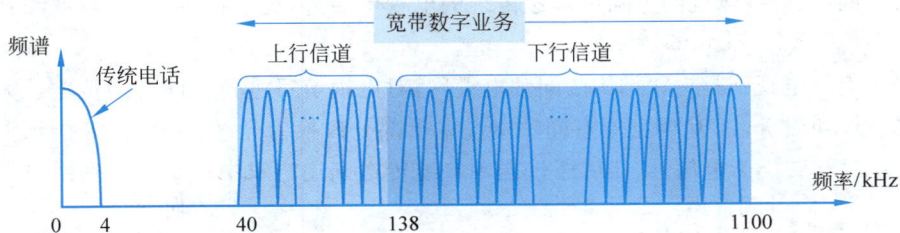

图 2-16 DMT 技术的频谱分布

图 2-17 展示了基于 ADSL 的接入网,其由三大部分组成:数字用户线接入复用器(DSL Access Multiplexer,DSLAM)、用户线和用户家中的一些设施。数字用户线接入复用器包括许多 ADSL 调制解调器。ADSL 调制解调器又称接入端接单元(Access Terminate Unit,ATU)。由于 ADSL 调制解调器必须成对使用,因此把在电话端局(或远端站)和用户

家中所用的 ADSL 调制解调器分别记为 ATU-C(C 代表端局(central office))和 ATU-R(R 代表远端(remote))。用户电话通过电话分离器和 ATU-R 连在一起,经用户线到端局,并再次经过一个电话分离器把电话连到本地电话交换机。

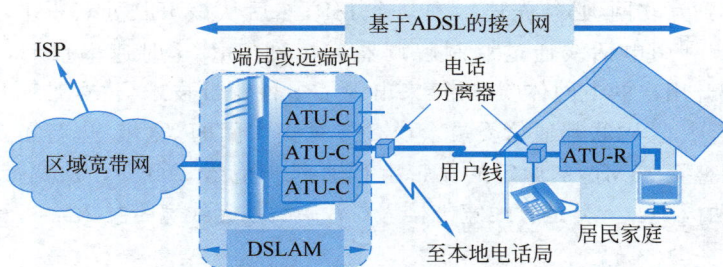

图 2-17　基于 ADSL 的接入网的组成

ADSL 最大的好处就是可以利用现有电话网中的用户线(铜线),而不需要重新布线。

ITU-T 已颁布了更高速率的 ADSL 标准,即 G 系列标准,例如 ADSL2(G.992.3 和 G.992.4)和 ADSL2+(G.992.5),它们都称为第二代 ADSL,目前已开始被许多 ISP 采用和投入运营。

ADSL 技术有几种变形。例如,对称 DSL,即 SDSL(Symmetric DSL),它把带宽平均分配到下行和上行两个方向,很适合于企业使用,每个方向的速率分别为 384kb/s 或 15Mb/s,距离分别为 5.5km 和 3km。还有一种使用一对线或两对线的对称 DSL——HDSL(High speed DSL),用来取代 T1 线路的高速数字用户线,数据速率可达 768kb/s 或 1.5Mb/s,距离为 2.7～3.6km。还有一种比 ADSL 更快的、用于短距离传送(300～1800m)的 VDSL(Very high speed DSL),即甚高速数字用户线,这也就是 ADSL 的快速版本。VDSL 的下行速率达 50～55Mb/s,上行速率是 1.5～2.5Mb/s。2011 年 ITU-T 颁布了更高速率的 VDSL2,能够提供的上行和下行速率都能够达到 100Mb/s。以上这些不同的高速 DSL 都可记为 xDSL。

2.6.2　光纤同轴混合网

光纤同轴混合(Hybrid Fiber Coax,HFC)网是基于覆盖面广泛的有线电视网上开发的一种宽带接入网,在有线电视网上除可传送传统的电视节目外,还能提供电话、数据和其他宽带交互式业务。

原来的有线电视网是树状结构的同轴电缆网,对电视节目进行单向广播传输。为了提高传输的可靠性和质量,HFC 网把原有同轴电缆主干部分改换为光纤,如图 2-18 所示。在光纤结点处光信号被转换为电信号,然后通过同轴电缆传送到用户家中。从头端到用户家庭所需

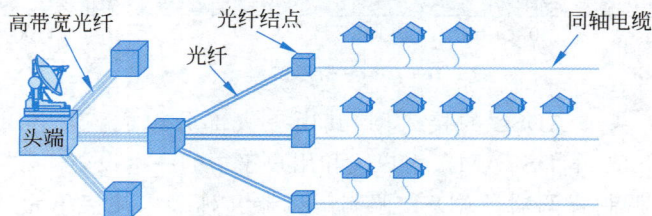

图 2-18　HFC 网的结构

的放大器数目也就减少到仅四五个。连接到一个光纤结点的典型用户数是 500 左右,但不超过 2000。光纤结点与头端的典型距离为 25km,而从光纤结点到其用户的距离则不超过 3km。HFC 网具有双向传输功能,而且扩展了传输频带。

为了让模拟电视机能够接收数字电视信号,需要在同轴电缆和用户的电视机之间安装一个机顶盒的设备。为了让用户能够利用 HFC 网接入互联网,还需要增加一个为 HFC 网使用的调制解调器,它又称电缆调制解调器。用户只要把自己的计算机连接到电缆调制解调器,就可方便地上网了。

2.6.3　FTTx 技术

为了使用户获得更好的上网体验,更加流畅地欣赏网上的各种高清视频节目,为用户提供更大带宽的接入方式就成为 ISP 的重要任务。从技术上讲,光纤到户应当是最好的选择,这也是广大网民最终所向往的。所谓光纤到户,就是把光纤一直铺设到用户家庭。光纤进入用户的家门后,才把光信号转换为电信号。这种情况下,用户可以获得最高的上网速率。有多种宽带光纤接入方式,统称为 FTTx,表示 Fiber To The …。这里字母 x 可代表不同的光纤接入地点。光电进行转换的地方,可以在用户家中,这时就是 FTTH。退一步,光电转换的地方也可以向外延伸到离用户家门口有一定距离的地方。例如,光纤到路边(FTTC,C 表示 curb)、光纤到小区(FTTZ,Z 表示 zone)、光纤到大楼(FTTB,B 表示 building)、光纤到楼层(FTTF,F 表示 floor)、光纤到办公室(FTTO,O 表示 office)、光纤到桌面(FTTD,D 表示 desk)等。截至 2019 年 12 月,我国光纤接入 FTTH/O 的用户已占互联网宽带接入用户总数的 92.9%,光纤接入已在我们互联网宽带接入中占绝对优势。

2.7　本章重要概念

物理层需要确定与传输媒体接口有关的一些特性,如机械特性、电气特性、功能特性和过程特性。

一个通信系统可划分为三大部分,即源系统、传输系统和目的系统。数字信号常用的编码方法有不归零制、归零制、曼彻斯特编码和差分曼彻斯特编码。

根据双方信息交互的方式,通信可以划分为单向通信(或单工通信)、双向交替通信(或半双工通信)和双向同时通信(或全双工通信)。

来自信源的信号叫作基带信号。基带信号不适宜在信道上传输,传输之前需要调制。最基本的调制方法有调幅、调频和调相。为了让一个码元携带更多的数据,可以使用更复杂的调制方法,如正交振幅调制。

奈氏准则确定了码元传输的上限,而香农定理则给出了信道的极限信息传输速率。

常见的传输媒体有双绞线、同轴电缆或光纤。一些场合可能会使用无线的传输媒体,如微波、红外等。

常用的信道复用技术有频分复用、时分复用、统计时分复用、码分复用和波分复用(光的频分复用)。

最早在数字传输系统中使用的传输标准是脉冲编码调制(PCM)。现在高速的数字传输系统使用同步光纤网(SONET,美国标准)或同步数字系列(SDH,国际标准)。

用户到互联网的宽带接入方法有非对称数字用户线（ADSL）、光纤同轴混合网（HFC）和FTTx。

2.8 本章知识图谱

2.9 习题

习题答案

1. 当描述一个物理层接口引脚在处于高电平时的含义时，该描述属于（　　）。

　　A. 机械特性　　　　　B. 电气特性　　　　　C. 功能特性　　　　　D. 规程特性

2. 传输线上的位流信号同步，应属于下列 OSI 的（　　）处理。

　　A. 网络层　　　　　B. 数据链路层　　　　　C. 物理层　　　　　D. LLC 层

3. 若一个信道上传输的信号码元仅可取 4 种离散值，则该信道的数据传输率 S（比特率）与信号传输率 B（波特率）的关系是（　　）。

　　A. $S=B$　　　　　B. $S=2B$　　　　　C. $S=B/2$　　　　　D. $S=1/B$

4. 物理层的编码方式有多种，下列关于编码的说法中，（　　）是错误的。

　　A. 不归零制编码不能携带时钟，不适合用于同步传输，常用于串行异步通信中

　　B. 曼彻斯特编码可携带时钟，但编码的密度较低，常用于 10Mb/s 以太网中

　　C. 差分曼彻斯特编码也可携带时钟，尤其是抗干扰能力很强，常用于千兆以太网

　　D. 4B/5B 编码也可携带时钟，其编码的密度介于不归零制编码和曼彻斯特编码之间，常用于 100Mb/s 快速以太网中

5. 以太网采用的双绞线将每对线绞合在一起的目的是（　　）。

　　A. 增加网线强度　　　　　　　　　B. 提高抗近端串扰能力

　　C. 节省材料成本　　　　　　　　　D. 提高传输速率

6. 将物理信道的总频带分割成若干子信道，每个子信道传输一路信号，这就是（　　）。

　　A. 同步时分多路复用　　　　　　　B. 空分多路复用

　　C. 异步时分多路复用　　　　　　　D. 频分多路复用

7. 在下列多路复用技术中，（　　）具有动态分配时隙的功能。

　　A. 同步时分多路复用　　　　　　　B. 统计时分多路复用

　　C. 频分多路复用　　　　　　　　　D. 波分多路复用

8. 在多路复用技术中，WDM 表示（　　）。

　　A. 频分多路复用　　　　　　　　　B. 波分多路复用

　　C. 时分多路复用　　　　　　　　　D. 码分多路复用

9. 物理层具有的 4 个特性为（　　）、（　　）、（　　）和（　　）。

10. 信道复用技术主要有（　　）、（　　）、（　　）和（　　）4 类。

2.10 考研真题

1. (2018 年)下列选项中,不属于物理层接口规范定义范畴的是(   )。
    A. 接口形状   B. 引脚功能   C. 物理地址   D. 信号电平
2. (2012 年)在物理层接口特性中,用于描述完成每种功能的事件发生顺序的是(   )。
    A. 机械特性   B. 功能特性   C. 过程特性   D. 电气特性
3. (2021 年)若图 2-19 为一段差分曼彻斯特编码信号波形,则其编码的二进制位串是(   )。

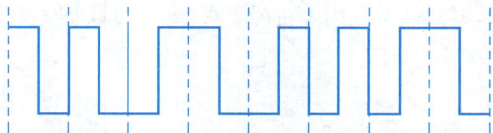

图 2-19 一段差分曼彻斯特编码信号波形

    A. 1011 1001   B. 1101 0001   C. 1101 0001   D. 1011 0110
4. (2015 年)使用两种编码方案对比特流 01100111 进行编码的结果如图 2-20 所示,编码 1 和编码 2 分别是(   )。

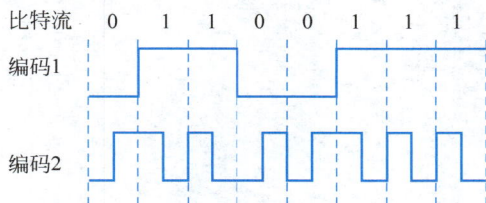

图 2-20 两种编码方案进行编码的结果

    A. NRZ 和曼彻斯特编码   B. NRZ 和差分曼彻斯特编码
    C. NRZI 和曼彻斯特编码   D. NRZI 和差分曼彻斯特编码
5. (2011 年)某通信链路的数据传输速率为 2400b/s,采用 4 相位调制,则链路的波特率是(   )。
    A. 600Baud   B. 1200Baud   C. 4800Baud   D. 9600Baud
6. (2023 年)某无噪声理想信道带宽为 4MHz,采用 QAM 调制,若该信道的最大数据传输速率为 48Mb/s,则该信道采用的 QAM 调制方案是(   )。
    A. QAM-16   B. QAM-32   C. QAM-64   D. QAM-128
7. (2022 年)在一条带宽为 200kHz 的无噪声信道上,若采用 4 个幅值的 ASK 调制,则该信道的最大数据传输速率是(   )kb/s。
    A. 200   B. 400   C. 800   D. 1600
8. (2017 年)若信道在无噪声情况下的极限数据传输速率不小于信噪比为 30dB 条件下的极限数据传输速率,则信号状态数至少是(   )。
    A. 4   B. 8   C. 16   D. 32

9. (2016 年)若连接 R2 和 R3 的频率带宽为 8kHz,信噪比为 30dB,该链路实际数据传输速率约为理论最大数据传输速率的 50%,则该链路的实际数据传输速率约是(   )。

    A. 8kb/s   B. 20kb/s   C. 40kb/s   D. 80kb/s

10. (2014 年)下列因素中,不会影响信道数据传输速率的是(   )。

    A. 信噪比   B. 频带宽度   C. 调制速率   D. 信号传播速度

11. (2009 年)在无噪声情况下,某通信链路的带宽为 3kHz,采用 4 个相位,每个相位具有 4 种振幅的 QAM 调制技术,则该通信链路的最大数据传输速率是(   )。

    A. 12kb/s   B. 24kb/s   C. 48kb/s   D. 96kb/s

12. (2014 年)站点 A、B、C 通过 CDMA 共享链路,A、B、C 的码片序列(chipping sequence)分别是(1,1,1,1)、(1,−1,1,−1)和(1,1,−1,−1)。若 C 从链路上收到的序列是(2,0,2,0,0,−2,0,−2,0,2,0,2),则 C 收到 A 发送的数据是(   )。

    A. 000   B. 101   C. 110   D. 111

第 **3** 章

数据链路层

【本章主要内容】

数据链路层是计算机网络体系结构中的第二层。本章讨论的内容局限于一个局域网，即在一个局域网中数据帧从一个设备转发到另一个设备，中间没有路由器。有路由器的网络，是一个广域网的概念，将在第 4 章网络层中讨论。

本章首先介绍数据链路层上的三个基本问题和常用的点对点协议（PPP），然后用较大的篇幅讨论共享信道的局域网和有关的协议，最后简单介绍无线局域网。本章重要的内容如下：

（1）数据链路层的点对点信道和广播信道的特点，以及这两种信道所使用的协议（PPP以及 CSMA/CD 协议）的特点。

（2）数据链路层的三个基本问题：封装成帧、透明传输和差错检测。

（3）以太网 MAC 层的硬件地址。

（4）适配器、转发器、集线器、网桥、以太网交换机的作用以及使用场合。

（5）无线网络特点及 CSMA/CA 协议的工作机制。

3.1 数据链路层概述

图 3-1 展示了主机 H_1 发送数据包给主机 H_2。可以看到中间经过了路由器 R_1、R_2 和 R_3。如第 1 章所述，真实的数据流动如图 3-1(b) 所示。主机 H_1 到主机 H_2 的路径上，由 4 段链路组成，即 $H_1 \rightarrow R_1$、$R_1 \rightarrow R_2$、$R_2 \rightarrow R_3$ 和 $R_3 \rightarrow H_2$。这 4 段链路可能使用不同的传输介质和数据链路层协议。我们在数据链路层上只讨论一段链路上的数据传输。

3.1.1 点对点信道与广播信道

数据链路层使用的信道主要有如下两种。

（1）点对点信道。这种信道使用一对一的点对点通信方式。

（2）广播信道。多个设备连接到一个共享信道上，任一结点发送数据，都会被其他结点收到，也就是广播信道的由来。这种信道上会有冲突的发生，因此必须设计特殊的信道使用协议来协调主机的数据发送，这个过程比较复杂，是本章的重点内容。

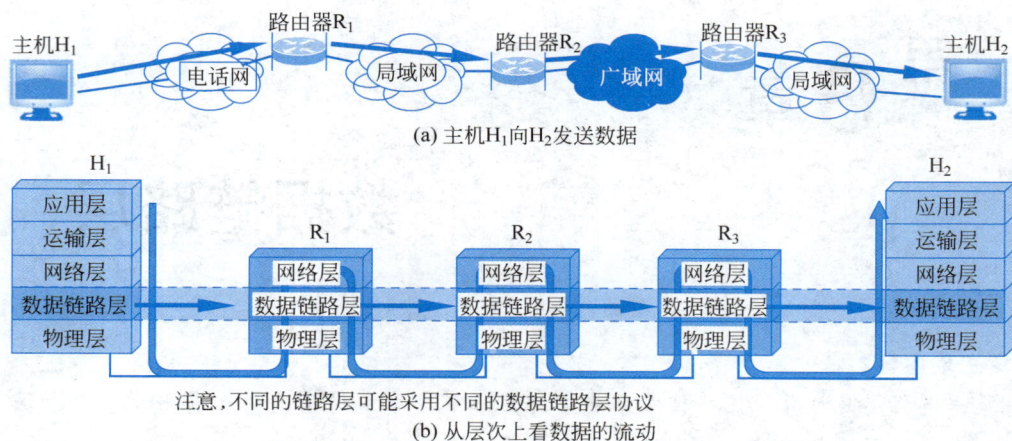

(a) 主机H_1向H_2发送数据

注意,不同的链路层可能采用不同的数据链路层协议
(b) 从层次上看数据的流动

图 3-1   数据链路层的地位

3.1.2   数据链路和帧

首先介绍链路和数据链路的概念。

链路(link)就是从一个结点到相邻结点的一段物理线路,这可以是有线线路,也可以是无线线路,而且不经过任何其他的交换或转发结点。链路也称为物理链路。当信源和信宿之间距离比较远时,一般它们之间的路径由多个链路组成,如图 3-1 所示,H_1 和 H_2 之间的路径上有 4 段链路。

当在一条链路上传输数据时,仅有一条物理线路是不行的,还需要一些协议来控制数据的传输。物理线路可以看成硬件,而协议可以看成软件,硬件和软件就组成了数据链路。也就是把控制通信的协议加载到物理链路上,就组成了数据链路。网络适配器一般简称为网卡,它既包括硬件(看得见的硬件电路),也包括软件(驱动程序)。网络适配器既实现了物理层的功能,也实现了数据链路层的功能。数据链路也称为逻辑链路。

和物理层一样,数据链路层的协议也称为规程。

下面再介绍数据链路层的协议数据单元——帧。如图 3-2 所示,结点 A 的数据链路层把网络层交付下来的 IP 数据报加上帧的首部和尾部构成帧发送到链路上,结点 B 把接收到的帧的首部和尾部剔除并对数据进行校验,将 IP 数据报提取出来上交给网络层。

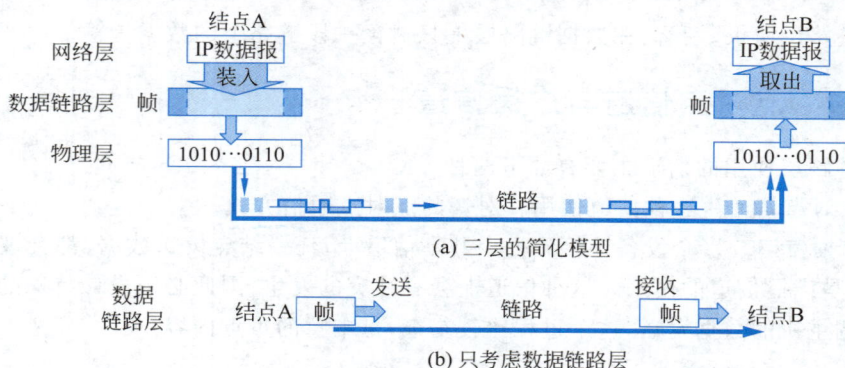

(a) 三层的简化模型

(b) 只考虑数据链路层

图 3-2   使用点对点信道的数据链路层

3.1.3 三个基本问题

数据链路层需要解决三个基本问题：**封装成帧、透明传输和差错检测**。下面分别讨论这三个基本问题。

1. 封装成帧

封装成帧就是给一段数据添加首部和尾部，形成一个帧。接收端在收到物理层交付的比特流后，可以根据首部和尾部的标记，从比特流中识别帧的开始和结束。一个帧的帧长度等于帧的数据部分长度加上帧首部和帧尾部的长度。很明显，首部和尾部的一个重要作用就是进行帧定界（即确定帧的开始和结束）。此外，一般首部和尾部还包括一些必要的控制信息，如校验、地址等。发送帧时，从帧首部开始发送。显然，为了尽可能地提高传输效率，帧的数据部分长度应尽可能地大于首部和尾部的长度。

各种数据链路层协议对帧首部和帧尾部的格式有明确的规定。同时，链路层协议规定了帧的数据部分长度上限——**最大传送单元**（Maximum Transfer Unit，MTU）。需要强调的是，MTU 是数据链路层的帧可以载荷的数据部分的最大长度，而不是帧的总长度。图 3-3 给出了帧的首部和尾部的位置，以及帧的数据部分与 MTU 的关系。

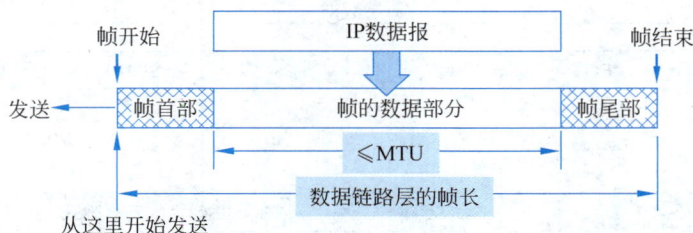

图 3-3 封装成帧

当数据部分由可打印的 ASCII 码组成时，帧的首部和尾部可以使用特殊的控制字符。如图 3-4 所示，控制字符 SOH（Start Of Header）放在一帧的最前面，表示帧的首部开始。另一个控制字符 EOT（End Of Transmission）表示帧的结束。注意，SOH 和 EOT 的十六进制编码分别是 0x01（二进制是 00000001）和 0x04（二进制是 00000100）。此外，与帧定界符无关的其他控制信息在图 3-4 中都省略了。

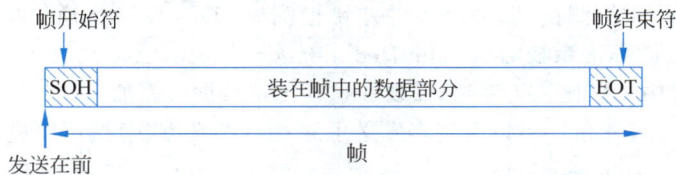

图 3-4 用控制字符进行帧定界

2. 透明传输

数据部分的字符如果是帧定界的控制字符，就会被误认为这是一个帧的开始或结束，从而就会出现帧定界错误。如图 3-5 所示，数据部分的 EOT 会被当作帧结束的标记。这就要求数据部分不能出现控制字符，而这并不符合“透明传输”的概念。所谓**透明传输**是指上层传下来的数据，不管是什么形式的比特组合都必须能够正确传输。

“透明”的意思指某一个实际存在的事物看起来好像不存在一样，例如玻璃是透明的。

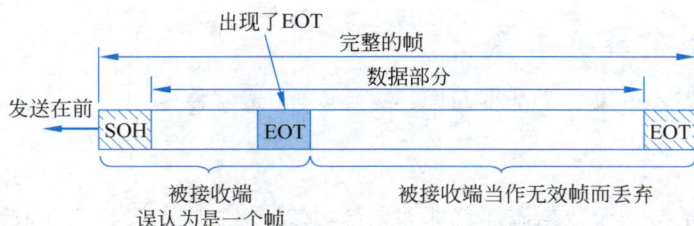

图 3-5　数据部分恰好出现与 EOT 一样的代码

"在数据链路层透明传送数据"的含义是无论什么样的数据,都能够按照原样没有差错地通过这个数据链路层,就好像这个数据链路不存在一样。

解决透明传输问题的关键是数据中的控制字符(SOH 和 EOT)不要被误认为用于帧定界的控制字符。如图 3-6 所示,可以利用字节填充法来解决透明传输的问题。发送端在数据中的控制字符 SOH 或 EOT 的前面插入一个转义字符 ESC(其编码是 0x1B),如果数据中有转义字符 ESC,也在其前面插入一个转义字符,接收方则进行相反的动作。即在收到转义字符＋控制字符时就将转义字符剔除。这种方法称为**字节填充**或**字符填充**。

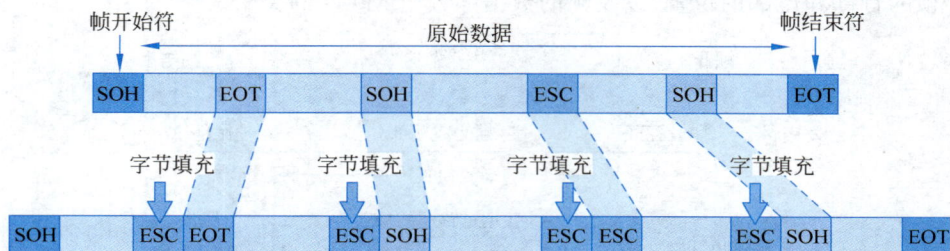

图 3-6　用字节填充法解决透明传输的问题

3. 差错检测

虽然随着技术的进步,出错的概率越来越低,但是现实的通信线路传输数据肯定会发生差错。错误比特数和总比特数的比值称为误码率(Bit Error Rate,BER)。例如,误码率为 10^{-10} 表示平均每传送 10^{10} 比特就会出现 1 比特错误。当然,可以通过技术手段使误码率降低。但实际信道绝非理想的信道,误码率不可能下降为 0。因此,在实际信道的数据传输中,必须采用各种差错检测措施,使用各种差错检测码,甚至在星际通信中使用纠错码。下面介绍广泛使用的**循环冗余校验**(Cyclic Redundancy Check,CRC)。

循环冗余校验中每 k 比特为一组,需要在这 k 比特数据后面加上 n 位冗余码,一起发送出去。一共需要发送 $k+n$ 位。可以看到多发送了 n 比特的数据,但是可以进行差错检测,当信道传输有可能发生差错时,这种代价还是值得的。

假设要传送的数据 $M=101101$,这时 $k=6$。下面是 n 位冗余码的获取方法。M 的后面增加 n 个 0,得到一个 $k+n$ 位的数。这个 $k+n$ 位的数用模 2 除法除以事先约定好的 $(n+1)$ 位的除数 P。得到结果商是 Q 而余数是 $R(n$ 位,比 P 少一位,如果 R 的位数不足 n 位,则前面补 0 补足 n 位)。计算过程如图 3-7 所示。在这个例子中,$P=1101$,$n=3$,余数 $R=10$,前面补一个 0。

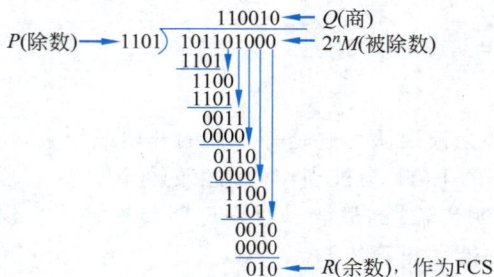

图 3-7　CRC 原理的例子

此时，$R=010$，刚好 3 位。R 就是冗余码。将 R 拼接在 M 的后面组成 101101010 发送出去。为了进行检错而添加的冗余码被称为帧检验序列（Frame Check Sequence，FCS）。注意，FCS 和 CRC 并不等同，FCS 可以用 CRC 获得，也可以利用其他方式获得。

接收端的检验过程如下：把收到的 $k+n$ 位的数据用模 2 除法除以 P，得到余数 R。若 R 等于 0，则很大概率数据传输过程中是没有差错的。若 R 不等于 0，则数据传输中一定发生了差错。发生差错后，余数 R 仍然是 0 的这种情况被称为漏检。精心设计的校验方案可以让漏检的概率很小。所以，实际上接收端检验最后的判断过程是，若 $R=0$，则判定没有差错，新收到的数据被接收。若 $R \neq 0$，则判定发生了差错，将新收到的数据丢弃。

前面例子中除数 $P=1101$，也可以用多项式表示：$P(X)=1X^3+1X^2+0X^1+1X^0=X^3+X^2+1$。$P(X)$ 被称为生成多项式。另外，上述生成帧校验序列和检验过程都可以利用硬件完成，所以速度非常快。

数据链路层并不需要向网络层提供"可靠传输"的服务。这里的"可靠传输"是指数据链路层的发送端发送什么，在接收时就收到什么。

传输差错可分为两大类，前面描述的某些比特发生错误称为比特差错，是其中一类。而另一类传输差错则更复杂些，如收到的帧没有比特差错，而是**帧丢失**、**帧重复**或**帧失序**。例如，发送方顺序发送了三个帧：[♯1]，[♯2]，[♯3]。接收端对收到的每个帧进行校验，发现没有比特差错。第一种情况，接收方顺序收到[♯1]和[♯3]（[♯2]丢失了），这种情况就是帧丢失。第二种情况，接收方顺序收到[♯1]，[♯2]，[♯2]，[♯3]（收到两个[♯2]），这种情况就是帧重复。第三种情况，接收方顺序收到[♯1]，[♯3]，[♯2]，可以看到后发送的帧反而先到达接收端，这种情况就是帧失序。可以看到，"无比特差错"与"无传输差错"并不是一个含义。在数据链路层使用 CRC 检验，能够实现无比特差错的传输，但数据链路层并没有提供可靠传输服务。

OSI 的观点是让数据链路层向上提供可靠传输。历史上，通信线路质量较差时，数据链路层在检错的基础上，增加了帧编号、确认和重传等机制，以提供可靠传输。关于可靠传输的工作原理，可以参考第 5 章。

现在有线传输线路一般通信质量较好，数据链路层协议不使用确认和重传机制，对比特差错的数据帧直接丢弃，这种效率反而比较高。这种情况下，可靠传输的任务由运输层负责。

3.2 PPP

在早期，由于通信线路质量较差，需要可靠传输协议，如高级数据链路控制（High-level DataLink Control，HDLC）。随着技术的进步，线路质量越来越好，出现差错的概率已经很低，这时传输效率是首要考虑因素，对于点对点的链路，简单的点对点协议（Point-to-Point Protocol，PPP）是目前使用得最广泛的数据链路层协议。一般情况下，用户通过连接某个 ISP 接入互联网。而 PPP 就是用户的计算机和 ISP 进行通信时所使用的数据链路层协议，如图 3-8 所示。

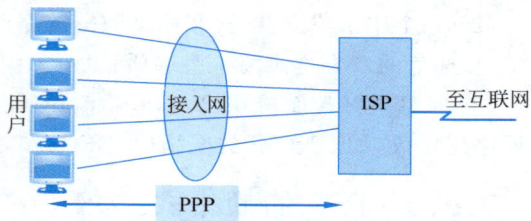

图 3-8 用户到 ISP 的链路使用 PPP

3.2.1　PPP 的特点

PPP 于 1994 年成为互联网的正式标准,其特点如下。

(1) 简单。PPP 对数据链路层的帧,不需要纠错,不需要序号,也不需要流量控制。PPP 的实现非常简单:接收方每收到一个帧,就进行 CRC 检验。如果 CRC 检验正确,就收下这个帧;反之,就丢弃这个帧,其他什么也不做。简单的设计使得协议的稳定性很好。

(2) 封装成帧。这是数据链路层必须实现的功能。PPP 规定特殊的字符作为帧定界符,以便使接收端从收到的比特流中能准确地找出帧的开始符和结束符。

(3) 透明性。PPP 保证数据传输的透明性,也就是用户想传什么数据都可以。

(4) 多种网络层协议。PPP 同时支持多种网络层协议(如 IP 和 IPX 等)。当点对点链路所连接的是局域网或路由器时,PPP 必须同时支持在链路所连接的局域网或路由器上运行的各种网络层协议。

(5) 多种类型链路。PPP 能够在多种类型的链路上运行。例如,串行的或并行的、同步的或异步的、低速的或高速的、电的或光的、交换的或非交换的链路。

1999 年公布的在以太网上运行的 PPP,即 PPP over Ethernet,简称 PPPoE。PPPoE 是为宽带上网的主机使用的链路层协议。这个协议把 PPP 再封装在以太网帧中(当然还要增加一些能够识别各用户的功能)。宽带上网时由于数据传输速率较高,因此可以让多个连接在以太网上的用户共享一条到 ISP 的宽带链路。

(6) 差错检测。PPP 具备差错检测的功能,对出错的数据帧,立即丢弃。

(7) 检测连接状态。PPP 能够检测对端设备是否处于正常状态、有没有突然死机。

(8) 最大传送单元。PPP 可以协商并设置最大传送单元(MTU)。如果要发送的分组过长并超过 MTU 的限制,PPP 就要丢弃这样的帧,并返回差错。

(9) 网络层地址协商。PPP 需要提供一种机制使通信的两个网络层的实体能够通过协商或配置彼此的网络层地址。该机制应尽可能简单且有效。

(10) 数据压缩协商。PPP 需要提供一种机制来协商使用数据压缩算法。

PPP 不需纠错,不需要编号,也不需流量控制。PPP 不支持多点线路,而只支持点对点的链路通信。PPP 只支持全双工链路。

3.2.2　PPP 的组成

PPP 由如下三部分组成。

(1) 一个将上层数据报封装到串行链路的方法。PPP 既支持异步链路,也支持面向比特的同步链路。

(2) 一个用来建立、配置和测试数据链路连接的链路控制协议(Link Control Protocol,LCP)。通信的双方可协商一些选项。

(3) 一套网络控制协议(Network Control Protocol,NCP),其中的每个协议都支持不同的网络层协议,如 IP、OSI 的网络层、DECnet 和 AppleTalk 等。

3.2.3　PPP 的帧格式

PPP 的帧格式如图 3-9 所示。PPP 帧的首部和尾部分别为 4 个字段(5 字节)和 2 个字段(3 字节)。第一个字段和最后一个字段都是标志字段 F(flag),规定为 0x7E,表示一个帧的开始或结束。连续两帧之间只需要用一个标志字段。如果出现连续两个标志字段,就表示这是一个空帧,应当丢弃。地址字段 A 规定为 0xFF,控制字段 C 规定为 0x03。PPP 最初设计时,打算以后对这两个字段进行定义,但一直没有后续定义。

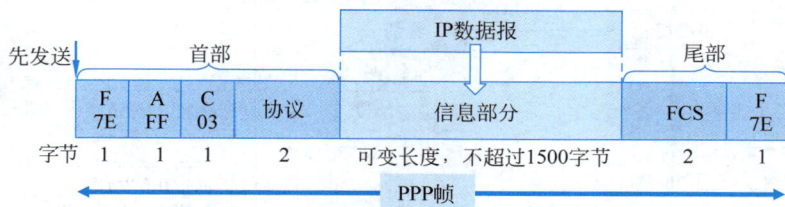

图 3-9　PPP 的帧格式

协议字段的长度为 2 字节,表示数据部分的内容。当协议字段为 0x0021 时,PPP 的数据部分就是 IP 数据报。若为 0xC021 时,则数据部分是 PPP 链路控制协议的数据,而 0x8021 表示这是网络层的控制数据。数据部分的长度是可变的,但不超过 1500 字节。尾部中 FCS 的长度为 2 字节,使用 CRC。

3.2.4　PPP 的字节填充与零比特填充

1. 字节填充

PPP 异步传输时,使用转义字符 0x7D,通过字节填充从而实现透明传输。具体方法如下:

(1) 数据部分的 0x7E(标志字段)转变成为 2 字节数据(0x7D,0x5E)。

(2) 数据部分的 0x7D(即出现了转义字符)转变成为 2 字节数据(0x7D,0x5D)。

(3) 在数据部分的 ASCII 码控制字符(即小于 0x20 的字符)前面插入一个 0x7D,同时将该字符的编码加以改变。例如,出现 0x03("传输结束"ETX)就要把它转变为 2 字节序列(0x7D,0x23)。

2. 零比特填充

PPP 在 SONET/SDH 链路上,使用同步传输。在同步传输时,PPP 采用零比特填充方法来实现透明传输。如图 3-10 所示,发送端扫描整个数据部分,只要发现有 5 个连续 1,则立即填入一个 0。经过上面的填充处理,数据部分肯定不会出现 6 个连续 1。接收端在收到一个帧时,连续的 6 个 1 肯定是标志字段 F。在数据部分,发现 5 个连续 1 时,就把 5 个连续 1 后的一个 0 删除。这样就保证了透明传输。

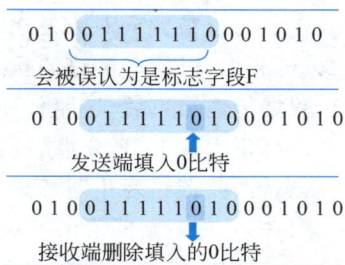

图 3-10　零比特的填充与删除

3.2.5　PPP 的工作状态

PPP 的工作过程如图 3-11 所示。"链路静止"状态是 PPP 链路的起始和终止状态,这表示计算机和 ISP 的路由器之间还没有物理层的连接。当计算机通过调制解调器向路由器拨号时,路由器就可以检测到调制解调器发出的载波信号。

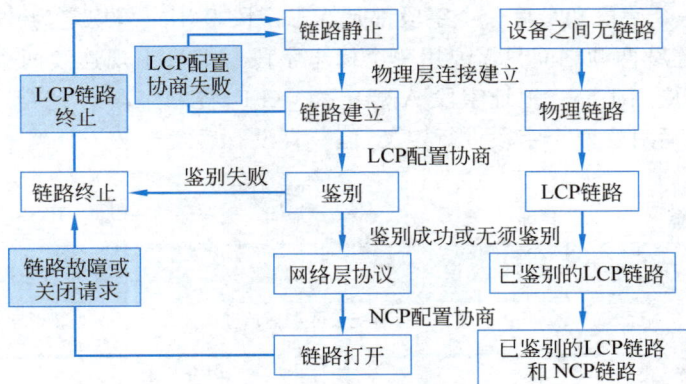

图 3-11　PPP 的工作过程

在双方建立了物理层连接后,PPP 就进入"链路建立"状态。下面进行 LCP 配置协商,即发送 LCP 的配置请求帧。配置请求信息被封装在配置请求帧中。LCP 配置选项包括链路上的最大帧长、鉴别协议,以及不使用 PPP 帧中的地址和控制字段。

协商结束后双方建立 LCP 链路,就进入"鉴别"状态。在这一状态下,只允许传送 LCP 的分组、鉴别协议的分组以及监测链路质量的分组。若使用口令鉴别协议(PAP),则需要通信发起方提供身份标识符和口令。系统可允许用户重试若干次。如果需要更高级别的安全,则可使用更加复杂的挑战握手认证协议(CHAP)。若鉴别身份失败,则转到"链路终止"状态。若鉴别成功,则进入"网络层协议"状态。

在"网络层协议"状态,链路两端的网络控制协议(NCP)根据不同的网络层协议互相交换网络层特定的网络控制分组。PPP 链路两端的网络层可以运行不同的网络层协议,可使用同一个 PPP 进行通信。如果在 PPP 链路上运行的是 IP,需要对 PPP 链路的每一端配置 IP 模块。在低速链路上运行时,双方还可以协商使用压缩的 TCP 和 IP 首部,以减少在链路上发送的比特数。

当网络层配置完毕后,链路就进入可进行数据通信的"链路打开"状态。链路的两个 PPP 端点可以彼此向对方发送分组。两个 PPP 端点还可发送回送请求 LCP 分组和回送回答 LCP 分组,以检查链路的状态。

数据传输结束后,链路任一端发出终止请求 LCP 分组请求终止链路连接,在收到对方发来的终止确认 LCP 分组后,转到"链路终止"状态。如果链路出现故障,则也会从"链路打开"状态转到"链路终止"状态。当调制解调器的载波停止后,则回到"链路静止"状态。

图 3-11 右侧方框给出了对 PPP 几个状态的说明。从设备之间无链路开始到先建立物理链路,再建立链路控制协议 LCP 链路。经过鉴别后再建立网络控制协议链路,然后才能交换数据。由此可见,PPP 已不是纯数据链路层的协议,它还包含了物理层和网络层的内容。

3.3　使用广播信道的数据链路层

局域网是在 20 世纪 70 年代末发展起来的。早期的局域网使用的是广播信道。广播信道可以进行一对多的通信。局域网技术在计算机网络中占有非常重要的地位。

3.3.1 局域网的数据链路层

局域网一般为一个单位所拥有，覆盖范围有限，站点数目比较少。一般具有较高的数据速率、较低的时延和较低的误码率。如图 3-12 所示，局域网按网络拓扑有**星形**、**环形**和**总线型**。早期的局域网是总线型和环形。随着网络技术的演进，集线器和交换机的出现，星形网获得了广泛的应用。

图 3-12 局域网的拓扑

局域网的传输媒体可以是同轴电缆、双绞线和光纤，也可以是无线电。早期多使用同轴电缆，现在双绞线占主导地位，如果要求速率更高，则可以使用光纤。实际上局域网的内容涵盖物理层和数据链路层。

局域网使用广播信道，也就是共享信道。因此，一个非常重要的问题是协调局域网中结点访问共享信道而不发生冲突。一般有如下两种方法。

（1）**静态划分信道**。利用频分复用、时分复用、波分复用和码分复用等技术静态地为用户划分信道。用户分配了信道后，就不会和其他用户发生冲突，但代价较高，不适合于局域网。

（2）**动态媒体接入控制**，也就是信道并非固定地分配给每个用户，而是动态分配。这又分为如下两类。

① **受控接入**。受控接入的特点是用户需要在一定的控制规则下发送数据。例如令牌环局域网和集中控制的多点线路探询（也称为轮询）。令牌环局域网中有一个令牌，令牌绕环网传递，想要发送数据的结点截获令牌从而发送数据帧。发送的数据绕环一周，回到发送结点，发送结点再把令牌释放到环上。轮询则有一个控制机器，循环地询问其他结点有没有发送数据帧的需求。如果有结点有发送数据帧的需求，则在被询问时发送数据帧。受控接入因为比较简单且在局域网中使用较少，后文不再讨论。

② **随机接入**。随机接入的特点是所有用户可以随机地发送信息。但如果有两个或两个以上的站点在同一时刻发送数据，就会发生冲突（碰撞），导致这些站点的发送都失败。随机接入是本章的重点内容。

10Mb/s 速率的以太网一般被称为传统以太网，采用广播信道实现数据的传输。下面结合传统以太网讨论广播信道的数据链路层涉及的几个问题。

1. 以太网的两个主要标准

1980 年 9 月，DEC 公司、英特尔（Intel）公司和施乐（Xerox）公司联合提出了 10Mb/s 以太网规约的第一个版本 DIX Ethernet V1（DIX 是这三个公司名称首字母组合）。1982 年又修改为第二版，即 **DIX Ethernet V2，其成为世界上第一个局域网产品的规约**。

在此基础上，IEEE（Institute of Electrical and Electronics Engineers）802 委员会的

802.3 工作组于 1983 年制定了**第一个 IEEE 的以太网标准 IEEE 802.3**，数据速率为 10Mb/s。IEEE 802.3 工作组对以太网标准的帧格式做了很小的改动，允许基于这两种标准的硬件实现可以在同一个局域网上互操作。以太网的两个标准 DIX Ethernet V2 与 IEEE 802.3 标准只有很小的差别。严格来讲，"以太网"应当是指符合 DIX Ethernet V2 标准的局域网，在不严格的情况下，IEEE 802.3 局域网也可以称为"以太网"。

实际上，IEEE 802 委员会并没有制定一个统一的局域网标准，而是制定了多个局域网标准，如 802.4 工作组制定的令牌总线网、802.5 工作组制定的令牌环网等。为了多个局域网标准互容，IEEE 802 委员会把局域网的数据链路层拆分成两个子层，即**逻辑链路控制**（Logical Link Control，LLC）子层和**媒体接入控制**（Medium Access Control，MAC）子层。与接入传输媒体有关的内容都放在 MAC 子层，而 LLC 子层则与传输媒体无关。不管采用何种传输媒体和 MAC 子层的局域网，对 LLC 子层来说都是透明的，如图 3-13 所示。

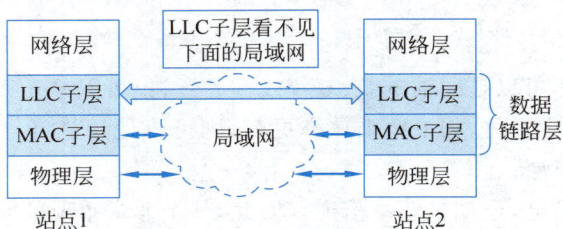

图 3-13　局域网对 LLC 子层是透明的

随着技术的演进，以太网占据了主导地位，目前使用最多的局域网只剩下 DIX Ethernet V2，而不是 IEEE 802 委员会制定的几种局域网。IEEE 802 委员会制定的逻辑链路控制子层（即 IEEE 802.2 标准）的作用已经消失了，很多厂商生产的适配器上就仅装有 MAC 协议，而没有 LLC 协议。

2. 网络适配器

计算机通过网络适配器与外界局域网连接，其也被称为**网卡**。网卡是在主机箱内插入的一块网络接口板，现在很多计算机的网卡集成在主板上。计算机内部数据以并行方式传输，适配器和外部通信采用串行传输的方式进行。所以，适配器要进行数据串并转换。另外，为了适配网络和总线上的数据速率，适配器还要有对数据缓存的功能。适配器的驱动程序安装在操作系统中。适配器还要能够实现以太网协议。

网络适配器完成了数据链路层和物理层两个层次的功能，实际上，因为现在芯片的集成度很高，很难将适配器的数据链路层和物理层的功能划分开。

适配器和计算机的 CPU 并行工作。当适配器收到帧时自动进行地址匹配，自动进行校验，如果出现差错，则直接丢弃差错帧；适配器收到正确的帧时，利用中断的方式通知计算机，并交付给网络层。适配器在接收和发送数据帧时，不需要使用计算机的 CPU。当网络层要发送数据时，将数据报交付给适配器，适配器封装成帧，发送出去。在计算机网络中，会用到两个地址：一个是硬件地址，其存储在适配器的 ROM 中；另一个是 IP 地址，其存储在计算机的存储器中，如图 3-14 所示。

3.3.2　CSMA/CD 协议

最早的以太网是总线型网，多台计算机连接到共享总线上。总线天然具有广播特性。

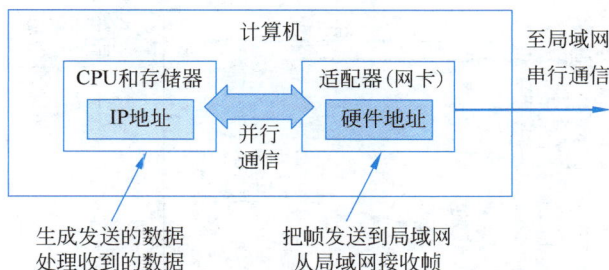

图 3-14 网络适配器

在总线上怎么实现一对一通信呢？每个计算机的网络适配器都有一个独一无二的硬件地址，每个站点仅仅接收目的地址是自己的帧，而对其他帧则丢弃。这个接收动作是由硬件（网络适配器）自动完成的。这样就可以在总线上实现一对一的通信。需要注意，在总线型网上，同一时刻只能允许一台计算机发送数据，否则各计算机发送的数据之间就会互相干扰，使得所发送数据被破坏。

为了简便，以太网使用了如下两种措施。

第一，通信采用无连接的工作方式，即不必先建立连接。 对发送的帧不编号，也不要求对方确认。以太网提供的是尽最大努力的交付，也就是不可靠的交付。当收到的数据帧校验有差错时，就把帧丢弃，其他什么也不做。对丢弃的数据帧是否需要重传则由高层来决定，例如，由 TCP 负责。

第二，以太网发送的数据使用曼彻斯特编码。 曼彻斯特编码带有自同步信号。但曼彻斯特编码所占的频带宽度比原始的基带信号增加了一倍。

以太网协议的工作非常类似于大家在一个教室里面讨论问题。在这个讨论中没有老师或者管理者，想发言的人都可以随时发言。但是有两个要求：如果想发言时，别人正在发言，则需要等待，这个可以被称为"先听后说"；如果碰巧有两个甚至更多的人同时发言，那么大家意识到这问题后，就停止发言，这个可以被称为"边说边听"。

以太网使用的协议是 CSMA/CD，意思是带碰撞检测的载波监听多路访问（Carrier Sense Multiple Access with Collision Detection）。**"多路访问"** 表示这是总线型网络，多个站点共同连接到一个共享总线上。**"载波监听"** 就是"边发送边监听"。载波监听发送数据前或发送数据中，每个站需要不断地检测信道，以便发现有没有其他站点也在发送数据。**"碰撞检测"** 的具体操作是边发送数据边检测信道上信号电压的情况。当两个或多于两个站点同时发送数据时，总线上的信号电压变化幅度将会增大。当信号电压变化幅度超过门限值时，就认为这时至少有两个站点在同时发送数据，发生了碰撞。所谓"碰撞"就是发生了冲突，因此"碰撞检测"也称为"冲突检测"。

每个站点检测到信道空闲后发送数据，也会发生碰撞。这非常类似于会议讨论中，一旦会场安静，偶尔也会发生几个人同时抢着发言而产生冲突的情况。

让我们看图 3-15 所示的例子。图 3-15 中的局域网两端的站点 A 和 B 的距离为 s。电磁波在电缆中的传播时延为 $\tau = s/v$，v 为电信号在电缆中的传播速度。

在 $t=0$ 时，A 有数据发送，检测信道，信道空闲，开始发送数据。

在 $t=\tau-\delta$（这里 $\tau > \delta > 0$）时，A 发送的数据还没有传播到 B，B 也有数据要发送，B 检测到信道是空闲的，因此 B 发送数据。

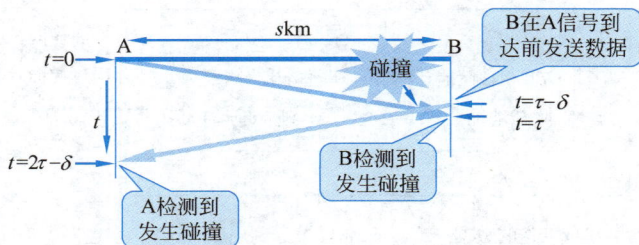

图 3-15　传播时延对载波监听的影响

经过时间 $\delta/2$ 后,即在 $t=\tau-\delta/2$ 时,A 发送的数据和 B 发送的数据发生了碰撞,但这时 A 和 B 都不知道发生了碰撞。

在 $t=\tau$ 时,A 发送的数据传播到 B,B 检测到发生了碰撞,于是停止发送数据。

在 $t=2\tau-\delta$ 时,A 也检测到发生了碰撞,因而也停止发送数据。

A 和 B 发送数据均失败,都要推迟一段时间再重新发送。

可以看到 A 发出的数据,在 τ 时间后才能传播到 B。如果 B 在 A 的数据到达 B 之前发送自己的帧(这时 B 的载波监听是检测不到 A 所发送的信息),则必然发生碰撞。碰撞的结果是两个帧都变得无用。所以,发送数据的站点经过 2τ 的时间才知道有没有发生碰撞。经过 2τ 的时间,数据才可以传播到最远的站点。由于局域网上任意两个站点之间的传播时延有长有短,因此按最坏情况设计,即取总线两端的两个站点之间的传播时延(这两个站点之间的距离最大)为端到端传播时延。

另外,在图 3-15 中,如果站点 A 在 $2\tau-\delta$ 时间点已经完成了数据帧的发送,这时,站点 A 是检测不到冲突的。站点 A 会误认为这次数据发送成功。所以,站点 A 不能在 $2\tau-\delta$ 时间点前完成数据帧的发送,其中 δ 可以认为是一个无穷小量。也就是,站点 A 不能在 2τ 时间点前完成数据帧的发送。假设数据帧长为 L,以太网的数据速率为 C,则有

$$\frac{L}{C} \geqslant 2\tau \tag{3-1}$$

显然,在使用 CSMA/CD 协议时,一个站点不可能同时进行发送和接收(但必须边发送边监听信道)。因此,使用 CSMA/CD 协议的以太网不可能进行全双工通信而只能进行双向交替通信(半双工通信)。

可以看到,即使检测到信道空闲,也有可能发生冲突。同时,以太网也不能保证在检测到信道空闲后的某一时间内,一定能够把自己的数据成功地发送出去。以太网的这一特点称为发送的不确定性。如果希望在以太网上发生碰撞的机会很小,则必须使整个以太网的平均通信量远小于以太网的最高数据速率。

以太网的端到端往返时间 2τ 称为争用期,它是一个很重要的参数。争用期又称为碰撞窗口。这是因为一个站点在发送数据时,只有通过争用期的"考验",即经过争用期这段时间还没有检测到碰撞,才能肯定这次发送不会发生碰撞。这时,就可以放心把这一数据顺利发送完毕。

以太网使用截断二进制指数退避(truncated binary exponential back off)算法来确定碰撞后重传的时机。截断二进制指数退避算法让发生碰撞的站点不是等待信道空闲后就立即再发送数据,而是退避一个随机的时间。立即再发送会导致冲突的多个站点再次发生碰撞。

截断二进制指数退避算法尽可能降低重传时再次发生冲突的概率,可以很好地解决这个问题。

退避算法的规定如下。

(1) 基本退避时间为争用期 2τ。对于 10Mb/s 以太网,具体的争用期时间是 $51.2\mu s$,在争用期内可发送 512 比特,即 64 字节。也可以说争用期是 512 比特时间。1 比特时间就是发送 1 比特所需的时间。所以,这种时间单位与数据速率密切相关。为了方便,也可以直接使用比特作为争用期的单位。争用期是 512 比特,即争用期是发送 512 比特所需的时间。

(2) 从离散的整数集合 $[0,1,\cdots,(2^k-1)]$ 中随机选取一个数,记为 r。重传应推后的时间就是 r 倍的争用期。参数 k 按式(3-2)计算:

$$k = \min(重传次数,10) \tag{3-2}$$

可见,当重传次数不超过 10 时,参数 k 等于重传次数;但当重传次数超过 10 时,k 就不再增大而一直等于 10。

(3) 当重传达 16 次仍不能成功时,则丢弃该帧,并向高层报告。

例如,在第 1 次重传时,$k=1$,随机数 r 从整数 $\{0,1\}$ 中选一个数。因此,重传的站点可选择的重传推迟时间是 0 或 2τ,在这两个时间中随机选择一个。若再发生碰撞,则在第 2 次重传时,$k=2$,随机数 r 就从整数 $\{0,1,2,3\}$ 中选一个数。因此,重传推迟的时间是在 0、2τ、4τ 和 6τ 这 4 个时间中随机地选取一个。同样,若再发生碰撞,则重传时 $k=3$,随机数 r 就从整数 $\{0,1,2,3,4,5,6,7\}$ 中选一个数。以此类推。

若多次发生冲突,就表明网络比较拥挤。使用上述退避算法可使重传推迟时间加大,从而降低发生碰撞的概率。适配器对过去发生过的碰撞并无记忆功能。这种退避算法有可能使得后到的数据帧先被发送。例如,当好几个适配器正在执行指数退避算法时,很可能有某一个适配器发送的新帧能够碰巧立即成功地插入信道中,得到了发送权,而已经推迟好几次发送的站点,有可能很不巧,还要继续执行退避算法,继续等待。

式(3-1)中,$L \geqslant 2\tau \times C = 51.2\mu s \times 10Mb/s = 512b = 64B$。所以,**以太网中一个帧的长度最短为 64 字节,即 512 比特。如果帧长少于 64 字节,那么必须加入一些填充字节,使帧长不小于 64 字节。对于 10Mb/s 以太网,发送 512 比特的时间需要 $51.2\mu s$,也就是上面提到的争用期。**

以太网在发送数据时,如果在争用期(对应前面 64 字节)没有发生碰撞,那么后续发送的数据就一定不会发生冲突。换句话说,如果发生碰撞,就一定是在发送的前 64 字节之内。由于一检测到冲突就立即中止发送,这时已经发送出去的数据一定小于 64 字节,因此凡长度小于 64 字节的帧都是由于冲突而异常中止的无效帧。只要收到了这种无效帧,就应当立即将其丢弃。

信号在以太网上传播 1km 大约需要 $5\mu s$。以太网上最大的端到端时延必须小于争用期的一半(即 $25.6\mu s$),这相当于以太网的最大端到端长度约为 5km。实际上的以太网覆盖范围远远没有这样大。因此,实际的以太网都能在争用期 $51.2\mu s$ 内检测到可能发生的碰撞。

下面介绍强化碰撞的概念。当发送数据的站点一旦发现了碰撞时,除了立即停止发送数据,还要再继续发送 32 比特或 48 比特的人为干扰信号(jamming signal),以便让所有用户都知道现在已经发生了碰撞,如图 3-16 所示。对于 10Mb/s 以太网,发送 32(或 48)比特只需 3.2(或 4.8)μs。

以太网还规定了帧间最小间隔为 $9.6\mu s$,相当于 96 比特时间。这样做是为了使刚刚收

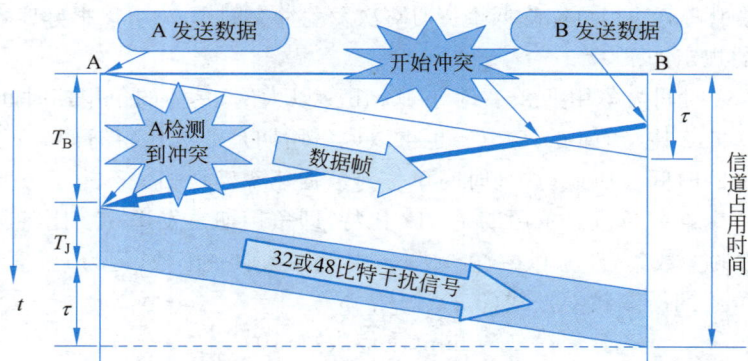

图 3-16　人为干扰信号的加入

到数据帧的站点的接收缓存来得及清理,做好接收下一帧的准备。

CSMA/CD 协议的要点归纳如下。

(1) 准备发送:网络适配器从网络层获得一个分组,加上以太网的首部和尾部,组成以太网帧,放入适配器的缓存中,然后先检测信道。

(2) 若检测到信道忙,则继续不停地检测,一直等待信道转为空闲。此时若在 96 比特时间内信道保持空闲(保证了帧间最小间隔),就发送这个帧。

(3) 在发送过程中仍不停地检测信道,即网络适配器要边发送边监听。这里有两种可能:

① 如果一直未检测到碰撞,就认为发送成功,回到(1)。

② 检测到碰撞,这时立即停止发送,并发送人为干扰信号。适配器执行指数退避算法,等待 r 倍 512 比特时间后,返回到步骤(2),继续检测信道。若重传达 16 次仍不能成功,则停止重传而向上层报错。

3.3.3　10Base-T 双绞线以太网

以太网的传输介质从最初的粗同轴电缆,到细同轴电缆,再到最后双绞线,价格越来越便宜、可靠性越来越高。双绞线以太网是一种星形拓扑的以太网,在星形的中心的设备叫作**集线器**(hub),如图 3-17 所示。每个计算机使用两对无屏蔽双绞线,用于发送和接收数据。双绞线的两端使用 RJ-45 插

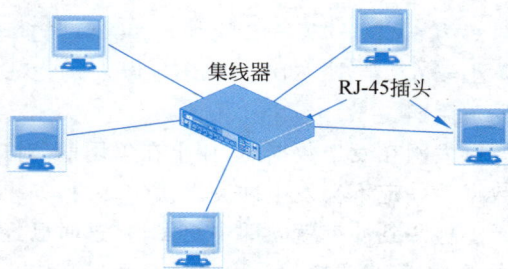

图 3-17　使用集线器的双绞线以太网

头。1990 年,IEEE 制定出星形以太网 10Base-T 的标准 802.3i。其中,"10"代表 10Mb/s 的数据速率,Base 表示基带传输,T 代表双绞线。

10Base-T 以太网每个站点到集线器的距离不超过 100m。10Base-T 双绞线以太网的出现,是局域网发展史上一个非常重要的里程碑。以太网的拓扑从总线型变为更加方便的星形网络,而以太网也就在局域网中占据了统治地位。粗缆和细缆以太网现在都已成为历史,并已从市场上消失了。

集线器的特点如下。

（1）使用集线器的以太网，表面上看是一个星形网，在逻辑上是一个总线型网，各站点共享逻辑上的总线，使用的还是 CSMA/CD 协议。网络中的各站点竞争对传输媒体的使用，并且在同一时刻至多只允许一个站点发送数据。

（2）一个集线器有很多端口（见图 3-18），例如，8～16 个，每个端口通过 RJ-45 插头和计算机互连。因此，一个集线器实际上是一个多端口的转发器。

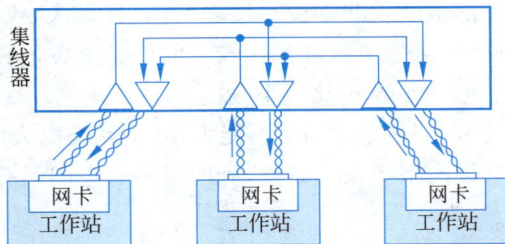

图 3-18　具有三个端口的集线器

（3）集线器工作在物理层，它的每个端口仅仅简单地接收和转发，接收什么数据就转发什么数据，并不进行碰撞检测。

（4）集线器采用了专门的芯片，进行自适应串音回波抵消。集线器的性能非常可靠。另外，现在可以使用 4～8 个堆叠式集线器堆叠起来一起使用。有些集线器具有少量的容错能力和网络管理功能。

IEEE 802.3 标准还可使用光纤作为传输媒体，相应的标准是 10Base-F 系列，F 代表光纤。

3.3.4　以太网的信道利用率

假定一个以太网上有 10 个站点，直观上每个站点分得的平均速率应该是总数据速率的 $1/10$。实际上，远没有这么大。以太网的实际速率一般比标称的速率低很多，每个站点分得的速率会更低。出现这样结果的原因是，以太网随机接入的方式会导致碰撞。碰撞发生时，信道资源实际上被浪费掉了。以太网上站点数目越多，这种碰撞发生的概率就越大。

图 3-19 是以太网的信道被占用的情况。一个站点监听到信道空闲，开始发送帧。但是前面 2τ（τ 是单程端到端传播时延）的时间是争用期，争用期内可能发生碰撞。如图 3-19 所示，经过一个争用期，发生了碰撞，又经过一个争用期，又发生了碰撞。经过若干争用期，终于有一个站点争得发送数据的权利，并发送成功。图 3-19 中 T_0 表示数据帧的传输时间。

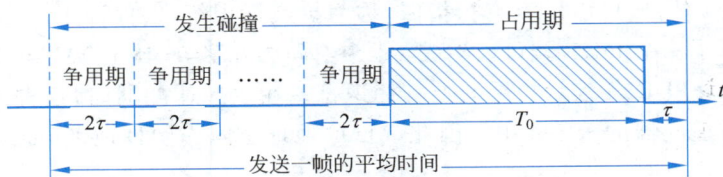

图 3-19　以太网的信道被占用的情况

注意，成功发送一个帧后还有 τ 的时间信道是被占用的，这是因为站点发送完最后一个比特后，这个比特还需要 τ 的时间在以太网上传播。因此，必须在经过时间 $T_0 + \tau$ 后信道才能完全进入空闲状态。图 3-19 展示了发送一个帧的情况，可以看到要提高以太网的信道利用率，就必须减小 τ 与 T_0 的比值。该比值在以太网中被定义为参数 a。

$$a = \frac{\tau}{T_0} \tag{3-3}$$

当 a 很小趋近于 0 时，表示碰撞发生后可以立即检测出来，然后站点停止发送，因而信道资源的浪费就非常少。反之,若 a 比较大,表示争用期所占的比例就比较大,在这种情况下,只要发生碰撞就浪费比较多的信道资源,从而使信道利用率不高。因此,参数 a 应当尽可能小些。参数 a 比较小,就表示 τ 比较小,然后就表示结点之间的距离比较小。另外,参数 a 比较小,就表示 T_0 不能太小,也就是以太网的帧长不能太短。

假设网络不发生碰撞,且网络一有空闲就有站点发送数据,这时可以得到极限信道利用率 $S_{\max}$ 为

$$S_{\max} = \frac{T_0}{T_0 + \tau} = \frac{1}{1+a} \tag{3-4}$$

式(3-4)也表明 a 的值越小越好。

实际上,随机控制的以太网的信道利用率非常低。当以太网的利用率达到 30% 时就已经处于重载的情况。

3.3.5　MAC 地址

IEEE 802 标准为局域网规定了一种 48 位的全球地址,其被固化在适配器的 ROM 中。该地址称为硬件地址,又称为物理地址或 MAC 地址。如果连接在局域网上的主机或路由器有多个网络适配器,那么这个主机或路由器就有多个“地址”。实际上,这种 48 位“地址”应当是某个接口的标识符。

IEEE 802 标准规定 MAC 地址字段可采用 6 字节(48 位)或 2 字节(16 位)这两种中的一种。6 字节地址字段对局部范围内使用的局域网的确是太长了,但是由于 6 字节的地址字段可使全世界所有的网络适配器都具有不相同的地址,因此现在的局域网适配器实际上使用的都是 6 字节 MAC 地址。

现在 IEEE 的注册管理机构 RA 是局域网全球地址的法定管理机构,它负责分配地址字段的 6 字节中的前 3 字节(即高位 24 位)。世界上凡要生产网络适配器的厂家都必须向 IEEE 购买由这前 3 字节构成的地址块。这前 3 字节的正式名称是组织唯一标识符(OUI),通常也叫作公司标识符。现实的情况是,一个公司可能购买多个 OUI,也可能几个小公司合起来购买一个 OUI,所以,24 位的 OUI 不能够单独用来标志一个公司。地址字段中的后 3 字节(即低位 24 位)则可由厂家自行指派,称为扩展标识符,要保证生产出的适配器没有重复地址。购买了一个 OUI,就可以生成 2^{24} 个不同的 6 字节(48 位)MAC 地址,这种地址又称为 EUI-48,这里 EUI 表示扩展的唯一标识符。在生产适配器时,这种 6 字节的 MAC 地址已被固化在适配器的 ROM 中。因此,MAC 地址也叫作硬件地址(hardware address)或物理地址。

IEEE 规定地址字段的第一字节的最低有效位为 I/G 位。I/G 表示 individual/group。当 I/G 位为 0 时,地址字段表示单个站点地址。当 I/G 位为 1 时表示组地址,用来进行多播。IEEE 还考虑可能有人并不愿意向 IEEE 的 RA 购买 OUI。为此,IEEE 把地址字段第一字节的最低第二位规定为 G/L 位,表示 global/local。当 G/L 位为 0 时是全球管理(保证在全球没有相同的地址),厂商向 IEEE 购买的 OUI 都属于全球管理。当地址字段的 G/L 位为 1 时是本地管理,这时用户可任意分配网络上的地址。采用 2 字节地址字段时全都是本地管理。但应当指出,以太网几乎不理会这个 G/L 位。这样,在全球管理时,实际上 MAC 地址可用 46 位的二进制数字来表示(其最低位和最低第二位均固定为 0)。这 46 位

组成的地址空间可有 2^{46} 个地址,可保证世界上的每一个适配器都有一个唯一的地址。

当计算机通过适配器连接到局域网时,适配器上的硬件地址就用来标志该计算机的这个接口。如果路由器连接到两个网络上,它就需要两个适配器和两个硬件地址。

适配器具有过滤功能。适配器每收到一个 MAC 帧就先用硬件检查 MAC 帧中的目的地址。如果是发往本站点的帧则收下,然后进行其他处理。这里"发往本站点的帧"包括以下三种帧。

(1) 单播(unicast)帧(一对一),即收到帧的目的 MAC 地址与本站点的 MAC 地址相同。

(2) 广播(broadcast)帧(一对全体),即发送给本局域网上所有站点的帧(MAC 地址为全1)。

(3) 多播(multicast)帧(一对多),即发送给本局域网上多个站点的帧。

所有的适配器都能够识别前两种帧,即识别单播和广播地址。有的适配器可以用软件编程的方法识别多播地址。显然,广播地址和多播地址是不可以作为源地址使用的。

以太网适配器还可设置为混杂模式。工作在混杂模式的适配器会把所有的帧都收下来。网络黑客可以利用混杂模式窃听其他站点发送的数据帧。因此,以太网上非常不希望有适配器工作在混杂模式。但混杂模式也有正面的用途。例如,网络维护和管理人员可以利用这种方式来监视和分析以太网上的流量。

3.3.6　以太网帧格式

常用的以太网帧格式有两种标准:一种是 DIX Ethernet V2 标准(即以太网 V2 标准);另一种是 IEEE 802.3 标准。下面介绍以太网 V2 的帧格式,如图 3-20 所示。

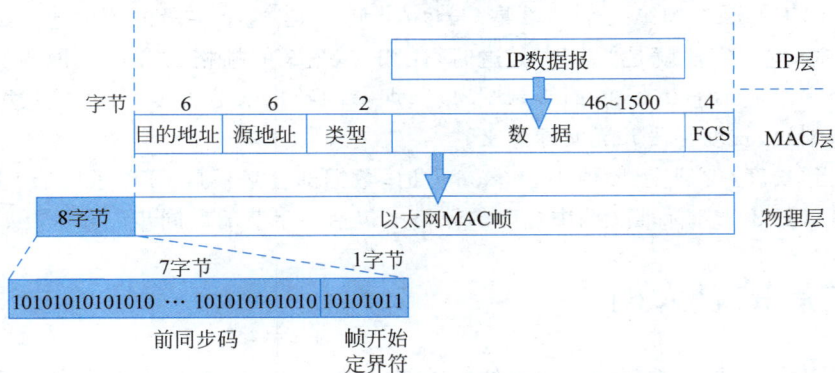

图 3-20　以太网 V2 的帧格式

以太网 V2 的帧由 5 个字段组成,依次是目的地址(6 字节)、源地址(6 字节)、类型(2 字节)、数据部分(长度视情况而定)和帧校验序列 FCS(4 字节)。目的地址和源地址字段写入目的站点和源站点的 MAC 地址。类型字段用来表示数据部分使用的是什么协议,以便把收到的数据上交给这个协议。例如,该值是 0x0800 时表示数据部分是 IP 数据报。数据字段的长度为 46～1500 字节(以太网帧的最小长度为 64 字节,减去 18 字节的首部和尾部可以得到数据字段的最小长度为 46 字节)。帧检验序列(FCS)使用 CRC 检验,检验的范围是5 个字段,不包括 8 字节的前同步码和帧开始定界符。当误码率为 1×10^{-8} 时,未检测到的

差错概率小于 1×10^{-14}。

　　特别指出，以太网 V2 的帧格式中，并没有一个长度（或数据长度）字段。这可以利用曼彻斯特编码的特性来获取帧的结束。曼彻斯特编码在每个码元的中间位置都有一次电压跳变，而如果没有数据，则没有电压跳变。当检测到没有跳变时，就获取了数据帧的尾部，从而可以确定数据帧的长度。另外，上层交付下来的数据少于 46 字节时，MAC 子层就会在数据字段的后面加入一个整数字节的填充字段，以保证以太网的 MAC 帧长不小于 64 字节。一般地，填充后保证帧长等于 64 字节。具体处理时，接收端会把数据和填充一起交付给网络层。IP 数据报首部有长度字段，从而网络层根据长度字段将填充数据丢弃。

　　为了使得接收端和到达的比特流同步，帧的前面还有硬件生成的 8 字节，其包括两个字段。第一个字段是 7 字节的前同步码（10 重复出现），使接收端的适配器调整其时钟频率以便和发送端的时钟同步，也就是"实现位同步"。第二个字段是帧开始定界符，定义为10101011。其前 6 位和前同步码一样，最后的两个连续的 1 提醒接收端适配器帧的信息马上开始。FCS 字段的检验范围不包括前同步码和帧开始定界符。使用 SONET/SDH 进行同步传输时则不需要前同步码，因为在同步传输时收发双方的位同步总是一直保持着的。

　　出现下列情况之一的，即为无效的 MAC 帧。

　　（1）帧的长度不是整数字节。

　　（2）FCS 校验有差错。

　　（3）数据字段的长度不是 46～1500 字节的帧。相应地，帧长度不是 64～1518 字节的帧。

　　对于无效 MAC 帧就简单地丢弃，以太网不负责重传。

　　IEEE 802.3 标准的帧格式与以太网 V2 帧格式总体上是相同的，区别在于以下三点。

　　第一，IEEE 802.3 帧第三个字段是"长度/类型"。当这个字段的值大于 0x0600（十进制数 1536）时，这个字段就是"类型"。这时，IEEE 802.3 的帧格式和以太网 V2 帧格式一样。当这个字段值小于 0x0600 时表示"长度"，即帧的数据部分长度。需要注意，编码采用了曼彻斯特编码，长度字段并无实际意义。

　　第二，当"长度/类型"字段值小于 0x0600 时，数据部分必须是 LLC 子层的 LLC 帧。

　　第三，IEEE 802.3 标准文档中规定的帧格式包括 8 字节的前同步码和帧开始定界符。

3.4　扩展的以太网

　　在一些工作场景下，希望把以太网的覆盖范围进行扩展。本节将讨论在物理层和数据链路层扩展以太网。

3.4.1　在物理层扩展以太网

　　以太网上主机之间的距离是受到限制的（注意，这个距离不是物理距离，而是连接两个主机之间的线路的长度），不能太远（如 10Base-T 以太网上这个限制是不超过 200m）。早期，工作在物理层的转发器被用来扩展以太网的覆盖范围。两个网段可以用一个转发器连接起来。IEEE 802.3 标准还规定，任意两个站点之间最多可以经过三个网段。随着技术的进步、双绞线以太网的普及，目前转发器已经很少使用了。扩展主机和集线器之间的连接可以由光纤和一对光纤调制解调器组成,如图 3-21 所示。光纤的时延小,带宽很大,使用这种方法可以很容易地使主机和几千米以外的集线器相连接。

图 3-21　主机使用光纤和一对光纤调制解调器连接到集线器

现在常用的做法是使用多个集线器把星形以太网连接起来扩展成覆盖范围更大的多级星形结构的以太网。例如,一个单位内部三个部门各有一个 10Base-T 以太网,利用一个主干集线器把它们的以太网连接起来,成为一个更大的以太网,如图 3-22 所示。

图 3-22　集线器连成更大的以太网

可以看到,第一,原来不能互通的计算机现在可以通信了。第二,扩大了以太网覆盖的范围。例如,每个部门的网络没有互联前,两台主机之间的最大距离是 200m。互联后,不同部门的主机之间的距离就可扩展了,因为集线器之间的距离可以是 100m。

利用集线器扩展以太网也存在一些问题。

(1)互联起来的网络组成了一个更大的碰撞域,碰撞的概率增加,每个结点分得的带宽减少了。原来是 4 个站点共用 10Mb/s 的带宽,互联后是 12 个站点共用 10Mb/s 的带宽。

(2)利用集线器互联的网络必须是同种类型的局域网且数据速率相同。集线器只能转发而不具有缓存的功能。

3.4.2　在数据链路层扩展以太网

更多的时候,人们在数据链路层扩展局域网,使用的设备包括网桥和交换机。网桥是比较老的设备,现在多数使用交换机。这两个设备比物理层的集线器具有更智能的功能,它们可以对收到的帧根据目的地址进行转发和过滤。当网桥(交换机)收到一个帧时,并不是向所有的端口转发此帧,而是根据此帧的目的 MAC 地址,查找网桥(交换机)中的地址表(交换表),然后确定将该帧转发到哪一个端口,或者是把它丢弃(即过滤)。

1990 年诞生了交换式集线器(switching hub),其也被称为以太网交换机(switch)或第二层交换机(简称交换机)。这里说明,现在出现了三层交换机和四层交换机,强调该交换机的协议最高层次分别是网络层和运输层。一般出现在计算机网络书籍中的交换机特指二层交换机,也就是工作在数据链路层。

下面简单介绍以太网交换机的特点。交换机实际上是一个多端口的网桥,后文介绍的交换机的特性,一般网桥也具有。

视频讲解

1. 以太网交换机的特点

交换机通常都有十几个或更多的端口。交换机的每个端口可以连接一个主机,也可以连接一个交换机,这个交换机又连接多个主机。交换机的每个端口一般都工作在全双工方式。以太网交换机端口之间一般具有并行性,即能同时让多对端口间通信。主机都独占传输媒体,无碰撞地传输数据。也就是每一个端口和连接到该端口的设备构成了一个碰撞域。这样,具有 N 个端口的交换机就有 N 个碰撞域。

以太网交换机的端口有存储器,可以在输出端口繁忙时把到来的帧进行缓存。交换机是一种即插即用设备。交换机有一个交换表,交换机根据交换表来转发或过滤数据包。交换表(又称为地址表)是通过自学习算法自动地建立起来的。交换机内部使用了专用的交换结构,用硬件转发,其转发速率要比使用软件转发的网桥快很多。

现实生活中交换机的性能远远超过集线器,而价格并没有高很多。所以,实际生活中交换机用得比较多。用集线器互联的以太网被称为共享式以太网,而交换机互联的以太网被称为交换式以太网。从共享式以太网升级到交换式以太网时,所有设备的软件和硬件、适配器等都不需要做任何改动。对 10Mb/s 共享式以太网,所有用户共享带宽 10Mb/s。而对于 10Mb/s 交换式以太网,每个端口的用户独占带宽 10Mb/s。

交换机的端口一般是自适应端口,例如 10/100Mb/s 自适应端口,可以根据网络设备自适应选择通信速率。

交换机对收到的帧可以采用存储转发的方式进行转发,有一些交换机采用转发效率更高的直通交换方式。直通交换方式不需要把整个数据帧都收到后再进行转发,其在收到帧的目的地址字段就转发。使用直通交换方式,转发时延非常小。但直通交换方式不进行差错检验就进行转发,有可能将一些无效帧转发出去。

2. 交换机(网桥)的自学习机制

交换机(网桥)使用转发表来转发数据帧。转发表是利用<u>自学习</u>机制建立的。图 3-23 中的以太网交换机有 3 个端口,各连接一个站点,其 MAC 地址分别是 A、B 和 C,分别连接到端口 1～3 上。交换表中最重要的就是两个条目:目的 MAC 地址和转发接口。交换机刚启动时,交换表是空的。

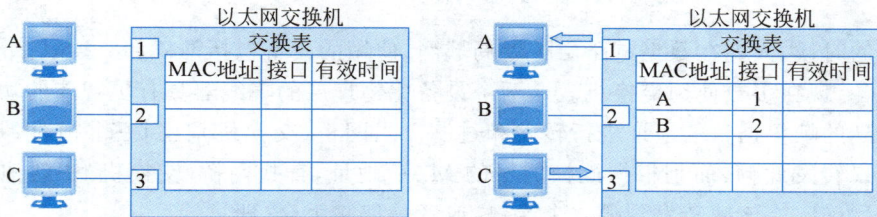

图 3-23　以太网交换机的交换表及自学习

站点 A 向站点 B 发送了一帧,从端口 1 进入交换机。交换机收到该帧后,先查找交换表。交换表是空的,交换机不知道站点 B 连接在哪个端口上。所以交换机向除端口 1 以外的所有端口广播这个帧。另外,虽然交换机不知道站点 B 连接到哪个端口上,但交换机知道站点 A 连接到端口 1 上,因为源地址是 A 的数据帧从端口 1 进入交换机。交换机将学习到的地址 A 和端口 1 写入交换表中。这就是自学习过程。站点 B 收到广播的数据帧。另外,站点 C 也收到该数据帧,因为 MAC 地址不匹配,丢弃该帧,这被称为过滤。

以后,假设站点 B 向站点 A 发送一个数据帧,交换机将查找交换表,知道该帧应该转发到端口 1。同时,学习到站点 B 连接到端口 2 上,将学习到的信息更新到交换表中。

经过一段时间的学习,交换机得到了所有结点连接的端口信息。

另外,从图 3-23 可以看到,交换表中还有"有效时间"。当交换表中写入一个项目时就记录下当时的时间。每一个项目只要超过预定的时间(例如 300s),该项目被删除。用这样的方法去除旧的网络信息,来应对站点从一个端口移动到另一个端口或者站点更换适配器或者站点关机等情况。

交换机的这种自学习机制使得交换机具有即插即用的功能,不必人工进行配置,因此非常方便。

图 3-24 展示了一种糟糕的情况,即自学习的过程可能导致以太网帧在网络的某个环路中无限制地兜圈子。假设交换表刚开始是空的。站点 A 向站点 B 发送了一个帧。交换机 S1 收到该帧后会广播。该数据帧通过交换机 S2 的 5 号端口进入交换机 S2。同样,交换机 S2 也会广播该数据帧,该帧又通过交换机 S1 的 6 号端口进入交换机 S1。这样的发送过程会一直重复下去,交换机 S1 端口 5→交换机 S2 端口 5→交换机 S2 端口 6→交换机 S1 端口 6,白白消耗了网络资源。

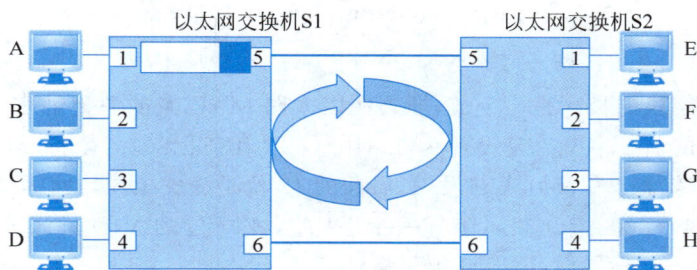

图 3-24　在两个交换机之间兜圈子的帧

出现上述问题的原因是网络中存在环路。为了解决该问题,IEEE 802.1D 标准制定了一个生成树协议(Spanning Tree Protocol,STP)。其核心要点就是不改变网络的实际拓扑,但让一些端口不工作,在逻辑上切断某些链路,网络中没有环路,形成一个树状结构,从而消除了兜圈子现象。

3.4.3　虚拟局域网

以太网交换机的出现,加速了以太网的普及应用,确立了以太网的重要地位。以太网交换机可以使用级联和堆叠的方式,组成更大的以太网。但当一个以太网包含的站点太多时,往往会带来两个缺点。

首先,若干交换机互联组成的以太网是一个广播域。在一个主机数量很大的以太网上传播广播帧会造成网络资源的浪费,并有可能形成"广播风暴",甚至使整个网络瘫痪。

其次,一个单位的以太网连接众多员工的计算机,这些员工分属不同的部门。但有些部门的信息是敏感且需要保密的(例,财务部门或人事部门)。许多部门共享一个局域网对信息安全极为不利。

为了克服上述问题,可以在以太网交换机上建立虚拟局域网(Virtual LAN,VLAN),把一个较大的局域网分割成一些较小的局域网,而每一个较小的局域网是一个广播域。虚拟局域网是交换机提供给用户的一种服务,而并不是一种新型局域网。在同一个虚拟局域网上的主机,看起来好像物理上组成了一个局域网。而不在同一个虚拟局域网上的主机,看起来好像是物理上隔离开的。

1988年,IEEE批准了802.3ac标准,这个标准定义了以太网的帧格式的扩展,以便支持虚拟局域网。虚拟局域网协议允许在以太网的帧格式中插入一个4字节的标识符(见图3-25),称为VLAN标签(tag),用来指明发送该帧的计算机属于哪一个虚拟局域网。插入VLAN标签的帧称为802.1Q帧。

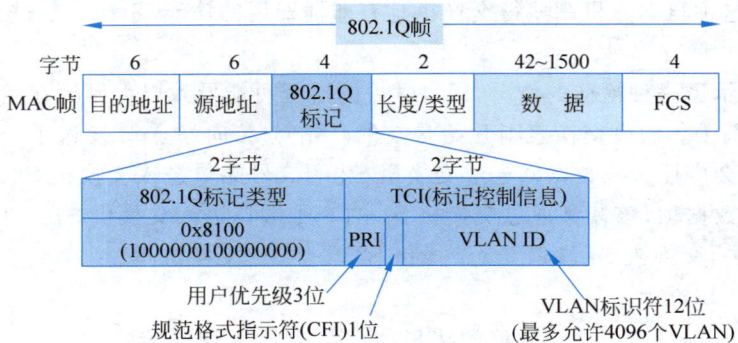

图 3-25　插入 VLAN 标签后变成了 802.1Q 帧

VLAN标签字段的长度是4字节,插入在以太网MAC帧的源地址字段和类型字段之间。VLAN标签的前2字节总是设置为0x8100,称为IEEE 802.1Q标签类型。VLAN标签的后2字节中,前面4位实际上并没用,后面的12位是该虚拟局域网标识符VID(VLAN ID),它唯一地标志了802.1Q帧属于哪一个VLAN。12位的VID可区分4096个不同的VLAN。插入VLAN标签后,FCS必须重新计算。

当数据链路层检测到MAC帧的源地址字段后面的2字节的值是0x8100时,就知道现在插入了4字节的VLAN标签。由于用于VLAN的以太网帧的首部增加了4字节,因此以太网的最大帧长从原来的1518字节变为1522字节。

每台计算机都是通过接入链路(access link)连接到以太网交换机的。管理人员划分虚拟局域网的方法有多种。例如,按交换机的端口划分,或按MAC地址划分。每台主机并不知道自己的VID值(但交换机必须知道这些信息)。这些主机通过接入链路发送到交换机的帧都是标准的以太网帧。连接两个交换机端口之间的链路称为汇聚链路(trunk link)或干线链路。汇聚链路上的数据帧需要插入VLAN标签,以表明该数据帧属于哪个VLAN。图3-26中计算机1和计算机2属于VLAN 10,而计算机3和计算机4属于VLAN 20。当计算机1向计算机2发送数据帧时,计算机1向交换机1发送标准的以太网帧,交换机1发现计算机2在另一个交换机2上,就向交换机2转发该数据帧,在转发前,插入802.1Q标记。交换机2收到该标记,知道属于VLAN 10,将该标记去除,并转发标准以太网帧给计算机2。如果计算机1向计算机3发送数据帧,因为它们分属于不同的虚拟局域网,需要网络层(例如路由器)的支持。另外,有的交换机中嵌入了一个由专用芯片构成的转发模块,用来在不同的VLAN之间转发帧。这样就可以不必再使用另外的路由器,而就在交换机中实现了第3层的转发功能。这种转发功能被称为第3层交换,而这种交换机常被称为L3/L2交换机。

计算机3　　　　　　　　计算机4

计算机1　　　交换机#1　　汇聚链路　　交换机#2　　　计算机2
　　　　　　　　　　　　(trunk link)

带标记的以太网
MAC 帧

目的地址	源地址	802.1Q 标记	长度/类型	数　据	FCS
6	6	4	2	42~1500	4

字节

802.1Q帧

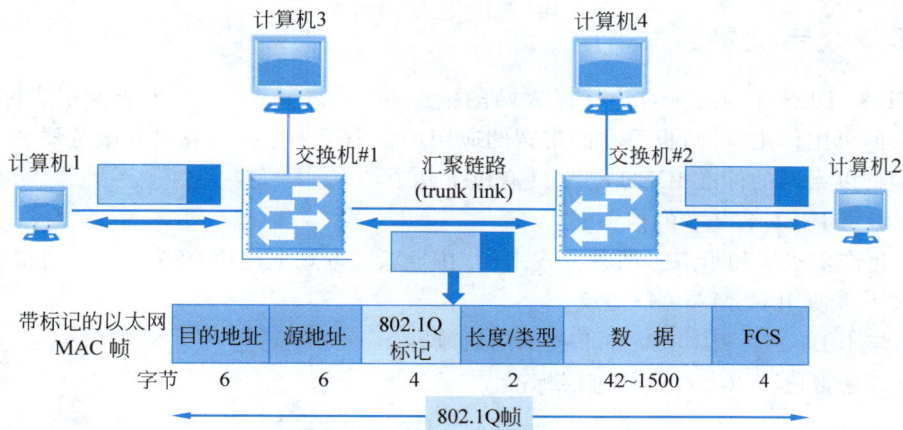

图 3-26　利用以太网交换机构成虚拟局域网

3.5　高速以太网

随着技术的进步,以太网的速率得到持续改进,从 10Mb/s、100Mb/s 以太网一直发展到 1Gb/s 的吉比特以太网,甚至更快的以太网。

3.5.1　100Base-T 以太网

100Base-T 以太网也被称为快速以太网,其传输介质仍然是双绞线,数据速率提升到 100Mb/s,是一种星形拓扑的以太网,依然采用 IEEE 802.3 的 CSMA/CD 协议。用户只要更换 100Mb/s 的网络适配器以及 100Mb/s 的集线器或者交换机,就能非常容易地升级到 100Mb/s,而无须对网络的拓扑结构做出改变。现有的 100Base-T 的适配器一般具有很强的自适应能力,能够自行识别 10Mb/s 和 100Mb/s 并调整自己的数据速率。100Base-T 快速以太网的标准为 IEEE 802.3u。

100Base-T 以太网可在全双工方式下工作而无冲突发生,这时并不使用 CSMA/CD 协议。100Base-T 的 MAC 格式仍然是 IEEE 802.3 标准规定的帧格式。IEEE 802.3u 的标准未包括对同轴电缆的支持。现在 10Mb/s、100Mb/s 以太网都使用无屏蔽双绞线。

当帧长不变时,若数据速率提高 10 倍,网络电缆长度应该减小到原来的 1/10。在 100Mb/s 的以太网中采用的方法是保持最短帧长不变,对于铜缆 100Mb/s 以太网一个网段的最大长度是 100m,其最短帧长仍为 64 字节,即 512 比特。因此,100Mb/s 以太网的争用期是 5.12μs,帧间最小间隔现在是 0.96s,是 10Mb/s 以太网的 1/10。

表 3-1 是 100Mb/s 以太网的物理层标准。

表 3-1　100Mb/s 以太网的物理层标准

名　　称	媒　体	网段最大长度/m	特　　点
100Base-TX	铜缆	100	2 对 UTP 5 类线或屏蔽双绞线
100Base-T4	铜缆	100	4 对 UTP 3 类线或 5 类线
100Base-FX	光缆	2000	两根光纤,发送和接收各 1 根

3.5.2　吉比特以太网

IEEE 在 1997 年通过了吉比特以太网的标准 802.3z,其在 1998 年成为正式标准。吉比特以太网可用作主干网,也可在高带宽的应用场合中用来连接计算机和服务器。

吉比特以太网的标准 IEEE 802.3z 有以下几个特点。

(1) 沿用 IEEE 802.3 的帧格式。

(2) 允许全双工和半双工两种方式工作,在半双工方式下使用 CSMA/CD 协议,而在全双工方式下不使用 CSMA/CD 协议。

(3) 与 10Base-T 和 100Base-T 技术向后兼容。

表 3-2 是吉比特以太网的物理层标准。

表 3-2　吉比特以太网的物理层标准

名　称	媒　体	网段最大长度/m	特　点
1000Base-SX	光缆	550	多模光纤
1000Base-LX	光缆	5000	单模光纤多模光纤
1000Base-CX	铜缆	25	使用 2 对屏蔽双绞线电缆 STP
1000Base-T	铜缆	100	使用 4 对 UTP 5 类线

表 3-2 中的前三项的标准是 IEEE 802.3z,而 1000Base-T 的标准是 IEEE 802.3ab。

当吉比特以太网工作在半双工方式时,由于数据速率提高到 10 倍,因此只有减小最大电缆长度为原来的 1/10 或增大帧的最小长度为原来的 10 倍。若最大电缆长度减小到 10m,那么网络的覆盖就非常有限。而若最短帧长提高到 640 字节,则发送短数据时额外开销又太大。吉比特以太网仍然保持一个网段的最大长度为 100m。采用了"载波延伸"(carrier extension)的办法,使最短帧长仍为 64 字节,同时将争用期增大为 512 字节。凡帧长不足 512 字节时,就使用一些特殊字符填充在帧的后面,使 MAC 帧的长度增大到 512 字节。接收端在收到这样的帧后,把所填充的特殊字符删除后才向高层交付。很明显,填充部分越多,额外的开销就越大。

吉比特以太网还增加了分组突发(packet bursting)的功能。当很多短帧要发送时,第一个短帧要采用载波延伸的方法进行填充。但随后的一些短帧则可以一个接着一个地发送,这些短帧之间只需留有必要的帧间最小间隔即可。这样就形成一串分组的突发,直到达到 1500 字节或稍多一些为止。当吉比特以太网工作在全双工方式时,不使用载波延伸和分组突发。

3.5.3　10 吉比特以太网和更快的以太网

10 吉比特以太网(10GbE)的帧格式与 10Mb/s、100Mb/s 和 1Gb/s 以太网的帧格式完全相同,并保留了 IEEE 802.3 标准规定的以太网最小帧长和最大帧长。这就使得 10GbE 和原有以太网能够很好地兼容。10GbE 只工作在全双工方式,因此不存在争用问题,当然也不使用 CSMA/CD 协议。这使得 10GbE 的传输距离大大提高了。

表 3-3 是 10GbE 的物理层标准。前三项的标准是 IEEE 802.3ac,第四项的标准是 IEEE 802.3ak,最后一项的标准是 IEEE 802.3an。

表 3-3 10GbE 的物理层标准

名　　称	媒　　体	网段最大长度/m	特　　点
10GBase-SR	光缆	300	多模光纤
10GBase-LR	光缆	10 000	单模光纤
10GBase-ER	光缆	40 000	单模光纤
10GBase-CX4	铜缆	15	使用 4 对双芯同轴电缆
10GBase-T	铜缆	100	使用 4 对 6A 类 UTP 双绞线

在 10GbE 之后又制定了 40GbE/100GbE(即 40 吉比特以太网和 100 吉比特以太网)的标准 IEEE 802.3ba—2010 和 IEEE 802.3bm—2015。40GbE/100GbE 以太网只工作在全双工的传输方式,不使用 CSMA/CD 协议,并且仍然保持了以太网的帧格式以及 IEEE 802.3 标准规定的以太网最小和最大帧长。100GbE 在使用单模光纤传输时,仍然可以达到 40km 的传输距离,但这需要波分复用(使用 4 个波长复用一根光纤,每一个波长的有效传输速率是 25Gb/s)。

2017 年 12 月,更高速率的以太网标准 IEEE 802.3bs 标准颁布,其共有两种速率,即 200GbE(速率为 200Gb/s)和 400GbE(速率为 400Gb/s),全部用光纤传输(单模和多模)。根据传输方式的不同,传输距离从 100m 至 10km 不等。

3.5.4　使用以太网进行宽带接入

现在人们可以使用以太网进行宽带接入互联网。以太网接入可以提供双向的宽带通信,并且可以根据用户对带宽的需求灵活地进行带宽升级。当城域网和广域网都采用吉比特以太网或 10GbE 以太网时,采用以太网接入可以实现端到端的以太网传输,中间不需要再进行帧格式的转换。这就提高了数据的传输效率且降低了传输的成本。

以太网的帧格式标准中,并没有用户名字段,也没有让用户输入密码来鉴别用户身份的过程。现在人们把数据链路层的两个协议结合起来,即把 PPP 中的 PPP 帧再封装到以太网中来传输。这就是 1999 年公布的 **PPPoE**。现在的光纤宽带接入 FTTx 都要使用 PPPoE 的方式进行接入。

例如,光纤到大楼方案中,在每个大楼的楼口安装一个光网络单元(ONU),然后根据用户所申请的带宽,用 5 类线接到用户家中。如果用户很多,还可以在每一个楼层再安装一个 100Mb/s 的以太网交换机。各大楼的以太网交换机通过光缆汇接到光汇接点(光汇接点一般通过城域网连接到互联网的主干网)。在这种方式下,不再需要使调制解调器,只要 RJ-45 的插口即可。用户把个人计算机通过 5 类网线连接到墙上的 RJ-45 插口中,然后在 PPPoE 弹出的窗口中输入用户名和密码,进行验证后就可以进行宽带上网了。

3.6　无线局域网

近几十年来,无线通信网络得到了飞速发展。本节介绍无线局域网,其重点是无线局域网 MAC 层协议——带冲突避免的载波监听多路访问(CSMA/CA)的原理。无线局域网的简写为 WLAN(Wireless Local Area Network)。

3.6.1　无线局域网的组成

无线局域网可分为两大类：第一类是有基础设施的无线局域网；第二类是无基础设施的无线局域网。

1. 有基础设施的无线局域网

1997 年，IEEE 制定出**无线局域网协议 802.11 系列标准**适用于第一类有基础设施的无线局域网。IEEE 802.11 是一系列无线局域网的标准，它使用星形拓扑。在这种无线局域网中，需要事先部署好基础设施，其一般被称为接入点（Access Point，AP），是一个链路层的设备。AP 一般通过有线的方式连接到互联网上。现在家用的无线局域网的 AP 一般集成 IP 层的路由功能，所以被称为无线路由器。**802.11 无线局域网的 MAC 层使用 CSMA/CA 协议。**

无线局域网的最小构件是基本服务集（Basic Service Set，BSS）。一个基本服务集包括一个接入点和若干移动站。一个站点在和本 BSS 内的站点通信，或者与本 BSS 外的站点通信，都必须通过本 BSS 的接入点。每个 AP 都会分配一个不超过 32 字节的服务集标识符（Service Set IDentifier，SSID）和一个通信信道。SSID 就是指使用该 AP 的无线局域网的名字。一个 BSS 所覆盖的地理区域叫作一个基本服务区（Basic Service Area，BSA）。一个 BSA 的直径一般不超过 100m。接入点 AP 在出厂时就分配了一个唯一的 48b 的 MAC 地址，其正式名称是基本服务集标识符（BSSID）。

无线局域网使用 ISM 频段，通常使用的频段是 2.4GHz 和 5GHz。每一个频段又再划分为若干信道。例如，在 2.4GHz 频段中有大约 85MHz 的带宽可用。802.11b 标准定义了 11 个部分重叠的信道集。相邻信道的中心频率相差 5MHz，而每个信道的带宽约为 22MHz。因此，仅当两个信道由 4 个或更多信道隔开时它们彼此才无重叠。其中，信道 1、6 和 11 的集合是唯一的 3 个非重叠信道的集合。

多个基本服务集可以通过分配系统（Distribution System，DS）连接起来，构成了一个扩展服务集（Extended Service Set，ESS）。ESS 也有个标识符，被称为扩展服务集标识符（ESSID），它是不超过 32 字符的字符串名字。分配系统使 ESS 像一个 BSS 一样。分配系统可以使用以太网（这是最常用的）、点对点链路或其他无线网络。ESS 还可以通过叫作门户（poral）的设备来连接到其他 802.x 局域网。门户的作用相当于一个网桥。在一个 ESS 内几个不同的 BSS 也可能有重合的部分，如图 3-27 中，A_1 所在的区域。图 3-27 中，站点 A 和 C 通信，数据包的路径是 A→AP→C；站点 A 和 B 通信，数据包的路径是 A→AP_1→AP_2→B。

一个站点若要加入某一基本服务集，就必须先与该服务集的 AP 建立关联。建立关联就表示这个站点加入了选定的 AP 所属的子网，并和这个接入点 AP 创建了一个虚拟线路。只有已关联的 AP 才向这个站点发送数据帧，而这个站点也只有通过关联的 AP 才能向其他站点发送数据帧。

站点与 AP 建立关联的方法有两种。一种是被动扫描（见图 3-28（a）），其过程如下。

① AP 周期性发出信标帧（beacon frame），信标帧中包含有若干系统参数（如服务集标识符以及支持的速率等）。

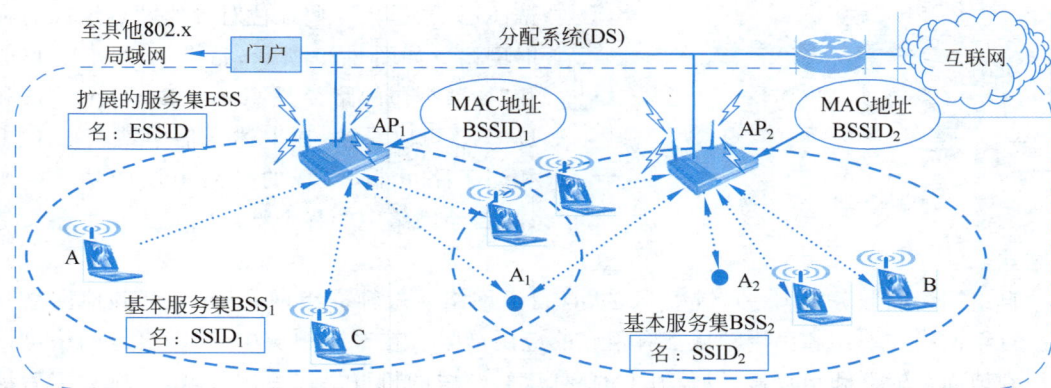

图 3-27　IEEE 802.11 的基本服务集和扩展服务集

② 站点 A 收到多个接入点发出的信标帧，站点 A 选择其中一个加入。图 3-28 中，站点 A 收到 2 个信标帧，然后向 AP$_2$ 发出关联请求帧（association request frame）。

③ 接入点 AP$_2$ 同意站点 A 发来的关联请求，向站点 A 发送关联响应帧（association response frame）。

这样，站点 A 和接入点 AP$_2$ 的关联就建立了。

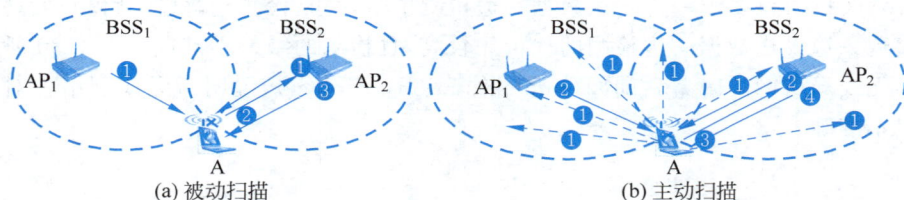

图 3-28　被动扫描和主动扫描

另一种建立关联的方法是主动扫描（见图 3-28(b)），其步骤如下。

① 站点 A 以广播的方式发出探测请求帧（probe request frame），让站点 A 通信范围内的所有接入点知道有站点要求建立关联（见图 3-28(b)中的多个虚线箭头）。

② 收到探测请求帧的接入点发送探测响应帧（probe response frame）。

③ 站点 A 收到多个接入点发出的探测响应帧，站点 A 选择其中一个加入。图 3-28(b)中，站点 A 向 AP$_2$ 发出关联请求帧。

④ 接入点 AP$_2$ 向站点 A 发送关联响应帧，与站点 A 建立了关联。

若站点使用重建关联服务，就可把这种关联转移到另一个接入点。当使用分离服务时，就可终止这种关联。

无线局域网用户在和附近的 AP 建立关联时，一般还要输入口令。输入正确后，才能和该 AP 建立关联。在无线局域网发展初期，这种接入加密方案称为 WEP（Wired Equivalent Privacy，有线等效的保密）。然而 WEP 的加密方案有安全漏洞，因此现在的无线局域网普遍采用了保密性更好的加密方案（WiFi Protected Access，WPA，无线局域网受保护的接入）或其第二个版本 WPA2。现在 WPA2 是 802.11n 中强制执行的加密方案。

2. 无固定基础设施的无线局域网

另一类无线局域网是无固定基础设施（AP）的无线局域网，又被称为自组网络（ad hoc

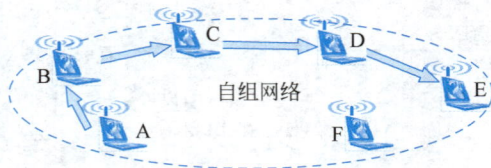

图 3-29　自组网络

network)，是由一些地位对等的站点组成的临时网络。如图 3-29 所示，站点 A 和站点 E 通信时，数据包的路径是 A→B、B→C、C→D 和 D→E。可以看到，在上述通信中结点 B、C、D 相当于路由器，实现的是路由层的功能。所以，自组网络中的每个结点既充当路由器又是端结点。

　　自组网络的服务范围一般是受限的，且自组网络一般独立组网，不和外部其他网络互连。自组网络在军用和民用领域都有很好的应用前景。在军事领域中，移动自组网络可以应用到地面车辆群和坦克群，以及海上的舰艇群、空中的机群。在民用领域，自然灾害后组建临时通信网络用于抢险救灾。

3.6.2　无线局域网的 MAC 层协议

1. CSMA/CA 协议

　　虽然 CSMA/CD 协议已成功地应用于有线局域网，但无线局域网的特点决定了不能使用 CSMA/CD 协议。

　　CSMA/CD 协议要求一边发送数据一边检测信道，一旦检测到碰撞，就停止发送。无线网络中实现一边发送数据一边检测的代价比较高，且检测的结果不准确。图 3-30 所示的例子被称为无线局域网的隐蔽站问题（hidden station problem），说明了无线网络中对信道的检测结果不准确。

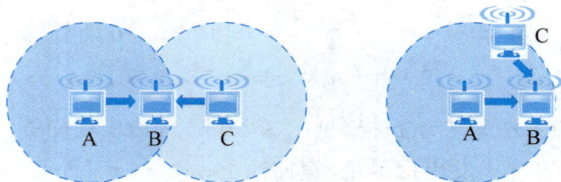

图 3-30　隐藏站问题

　　假定每个移动站的无线电信号覆盖都是以发送站为圆心的一个圆形。站点 A 和站点 C 都想向站点 B 发送数据。但站点 A 和站点 C 的距离较远，彼此都检测不到对方发送的信号。当站点 A 和站点 C 同时检测到信道空闲，就都向站点 B 发送数据，结果发生了碰撞，并且无法检测出这种碰撞。发生碰撞的原因是站点 B 在站点 A 和站点 C 的共同无线信号覆盖区域，站点 B 收到的信号是站点 A 和站点 C 发送信号的叠加。这种情况就是隐蔽站问题。当两个移动站距离比较近但有障碍物阻挡时也有可能出现上述情况。

　　CSMA/CD 协议可以很方便地检测到碰撞。如果有碰撞，冲突的站点可以立即停止，从而减少信道资源的浪费。而无线网络无法使用碰撞检测，一旦开始发送数据，就要把整个帧完全发送完，这样，一旦发生碰撞，浪费的信道资源就比较严重。所以，802.11 局域网使用 CSMA/CA 协议。这里 CA 表示 Collision Avoidance（碰撞避免）。协议设计的初衷就是要尽可能降低碰撞发生的概率。同时因为无线信道的通信质量远不如有线信道，CSMA/CA 使用了停止等待协议。无线站点每发送完一帧后，要等到收到对方的确认帧后才能继续发送下一帧。这就是数据链路层确认。没有确认的数据帧，需要重传。

先看一下图 3-31 所示的 IEEE 802.11 的 MAC 层,它通过协调功能(coordination function)来决定移动站在什么时间能发送数据。IEEE 802.11 的 MAC 层在物理层的上面,它包括两个子层。

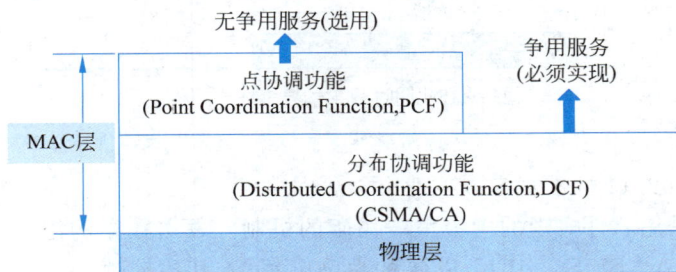

图 3-31 IEEE 802.11 的 MAC 层

(1) **分布协调功能**(Distributed Coordination Function,DCF)。DCF 不采用任何中心控制,而是分布式接入算法,让每个站点通过争用信道来获取发送数据权。因此,DCF 向上提供争用服务。IEEE 802.11 标准规定,DCF 是必须实现的功能。为此,定义了两个非常重要的时间间隔,即短帧间隔(Short Inter-Frame Spacing,SIFS)和分布协调功能帧间间隔(DCF IFS,DIFS)。

(2) **点协调功能**(Point Coordination Function,PCF)。PCF 是可选功能,是一种集中控制,让接入点集中控制整个 BSS 内站点的活动。自组网络是没有 PCF 子层的。PCF 使用集中控制的接入算法,避免了碰撞的产生。对于时间敏感的业务,如分组话音,就应使用提供无争用服务的点协调功能(PCF)。目前大量的无线局域网都是使用上述的分布协调功能(DCF)。

CSMA/CA 协议比较复杂。下面介绍 CSMA/CA 协议的要点。

(1) 站点若想发送数据必须先监听信道。若信道在时间间隔 DIFS 内一直为空闲,则发送整个数据帧。否则,进行(2)。

(2) 站点选择一个随机数,设置退避计时器。计时器的运行规则是:若信道忙,则冻结退避计时器,继续等待,直至信道变为空闲(这叫作推迟接入);若信道空闲,并在时间间隔 DIFS 内均为空闲,则退避计时器进行倒计时。当退避计时器的时间减到零时(显然这只能发生在信道空闲时),站点就发送数据帧,且把整个数据帧发送完。

(3) 站点若收到接收方发来的确认帧,且无后续帧发送,则结束。若收到确认,且还有后续帧要发送,就转到(2)。若在设定时间内未收到确认,则准备重传,并转到(2),但会在更大的范围内选择一个随机数。

2. 虚拟载波监听

图 3-32 展示了站点 A 向站点 B 发送数据的全部过程。站点 A 有数据要发送,先监听信道。若信道在 DIFS 时间间隔内一直都是空闲的,站点 A 就可以发送数据帧 DATA。站点 B 收后立即确认。因为站点 B 要进行校验等操作,所以站点 B 收到数据到发送 ACK 之间有一个 SIFS 时间间隔。DIFS 和 SIFS 值在 IEEE 802.11 标准中有规定。因此从站点 A 开始发送数据帧 DATA 开始,到收到确认 ACK 为止的这段时间(DATA + SIFS + ACK),必须不能有其他站点发送数据,这样才不会发生碰撞。

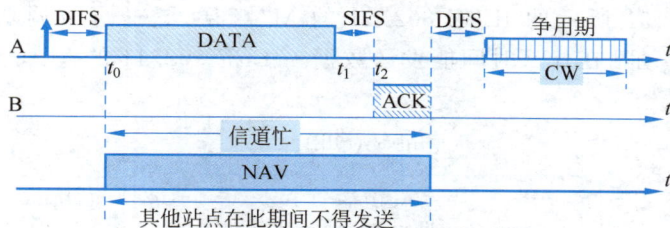

图 3-32   站点 A 向站点 B 发送数据,站点 B 发回确认

为此,IEEE 802.11 标准规定以下两个方法。

第一个方法是用软件实现的**虚拟载波监听**的机制。发送数据的源站点 A 把需要占用信道的时间(DATA＋SIFS＋ACK,以微秒为单位)写入其数据帧 DATA 的首部。在站点 A 的通信范围内的其他各站点都能收到这一信息,并创建自己的网络分配向量(Network Allocation Vector,NAV)。NAV 指出了信道忙的持续时间,意思是“这段时间有其他站点使用信道发送数据,我不可以在这个时间段发送数据”。

第二个方法是在物理层用硬件实现载波监听。每个站点根据收到的信号强度是否超过一个门限数值,用此来判断是否有其他站点正在发送数据。任何站点要发送数据之前,必须监听信道。只要监听到信道忙,就不能发送数据。

从图 3-32 可以看出,DATA 和 ACK 中间有一段 SIFS 时间,信道是空闲的。我们知道,凡是想发送数据的站点,必须等待 DIFS 的空闲时间才能发送。而 IEEE 802.11 规定,SIFS 是小于 DIFS 的。这就保证了确认帧 ACK 优先发送,而不会被其他站点抢走信道占用权。这个方法使得在这段时间(DATA＋SIFS＋ACK),其他站点暂时都不能发送数据。

3. 退避算法

如图 3-33 所示,我们看一下在站点 A 和站点 B 通信的过程中,站点 C 和站点 D 也要发送数据的情况。站点 C 和站点 D 检测到信道忙,必须推迟接入,以免发生碰撞(因为这时站点 A 和站点 B 正在占用信道)。很明显,信道空闲后,等待的站点如果经过相同的时间间隔 DIFS 后同时发送数据,一定会发生碰撞。所以,所有推迟接入的站点不能等待相同的时间,而是使用下面介绍的退避算法公平地争用信道。

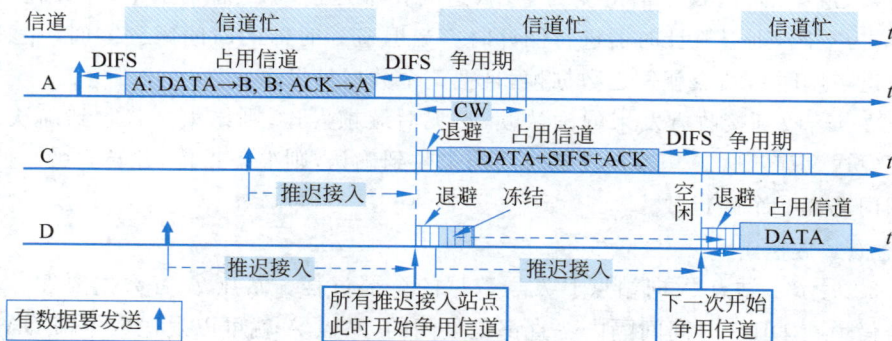

图 3-33   在争用期根据退避算法公平竞争

图 3-33 中的争用期叫作争用窗口(Contention Window,CW)。争用窗口由许多时隙组成。例如,CW＝15 表示窗口大小是 15 个时隙。时隙的长短在不同 IEEE 802.11 标准中可

以有不同数值。例如,IEEE 802.11g 规定一个时隙时间为 $9\mu s$,SIFS$=10\mu s$,而 DIFS 应比 SIFS 的长度多两个时隙,因此 DIFS$=28\mu s$。

退避算法规定,站点在进入争用期时,应在 0~CW 个时隙中随机选择一个退避时隙数,并设置退避计时器。当若干站点同时争用信道时,计时器最先降为零的站点就首先接入媒体,发送数据帧。这时信道转为忙,而其他正在退避的站点则冻结其计时器,保留计时器的数值不变,推迟到在下次争用信道时接着倒计时。这样的规定对所有的站点是公平的。

例如,图 3-33 中的站点 C 的退避时隙数为 3,而站点 D 的退避时隙数为 9。当信道空闲后,经过 3 个退避时隙,站点 C 获得了发送权,立即发送数据,信道转为忙状态。这时站点 D 冻结其计时器(这时其计时器为 6 个时隙),等待下一次争用信道时间的到来。下一个争用期到来后,如果没有其他站点要发送数据,那么经过剩余的 6 个退避时隙,站点 D 就可以发送数据了。

注意"推迟接入"和"退避"(backoff)的区别。推迟接入发生在信道处于忙的状态,为的是等待争用期的到来,以便执行退避算法来争用信道。这时退避计时器处于冻结状态。而退避是争用期各站点执行的算法,退避计时器进行倒计时。这时信道是空闲的,并且总是出现在时间间隔 DIFS 的后面(见图 3-33)。

IEEE 802.11 标准并未规定 CW 的初始值,但建议 CW 最小值取为 15,最大值为 1023。CSMA/CA 规定,如果未收到确认帧,则必须重传。但每重传一次,CW 的数值就加倍增大。例如,假定选择初始 CW$=2^4-1=15$,那么首次争用信道时,随机退避时隙数应在 0~15 生成。在进行重传时,第 i 次重传的 CW$=2^{4+i}-1$。

第 1 次重传时,随机退避的时隙数应在 0~31 生成。

第 2 次重传时,随机退避的时隙数应在 0~63 生成。

第 3 次重传时,随机退避的时隙数应在 0~127 生成。

第 4 次重传时,随机退避的时隙数应在 0~511 生成。

第 5 次以及 5 次以上重传时,随机退避的时隙数应在 0~1023 生成,CW 不再增大了。

采用上面这些措施,几个站点同时发送数据的概率可以大大降低。

以下是发送数据必须经过争用期公平竞争的几种情况:①要发送数据时检测到信道忙;②已发出的数据帧未收到确认,重传数据帧;③接着发送后续的数据帧。第③种情况是为了防止一个站点长期使用信道。若一站点要连续发送若干数据帧,则不管有无其他站点争用信道,都必须进入争用期,见图 3-34。

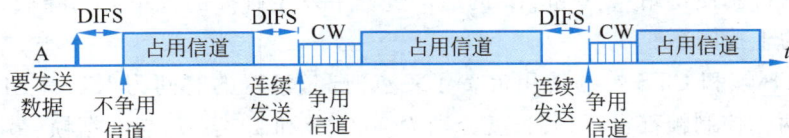

图 3-34 站点 A 连续发送多个数据帧

注意,即使使用了上述措施,碰撞仍有可能发生,例如两个站点选择了相同的退避时隙数,上述措施只是降低了发生碰撞的可能性。

4. 预约机制

为了进一步降低碰撞的概率,IEEE 802.11 提供了一个预约机制。在图 3-35 中,站点

A 要和站点 B 通过 AP 的转发进行通信。站点 C 距离站点 A 和站点 B 都比较远,站点 C 接收不到站点 A 和站点 B 发来的信号,站点 C 发送的信号也传播不到远处的站点 A 或站点 B。

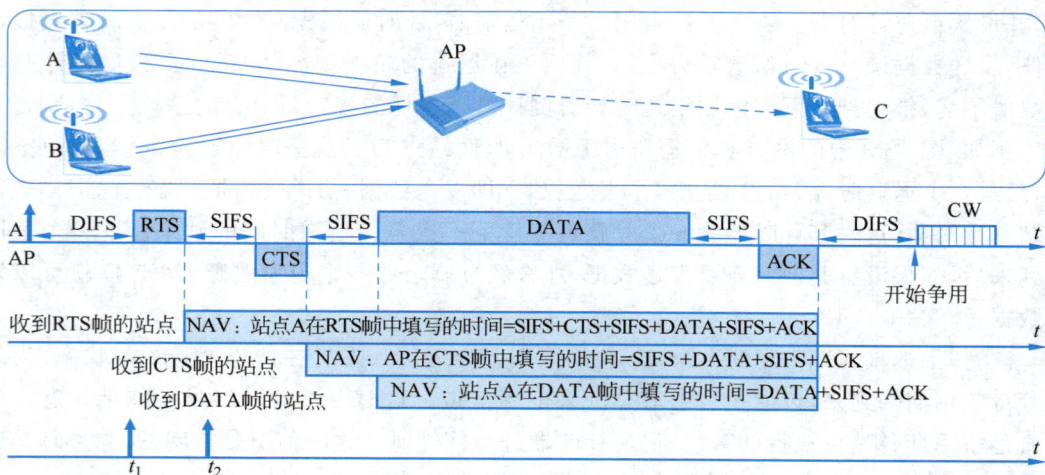

图 3-35　预约机制

在站点 A 向 AP 发送数据帧 DATA 之前,可以进行预约。预约的流程如下。站点 A 先发送一个叫作请求发送(Request To Send,RTS)的控制帧,这个帧比较短,所有收到该信息的站点都知道站点 A 要占用信道一段时间:SIFS+CTS+SIFS+DATA+SIFS+ACK。这个时长写在 RTS 帧的首部中。可以看到,站点 A 发送的 RTS 帧,站点 B 能收到,但站点 C 收不到。

AP 收到 RTS 帧,经过 SIFS 后,向站点 A 发送一个叫作允许发送(Clear To Send,CTS)的控制帧,告诉站点 A:"你可以发送数据了"。同时,其他收到该 CTS 控制帧的站点也知道:"站点 A 和 AP 通信,要占用信道一段时间:SIFS+DATA+SIFS+ ACK"。这个时长写在 CTS 的首部中。AP 发送的 CTS 帧,站点 A 和站点 B 以及站点 C 都能够收到。

站点 A 收到 CTS 后,经过一个 SIFS,就发送 DATA 帧,其首部也写入了时间(DATA+SIFS+ACK),表示需要占用信道的时长。如果有的站点没有收到 RTS 和 CTS,那么收到 DATA 后,也根据该时长设置其 NAV。站点 C 知道站点 A 和 AP 之间的通信占用信道的情况,会保持静默,不去争抢信道。

以上预约机制使得站点 A 和 AP 的通信过程中发生碰撞的概率大大降低,特别是减少了隐蔽站点的干扰问题。

显然,RTS 帧和 CTS 帧的使用浪费了一点时间,浪费的时间为 RTS+SIFS+CTS+SIFS。但这两种控制帧都很短,其长度分别为 20 字节和 14 字节,与数据帧(最长可达 2346 字节)相比开销小很多。相反,若不使用预约机制,一旦发生碰撞会导致数据帧重发,浪费的时间就更多了。信道预约不是强制性规定。各站点可以自己决定使用或不使用信道预约。只有当数据帧的长度超过某一数值时,使用预约才比较合适。

另外,预约机制只是使碰撞的概率降低了,并不能完全消除碰撞。例如,图 3-35 中若有的站点在时间 t_1 或 t_2 发送数据(这些站点可能是没有收到 RTS 帧、CTS 帧),结果必定与

RTS 帧或 CTS 帧发生碰撞,从而导致站点 A 的数据帧发送的推迟。但是,预约机制下,即使发生了碰撞,信道资源的浪费也是很小的。

3.6.3 IEEE 802.11 局域网的 MAC 帧

图 3-36 展示了 IEEE 802.11 局域网的帧格式,其共有三种类型,即控制帧、数据帧和管理帧。

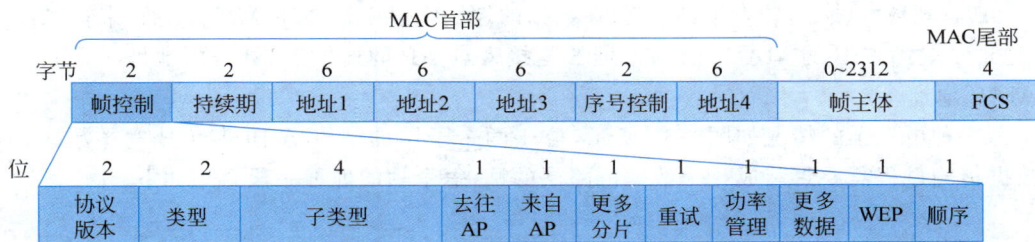

RTS帧格式(帧控制字段中的子类型为1011)

CTS和ACK帧格式(帧控制字段中的子类型分别为1100和1101)

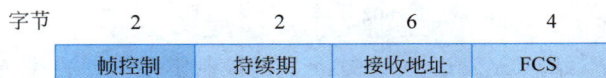

图 3-36 IEEE 802.11 局域网的帧格式

802.11 数据帧由以下三大部分组成。

(1) MAC 首部,共 30 字节。

(2) 帧主体,也就是帧的数据部分,不超过 2312 字节。这个数值比以太网的最大长度长。不过,通常 802.11 数据帧的长度都小于 1500 字节。

(3) FCS 是 MAC 尾部,共 4 字节。

1. 关于 802.11 数据帧的地址

802.11 数据帧有 4 个地址字段,而这几个地址又与控制字段中的"去往 AP"和"来自 AP"这两个子字段的数值有关。很明显"去往 AP"和"来自 AP"字段只能一个是 1,另一个是 0。

地址 1 永远是接收地址(即直接接收数据帧的结点地址)。

地址 2 永远是发送地址(即实际发送数据的结点地址)。

地址 3 取决于数据帧中的"来自 AP"和"去往 AP"这两个字段的数值。当"来自 AP"和"去往 AP"分别是 1 和 0 时,地址 3 是数据帧的源地址。当"来自 AP"和"去往 AP"分别是 0 和 1 时,地址 3 是数据帧的目的地址。

地址 4 仅仅在移动自组网中使用。

这里要再强调一下,上述地址都是 MAC 地址,即硬件地址,而 AP 的 MAC 地址就是 BSSID。

表 3-4 给出了 802.11 帧的地址字段常见的两种情况。现假定在一个基本服务集中的站点 A 通过 AP 向站点 B 发送数据。

表 3-4　802.11 帧的地址字段常见的两种情况

去往 AP	来自 AP	地址 1	地址 2	地址 3	地址 4
1	0	接收地址＝AP 地址	发送地址＝源地址	目的地址	—
0	1	接收地址＝目的地址	发送地址＝AP 地址	源地址	—

在站点 A 发往 AP 的数据帧的帧控制字段中,"去往 AP"＝1 而"来自 AP"＝0。地址 1 是 AP 的地址 BSSID,地址 2 是站点 A 的 MAC 地址,地址 3 是站点 B 的 MAC 地址。

AP 收到数据帧后,转发给站点 B,在数据的控制字段中,"去往 AP"＝0 而"来自 AP"＝1。地址 1 是站点 B 的 MAC 地址,地址 2 是接入点 AP 的地址 BSSID,而地址 3 是站点 A 的 MAC 地址。

另一种更复杂的情况如图 3-37 所示,位于两个子网的站点 A 向站点 B 发送数据。这个数据传输过程需要封装成 4 个数据链路层的帧,每个帧的地址字段介绍如下。

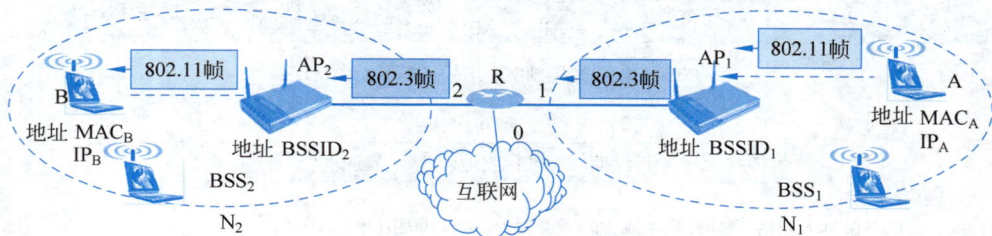

图 3-37　链路上的 802.11 帧和 802.3 帧

第一个数据帧 A→AP_1:站点 A 发送的 802.11 帧的控制字段中,"去往 AP"＝1 而"来自 AP"＝0。地址 1 是 AP_1 的地址 $BSSID_1$;地址 2 是站点 A 的地址 MAC_A;地址 3 是本子网中路由器 R 接口 1 的地址 MAC_{R-1}。

第二个数据帧 AP_1→R:当接入点 AP_1 收到 802.11 帧后,就转换为 802.3 帧,其目的地址是 MAC_{R-1},而源地址是 MAC_A。

第三个数据帧 R→AP_2:这也是一个 802.3 帧,目的地址是 MAC_B,源地址是路由器 R 接口 2 的地址 MAC_{R-2}。

第四个数据帧 AP_2→B:802.3 的帧被转换为 802.11 帧,其控制字段中,"去往 AP"＝0 而"来自 AP"＝1。地址 1 是站点 B 的地址 MAC_B;地址 2 是 AP_2 的地址 $BSSID_2$;地址 3 是路由器 R 接口 2 的地址 MAC_{R-2}。

2. 序号控制字段、持续期字段和帧控制字段

(1) 序号控制字段占 16 位。其中序号子字段占 12 位(从 0 开始,每发送一个新帧就加 1,到 4095 后再回到 0)。分片子字段占 4 位(不分片则为 0。如分片,则序号子字段保持不变,而分片子字段从 0 开始,每个分片加 1,最多到 15)。重传的帧序号和分片子字段的值都不变。序号控制的作用是使接收方能够区分开是新传送的帧还是因出现差错而重传的帧。

(2) 持续期字段占 16 位。这个就是"对信道进行预约"中预约信道的一段时间。只有最高位为 0 时才表示持续期。这样,持续期不能超过 $2^{15}-1=32\,767$,单位是微秒。

(3) 帧控制字段共分为 11 个子字段。下面介绍其中较为重要的几个字段。

协议版本字段现在是 0。

类型字段和子类型字段用来区分帧的功能。802.11 帧共分为三种类型:控制帧、数据帧和管理帧,而每一种帧又分为若干子类型。例如,控制帧有 RTS、CTS 和 ACK 等几种不同的子类型。

更多分片字段置为 1 时表明这个帧属于一个帧的多个分片之一。无线信道的通信质量是较差的,为了提高传输成功的概率,需要把一个较长的帧划分为许多较短的分片。这时可以在一次使用 RTS 和 CTS 预约信道后连续发送这些分片。当然这仍然要使用停止等待协议,即发送一个分片,等收到确认后再发送下一个分片,不过后面的分片都不需要用 RTS 和 CTS 帧重新预约信道。该过程如图 3-38 所示。

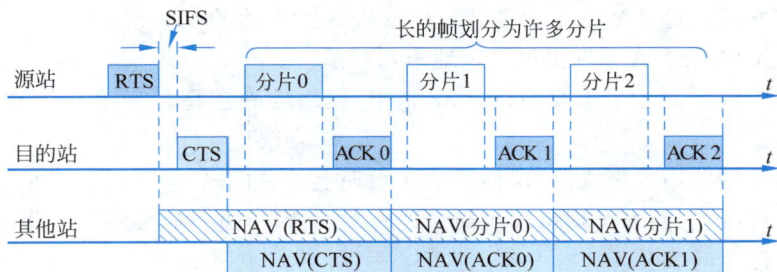

图 3-38　分片的发送

功率管理字段只有 1 位,用来指示移动站的功率管理模式。移动站有三种状态,分别是活跃状态、关机状态和待机状态。待机状态时移动站不进行任何实质性操作,屏幕也处于断电状态,但并未断开与 AP 的关联,因此这种状态非常省电。若一个移动站在发送给 AP 的 MAC 帧中的功率管理字段置为 0,就表示这个移动站处于活跃状态。但若把功率管理字段置为 1 则表示在成功发送完这一帧后,即进入待机状态。由于 AP 总是处在活跃状态,因此 AP 发送的 MAC 帧的功率管理字段总是置为 0。AP 将处于待机状态的移动站保存起来。AP 将发送给待机状态的移动站的帧都暂存起来不发送,而是等到唤醒待机状态的移动站后再发送。通过这种方式,大大地减少了电池功率的消耗。

WEP 字段占 1 位。若 WEP=1,就表明对 MAC 帧的主体字段采用了加密算法。

3.7　本章重要概念

链路是一段物理线路,而数据链路则是在物理线路的基础上增加了一些协议。数据链路层的信道主要有点对点信道和广播信道两种。

数据链路层的协议数据单元是帧。封装成帧、透明传输和差错检测是数据链路层的三个基本问题。循环冗余检验是一种常用的高效实现帧检验序列(FCS)的方法。

点对点协议(PPP)是数据链路层广泛使用的一种协议,简单是其最重要的特点。

使用广播信道的局域网最重要的问题是协调各站点实现对共享信道的访问。共享广播信道的方法有:一是静态划分信道;二是动态媒体接入控制(又称为多点接入、随机接入或受控接入)。

IEEE 802 委员会把局域网的数据链路层分成两个子层,即逻辑链路控制(LLC)子层(与传输媒体无关)和媒体接入控制(MAC)子层(与传输媒体有关)。现在 LLC 子层的功能已弱化。

　　网络适配器又称为网络接口卡或网卡,是计算机与外界通信的接口。数据链路层使用的硬件地址(MAC 地址)就存储在网卡的 ROM 中。硬件地址 48 位长。以太网的适配器有过滤功能,它只接收发往本站点的单播帧、广播帧或本站点所在多播组的多播帧。

　　以太网采用无连接的工作方式,对发送的数据帧不进行编号,也不要求对方发回确认。目的站点收到有差错帧就把它丢弃,其他什么也不做。

　　以太网使用的协议是带冲突检测的载波监听多路访问(CSMA/CD)。发送数据前先监听,边发送边监听,一旦发现了碰撞,就立即停止发送。然后按照退避算法等待一段随机时间后再次尝试发送。每一个站点在自己开始发送数据之后的 512 比特时间内,存在碰撞的可能。各站点按照 CSMA/CD 协议平等地争用信道。

　　以太网中参数 a 是一个重要的指标,a 越小,网络效率越高。实际上,传统以太网的信道利用率很低。

　　双绞线以太网使用了集线器,这种网络在物理上是星形网,但在逻辑上是总线型网。集线器工作在物理层,它的每个端口仅仅简单地转发比特,不进行碰撞检测。使用集线器可以在物理层扩展以太网。

　　交换式集线器常称为以太网交换机或第二层交换机(工作在数据链路层)。它就是一个多端口的网桥,工作在全双工方式。以太网交换机能同时连通许多对端口,使每一对相互通信的主机都能像独占通信媒体那样,无碰撞地传输数据。

　　虚拟局域网是交换机提供给用户的一种服务。在同一个虚拟局域网上的主机,看起来好像物理上组成了一个独立的局域网。

　　高速以太网有 100Mb/s 的快速以太网、吉比特以太网和 10Gb/s 的 10 吉比特以太网。最近还发展到 400 吉比特以太网。在宽带接入技术中,也常使用高速以太网进行接入。PPPoE 是为宽带上网的主机使用的链路层协议。

　　无线局域网可分为两大类:第一类是有基础设施的无线局域网;第二类是无基础设施的无线局域网。无线局域网的 MAC 层协议是带冲突避免的载波监听多路访问(CSMA/CA)。IEEE 802.11 的 MAC 层包括两个子层:分布协调功能(DCF)和点协调功能(PCF)。

3.8　本章知识图谱

习题答案

3.9　习题

　　1. 在局域网参考模型中,与媒体无关,从而实现数据帧的独立传输的是(　　　)。
　　　　A. 物理层　　　　　B. MAC 子层　　　　C. LLC 子层　　　　D. 网际层
　　2. 就交换技术而言,局域网中的以太网采用的是(　　　)。
　　　　A. 分组交换技术　　　　　　　　　　B. 电路交换技术
　　　　C. 报文交换技术　　　　　　　　　　D. 分组交换与电路交换结合技术

3. 以太网的访问方法和物理层技术规范由(　　)描述。

　　A. IEEE 802.3　　　　B. IEEE 802.4　　　　C. IEEE 802.5　　　　D. IEEE 802.6

4. 一个采用 CSMA/CD 技术的局域网,其速率为 10Mb/s,电缆的长度为 500m,无中继器,信号在电缆中的传播速度为 200 000km/s,由此可知 MAC 帧的最小长度不得少于(　　)位。

　　A. 10　　　　　　　B. 50　　　　　　　C. 100　　　　　　　D. 500

5. IEEE 802.3 标准规定,若采用同轴电缆作为传输介质,在无中继的情况下,传输介质的最大长度不能超过(　　)。

　　A. 500m　　　　　B. 200m　　　　　C. 100m　　　　　D. 50m

6. 以太网交换机根据(　　)转发数据包。

　　A. IP 地址　　　　B. MAC 地址　　　　C. LLC 地址　　　　D. PORT 地址

7. 以太网可以采用的传输介质有(　　)。

　　A. 光纤　　　　　B. 双绞线　　　　　C. 同轴电缆　　　　D. 以上均可以

8. 目前,最流行的以太网组网的拓扑结构是(　　)。

　　A. 总线型结构　　B. 环形结构　　　　C. 星形结构　　　　D. 网状结构

9. 对于基带 CSMA/CD 而言,为了确保发送站点在传输时能检测到可能存在的冲突,数据帧的传输时延至少要等于信号传播时延的(　　)。

　　A. 1 倍　　　　　B. 2 倍　　　　　　C. 4 倍　　　　　　D. 2.5 倍

10. 下列选项中(　　)不是以太网的特点。

　　A. 采用碰撞检测的载波监听多路访问机制

　　B. 采用二进制指数退避算法以减少再次竞争时冲突的概率

　　C. 采用确认、重发机制以保证数据传输的可靠性

　　D. 采用可携带时钟的曼彻斯特编码

11. 10Base-T 采用的是(　　)的物理连接结构。

　　A. 总线型　　　　B. 环形　　　　　　C. 星形　　　　　　D. 网状

12. 10Base-T 以太网中,以下说法不正确的是(　　)。

　　A. 10 指的是传输速率为 10Mb/s　　　　B. Base 指的是基带传输

　　C. T 指的是以太网　　　　　　　　　　D. 10Base-T 是以太网的一种配置

13. CSMA/CD 是 IEEE 802.3 所定义的协议标准,它适用于(　　)。

　　A. 标记环网　　　B. 标记总线网　　　C. 以太网　　　　　D. 城域网

14. CSMA/CD 相对 CSMA 所做的改进在于(　　)。

　　A. 控制策略　　　B. 延迟算法　　　　C. 等待时间　　　　D. 冲突检测

15. 在基带传输系统中,为了延伸网络长度,可以采用转发器。IEEE 802.3 的标准以太网中,在任何两站点之间的路径中最多只允许(　　),这就将有效的电缆长度延伸到 2.5km。

　　A. 三个转发器　　B. 四个转发器　　　C. 二个转发器　　　D. 五个转发器

16. 用中继器进行信号转发时,其传输单位是(　　)。

　　A. 一个完整的帧频　　　　　　　　　　B. 一个完整的分组

　　C. 一个完整的报文　　　　　　　　　　D. 比特

17. 在以太网中,当一台主机发送数据时,总线上所有计算机都能检测到这个数据信

号,只有数据帧中的目的地址与某主机的地址一致时,该主机才接收这个数据帧。这里所提到的地址是(   )。

    A. 端口   B. IP 地址   C. MAC 地址   D. 地理位置

18. 对于以太网,如果一个网络适配器发现刚刚收到的一个帧中的地址是另一个网络适配器的,那么(   )。

    A. 它发送一个 NACK 给发送这个帧的主机

    B. 它把这个帧交给网络层,让网络层决定如何处理

    C. 它丢弃这个帧,并且向网络层发送错误消息

    D. 它丢弃这个帧,不向网络层发送错误消息

19. CSMA/CD 是一种(   )工作方式。

    A. 全双工   B. 半双工   C. 单工   D. 其他方式

20. 网桥是在以下(   )上实现不同网络互联的设备。

    A. 数据链路层   B. 网络层   C. 会话层   D. 物理层

21. 各种网络在物理层互联时要求(   )。

    A. 数据传输率和链路协议都相同   B. 数据传输率相同,链路协议可不同

    C. 数据传输率可不同,链路协议相同   D. 数据传输率和链路协议都可不同

22. MAC 地址通常存储在计算机的(   )。

    A. 内存中   B. 网卡上   C. 硬盘上   D. 高速缓冲区

23. 以太网交换机中的端口/MAC 地址映射表(   )。

    A. 是由交换机的生产厂商建立的

    B. 是交换机在数据转发过程中通过学习动态建立的

    C. 是由网络管理员建立的

    D. 是由网络用户利用特殊的命令建立的

24. 在下列网间连接器中,(   )在数据链路层实现网络互连。

    A. 中继器   B. 网桥   C. 路由器   D. 网关

25. 数据链路层使用的信道主要有(   )信道和(   )信道两种类型。

26. 一般的网络适配器包括(   )和(   )这两层的功能。

27. 数据链路层协议解决的三个基本问题是(   )、(   )和(   )。

28. PPP 是点对点信道上的数据链路层协议之一,使用异步传输模式时,采用(   )方法解决透明传输问题,而使用同步传输时,采用(   )方法解决透明传输问题。

29. 为了使数据链路层能够更好地适应多种局域网标准,IEEE 802 委员会将局域网的数据链路层拆成两个子层:(   )子层与(   )子层,其中,(   )子层与硬件无关。

30. 传统以太网采用(   )协议解决媒体共享问题。

31. 以太网物理层协议 100Base-T 表示其传输速率为(   ),传输介质为(   ),物理上采用(   )形拓扑结构连接。

32. (   )双绞线以太网的出现,是局域网发展史上一个非常重要的里程碑。

33. 硬件地址又称为物理地址或(   )。

34. 计算机的硬件地址在适配器的(   )中,而计算机的软件地址(IP 地址)则在计算机的(   )中。

35. 以太网某个站点收到的帧可能是(　　　)帧、(　　　)帧和(　　　)帧中的一种。

36. 在以太网 V2 的 MAC 帧格式中,(　　　)字段用来标志上一层使用的是什么协议。

37. 以太网帧中的数据字段的长度在(　　　)字节到(　　　)字节。

38. 以太网 V2 的 MAC 帧格式中的 FCS 字段使用(　　　)方法检查收到的帧是否有差错。

39. 快速以太网是指速度在(　　　)的以太网,采用的是(　　　)标准。

40. 100Base-T 是在双绞线上传送 100Mb/s 基带信号的(　　　)拓扑以太网,仍使用 IEEE 802.3 的(　　　)协议,又称为快速以太网。

41. 吉比特以太网仍然保持一个网段的最大长度为 100m,但采用了(　　　)的技术,使最短帧长仍为(　　　)字节,同时将争用期增大为 512 字节。

42. 10 吉比特以太网采用的是(　　　)标准,不再使用铜线而只使用光纤作为传输媒体,只工作在(　　　)方式,不使用 CSMA/CD 协议。

3.10 考研真题

1. (2023 年)若甲向乙发送数据时采用 CRC 校验,生成多项式 $G(x)=x^4+x+1(G(x)=10011)$,则乙接收到下列比特串时,可以断定其在传输过程中未发生错误的是(　　　)。

　　A. 101110000　　　　B. 101110100　　　　C. 101111000　　　　D. 101111100

2. (2013 年)HDLC 协议(零比特填充)对 0111110001111110 组帧后对应的比特串为(　　　)。

　　A. 0111110000111111010　　　　　　B. 0111110001111101001111110

　　C. 01111100011111010　　　　　　　D. 0111110001111110011111101

3. (2013 年)下列介质访问控制方法中,可能发生冲突的是(　　　)。

　　A. CDMA　　　　B. CSMA　　　　C. TDMA　　　　D. FDMA

4. (2013 年)10Base-T 网卡接收到如图 3-39 所示的信号波形,则该网卡收到的比特串是(　　　)。

　　A. 00110110　　　B. 10101101　　　C. 01010010　　　D. 11000101

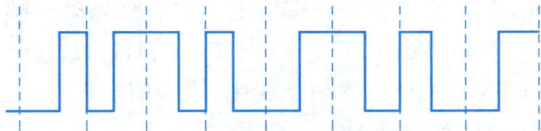

图 3-39　信号波形

5. (2012 年)以太网的 MAC 协议提供的是(　　　)。

　　A. 无连接不可靠服务　　　　　　B. 无连接可靠服务

　　C. 有连接不可靠服务　　　　　　D. 有连接可靠服务

6. (2023 年)已知 10Base-T 以太网的争用时间片为 $51.2\mu s$。若网卡在发送某帧时发生了连续 4 次冲突,则基于二进制指数退避算法确定的再次尝试重发该帧前等待的最长时间是(　　　)。

　　A. $51.2\mu s$　　　　B. $204.8\mu s$　　　　C. $768\mu s$　　　　D. $819.2\mu s$

7. (2009 年)在一个采用 CSMA/CD 协议的网络中,传输介质是一根完整的电缆,传输速率为 1Gb/s,电缆中的信号传输速度为 200 000km/s。若最小数据帧长度减少 800b,则最远的两个站点之间的距离至少需要(　　)。

    A. 增加 160m　　　　B. 增加 80m　　　　C. 减少 160m　　　　D. 减少 80m

8.(2019 年)假设一个采用 CSMA/CD 协议的 100Mb/s 局域网,最小帧长是 128B,则在一个冲突域内两个站点之间的单向传播延时最多是(　　)。

    A. $2.56\mu s$　　　　B. $5.12\mu s$　　　　C. $10.24\mu s$　　　　D. $20.48\mu s$

9.(2016 年)如图 3-40 所示,若 Hub 再生比特流过程中,会产生 $1.535\mu s$ 延时,信号传输速度为 $200m/\mu s$,不考虑以太网的前导码,则 H3 与 H4 之间理论上可以相距的最远距离是(　　)。

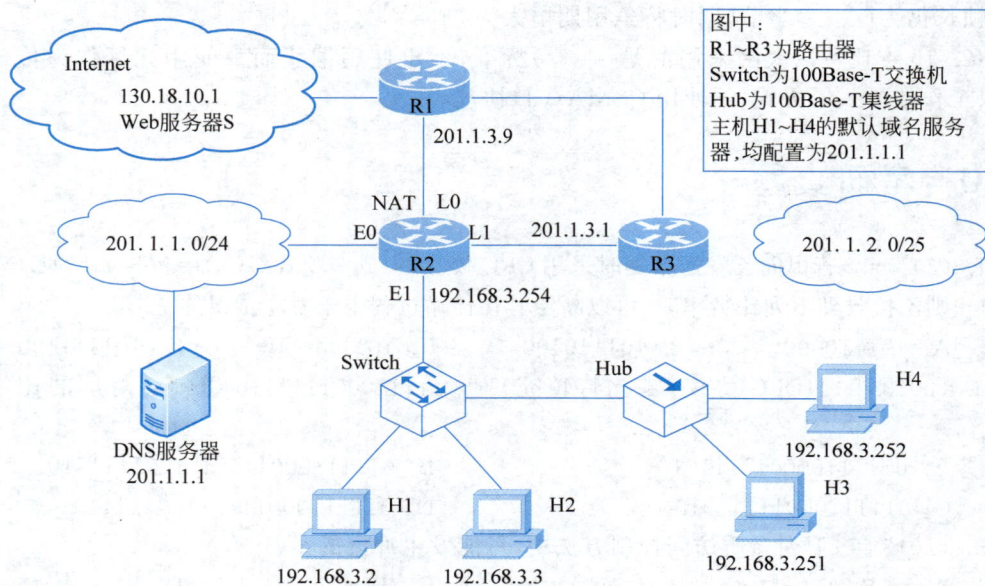

图 3-40　信号传输

    A. 200m　　　　B. 205m　　　　C. 359m　　　　D. 512m

10.(2016 年)如图 3-40 所示,若主机 H2 向主机 H4 发送 1 个数据帧,主机 H4 向主机 H2 立即发送一个确认帧,则除了 H4,从物理层上能够收到该确认帧的主机还有(　　)。

    A. 仅 H2　　　　B. 仅 H3　　　　C. 仅 H1,H2　　　　D. 仅 H2,H3

11.(2015 年)关于 CSMA/CD 协议的叙述中,错误的是(　　)。

    A. 边发送数据帧,边检测是否发生冲突

    B. 适用于无线网络,以实现无线链路共享

    C. 需要根据跨距和数据传输速率限定最小帧长

    D. 当信号传播延迟趋近 0 时,信道利用率趋近 100%

12.(2013 年)对于 100Mb/s 的以太网交换机,当输出端口无排队,以直通交换转发一个以太网帧(不包括前导码),引入的转发延迟至少是(　　)。

    A. $0\mu s$　　　　B. $0.48\mu s$　　　　C. $5.12\mu s$　　　　D. $121.44\mu s$

13. (2009年)以太网交换机进行转发决策时使用的 PDU 地址是( )。

    A. 目的物理地址   B. 目的 IP 地址   C. 源物理地址   D. 源 IP 地址

14. (2014年)某以太网拓扑及交换机当前转发表如图 3-41 所示,主机 a1 向主机 c1 发送一个数据帧,主机 c1 收到该帧后,向主机 a1 发送一个确认帧,交换机对这两个帧的转发端口分别是( )。

    A. {3}和{1}   B. {2,3}和{1}   C. {2,3}和{1,2}   D. {1,2,3}和{1}

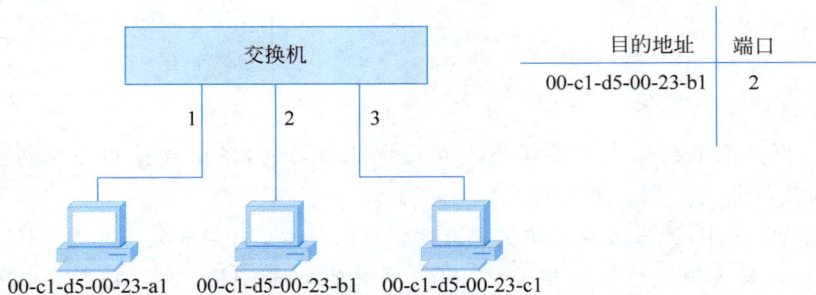

目的地址	端口
00-c1-d5-00-23-b1	2

00-c1-d5-00-23-a1   00-c1-d5-00-23-b1   00-c1-d5-00-23-c1

图 3-41 某以太网拓扑及交换机当前转发表

15. (2015年)下列关于交换机的叙述中,正确的是( )。

    A. 以太网交换机本质上是一种多端口网桥

    B. 通过交换机互连的一组工作站构成一个冲突域

    C. 交换机每个端口所连网络构成一个独立的广播域

    D. 以太网交换机可实现采用不同网络层协议的网络互联

16. (2020年)图 3-42 中,冲突域和广播域的个数分别是( )。

    A. 2,2   B. 2,4   C. 4,2   D. 4,4

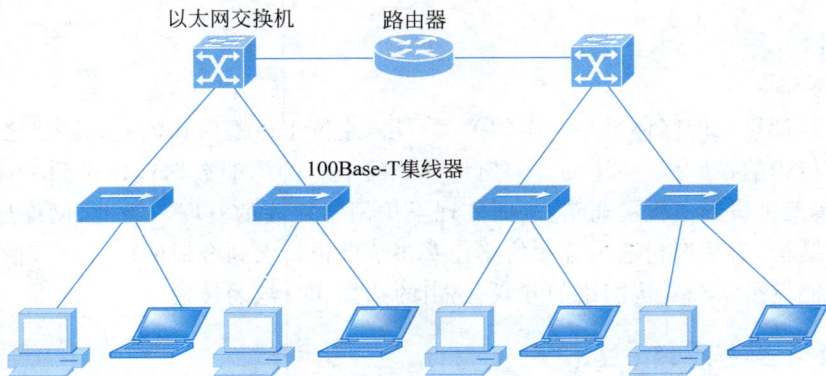

以太网交换机   路由器

100Base-T集线器

图 3-42 某以太网拓扑

17. (2010年)下列网络设备中,能够抑制广播风暴的是( )。

    Ⅰ.中继器   Ⅱ.集线器   Ⅲ.网桥   Ⅳ.路由器

    A. Ⅰ,Ⅱ   B. Ⅲ   C. Ⅲ,Ⅳ   D. Ⅳ

18. (2019年)100Base-T 快速以太网使用的导向传输介质是( )。

    A. 双绞线   B. 单模光纤   C. 多模光纤   D. 同轴电缆

第 **4** 章

网络层

【**本章主要内容**】

(1) 异构网络互联的概念及不同层次互连设备的功能,路由选择和分组转发的基本含义,虚电路和数据报两种网络服务模式。

(2) 网际协议(IP)的三种编址方式,IP 数据报的格式,IP 层转发分组的流程。

(3) IP 地址与物理地址的主要区别,ARP 报文的格式,ARP 的功能及工作原理。

(4) 网际控制报文协议(ICMP)的功能和特点,ICMP 报文的格式和种类,ICMP 的具体应用。

(5) IPv6 的特点,IPv6 的基本首部,IPv6 的地址,IPv4 向 IPv6 过渡的方法。

(6) 路由协议的分类和路由算法的主要特点,路由信息协议(RIP)的功能、特点和距离矢量算法,开放最短路径优先(OSPF)协议的功能、特点和开放最短路径优先算法,边界网关协议(BGP)的功能和特点。

(7) IP 多播、虚拟专用网(VPN)、网络地址转换(NAT)、多协议标签交换(MPLS)和软件定义网络(SDN)的相关内容。

4.1　网络层概述

网络层是计算机网络体系结构中的关键一层,它位于运输层和数据链路层之间,是处理端到端数据传输的最底层,关注的是如何将一个网络中的源端数据包传送到另一个网络中的目的端,实现主机到主机的通信,进而实现异构网络之间的互联。为此,网络层必须知道网络的拓扑结构,为数据包选出合适的路径并将数据包转发到合适的出口。概括来讲,网络层的主要功能就是实现异构网络的互联、路由的选择和分组的转发。

4.1.1　异构网络互联

异构网络(heterogeneous network)通常是指由不同制造商生产的计算机、网络设备等网络元素,采用不同的技术、架构、协议等组合而成的网络系统。

异构网络互联(heterogeneous network interconnection)指的是将两个或多个不同类型的网络连接在一起,以便它们能够相互通信和共享资源。这些异构的网络可能存在不同的寻址方案、不同的最大分组长度、不同的网络接入机制、不同的超时控制、不同的差错恢复方法、不同的状态报告方法、不同的路由选择技术、不同的用户接入控制、不同的服务(面向连接服务和无连接服务)、不同的管理与控制方式等。因此,在全世界范围内把数以万计的网络互联起来实现互相通信和资源共享,这是一个非常复杂的任务。

为什么要实现异构网络之间的互联呢?由于用户的需求是多种多样的,没有一种单一的网络能够满足所有用户的需求。另外,网络技术不断发展,网络制造商为了在竞争中求生存不断推出新的网络。

将异构的网络互相连接起来在不同层次上使用不同的互连设备。这些互连设备主要负责数据传输、网络连接和协议之间的转换。这些设备在建立有效、安全和高效的网络通信系统中发挥着关键作用。表 4-1 给出了不同层次常见网络的互连设备及其功能。

表 4-1　不同层次常见网络的互连设备及其功能

序号	层　　次	设备名称	功　　能	应　　用
1	物理层	转发器/中继器	实现比特流的传输	在物理层扩展局域网
2	数据链路层	网桥/交换机	根据 MAC 地址表进行数据帧的转发	构建企业局域网,提高网络内部的数据交换效率
3	网络层	路由器/三层交换机	根据数据包的目的地址选择最佳的传输路径。在网络之间转发数据包	连接异构网络(如家庭网络与互联网)、企业网络的不同子网等
4	运输层及以上	运输层网关/应用层网关	进行协议之间的转换	连接基于不同协议的网络(如 TCP/IP 和 SNA),或实现网络与特定服务之间的连接(如语音网关)

需要说明的是,当互连设备是物理层或者数据链路层的设备时,互连仅仅是把一个网络扩大了,从网络层的角度来看,这仍然是一个网络。因此,并不是真正意义上的网络互联。网关主要用于实现高层协议的转换,比较复杂,用得比较少。因此,现在讨论网络互联时,通常是指用路由器进行网络互联和路由选择。路由器其实就是一台专用计算机,用来在互联网中进行路由选择。图 4-1(a)表示有许多计算机网络通过一些路由器进行互联。由于参加互联的计算机网络都使用相同的 IP,因此可以把互联后的计算机网络看成如图 4-1(b)所示的一个虚拟互连网络。

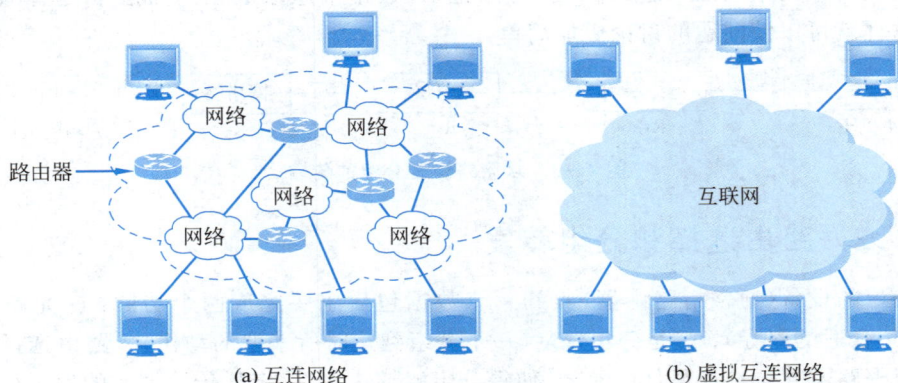

(a) 互连网络　　　　　　(b) 虚拟互连网络

图 4-1　IP 网络

虚拟互连网络也称为逻辑互连网络,指的是互联起来的各种物理网络的异构性本来是客观存在的,但是我们利用 IP 就可以使这些性能各异的网络在网络层上看起来好像是一个统一的网络。这种使用 IP 的虚拟互连网络可简称为 IP 网。使用 IP 网的好处是:当 IP 网上的主机进行通信时,就好像在一个单个网络上通信一样,它们看不见互联的各网络的具体异构细节(如具体的编址方案、路由选择协议等)。

当很多异构网络通过路由器互联起来时,如果所有的网络都使用相同的 IP,那么在网络层讨论问题就显得很方便。下面用一个例子来说明。

在图 4-2 所示的互联网中的源主机 H_1 要把一个 IP 数据报发送给目的主机 H_2。根据分组交换的存储转发概念,主机 H_1 先查找自己的路由表,看目的主机是否就在本网络上。如果是,则不需要经过任何路由器的转发而直接交付,任务就完成了。如果不是,则必须把 IP 数据报发送给路由器 R_1。R_1 在查找了自己的路由表后,知道应当把数据报转发给路由器 R_2 进行间接交付。这样一直转发下去,路由器 R_3 知道自己是和 H_2 连接在同一个网络上,不需要再使用其他的路由器转发了,于是就把数据报直接交付给目的主机 H_2。图 4-2 中画出了源主机、目的主机以及各路由器的协议栈。其中,主机的协议栈共有五层,路由器作为网络层的设备,其协议栈只有下面的三层。图 4-2 中还画出了数据在各协议栈中流动的方向(用粗线表示)。总之,这里强调的是:互联网可以由多种异构网络互联组成,如果只从网络层看数据的传输,那么 IP 数据报就可以想象是在网络层中由一个结点传送到下一个结点,其传送路径是 H_1-R_1-R_2-R_3-H_2。

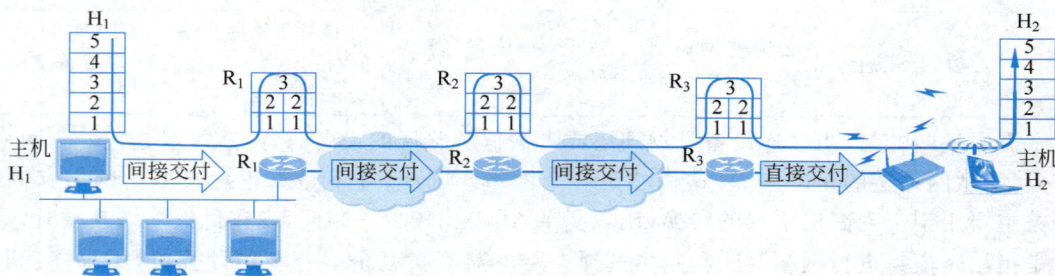

图 4-2   分组在互联网中的传输

图 4-2 协议栈中的数字 1~5 分别表示物理层、数据链路层、网络层、运输层和应用层。如果我们只讨论网络层的问题,那么就可以把 IP 数据报想象成在网络层中传输,如图 4-3 所示。这样就可以使问题的讨论更加简单。

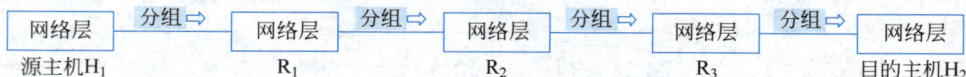

图 4~3   从网络层看分组的传输

4.1.2   路由选择和分组转发

网络层的设备(通常指路由器)收到一个数据包后主要完成两个功能:一是路由选择(确定一条合适的路径);二是分组转发(一个分组到达时所采取的动作)。路由选择指的是路由器根据路由算法选择最佳的路径,使得分组能够快速、稳定地传输到目的地。分组转发指的是路由器将一个分组从一个端口转发到另一个端口的过程,完成转发表查询、转发及相关的队列管理等任务。路由选择和分组转发是网络层设备进行数据传输的关键环节,对于网络的性能和可靠性具有重要的影响。

路由器作为网络层的重要通信设备可以划分为两大部分:路由选择部分和分组转发部

分,分别完成路由选择和分组转发功能。其典型结构如图 4-4 所示。

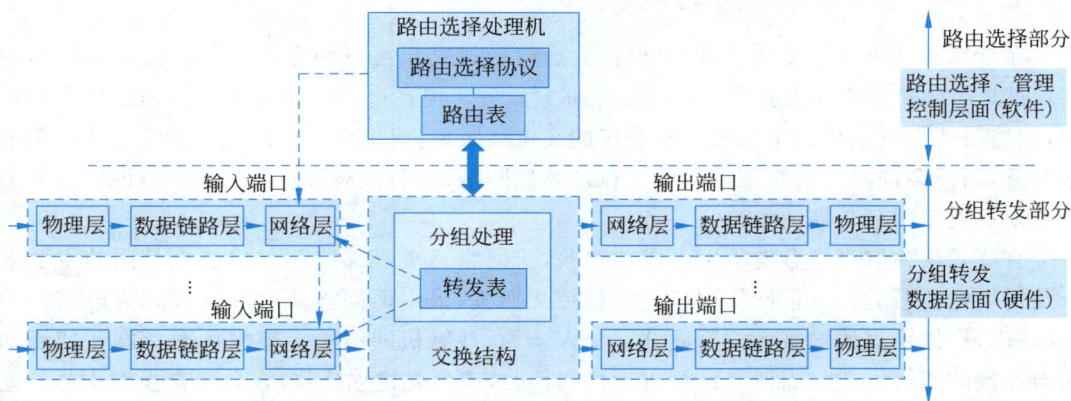

图 4-4　路由器的结构

　　路由选择部分属于控制层面,其核心构件是路由选择处理机。路由器的路由选择部分按照复杂的路由选择算法得出整个网络的拓扑变化情况,动态地改变所选择的路由,由此构造出整个路由表,并经常或定期地和相邻路由器交换信息而不断地更新和维护路由表。

　　分组转发部分属于数据层面,由输入端口、交换结构和输出端口三部分构成。下面分别介绍各个部分。

　　输入端口和输出端口各有三个方框,分别代表物理层、数据链路层和网络层的处理模块。路由器的输入端口接收到物理层的比特流交给数据链路层的协议,数据链路层剥去帧的首部和尾部,将分组交给网络层模块进行处理。若分组的接收者是路由器自己,则将其交给相应的上层协议去处理,当这些分组是路由器之间交换路由信息的分组时,则把这些分组交给路由器的路由选择部分中的路由选择处理机。否则,网络层处理模块按照分组首部中的目的地址查找转发表,根据得出的结果,分组经过交换结构到达合适的输出端口。当多个分组经过某个输入端口而无法及时得到处理时,这些分组就会在此端口的网络层模块排队等待,这就会造成一定的时延。

　　交换结构是路由器的关键构件,它将某个输入端口收到的分组根据查找转发表得到的结果从一个合适的输出端口转发出去。交换结构的交换速率对于路由器的性能是至关重要的。如果交换结构的速率跟不上输入端口分组的到达速率,分组会因为等待交换而在输入队列中排队。需要说明的是,路由表和转发表是在不同的结构中发挥各自的作用,但在讨论路由选择的原理时,往往不去区分转发表和路由表,统一使用路由表这一名词。

　　输出端口从交换结构接收分组,经过网络层和数据链路层的处理,然后把它们以比特流的形式交给该端口的物理层,进而发送到与路由器端口相连的线路上。在网络层的处理模块中设有一个缓冲区,当交换结构传送过来的分组的速率超过输出链路的发送速率时,来不及发送的分组就需要暂时在缓冲区中排队。

　　从以上分析可以看出,分组在路由器的输入端口和输出端口都可能会排队等待处理,提高转发表查表和交换的性能可以避免或者减少分组在输入/输出端口排队。分组丢失很多时候就发生在路由器中的输入或者输出队列产生溢出时。当然,设备或者线路出故障也可能导致分组丢失,但这种情况比较少见。

4.1.3　网络服务模式

在计算机网络体系结构中,网络层作为通信的最高层可以为它的上层提供两种服务模式:**面向连接的虚电路服务**和**无连接的数据报服务**。但在迄今为止的计算机网络体系结构中,网络层或提供主机到主机的面向连接的虚电路服务,或提供主机到主机的无连接的数据报服务,而不会同时提供这两种服务。在计算机网络领域,针对可靠交付应当由网络还是端系统来负责曾引起长期的争论。

有些人认为应当借鉴电信网的成功经验,让**网络负责可靠交付**。传统电信网的主要业务是提供电话服务。电信网使用昂贵的程控交换机,采用面向连接的通信方式为电信用户(电话机)提供可靠传输服务。因此这部分人认为,计算机网络也应该模仿电信网所使用的面向连接的通信方式。当两台计算机进行通信时,应当先建立连接(在分组交换网中是建立一条虚电路),以保证双方通信所需的一切网络资源。然后双方沿着已建立的连接(虚电路)发送分组。这样分组的首部不需要填写完整的目的地址,而只需要填写这条虚电路的编号,因而减少了分组的开销。在通信结束后要释放建立的虚电路。图 4-5 是虚电路网络提供面向连接服务的示意图。主机 H_1 和 H_2 之间交换的分组都必须在事先建立的虚电路上传送。

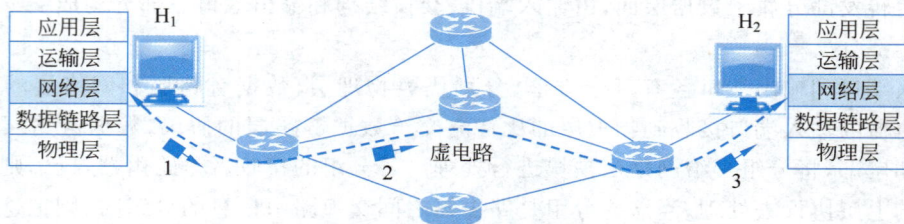

图 4-5　虚电路服务

互联网的先驱者认为,电信网提供的端到端可靠传输的服务对电话业务无疑是很合适的,因为电信网的终端(电话机)非常简单,没有智能,也没有差错处理能力。因此,电信网必须负责把用户电话机产生的话音信号可靠地传送到对方的电话机,使还原后的话音质量符合技术规范的要求。但计算机网络的端系统是有智能的计算机,计算机有很强的差错处理能力(这点和传统的电话机有本质上的差别)。因此,互联网在设计上就采用了和电信网完全不同的思路。

互联网的设计思路是:**网络层向上只提供简单灵活的、无连接的、尽最大努力交付的数据报服务**。这里的"数据报"是互联网设计者最初使用的名词,其实数据报(或 IP 数据报)就是我们经常使用的"分组"。

网络在发送分组时不需要先建立连接。每一个分组(也就是 IP 数据报)独立发送,与其前后的分组无关(不进行编号)。网络层不提供服务质量的承诺。也就是说,所传送的分组可能出错、丢失、重复和失序(即不按序到达终点),当然也不保证分组交付的时限。由于传输网络不提供端到端的可靠传输服务,这就使网络中的路由器比较简单,且价格低廉(与电信网的交换机相比较)。如果主机(即端系统)中的进程之间的通信需要可靠服务,那么就由网络中主机的运输层负责(包括差错处理、流量控制等)。采用这种设计思路的好处是:网络造价大大降低,运行方式灵活,能够适应多种应用。

图 4-6 给出了网络提供数据报服务的示意图。主机 H_1 向 H_2 发送的分组各自独立地选择路由，并且在传送的过程中还可能丢失。

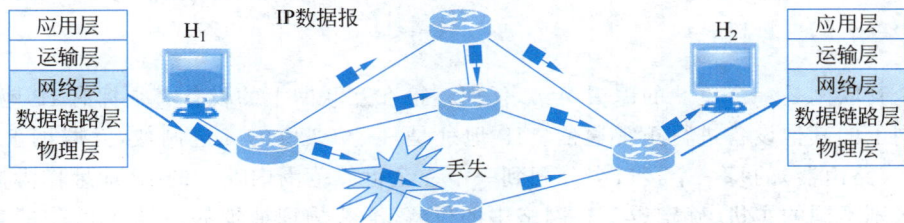

图 4-6　数据报服务

表 4-2 对虚电路和数据报两种服务从不同角度进行了对比。

表 4-2　虚电路和数据报两种服务的对比

对比的方面	虚电路服务	数据报服务
设计思路	可靠通信由网络来保证	可靠通信由主机来保证
服务模式	面向连接	面向无连接
分组地址	只在连接建立阶段使用，每个分组使用短的虚电路号	每个分组包含源和目的地址
分组转发路径	属于同一条虚电路的分组转发路径相同	每个分组独立选择路由，转发路径可能不同
故障结点	所有通过出故障的结点的虚电路均不能工作	出故障的结点可能会丢失分组，一些路由可能会发生变化
分组到达顺序	按发送顺序到达终点	不一定按发送顺序到达终点
端到端的差错处理和流量控制	可以由网络负责，也可以由用户主机负责	由用户主机负责

4.2　IP

网际协议(IP)是 TCP/IP 参考模型中两个主要的协议，与 IP 配套使用的还有以下三个协议。

（1）地址解析协议（Address Resolution Protocol，ARP）。

（2）网际控制报文协议（Internet Control Message Protocol，ICMP）。

（3）网际组管理协议（Internet Group Management Protocol，IGMP）。

图 4-7 给出了这三个协议和 IP 的关系。在网络层中，ARP 在最下面，因为 IP 经常要使用这个协议。ICMP 和 IGMP 在这一层的上部，因为它们要使用 IP。本节主要介绍 IP，包括 IP 编址、IP 数据报的格式和 IP 层分组的转发三个问

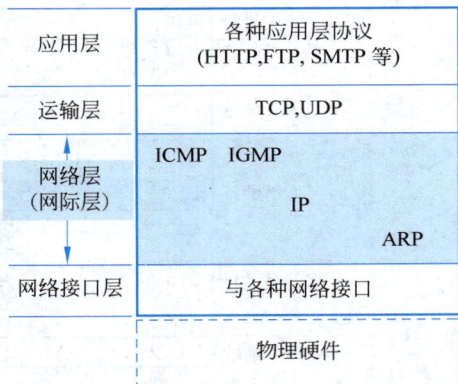

图 4-7　IP 及其配套协议

题。由于 IP 协议可以实现异构网络之间的通信,因此 TCP/IP 体系中的网络层常常称为网际层或者 IP 层。

4.2.1　IP 编址

整个互联网是一个单一的逻辑网络,任何连接在互联网上的设备必须拥有 IP 地址才能和互联网上的其他设备进行正常通信。IP 地址是一个 32 位的二进制数,互联网上的每一台主机(或路由器)的每一个接口会分配到一个在全世界范围内唯一的 IP 地址作为标识符,以此来区别不同的主机、确定设备在网络中的位置、屏蔽物理地址的差异。32 位的 IP 地址通常被分割为 4 个 8 位二进制数(也就是 4 字节)。常用点分十进制表示成 a.b.c.d 的形式,其中,a,b,c,d 都是 0~255 的十进制整数。

例如,32 位二进制数 11000000.10101000.00001010.00000110 用点分十进制可表示为192.168.10.6。

IP 地址的编址方法共经历了三个历史阶段。

(1) 分类的编址。这是最基本的编址方法,在 1981 年就通过了相应的标准协议。

(2) 划分子网。这是对最基本的编址方法的改进,其标准 RFC 950 在 1985 年通过。

(3) 无分类编址。这是比较新的编址方法,也是目前互联网使用的编址方法。1993 年提出后很快就得到推广应用。

下面分别对这三类编址方法进行介绍。

1. 分类的编址

分类的编址将 32 位的 IP 地址划分为 A、B、C、D、E 5 类,每一类地址都由两个固定长度的字段组成。其中,第一个字段是网络号(net-id),它标志主机(或路由器)所连接到的网络。一个网络号在整个互联网范围内必须是唯一的。第二个字段是主机号(host-id),它标志该主机(或路由器)。一个主机号在它前面的网络号所指明的网络范围内必须是唯一的。由此可见,一个 IP 地址在整个互联网范围内是唯一的。

这种两级的 IP 地址可以记为:

IP 地址 ::= {<网络号>, <主机号>}

图 4-8 给出了 5 类 IP 地址的网络号和主机号字段。A 类、B 类和 C 类地址的网络号字段(在图中这个字段是灰色的)分别为 1 字节、2 字节和 3 字节长,而在网络号字段的最前面

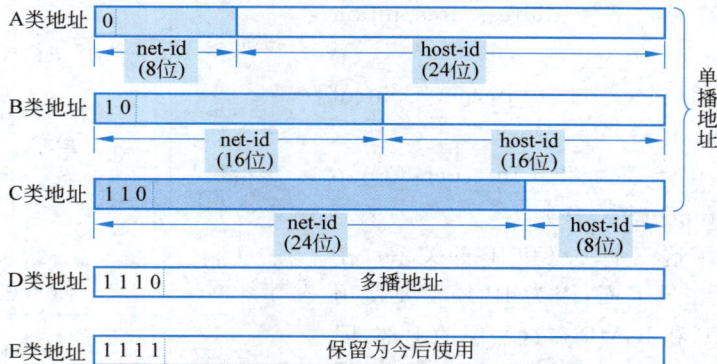

图 4-8　IP 地址的网络号和主机号

有 1~3 位的类别位,其数值分别规定为 0、10 和 110。A 类、B 类和 C 类地址的主机号字段分别为 3 字节、2 字节和 1 字节长。这三类地址都是单播地址(一对一通信),D 类地址(前 4 位是 1110)是多播地址(一对多通信),E 类地址(前 4 位是 1111)作为保留地址。

从 IP 地址的结构来看,IP 地址并不仅仅指明一台主机,还指明了主机所连接到的网络。当某个单位申请到一个 IP 地址时,实际上是获得了具有同样网络号的一块地址。其中,具体的各台主机号则由该单位自行分配,只要做到在该单位管辖的范围内无重复的主机号即可。

A、B 和 C 三类 IP 地址的指派范围如表 4-3 所示。

表 4-3　IP 地址的指派范围

网络类别	最大可指派的网络数	第一个可指派的网络号	最后一个可指派的网络号	每个网络中最大主机数
A	$126(2^7-2)$	1	126	$16\ 777\ 214(2^{24}-2)$
B	$16\ 383(2^{14}-1)$	128.1	191.255	$65\ 534(2^{16}-2)$
C	$2\ 097\ 151(2^{21}-1)$	192.0.1	223.255.255	$254(2^8-2)$

说明:

(1) A 类地址的网络数减 2 的原因是:第一,网络号字段为全 0 的 IP 地址是一个保留地址,表示本网络;第二,网络号为 127(即二进制 01111111)保留作为本地软件环回测试(loopback test)本主机进程之间的通信之用。

(2) B 类地址的网络数减 1 的原因是:B 类网络地址 128.0.0.0 是不指派的,而可以指派的 B 类最小网络地址是 128.1.0.0,因此 B 类地址可指派的网络数为 $2^{14}-1$,即 16 383。

(3) C 类网络地址 192.0.0.0 也是不指派的,可以指派的 C 类最小网络地址是 192.0.1.0,因此 C 类地址可指派的网络总数是 $2^{21}-1$,即 2 097 151。

(4) 三类地址的主机数减 2 的原因是:全 0 的主机号字段表示该 IP 地址是"本主机"所连接到的单个网络地址,全 1 的主机号字段表示该网络上的所有主机。

(5) 一般不使用的特殊 IP 地址如表 4-4 所示。

表 4-4　一般不使用的特殊 IP 地址

网络号	主　机　号	源地址使用	目的地址使用	代表的意思
0	0	可以	不可	在本网络上的本主机
0	X	可以	不可	在本网络上主机号为 X 的主机
全 1	全 1	不可	可以	只在本网络上进行广播(各路由器均不转发)
Y	全 1	不可	可以	对网络号为 Y 的网络上的所有主机进行广播
127	非全 0 或全 1 的任何数	可以	可以	用于本地软件环回测试

2. 划分子网

分类的 IP 地址在实际使用过程中存在地址分配不灵活、大量地址空间被浪费、过大的广播域等问题。为此,IETF 提出了划分子网的编址方案。划分子网的编址方法是从网络的主机号借用若干位作为子网号(subnet-id),剩下的位数作为主机号。于是两级 IP 地址在本单位内部就变为三级 IP 地址:网络号、子网号和主机号。可以用以下记法来表示:

视频讲解

IP 地址 ∷= {<网络号>, <子网号>, <主机号>}

例如,某单位申请到一个 B 类 IP 地址,网络地址是 191.16.0.0(网络号是 191.16)。由于 B 类 IP 地址的网络号是 16 位,主机号是 16 位,如果从主机号中取 8 位作为子网号,剩下的 8 位作为主机号,这样一个 B 类的网络就可以划分为 2^8 个子网,每个子网中有 2^8 个 IP 地址,其中可以分配的 IP 地址有 2^8-2 个。

图 4-9 给出的是包含三个子网的情况。这三个子网分别是 191.16.3.0、191.16.5.0 和 191.16.7.0。在划分子网后,整个网络对外部仍表现为一个网络,其网络地址仍为 191.16.0.0。但网络 191.16.0.0 上的路由器 R_1 在收到来自互联网的数据报后,再根据数据报的目的地址把它转发到相应的子网。

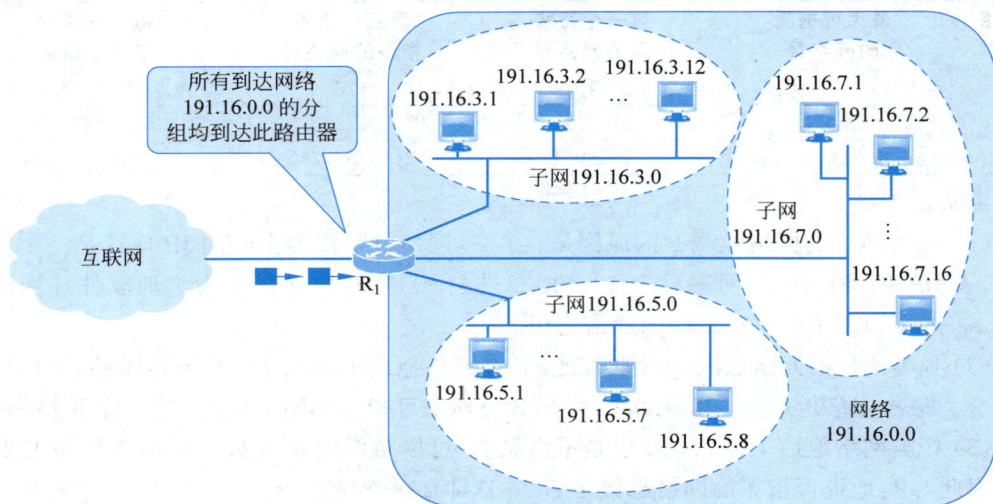

图 4-9　划分子网的情况

从上面的例子中可以看出,当没有划分子网时,IP 地址是两级结构。划分子网后 IP 地址变成了三级结构。划分子网只是把 IP 地址的主机号部分进行再划分,而不改变 IP 地址原来的网络号。

假定有一个数据报(其目的地址是 191.16.3.12)到达了路由器 R_1。那么这个路由器如何把它转发到子网 191.16.3.0 中呢?

由于 32 位的 IP 地址本身以及数据报的首部都没有包含任何有关子网的信息,也就无法判断出源主机或目的主机所连接的网络是否进行了子网的划分。为此,引入了子网掩码(subnet mask)的概念。

子网掩码又叫地址掩码,用来指明一个 IP 地址的哪些位标识的是主机所在的子网,哪些位标识的是主机。子网掩码是一个 32 位地址,由一连串的 1 和一连串的 0 构成,1 对应 IP 地址的网络号和子网号部分,0 对应主机号部分。子网掩码不能单独存在,它必须结合 IP 地址一起使用。

上面例子中的主机 191.16.3.12 在不划分子网和划分子网下对应的子网掩码,如图 4-10 所示。

图 4-10 中(a)是 IP 地址为 191.16.3.12 的主机在没划分子网的情况下的两级 IP 地址结构和对应的子网掩码。

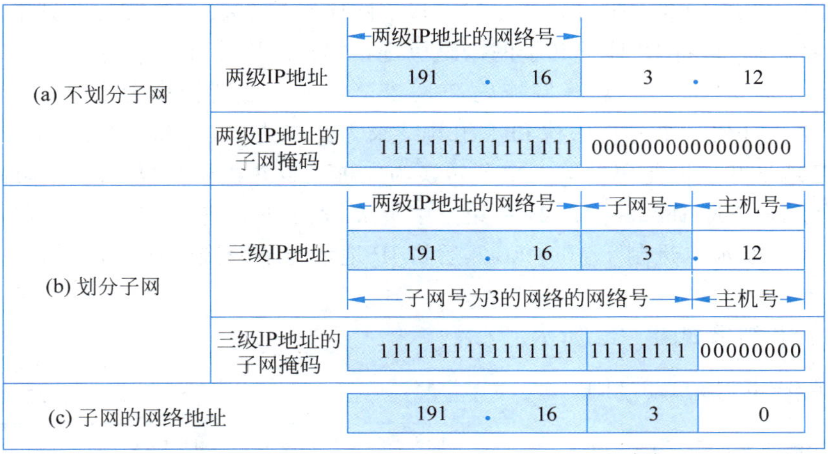

(a) 不划分子网	两级IP地址		两级IP地址的网络号	
		191 . 16	3 . 12	
	两级IP地址的子网掩码	11111111111111111	00000000000000000	
(b) 划分子网	三级IP地址	两级IP地址的网络号	子网号	主机号
		191 . 16	3	12
		子网号为3的网络的网络号		主机号
	三级IP地址的子网掩码	1111111111111111	11111111	00000000
(c) 子网的网络地址		191 . 16	3	0

图 4-10 不划分子网和划分子网下的子网掩码对比

图 4-10 中的(b)是 IP 地址为 191.16.3.12 的主机在划分子网后的三级 IP 地址结构，现在从原来 16 位的主机号中拿出 8 位作为子网号，而主机号由 16 位减少到 8 位。它的子网掩码也是 32 位，由一串 24 个 1 和跟随的一串 8 个 0 组成。子网掩码中的 1 对应于 IP 地址中原来二级地址中的 16 位网络号加上新增加的 8 位子网号，而子网掩码中的 0 对应于现在的 8 位主机号。

使用子网掩码的好处是：不管网络有没有划分子网，只要把子网掩码和 IP 地址进行逐位的"与"(AND)运算，就立即得出网络地址来。

有了子网掩码的概念后，为了更便于查找路由表，在不划分子网的情况下也使用子网掩码。现在互联网的标准规定：所有的网络都必须使用子网掩码，同时在路由器的路由表中也必须有子网掩码这一栏。如果一个网络不划分子网，那么该网络的子网掩码就使用默认子网掩码。默认子网掩码中 1 的位置和 IP 地址中的网络号字段 net-id 正好相对应。因此，若用默认子网掩码和某个不划分子网的 IP 地址逐位相"与"，就能够得出该 IP 地址的网络地址。

图 4-11 给出了 A、B、C 三类地址的默认子网掩码。

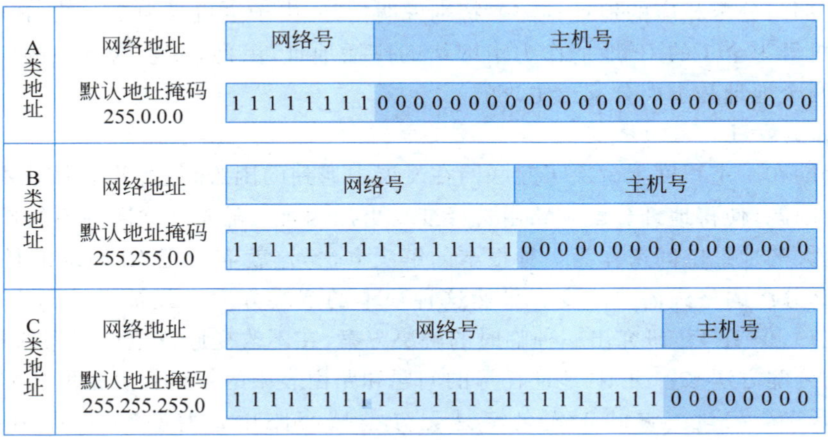

A类地址	网络地址	网络号	主机号
	默认地址掩码 255.0.0.0	11111111 000000000000000000000000	
B类地址	网络地址	网络号	主机号
	默认地址掩码 255.255.0.0	1111111111111111 0000000000000000	
C类地址	网络地址	网络号	主机号
	默认地址掩码 255.255.255.0	111111111111111111111111 00000000	

图 4-11 默认子网掩码

【例 4-1】 已知 IP 地址是 158.34.72.24，子网掩码是 255.255.224.0，试求网络地址。

分析：我们知道，将 IP 地址和子网掩码执行相"与"的操作即可求得网络地址，为此，可以将 IP 地址 158.34.72.24 和子网掩码 255.255.224.0 分别转换为二进制，然后按位相"与"即可。由于任何一个二进制位和 1 相与结果为此二进制位，和 0 相与结果为 0，因此，只需要将 IP 地址和子网掩码的第三字节转换为二进制数并执行相"与"的操作即可。

解答：将 IP 地址 158.34.72.24 的第三字节 72 表示成二进制 01001000，将子网掩码的第三字节 224 表示成二进制 11100000，然后将 IP 地址与子网掩码逐位相"与"，即可得到网络地址 158.34.64.0。

计算过程和结果如图 4-12 所示。

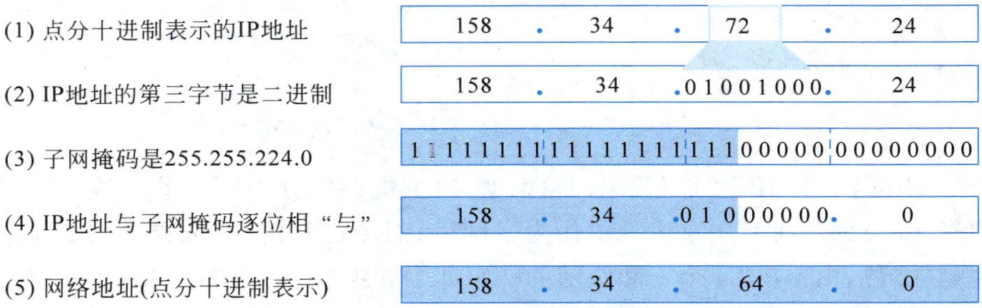

(1) 点分十进制表示的IP地址	158	34	72	24
(2) IP地址的第三字节是二进制	158	34	.01001000	24
(3) 子网掩码是255.255.224.0	11111111	11111111	11100000	00000000
(4) IP地址与子网掩码逐位相"与"	158	34	.01000000.	0
(5) 网络地址(点分十进制表示)	158	34	64	0

图 4-12　求解过程和结果

【例 4-2】 某单位申请到一个 B 类的地址块，其网络地址为 129.210.0.0。该单位有 4000 台主机，平均分给 16 个部门。如果选用子网掩码 255.255.255.0，试给每个部门分配一个网络地址，并计算每个部门主机 IP 地址的最小值和最大值。

解答：B 类地址的网络号是 16 位，主机号是 16 位，选用的子网掩码是 255.255.255.0（其二进制为 11111111.11111111.11111111.00000000），可以推出划分子网时选用的子网号是 8 位，剩下的主机号也是 8 位，可以确定 2^8-2 个（假设全 0 和全 1 的子网号不分配）子网，每个子网可以有 2^8-2 台主机，能满足 16 个部门的需求（4000/16＝250 台）。

若将子网号为 1 的网络地址分配给其中的一个部门，则该部门的子网地址为 129.210.1.0，主机 IP 地址最小值为 129.210.1.1，主机 IP 地址最大值为 129.210.1.254。类似地，可以给其他部门分配相应的地址。需要特别说明的是，由于主机号为全 0 的 IP 地址作为网络地址，主机号为全 1 的 IP 地址作为本网络的广播地址，因此，在给网络中的主机分配 IP 地址时，这两个地址是不能分配给主机的。

3．无分类编址

划分子网在一定程度上解决了互联网在发展中遇到的困难，但并没有从根本上解决 IP 地址耗尽的问题，使得地址分配和路由选择变得更加困难。随着互联网的不断扩大，很明显需要一个更大的地址空间来作为一种根本的解决办法，这就需要把 IP 地址的长度增加，也就意味着 IP 分组的格式需要改变。虽然这种根本的解决方案已经被设计出来，称为 IPv6（参见 4.5 节），但 IETF 研究出一种临时的解决方案，在不改变原有地址空间的基础上通过改变地址的分配方法来解决 IP 地址耗尽的问题和路由表中的项目数急剧增长的问题，这种方案称为无分类编址。它的正式名字是无分类域间路由选择（Classless Inter-Domain Routing，CIDR）。

视频讲解

　　CIDR 取消了分类编址中 A 类、B 类和 C 类地址以及划分子网的概念,把 32 位的 IP 地址划分为前后两部分。前面部分为"网络前缀",用来指明网络,后面部分为"主机号",用来指明主机。这样 CIDR 使得 IP 地址从划分子网的三级编址又回到了两级编址(无分类的)。其记法是:

IP 地址 :: = {<网络前缀>, <主机号>}

　　CIDR 还使用斜线记法,或称为 CIDR 记法,也就是在 IP 地址后面加上斜线"/",然后写上网络前缀所占的位数。

　　CIDR 把网络前缀都相同的连续 IP 地址组成一个"CIDR 地址块"。我们只要知道 CIDR 地址块中的任意一个地址,就可以知道这个地址块的起止地址(即最小地址和最大地址),以及地址块中的地址数。例如,已知 IP 地址 210.44.125.49/20 是某 CIDR 地址块中的一个地址。该地址的二进制表示(前 20 位是网络前缀,后 12 位是主机号)、所在地址块的最小地址和最大地址如表 4-5 所示。

表 4-5　地址块的最小地址和最大地址

名　　称	十进制表示	二进制表示
原 IP 地址	210.44.125.49	11010010 00101100 01111101 00110001
最小地址	210.44.112.0	11010010 00101100 01110000 00000000
最大地址	210.44.127.255	11010010 00101100 01111111 11111111

　　说明:

　　(1) 主机号是全 0 和全 1 的这两个特殊的 IP 地址,一般不使用。通常只使用在这两个特殊地址之间的地址。

　　(2) 这个地址块共有 2^{12} 个地址。我们可以用地址块中的最小地址和网络前缀的位数指明这个地址块。例如,上表中的地址块可记为 210.44.112.0/20(/前面给出的是地址块的最小地址)。在不需要指出地址块的起始地址时,也可把这样的地址块简称为"/20 地址块"。

　　为了更方便地进行路由选择,CIDR 使用 32 位的地址掩码。地址掩码由一串 1 和一串 0 组成,而 1 的个数就是网络前缀的长度,0 的个数就是主机号的长度。虽然 CIDR 不使用子网(这里指 CIDR 并没有在 32 位地址中指明若干位作为子网号字段,但分配到一个 CIDR 地址块的单位,仍然可以在本单位内根据需要划分出一些子网),但由于目前仍有一些网络使用子网划分和子网掩码,因此 CIDR 使用的地址掩码也可继续称为子网掩码。例如,/20 地址块的地址掩码的二进制形式是 11111111 11111111 11110000 00000000(20 个连续的 1),也就是十进制 255.255.240.0。斜线记法中,斜线后面的数字就是地址掩码中 1 的个数。

　　【例 4-3】　某单位申请到一个地址块 165.40.60.0/22。现在需要进一步划分为 6 个一样大的子网。给出地址掩码以及每个子网的最小地址和最大地址。

　　解答:由 165.40.60.0/22 可知网络前缀为 22 位,主机号为 10 位。

　　地址掩码的二进制是 11111111 11111111 11111100 00000000。

　　地址掩码的十进制是 255.255.252.0。

　　需要划分为 6 个子网,则子网号可以选 3 位,主机号则剩余 7 位,子网号二进制取值为 001 的子网,其 IP 地址的最小值的二进制形式为 10100101.00101000.00111100.10000000,

对应的十进制形式为 165.40.60.128。IP 地址的最大值的二进制形式为 10100101.00101000.00111100.11111111,对应的十进制形式为 165.40.60.255。

表 4-6 给出每个子网的地址掩码及最小地址和最大地址。

表 4-6　每个子网的地址掩码及最小地址和最大地址

子网名称	子网号	地址掩码	最小地址	最大地址
子网 1	001	255.255.252.0	165.40.60.128	165.40.60.255
子网 2	010	255.255.252.0	165.40.61.0	165.40.61.127
子网 3	011	255.255.252.0	165.40.61.128	165.40.61.255
子网 4	100	255.255.252.0	165.40.62.0	165.40.62.127
子网 5	101	255.255.252.0	165.40.62.128	165.40.62.255
子网 6	110	255.255.252.0	165.40.63.0	165.40.63.127

4. IP 地址的应用

IP 地址是互联网设备的唯一标识符,是网络通信的基础,它使得不同网络设备之间能够进行数据的传输和交换。图 4-13 给出的是使用 CIDR 编址的互联网中不同场合 IP 地址的应用情况,从中可以得出以下结论。

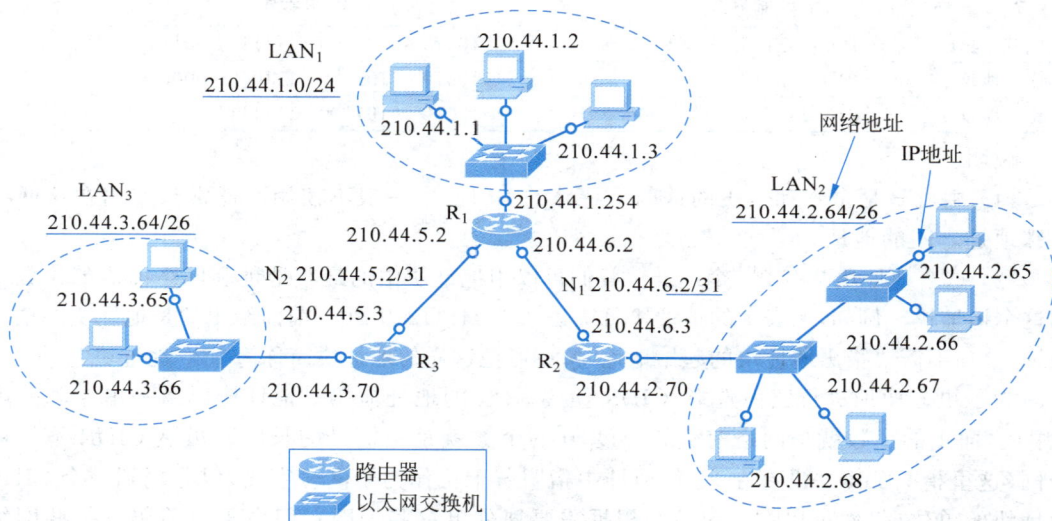

图 4-13　互联网中 IP 地址应用实例

(1) 路由器的每一个接口都有一个不同网络前缀的地址,每个接口连接一个不同的网络,网络前缀用一个 IP 地址和一个地址掩码(子网掩码)共同确定,可用 CIDR 的斜线记法来简单表示。主机号为全 0 的地址表示该网络的网络地址。

(2) 各网络的子网掩码可以不同,即网络前缀的长度可以不同,因此每个网络的地址空间大小也不相同。图 4-13 中 LAN_1 的地址空间大小为 256,LAN_2、LAN_3 的地址空间大小为 64,而 N_1、N_2 的地址空间大小为 2。

(3) 连接在同一个网络上的主机或路由器的 IP 地址的网络前缀必须与该网络的网络前缀一样。主机号全 0 和全 1 的 IP 地址有特殊用途,不能分配给主机或者路由器使用。

(4) 用网桥或者交换机(工作在数据链路层)互连的网段仍然是一个物理网络,只能有一个网络地址。

（5）为主机和路由器接口配置 IP 地址时，必须配置相应的子网掩码。

（6）当两个路由器通过点对点链路直接相连时（例如使用 PPP 的串行线路，注意不是以太网链路），在连线两端的接口处，可以分配 IP 地址，也可以不分配 IP 地址。如果分配 IP 地址，则这一段连线就构成了一种只包含一段线路的特殊"网络"（如图 4-13 中的 N_1、N_2）。对于这种特殊的"网络"，为了节省 IP 地址，现在可以采用两种方法：一是使用"/31"，即仅用于点对点链路的 31 位网络前缀；二是不分配 IP 地址，将这种网络作为无编号网络。需要注意的是，这两种方法并不是所有的设备都支持。

使用 CIDR 的一个好处就是可以更加有效地分配 IPv4 的地址空间，可以根据用户的需要分配适当大小的 CIDR 地址块。

4.2.2　IP 数据报的格式

网络层的协议数据单元称为分组，互联网的网络层的分组也称为 **IP 数据报**（datagram）。它是一个可变长度的分组，由首部和数据两部分组成。首部的前一部分是固定长度，共 20 字节，是所有 IP 数据报必须具有的。在首部的固定部分的后面是一些可选字段，其长度是可变的。首部的长度最小是 20 字节，最大是 60 字节。首部由若干字段构成，这些字段包含了有关路由选择和交付的重要信息，能够说明 IP 具有的功能。在 TCP/IP 的标准中，各种数据格式常常以 32 位（即 4 字节）为单位来描述。图 4-14 是 IP 数据报的完整格式。

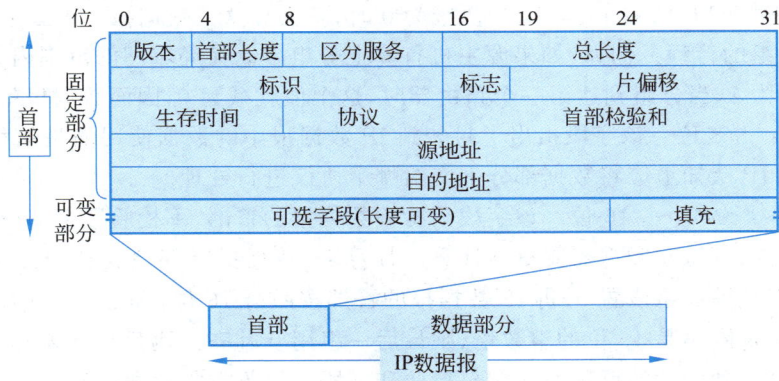

图 4-14　IP 数据报的格式

1. IP 数据报首部各字段的含义

（1）**版本**：占 4 位。该字段定义了 IP 协议的版本。通过此字段，路由器能够确定收到的数据报的格式，进而确定如何解释 IP 数据报的其他部分。通信双方使用的 IP 版本必须一致。目前广泛使用的 IP 版本号为 4（IPv4）。

（2）**首部长度**：占 4 位。该字段定义了数据报首部的总长度，以 4 字节为单位计算。因为 IP 首部的固定长度是 20 字节，因此首部长度字段的最小值是 5（二进制表示为 0101），而 4 比特可表示的最大值是 15（二进制表示为 1111），表明首部长度达到最大值 60 字节（15×4＝60）。当 IP 数据报的首部长度不是 4 字节的整数倍时，必须利用最后的填充字段加以填充。

（3）**区分服务**：占 8 位。该字段最初称为服务类型，指明了应当如何处理数据报。这个

视频讲解

字段中有一部分用于定义数据报的优先级,剩下的部分定义服务类型,通过该字段可以获得更好的服务。

(4) **总长度**:占 16 位。该字段指首部和数据之和的长度,单位为字节。因为总长度字段是 16 位,因此 IP 数据报的最大长度为 65 535($2^{16}-1$)字节,其中首部占 20～60 字节,剩下的是从上层传送来的数据。

(5) **标识**:占 16 位。该字段标志了从源主机发出的一个数据报。IP 使用了一个计数器来为数据报生成标号,每发送一个数据报,就把这个计数器的当前值复制到标识字段中,并把计数器的值加 1。该标识字段与源 IP 地址的组合唯一地确定了一个数据报。

(6) **标志**:占 3 位。该字段的第一位(最高位)保留(未用)。标志字段的第二位(中间位)称为"不分片位",记为 DF。DF＝1 表示不能对该数据报进行分片;DF＝0 表示允许分片。标志字段的第三位(最低位)称为"还有分片位",记为 MF。MF＝1 表示后面"还有分片"的数据报;MF＝0 表示这已是若干数据报片中的最后一个。

(7) **片偏移**:占 13 位。该字段表示的是分片在原数据报中的相对位置。也就是说,相对于用户数据字段的起点,该片从何处开始。片偏移以 8 字节为偏移单位,这就是说,每个分片的长度一定是 8 字节(64 位)的整数倍。

(8) **生存时间**:占 8 位。该字段给出了数据报在网络中的寿命。目前,生存时间字段常用来控制数据报经过的最大跳数(路由器的个数),常用的英文缩写是 TTL。该字段有两个主要作用。第一个作用是防止无法交付的数据报无限制地在互联网中兜圈子。数据报每经过一个路由器时 TTL 值减 1,当 TTL 值减为 0 时,就丢弃这个数据报。第二个作用是用于源主机限制分组的行程。例如,如果源主机打算把分组限制在局域网的范围内,就可以把这个字段值设置为 1,当分组到达第一个路由器时,这个值就减为 0,因而数据报就被丢弃了。

(9) **协议**:占 8 位。该字段指出了封装到 IP 数据报中的数据使用的是何种协议,以便使目的主机的 IP 层知道应将数据部分上交给哪个协议进行处理。

(10) **首部检验和**:占 16 位。该字段只检验数据报的首部,不检验数据部分。数据报每经过一个路由器,其检验和都需要重新计算。计算 IP 数据报首部检验和的方法相对简单。在发送方,先把检验和字段置 0,将 IP 数据报的首部按照每 16 位(即 2 字节)为一组进行划分,如果首部的长度不是 16 位的整数倍,则最后一组用 0 补齐。用反码算术运算把所有 16 位字相加后,将得到的和的反码写入首部检验和字段。接收方收到数据报后,将首部的所有 16 位字再使用反码算术运算相加一次。将得到的和取反码,即得出接收方首部检验和的计算结果。若该结果为 0,则表示首部未发生变化,保留该数据报;否则认为数据报出错,将此数据报丢弃。图 4-15 给出了发送方计算首部检验和和接收方验证的过程。

(11) **源地址**:占 32 位。该字段定义了源主机的 IP 地址。IP 数据报从源主机发送到目的主机的过程中,这个字段始终保持不变。

(12) **目的地址**:占 32 位。该字段定义了目的主机的 IP 地址。IP 数据报从源主机发送到目的主机的过程中,这个字段始终保持不变。

(13) **IP 数据报首部的可变部分**:一个选项字段。该字段用来支持排错、测量以及安全等措施,内容很丰富。该字段的长度可变,从 1 字节到 40 字节不等,取决于所选择的项目。这些选项一个个拼接起来,中间不需要有分隔符,最后用全 0 的填充字段补齐成为 4 字节的整数倍。实际上这些选项很少被使用。很多路由器都不考虑 IP 首部的选项字段。

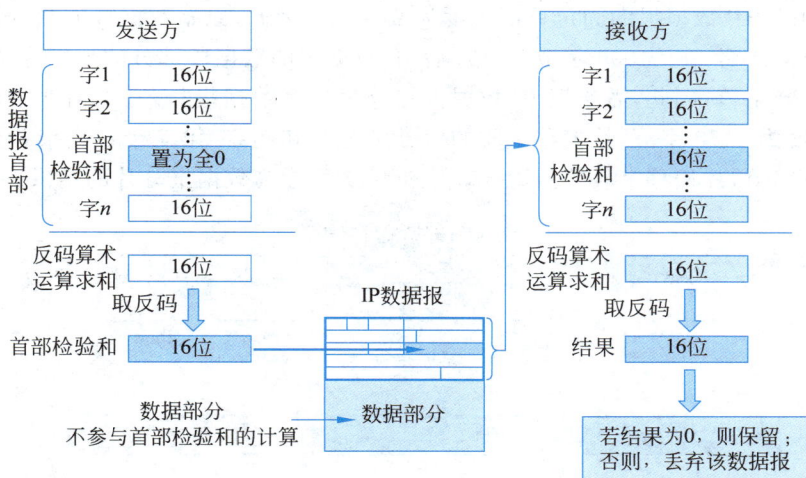

图 4-15　发送方计算首部检验和和接收方验证的过程

2．IP 数据报的分片

数据链路层的协议承载的网络层分组的长度是不同的。有的协议能承载大数据报，有的协议只能承载小分组。例如，以太网协议和 PPP 能承载最大 1500 字节的数据，FDDI 协议能承载最大 4352 字节的数据。一个数据链路层协议能承载的最大数据量或者数据链路层帧的数据部分的最大长度叫作最大传输单元（Maximum Transmission Unit，MTU）。

互联网上的每个 IP 数据报封装在数据链路层的帧中，由路由器将其从一个网络传输到另一个网络，而不同网络的数据链路层的 MTU 限制了 IP 数据报的长度，源端到目的端路径上的每段链路上可能使用不同的链路层协议，且每种协议可能具有不同的 MTU，这时就需要对 IP 数据报进行分片，以满足不同数据链路层的需要。

利用 IP 数据报中的标识、标志和片偏移字段可以完成对 IP 数据报的分片。下面通过一个例子说明分片的方法。

例如，有一个总长度为 4020 字节（使用固定首部）的数据报，需要分片为长度不超过 1500 字节的数据报片，应如何划分？

分析：解决分片的问题，我们要清楚原始的 IP 数据报、分片后的 IP 数据报以及数据链路层的帧三者之间的关系。对 IP 数据报分片时，首先要将需要分片的 IP 数据报的数据部分划分成若干数据段，这些数据段就是分片后的 IP 数据报的数据部分，再加上 IP 数据报的首部，就构成了数据链路层中帧的数据部分。IP 数据报分片的过程如图 4-16 所示。

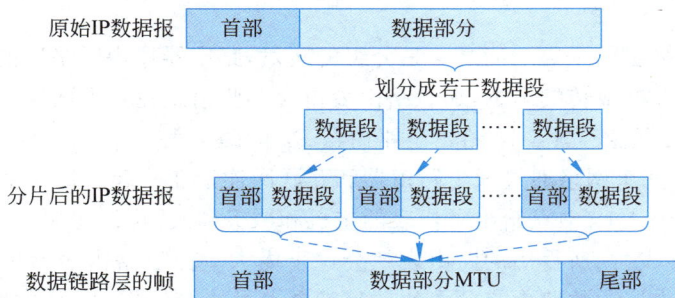

图 4-16　IP 数据报分片的过程

解答：由于 IP 数据报的固定首部长度为 20 字节,因此,原始数据报的数据部分的长度为 4020 字节－20 字节＝4000 字节。分片后 IP 数据报的数据段部分的长度为 1500 字节－20 字节＝1480 字节,因此,需要把 IP 数据报划分为三个数据报片,其中前两个数据报片数据部分的长度为 1480 字节,片偏移字段的值分别为 0 和 185;第三个数据报片数据部分的长度为 1040 字节,片偏移字段的值为 370。图 4-17 所示为数据报分片的结果。

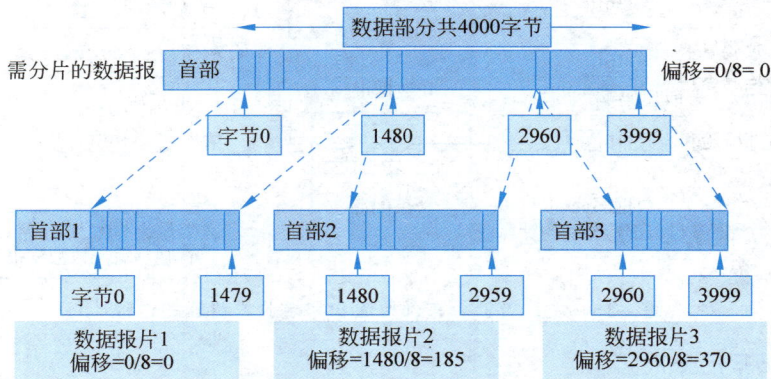

图 4-17　数据报分片的结果

表 4-7 列出了数据报首部中与分片有关的字段的值,其中标识字段的值是任意给定的(假设为 10016)。具有相同标识的数据报片在目的站就可重组成原始数据报。

表 4-7　数据报首部中与分片有关的字段的值

名　　称	总长度/字节	标识	MF	DF	片偏移
原始数据报	4020	10016	0	0	0
数据报片 1	1500	10016	1	0	0
数据报片 2	1500	10016	1	0	185
数据报片 3	1060	10016	0	0	370

说明：

（1）在分片时,需要注意 IP 首部字段片偏移的值一定是 8 字节的整数倍。

（2）IP 数据报在互联网中传输时可能要经过多个不同的网络,而不同网络数据链路层的 MTU 有可能不同,因此,数据报可能被多次分片,但分片后的数据报仅在目的主机才被重组为原来的数据报。

4.2.3　IP 分组的转发

1. 路由表

我们知道,网络层的主要功能之一是分组的转发,路由器作为网络层的重要设备根据路由表将收到的 IP 数据报转发出去,那么路由表包含哪些信息呢？下面通过一个简单例子来了解路由表的相关内容。图 4-18 给出了路由器 R_2 的路由表。

在图 4-18 中,三个网络通过三个路由器和互联网连接在一起。每一个网络上都可能成千上万台主机(图 4-18 中只给出了代表的主机和服务器)。可以想象,若路由表指出到每一台主机应怎样转发,则所得出的路由表就会过于庞大。但若路由表指出到某个网络应如何转发,则每个路由器中的路由表包含的项目就会大大减少(图 4-18 中的路由器 R_2 上只有

视频讲解

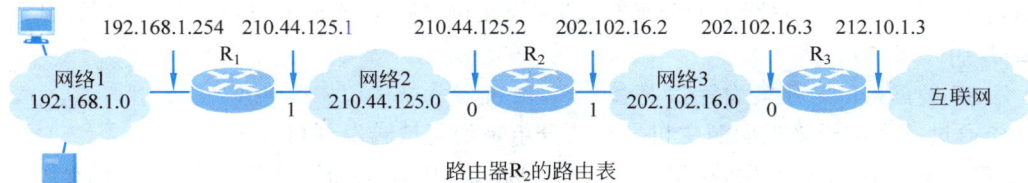

图 4-18 路由器 R₂ 的路由表

路由器R₂的路由表

网络地址	子网掩码	下一跳地址	接口
192.168.1.80	255.255.255.255	210.44.125.1	R₂的接口0
210.44.125.0	255.255.255.0	直接交付	R₂的接口0
202.102.16.0	255.255.255.0	直接交付	R₂的接口1
192.168.1.0	255.255.255.0	210.44.125.1	R₂的接口0
0.0.0.0	0.0.0.0	202.102.16.3	R₂的接口1

5 条路由,最后一条为默认路由)。

以路由器 R_2 的路由表为例。由于 R_2 同时连接在网络 210.44.125.0 和网络 202.102.16.0 上,因此只要目的主机在网络 210.44.125.0 或网络 202.102.16.0 上,都可通过接口 0 或者或接口 1 由路由器 R_2 直接交付。若目的主机在网络 192.168.1.0 中,则下一跳路由器应为 R_1,其 IP 地址为 210.44.125.1,路由器 R_1 和 R_2 由于同时连接在网络 210.44.125.0 上,因此从路由器 R_2 把分组转发到路由器 R_1 是很容易的。若目的主机在其他网络中(互联网中的任何一个网络),则路由器 R_2 把分组转发给 IP 地址为 202.102.16.3 的路由器 R_3 即可。应当注意到,图 4-18 中的每一个路由器都有两个不同的 IP 地址。

从以上分析可以看出,在路由表中,对每一条路由最主要的是以下信息:目的网络地址、子网掩码、下一跳地址和接口。另外,在路由表中主要有以下几类路由。

1)特定主机路由

对特定的目的主机指明一个路由,这种路由叫作特定主机路由,可由管理员手工配置。

2)直连路由

路由器接口所连接的子网路由方式称为直连路由。直连路由是由链路层协议发现的,一般指去往路由器的接口地址所在网段的路径,该路径信息不需要网络管理员维护,也不需要路由器通过某种算法进行计算获得,只要该接口处于活动状态(active),路由器就会把通向该网段的路由信息填写到路由表中,直连路由无法使路由器获取与其不直接相连的路由信息。

3)目的网络路由

当目的主机和源主机不在同一个网络时,路由器需要通过间接交付的方式把分组转发给下一台路由器,这时可以通过配置静态路由或者启动动态路由的方式配置到目的网络的路由。这种路由也可以称为非直连路由。

4)默认路由

路由器还可采用默认路由以减小路由表所占用的空间和搜索路由表所用的时间。在前面已经讲过,主机在发送每一个 IP 数据报时都要查找自己的路由表。如果一台主机连接在一个小网络上,而这个网络只用一个路由器和互联网连接,那么在这种情况下使用默认路由(默认路由的网络地址和子网掩码都用 0.0.0.0 表示)是非常合适的。例如,在图 4-18 中,

路由器 R_2 收到去往互联网中的分组时,都需要交付给路由器 R_3 的接口(此接口的 IP 地址是 202.102.16.3)。

2. IP 数据报的分组转发算法

先通过一个例子来说明源主机发出的分组是如何被转发到目的主机的。

【例 4-4】　在图 4-19 中,网络 N_1 中的主机 H_1,其 IP 地址为 191.11.1.1/24,发送一个目的地址为 191.11.3.2/24 的 IP 数据报给目的主机 H_2。分析路由器 R_1 和 R_2 收到此数据报后查找路由表并转发该数据报的过程。

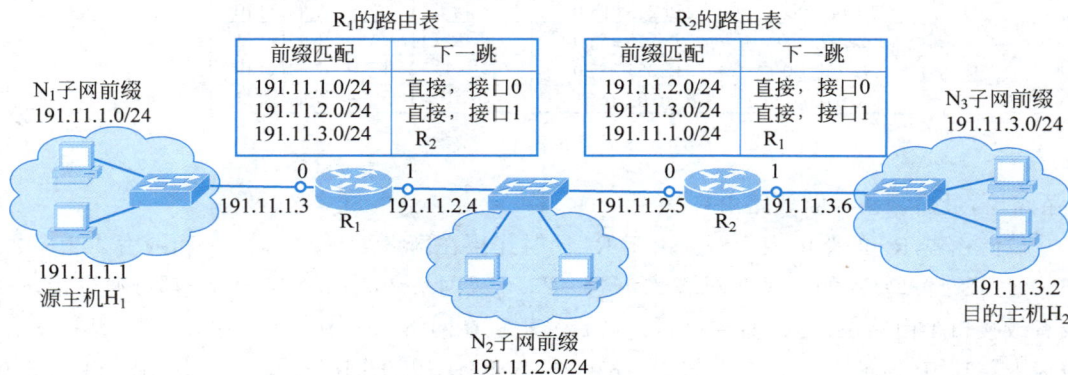

图 4-19　主机 H_1 向 H_2 发送分组

解答:主机 H_1 发送数据报的目的地址是主机 H_2 的 IP 地址。主机 H_1 首先把本网络的子网掩码 255.255.255.0 与该数据报的目的地址逐位相"与"(即逐位进行 AND 操作),得出网络地址 191.11.3.0,它与 H_1 的网络地址 191.11.1.0 不匹配。这说明 H_1 和 H_2 不在同一个网络上。H_1 不能把数据报直接交付给 H_2,而需要发送给该主机的默认路由器 R_1。需要说明的是,在配置主机的 IP 地址时,需要同时配置该主机的默认网关,在本题中主机 H_1 的默认网关是路由器 R_1 接口 0 的 IP 地址,即 191.11.1.3。

路由器 R_1 收到此数据报后,用数据报的目的地址 191.11.3.2 和 R_1 路由表第 1 行的子网掩码 255.255.255.0 逐位相"与",得出 191.11.3.0,然后和该行给出的目的网络地址 191.11.1.0 进行对比,结果不一致。用同样的方法继续判断是否和路由表中第 2 行的目的网络地址一致,结果也不一致。再判断是否和路由表中第 3 行的目的网络地址一致,结果一致。然后根据第 3 行所指示的,把数据报转发到下一跳路由器 R_2。

R_2 收到该数据报后,用类似的方法将数据报的目的地址和 R_2 路由表中的每一行子网掩码执行相"与"的操作,看是否能找到匹配的项,该题中数据报的目的地址 191.11.3.2 和 R_2 路由表中的第 2 行子网掩码执行相"与"的操作,得出 191.11.3.0,这个结果和第 2 行的目的网络地址一致,说明这个网络就是目的主机所在的网络,按照路由表中给出的下一跳,直接交付即可。至此,主机 H_1 发出的数据报就被转发给目的主机 H_2 了。

综上,可以归纳出路由器收到一个分组后进行分组转发的步骤。

(1) 从收到的分组的首部提取目的主机的 IP 地址 D。

(2) 若路由表中有目的地址为 D 的特定主机路由,则把分组转发给该条路由所指明的下一跳路由器。否则从转发表中下一行开始检查,执行步骤(3)。

(3) 把这一行的子网掩码与目的地址 D 按位进行相"与"运算。若运算结果与本行的前缀匹配,则查找结束,按照"下一跳"所指出的进行处理(或直接交付本网络上的目的主机,或通过指定接口发送到下一跳路由器),否则,若转发表还有下一行,则对下一行进行检查,重新执行步骤(3),否则,执行步骤(4)。

(4)若路由表中有一个默认路由,则把数据报传送给路由表中所指明的默认路由器;否则,报告转发分组出错。

3. 路由聚合

我们知道,路由表中的每个表项给出了到达某个网络的路径,随着互联网的不断发展,越来越多的网络连接到互联网上,路由表的表项越来越多,查找路由表的时间越来越长。采用路由聚合(route aggregation)的技术,可以在一定程度上缩小路由表的长度,进而缩短查找路由表的时间。路由聚合又称为地址聚合,可以将路由表中的若干表项聚合成一个表项。图 4-20 给出的是路由聚合前后路由器 R_1 的路由表。聚合前 R_1 的路由表中有 6 条路由表项,聚合后 R_1 的路由表中有 3 条路由表项。显然,经过路由聚合后的路由表可以减少查找路由表的时间,有效地提高路由器的转发效率。为此,在分配 IP 地址时尽可能合理地按照互联网 ISP 的层次结构来分配,靠近互联网边缘的路由器使用较长的网络前缀转发数据包,而靠近互联网核心的路由器使用较短的网络前缀转发数据包,这样就可以大大减少路由表的表项。

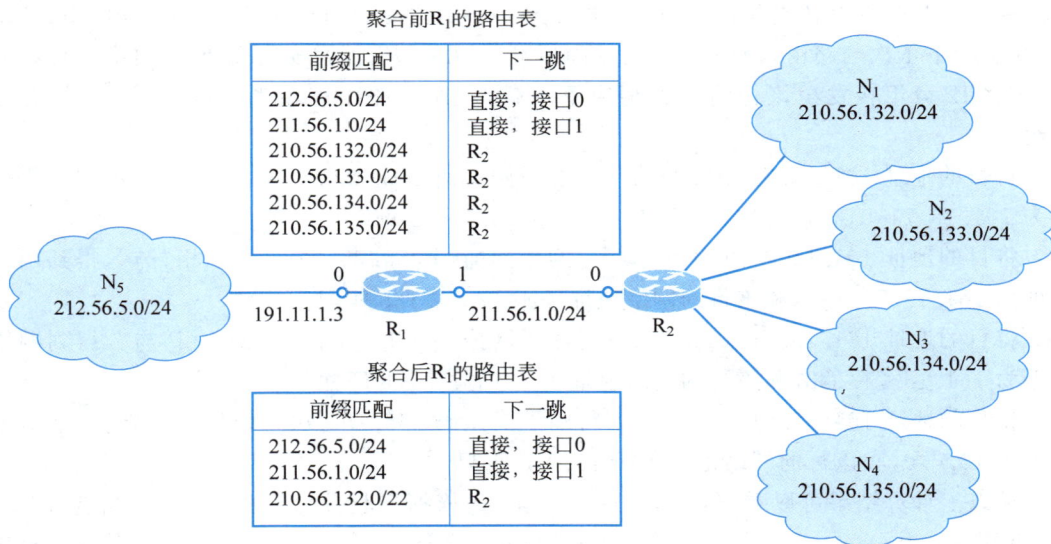

图 4-20 聚合前后路由器 R_1 的路由表

如何将 R_1 路由表中的 6 条表项聚合成 3 条表项呢?

聚合前 R_1 的路由表中 210.56.132.0/24、210.56.133.0/24、210.56.134.0/24、210.56.135.0/24 这 4 个路由表项的下一跳都是 R_2 且对应的地址块的前面两字节都一样,210.56.132.0/24 的第三字节的二进制表示是 10000100,210.56.133.0/24 的第三字节的二进制表示是 10000101,210.56.134.0/24 的第三字节的二进制表示是 10000110,210.56.135.0/24 的第三字节的二进制表示是 10000111,这 4 个地址块的共同前缀是前 22 位,聚合的 CIDR 地址块为 210.56.132.0/22,也就是聚合后 R_1 路由表中的第三行对应的网络前缀。

4. 最长前缀匹配

在使用 CIDR 时,由于采用了网络前缀这种记法,IP 地址由网络前缀和主机号这两部分组成。因此,在路由表中的项目也要有相应的改变。每个项目由"网络前缀"和"下一跳地址"组成,但是在查找路由表时可能会得到不止一个匹配结果。若出现这种情况的话,则应当从这些匹配结果中选择哪一条路由呢? 实际的做法是从匹配结果中选择具有最长网络前缀的路由,这叫作最长前缀匹配。这是因为网络前缀越长,其地址块就越小,路由就越具体。最长前缀匹配又称为最长匹配或最佳匹配。

下面看一个最长前缀匹配的例子。

【例 4-5】 路由器 R 的路由表如表 4-8 所示。假设路由器接收到一个目的地址为 161.15.71.132 的 IP 分组,请确定路由器 R 为该 IP 分组选择的下一跳,并解释说明。

表 4-8　路由器 R 的路由表

网　络　前　缀	下　一　跳
161.15.64.0/24	A
161.15.71.128/28	B
161.15.71.128/29	C
161.15.0.0/16	D

解答: 根据路由转发算法,路由器接收到一个 IP 分组后,会读取该 IP 分组的目的地址,从上至下依次与路由表每一行的子网掩码进行相"与"运算,如果结果与网络地址相匹配,则将 IP 分组转发至该行给出的相应下一跳,若所有路由表项都不匹配,则丢弃该 IP 分组。

将目的地址 161.15.71.132 与第一行的子网掩码 255.255.255.0 相"与",得到网络地址为 161.15.71.0,和该行的网络地址 161.15.64.0 不匹配。

将目的地址 161.15.71.132 与第二行的子网掩码 255.255.255.240 相"与",得到网络地址为 161.15.71.128,和该行的网络地址 161.15.71.128 匹配。

将目的地址 161.15.71.132 与第三行的子网掩码 255.255.255.252 相"与",得到网络地址为 161.15.71.128,和该行的网络地址 161.15.71.128 匹配。

将目的地址 161.15.71.132 与第四行的子网掩码 255.255.0.0 相"与",得到网络地址为 161.15.0.0,和该行的网络地址 161.15.0.0 匹配。

从以上计算结果可以看出,匹配的有 2～4 行,依据最长前缀匹配原则,应当选择第 3 行,即下一跳为 C。

需要说明的是,在路由转发算法中,通常把前缀长的表项放在路由表的前面,这样一旦找到一条匹配的项目,就不用继续往下匹配了。

最长前缀匹配能够确保数据包被发送到最具体的路由,减少了路由错误和不必要的转发,确保了匹配的精确性。在路由表中,不同长度的前缀代表不同粒度的路由信息,最长前缀匹配允许网络根据具体情况选择最合适的路由,支持灵活的路由策略。但在大型网络中,路由表可能包含成千上万条路由信息。虽然最长前缀匹配算法在逻辑上简单,但在面对大规模数据时,查找最长前缀可能会消耗较多的计算资源和时间。当路由表发生变化(如添加、删除或修改路由)时,最长前缀匹配算法需要确保路由表的准确性和一致性。这可能需要额外的逻辑来管理路由的更新和优先级排序,增加了实现的复杂性。

4.3 ARP

4.3.1 IP地址与物理地址

互联网是一个由许多物理网络和一些通信设备（如路由器）组成的逻辑网络。源主机发出的数据在到达目的主机之前，可能要经过多个不同的物理网络。

互联网采用 TCP/IP 实现物理网络之间的互连，为了屏蔽这些物理网络复杂的实现细节，TCP/IP 协议栈设计者在网络层基础上提供端到端的数据传输服务，使网络层能够使用统一的、抽象的 IP 路由协议等技术实现主机和主机或者主机和路由器之间的通信。在逻辑的网络层传输的是 IP 数据报，在 IP 数据报中封装了源端和目的端的 IP 地址。在数据链路层传输的是数据帧，在数据帧中封装了链路上的两个结点的物理地址（又称为 MAC 地址或者硬件地址）。从图 4-21 中可以看出 IP 地址和物理地址的区别。从层次的角度来看，物理地址是数据链路层和物理层使用的地址，在局域网中，物理地址通常指的是 MAC 地址，它是每个网络接口卡（NIC）的唯一标识符，嵌入在数据链路层的数据帧中。而 IP 地址是网络层及以上各层使用的地址，是一种逻辑地址。从报文结构的角度来看，物理地址作为数据链路层帧的首部的组成部分，IP 地址作为网络层 IP 数据报首部的组成部分。从发挥的作用的角度来看，物理地址为数据链路层实现相邻结点间的数据传输提供服务，IP 地址为网络层及以上的层次提供服务。

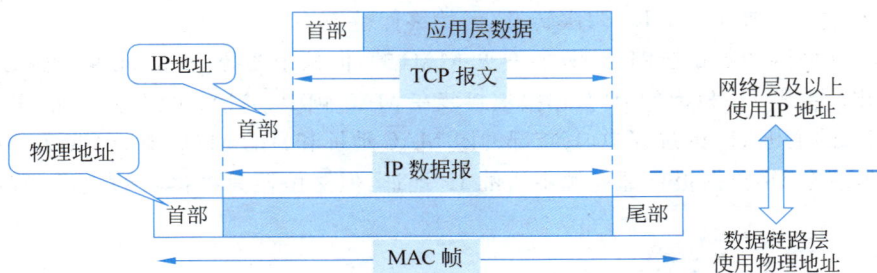

图 4-21　IP 地址和物理地址的区别

我们知道，在计算机网络体系结构中，上下两层之间是服务和被服务的关系。主机在发送数据时，数据从高层逐层传递到低层，然后在通信链路上传输。网络层的 IP 数据报一旦交给了数据链路层，就被封装成了 MAC 帧。MAC 帧在传送时使用的源地址和目的地址都在MAC 帧的首部中，都是物理地址。连接在通信链路上的设备（主机或路由器）在收到 MAC 帧时，根据 MAC 帧首部中的目的物理地址决定收下或丢弃。数据链路层收下帧后剥去 MAC 帧的首部和尾部将数据上交给网络层，网络层在收到的数据（IP 数据报）的首部中就可以找到源IP 地址和目的 IP 地址。下面通过一个局域网的例子说明 IP 地址和物理地址的关系。

图 4-22 给出的是三个局域网用两台路由器 R_1 和 R_2 互连起来的网络及其不同层次的IP 地址和物理地址。现在主机 H_1 要和主机 H_2 通信。这两台主机的 IP 地址分别是 IP_1和 IP_2，而它们的物理地址分别为 MAC_1 和 MAC_2。通信的路径是：H_1→经过 R_1 转发→经过 R_2 转发→H_2。路由器 R_1 因同时连接到两个局域网上，因此它有两个物理地址，即MAC_3 和 MAC_4。同理，路由器 R_2 也有两个物理地址，即 MAC_5 和 MAC_6。

(a) 用路由器连接起来的网络

(b) 数据报的IP地址和帧的物理地址

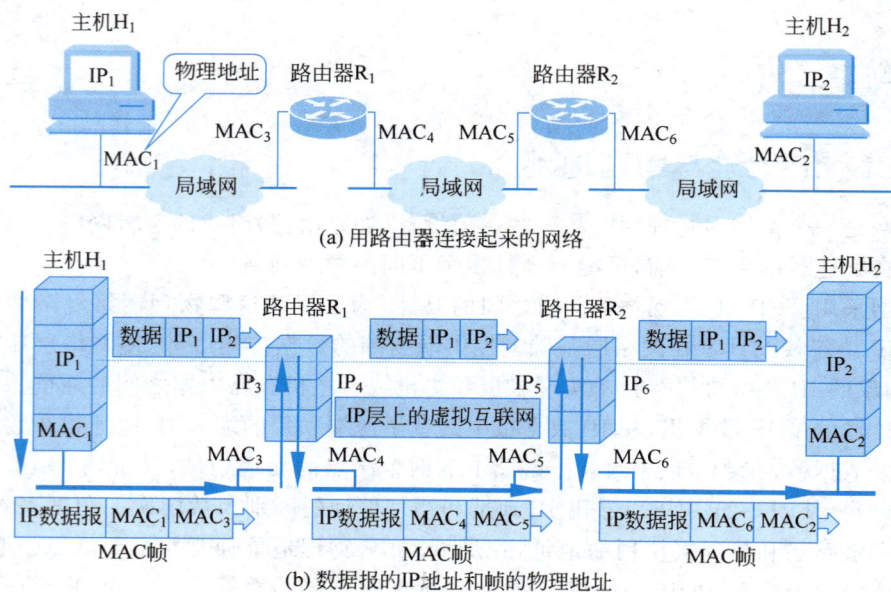

图 4-22　从不同层次看 IP 地址和物理地址

从图 4-22 可以看出：

（1）在网络层上只能看到 IP 数据报，且源 IP 地址和目的 IP 地址保持不变。主机 H_1 网络层发出的 IP 数据报首部中的源 IP 地址和目的 IP 地址，在从 H_1 到 H_2 的整个传输过程中虽然经过路由器 R_1 和 R_2 两次转发，但始终保持不变。

（2）在局域网的数据链路层，只能看见 MAC 帧，但帧中的源 MAC 地址和目的 MAC 地址不断变化。主机 H_1 发出的 IP 数据报被封装在 MAC 帧中。MAC 帧在从主机 H_1 经 R_1 和 R_2 传输到目的主机 H_2 的过程中，其首部的源 MAC 地址和目的 MAC 地址不断发生变化。

（3）虽然在 IP 数据报首部有源主机的 IP 地址，但路由器只根据目的主机的 IP 地址转发数据报。

4.3.2　ARP 报文的格式

ARP 报文由首部和数据两部分构成，总长度为 28 字节，图 4-23 给出了 ARP 报文的格式。其中各个字段的含义如下。

图 4-23　ARP 报文的格式

硬件类型：占 16 位，该字段用来定义运行 ARP 的网络类型，也就是发送方想知道的硬件接口类型。不同的网络被指派的值不同。例如，以太网的值为 1。ARP 可以用在任何物理网络上。

协议类型：占 16 位，表示要映射的协议地址类型。例如，对于 IPv4，该字段的值为 0x0800。

硬件地址长度：占 8 位，用来定义物理地址的长度，以字节为单位。例如，对于以太网，该字段的值为 6。

协议地址长度：占 8 位，用来定义逻辑地址的长度，以字节为单位。例如，对于 IPv4，该字段值为 4。

操作代码：占 16 位，用来表示报文的类型，ARP 请求为 1，ARP 响应为 2。

源硬件地址：可变长度字段，用来定义发送方的硬件地址。例如，对于以太网，该字段的长度是 6 字节。

源 IP 地址：可变长度字段，用来定义发送方的逻辑地址。例如，对于 IPv4，该字段的长度是 4 字节。

目的硬件地址：可变长度字段，用来定义目标的硬件地址。例如，对于以太网，该字段的长度是 6 字节。对于 ARP 请求报文，这个字段是全 0。

目的 IP 地址：可变长度字段，用来定义目标的逻辑地址。例如，对于 IPv4，该字段的长度是 4 字节。

ARP 报文并不是直接在网络层上发送的，它需要向下传输到数据链路层直接封装在数据链路层的帧中，形成 ARP 帧。图 4-24 是 ARP 报文封装在以太网帧中的示例。以太网帧头中的目的 MAC 地址在 ARP 请求帧中为广播 MAC 地址 **FF-FF-FF-FF-FF-FF**，其目标是网络上的所有主机。帧中的类型字段指出此帧所携带的数据是 ARP 报文。

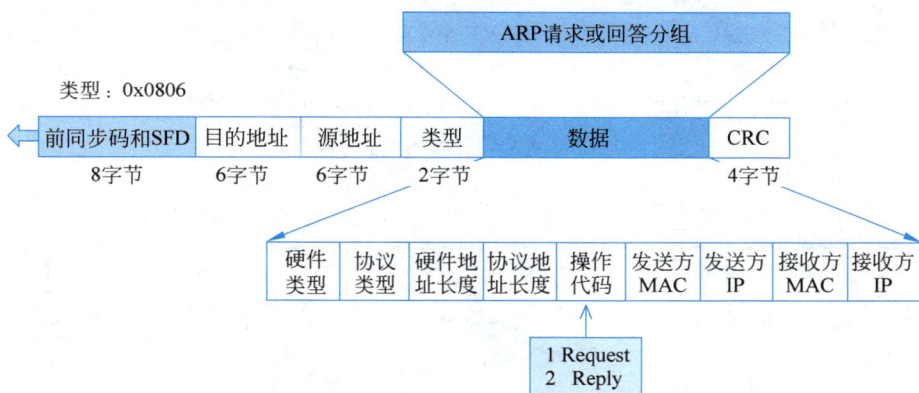

图 4-24 ARP 报文封装在以太网帧中的示例

4.3.3 ARP 工作原理

互联网上的一台主机或者路由器需要将 IP 数据报发送给另一台主机或者路由器时，它必须知道对方的 IP 地址。但 IP 数据报由网络层传输到数据链路层时只有被封装到帧中才能通过物理网络。这意味着发送方还需要知道接收方的物理地址，因此，需要从 IP 地址映射到物理地址。ARP 接受来自 IP 的逻辑地址，将其映射为相应的物理地址，再递交给数据链路层的协议，完成 IP 地址到物理地址的动态映射。

局域网中的每台主机都设有一个 **ARP 高速缓存**（ARP cache），里面存放该局域网中各主机的 IP 地址到物理地址的映射，并且这个映射表还经常动态更新（新增或超时删除）。

　　当局域网中的主机 A 要向本局域网上的某台主机 B 发送 IP 数据报时,就先在其 ARP 高速缓存中查看有无主机 B 的 IP 地址。如果有,就在 ARP 高速缓存中查出其对应的物理地址,再把这个物理地址写入 MAC 帧,然后通过局域网把该 MAC 帧发往此物理地址。也有可能查不到主机 B 的 IP 地址的项目。在这种情况下,主机 A 就自动运行 ARP,然后按以下步骤找出目标主机的物理地址。

　　(1) 创建 ARP 请求分组并发送给数据链路层。发送方主机的 ARP 进程创建 ARP 请求分组,该 ARP 请求分组包括发送方的物理地址和 IP 地址以及接收方的 IP 地址,接收方的物理地址字段全部填 0。该 ARP 请求分组发送给数据链路层后被封装成帧,发送方的物理地址作为源地址,物理广播地址作为目的地址,在本局域网上广播发送该请求分组。主机 A 发送请求分组的过程如图 4-25(a)所示。

　　(2) 接收 ARP 请求分组,发送 ARP 响应分组。在本局域网中的所有主机上运行的 ARP 进程都收到此 ARP 请求分组。但只有与 ARP 请求分组中要查询的 IP 地址一致的主机才收下这个 ARP 请求分组,并向发送端的主机单播发送一个 ARP 响应分组,这个 ARP 响应分组中写入了自己的物理地址。其余所有主机的 IP 地址都与 ARP 请求分组中要查询的 IP 地址不一致,因此都丢弃这个 ARP 请求分组。主机 B 发送响应分组的过程如图 4-25(b)所示。

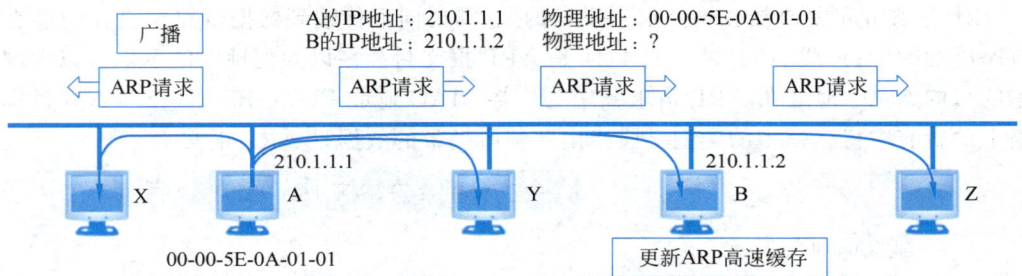

(a) 主机 A 发送请求分组的过程

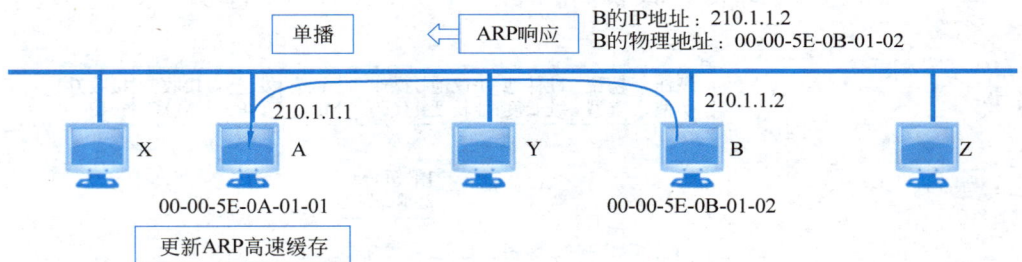

(b) 主机 B 发送响应分组的过程

图 4-25　ARP 的工作原理

　　(3) 将 IP 地址和物理地址的映射写入高速缓存。发送方的主机收到 ARP 响应分组后,就在其 ARP 高速缓存中写入接收方主机的 IP 地址到物理地址的映射。

　　ARP 把已经得到的地址映射保存在高速缓存中,这样就使得该主机下次再和具有同样目的地址的主机通信时,可以直接从高速缓存中找到所需的物理地址,而不必再用广播方式发送 ARP 请求分组。

　　注意,ARP 是解决同一个局域网上的主机或路由器的 IP 地址和物理地址的映射问题。从 IP 地址到物理地址的解析是自动进行的。

图 4-26 给出了使用 ARP 的 4 种典型情况。

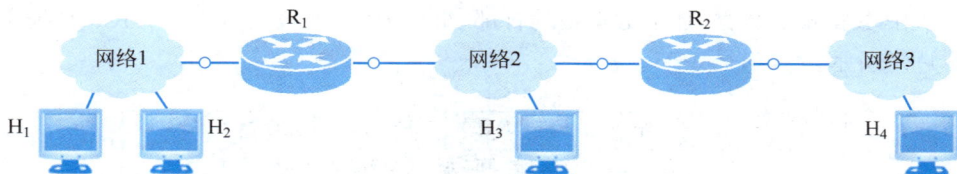

图 4-26 ARP 的 4 种典型情况

(1) 发送方是主机(如 H_1),要把 IP 数据报发送到同一个网络上的另一台主机(如 H_2)。这时 H_1 发送 ARP 请求分组(在网络 1 上广播),找到目的主机 H_2 的物理地址。

(2) 发送方是主机(如 H_1),要把 IP 数据报发送到另一个网络上的一台主机(如 H_3 或 H_4)。这时 H_1 发送 ARP 请求分组(在网络 1 上广播),找到网络 1 上的一个路由器 R_1 的物理地址。剩下的工作由路由器 R_1 来完成。R_1 要做的事情是下面的(3)或(4)。

(3) 发送方是路由器(如 R_1),要把 IP 数据报转发到与 R_1 连接在同一个网络(网络 2)上的主机(如 H_3)。这时 R_1 发送 ARP 请求分组(在网络 2 上广播),找到目的主机 H_3 的物理地址。

(4) 发送方是路由器(如 R_1),要把 IP 数据报转发到另一网络上的一台主机(如网络 3 上的 H_4)。H_4 与 R_1 不是连接在同一个网络上。这时 R_1 发送 ARP 请求分组(在网络 2 上广播),找到连接在网络 2 上的一个路由器 R_2 的物理地址。剩下的工作由路由器 R_2 来完成。

4.4 ICMP

IP 提供的是一种不可靠的无连接的数据报服务,缺少差错控制和查询机制。如果出现路由器因找不到目的主机或者因生存时间字段为零而必须丢弃数据报等问题,IP 并不会通知发出该数据报的主机,IP 也无法判断某个路由器或者对方的主机是否活跃。为了解决这些问题,ICMP 被设计出来,以提供差错报告和查询、控制功能,从而保证 TCP/IP 的可靠运行。

ICMP(Internet Control Message Protocol)是 TCP/IP 协议族网络层的标准协议之一,与 IP、ARP 及 IGMP 共同构成 TCP/IP 模型中的网络层。ICMP 主要用于网络设备(主机或者路由器)之间传递控制信息,包括报告差错、交换受限控制和状态信息等。当主机或路由器遇到 IP 数据报无法交付、无法按当前的传输速率转发数据包等情况时,就会自动发送 ICMP 消息。

4.4.1 ICMP 报文的格式和种类

ICMP 报文由 8 字节的首部和可变长度的数据两部分组成。每一种报文首部的格式是不同的,但前 4 字节对所有类型而言都是统一的,共有三个字段:类型、代码和检验和。其中,类型字段占 8 位,该字段定义了 ICMP 报文的类型。代码字段占 8 位,该字段指明了发送某个特定报文的原因。检验和字段占 16 位,该字段是对包括 ICMP 报文数据部分在内的整个 ICMP 报文的校验,该字段用于检验报文在传输过程中是否出现了差错,校验和的计算方法与 IP 报头中的校验和计算方法相同。接着的 4 字节(首部的其余部分)的内容与

ICMP 的类型有关。最后面是数据字段,其长度和内容取决于 ICMP 报文的类型。ICMP 报文作为 IP 数据报的数据,加上数据报的首部,组成 IP 数据报发送出去。ICMP 报文的格式如图 4-27 所示。

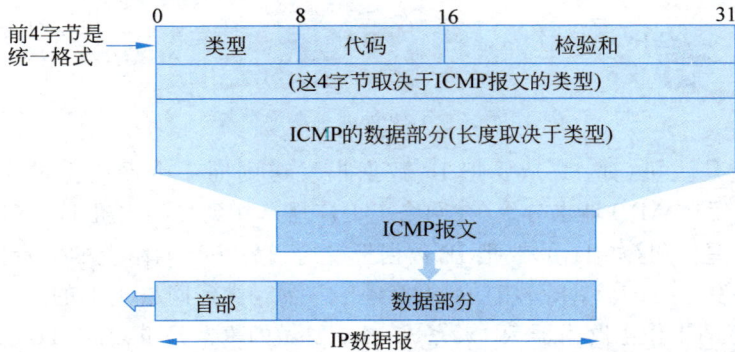

图 4-27　ICMP 报文的格式

ICMP 报文的种类有两种,即 ICMP 差错报告报文和 ICMP 询问报文。表 4-9 给出了几种常用的 ICMP 报文。

表 4-9　常用的 ICMP 报文

ICMP 报文种类	类型的值	ICMP 报文的类型
ICMP 差错报告报文	3	终点不可达
	11	时间超过
	12	参数问题
	5	改变路由(redirect)
ICMP 询问报文	8 或者 0	回送(echo)请求或者回答
	13 或者 14	时间戳(timestamp)请求或回答

1. ICMP 差错报告报文

ICMP 的主要功能之一就是简单地报告差错,ICMP 不能纠错,差错纠正留给高层协议完成。ICMP 利用源 IP 地址把差错报告报文发送给数据报的源点。常用的 ICMP 差错报告报文有以下 4 种。

1) 终点不可达报文

当路由器无法为数据报找到路由,或者主机不能交付数据报时,该数据报就会被丢弃,路由器或者主机就向源点发送一个终点不可达报文,并在该报文首部的代码字段指出丢弃数据报的原因。表 4-10 给出了代码字段取不同值时的含义。

表 4-10　代码字段取不同值时的含义

代码字段的取值	含　　义
0	网络不可达
1	主机不可达
2	协议不可达
3	端口不可达
4	需要进行分片,但 DF(不分片)字段设置为 1
5	源路由不能完成(源路由选项中有的路由器无法通过)

代码字段的取值	含　义
6	目的网络未知（路由器无目的网络的信息）
7	目的主机未知（路由器不知道目的主机的存在）
8	源主机被隔离了
9	从管理上禁止与目的网络通信
10	从管理上禁止与目的主机通信
11	对指明的服务类型，网络不可达
12	对指明的服务类型，主机不可达
13	因管理员放置了过滤器而使得主机不可达
14	因主机违反了优先级策略而使得主机不可达
15	因主机的优先级被截止而使得主机不可达

2）超时报文

超时报文通常在两种情况下产生。一是数据报的生存时间为 0。数据报每通过一个路由器时，数据报中的生存时间字段的值就减 1。当路由器发现生存时间这个字段的值减 1 后变为 0，就丢弃该数据报，并向源点发送一个超时报文，此超时报文中的代码字段的值为 0。二是终点未在规定时间收到全部分片。当终点在某一时限内不能收到一个数据报的全部数据报片时，就把已收到的数据报片都丢弃，并向源点发送超时报文，此超时报文中的代码字段的值为 1。

3）参数问题报文

当路由器或目的主机收到的数据报的首部中有的字段的值有差错、存在二义性或者缺少所需的选项时，就丢弃该数据报，并向源点发送参数问题报文。

4）改变路由报文

当路由器判断出源主机可以通过更好的路由将数据报发送给目的主机时，就会向主机发送一个改变路由报文，让主机知道下次应将数据报发送给另外的路由器（可通过更好的路由进行转发）。

我们知道，路由器收到一个数据报会查找路由表并将数据报转发给下一跳路由器，路由器要参与路由选择的过程，路由器上的路由表是动态变化的。互联网上的主机也有一个路由表，虽然也会发生变化，但为了提高效率，主机不参与路由选择更新过程，因为互联网上的主机数量远远多于路由器的数量。当主机要发送数据报时，首先是查找自己的路由表，看应当从哪一个接口把数据报发送出去。在主机刚开始工作时，一般都在路由表中设置一个默认路由器的 IP 地址。不管数据报要发送到哪个目的地址，都一律先把数据报传送给这个默认路由器，而这个默认路由器知道到每一个目的网络的最佳路由。如果默认路由器发现主机发往某个目的地址的数据报的最佳路由应当经过网络上的另一个路由器 R 时，就用改变路由报文把这情况告诉主机。于是，该主机就在其路由表中增加一个项目：到某目的地址应经过路由器 R（而不是默认路由器）。

图 4-28 给出了一个改变路由的例子。主机 H_1 向主机 H_2 发送一个 IP 数据报。路由器 R_2 显然是最有效的路由选择，但主机将数据报发送给了 R_1（假设是主机 H_1 的默认路由），而不是 R_2。R_1 查找路由表后发现数据报应该发给 R_2。它把数据报发送给 R_2，同时向主机 H_1 发送一个改变路由报文。收到此报文后，主机 H_1 就更新自己的路由表。

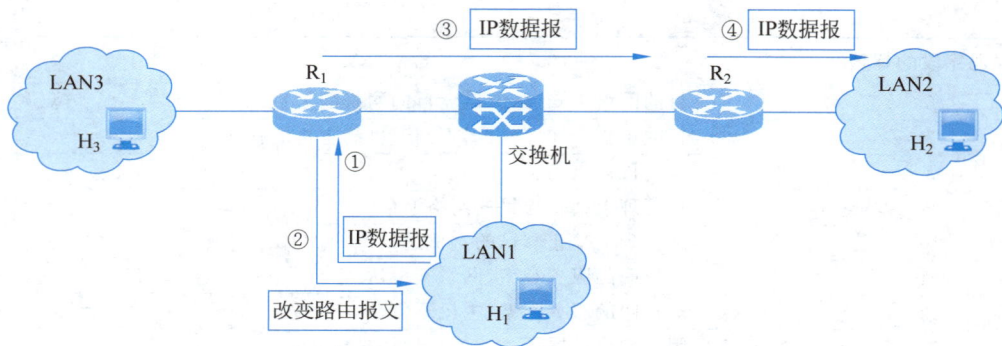

图 4-28　改变路由的例子

2. 询问报文

ICMP 通过发送差错报告报文实现差错控制功能,还可以通过发送询问报文对网络问题进行诊断。常用的 ICMP 询问报文有以下两种。

1) 回送请求和回答报文

一台主机或路由器可以向一台特定的目的主机发出回送请求报文。收到此报文的主机或路由器给源主机或路由器发送 ICMP 回送回答报文。这种询问报文可用来测试源站和目的站是否可达以及了解其有关状态。其常被网络管理员用来检查 IP 的工作情况。

2) 时间戳请求和回答报文

主机或者路由器可以使用时间戳请求和回答报文来确定 IP 数据报在源站和目的站之间传输所需要的往返时间,也可以用于同步源站和目的站的时钟。在 ICMP 时间戳的请求和回答报文中有三个时间戳字段,分别是原始时间戳、接收时间戳和发送时间戳,都是 32 位的字段,利用这三个字段可以计算数据报从源点到终点所需的单向时间以及再返回到源点所需的往返时间。时间戳请求与回答可用于时钟同步和时间测量。

4.4.2　ICMP 的应用

ICMP 有许多具体的应用,主要用于网络诊断、网络管理和故障排除。下面介绍两种常见的具体应用。

1. Ping

利用 Ping 程序可以测试源主机和目标主机之间的可达性。Ping 使用了 ICMP 询问报文中的回送请求与回答报文。源主机发送 ICMP 回送请求报文,该报文首部中的类型字段的值为 8,代码字段的值为 0。如果目标主机收到该报文,就会返回 ICMP 回送回答报文。

利用 Ping 程序还可以计算往返时间。它在报文的数据部分插入了发送时间。当分组到达时,它就用到达时间减去发送时间得出往返时间。

Windows 操作系统的用户可以在命令行的状态下输入"ping 目的主机域名/IP 地址",按 Enter 键即可获得源主机和目的主机的相关信息。图 4-29 给出的是利用 Ping 程序测试源主机和目标主机(百度服务器)之间连通性的结果。

图 4-29　测试源主机和目标主机之间连通性的结果

该结果说明源主机到目标主机之间是可达的。同时也可以获得源主机到目标主机往返时间的最短、最长和平均时间。

2. Tracert

利用 Tracert 可以跟踪一个分组在网络中从源点到终点的路径。Tracert 使用了 ICMP 差错报告报文中的超时报文和终点不可达报文。源主机向目的主机发送多个 IP 数据报，数据报中封装的是无法交付的 UDP 用户数据报。第一个数据报的生存时间 TTL 设置为 1。该数据报到达路径上的第一个路由器 R_1 时，路由器 R_1 先收下，接着把 TTL 的值减 1。由于 TTL 等于 0，因此，该路由器就把数据报丢弃，并向源主机发送一个 ICMP 超时报文。源主机接着发送第二个数据报，并把生存时间 TTL 设置为 2。该数据报先到达 R_1 路由器，R_1 收到后把 TTL 减 1 再转发给路由器 R_2，路由器 R_2 收到数据报时 TTL 为 1，但减 1 后 TTL 的值为 0。因此，路由器 R_2 就把数据报丢弃，并向源主机发送一个 ICMP 超时报文。此过程不断反复，直到目的主机收到 TTL 值为 1 的数据报，主机不转发数据报，也不把 TTL 值减 1。但因 IP 数据报中封装的是无法交付的运输层的 UDP 用户数据报，因此，目的主机要向源主机发送 ICMP 终点不可达差错报告报文。这样，源主机就获得了从源主机到目的主机的路径信息。

Windows 操作系统的用户可以在命令行的状态下输入"tracert 目的主机域名/IP 地址"，按 Enter 键即可获得源主机和目的主机的相关信息。

4.5　IPv6

IP 是互联网的核心协议。从 20 世纪 70 年代末开始，IPv4 被广泛使用。随着互联网的迅猛发展，其规模越来越大，IPv4 地址最终耗尽，严重制约了互联网的应用和发展。为解决这个问题，互联网工程任务组设计了 IPv6。截至 2023 年 12 月，IPv6 地址数量为 68 042 块/32。

2024 年 4 月，我国明确了该年度 IPv6 的工作目标：IPv6 活跃用户数达到 8 亿，物联网 IPv6 连接数达到 6.5 亿，固定网络 IPv6 流量占比达到 23%，移动网络 IPv6 流量占比达到 65%。

4.5.1　IPv6 引入的主要变化

IPv6 引入的主要变化如下。

（1）增大的地址空间。IPv6 的地址长度为 128 位，总 IP 地址个数超过 3.4×10^{38}。为了直观感受这个数值的大小，可以打个比方：如果地球表面积按 $5.11 \times 10^{14}\,\mathrm{m^2}$ 计算，则地球表面每平方米平均可以获得的 IP 地址个数为 665 570 793 348 866 943 898 599（即 6.65×10^{23}）。这样，连入互联网的设备都可以获得 IP 地址，保障了互联网规模的快速发展。

（2）扩展的地址层次结构。地址长度为 128 位能更好地划分层次，允许使用多级的子网划分和地址分配，更好地适应互联网的 ISP 层次结构与网络层次结构。

（3）灵活的首部格式。IPv6 将一些非根本性和可选择的字段移到基本首部后的扩展首部中，这样就可以提高路由器的处理效率。IPv6 和 IPv4 的首部并不兼容，IPv6 不是 IPv4 的超集。

（4）改进的选项。IPv6 可以包含一些新的选项，选项并不属于首部，而是放在有效载荷中,这样首部只放一些最重要的字段,其长度是固定的。而 IPv4 的选项是放在首部的可变部分。

(5) 允许协议继续扩充。随着网络新技术、新应用的不断涌现,IPv6 允许功能继续扩充显得尤为重要,而 IPv4 功能是固定的。

(6) 支持即插即用。IPv6 可使网络设备在接入网络时能够自动获取必要的配置信息,从而简化了网络设备的配置过程,因此 IPv6 不需要使用 DHCP。

(7) 支持资源的预分配。IPv6 能为实时音视频等要求保证一定带宽和时延的应用提供更好的服务质量保证。

(8) **IPv6 首部改为 8 字节对齐**。即首部长度必须是 8 字节的整数倍,而 IPv4 的首部是 4 字节对齐。

(9) 内置的安全性。IPv6 内置了 IPSec 协议,使得 IPv6 网络中的通信更加安全可靠。而 IPv4 虽然也支持 IPSec 协议,但通常需要额外的配置和部署才能实现。

4.5.2 IPv6 的基本首部

IPv6 数据报由两部分组成:基本首部和有效载荷。有效载荷又包含两部分:零个或多个扩展首部和数据部分。图 4-30 给出了 IPv6 数据报的结构。

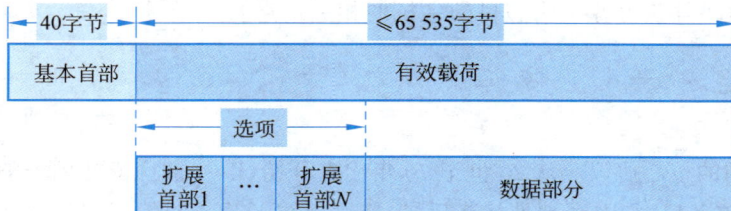

图 4-30 IPv6 数据报的结构

IPv6 数据报基本首部的字段共有 8 个,图 4-31 给出了 IPv6 数据报基本首部的结构,下面解释基本首部中各字段的作用。

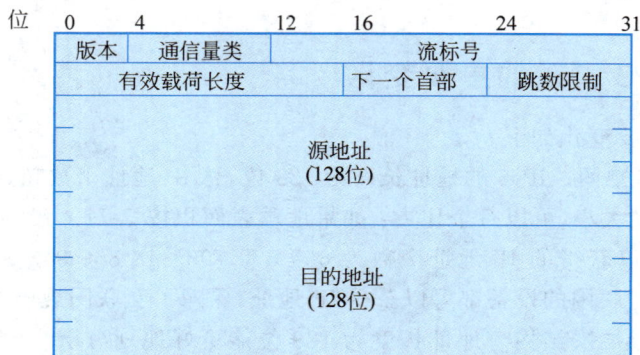

图 4-31 IPv6 数据报基本首部的结构

(1) 版本:占 4 位。表示协议的版本,版本字段值为 6,表示 IPv6 协议。

(2) 通信量类:占 8 位。表示 IPv6 数据报的类别或优先级,与 IPv4 的区分服务字段的作用类似。

（3）**流标号**：占 20 位，IPv6 中"流"的概念是互连网络上从特定源点到特定终点（单播或多播）的一系列数据报。流标号的主要作用是支持资源预分配和确保特定服务质量。这一机制允许路由器将每个数据报与特定的资源分配相联系，从而确保属于同一"流"的数据报在网络传输过程中享有相同的服务质量保证。

（4）**有效载荷长度**：占 16 位，有效载荷包括扩展首部和数据部分。最大长度为 65 535 字节。

（5）**下一个首部**：占 8 位，分为两种情况：若 IPv6 数据报没有扩展首部，则"下一个首部"表示数据部分所属的高层协议；若存在扩展首部，则"下一个首部"表示后面第一个扩展首部的类型。

（6）**跳数限制**：占 8 位，表示 IPv6 数据报最多可经过多少路由器的转发。IPv6 的跳数限制字段与 IPv4 的 TTL 字段功能相似，数据报每经过一个路由器，跳数限制数值减 1；当数值减为 0 时，路由器向源主机发送 ICMPv6 报文，并丢弃该数据报。

（7）**源地址**：占 128 位，表示源结点的 IPv6 地址。

（8）**目的地址**：占 128 位，表示目的结点的 IPv6 地址。

4.5.3 IPv6 的地址

所有类型的 IPv6 地址都被分配到接口，而不是结点。如果结点有多个接口，那么每个接口都可以指派一个 IPv6 单播地址。IPv6 数据报的目的地址可以是以下三种基本类型地址之一。

（1）**单播**（unicast）地址：用来唯一标识一个接口。单播就是点对点通信，发送到单播地址的数据报将被传送给此地址所标识的一个接口。

（2）**多播**（multicast）地址：用来标识一组接口。多播就是一点对多点的通信，发送到多播地址的数据报将被传送给此地址所标识的所有接口。IPv6 中没有广播，而是将广播作为多播的特例。

（3）**任播**（anycast）地址：IPv6 新增类型。发送到任播地址的数据报将被传送给此地址所标识的一组接口中的一个。

IPv6 地址长度为 128 位，为了方便人们阅读和操纵这些地址，IPv6 采用了**冒号十六进制记法**，它把 128 位平分为 8 个位段，每个位段的 16 位转换为 4 位的十六进制数，然后用冒号分隔。例如：

（1）二进制表示的 IPv6 地址。

1011001000011110101001011011110000000000000000000000000000000000

1111111110101111000110110000000110001000011101101100110000100011

（2）平分为 8 个位段。

1011001000011110 1010010110111100 0000000000000000 0000000000000000

1111111110101111 0001101100000001 1000100001110110 1100110000100011

（3）将每个位段转换为十六进制表示并用冒号分隔。

B21E：A5BC：0000：0000：FFAF：1B01：8876：CC23

在冒号十六进制记法中，可以把数字前面的 0 省略，上面的地址就变为 B21E：A5BC：0：0：FFAF：1B01：8876：CC23。

为了进一步简化 IPv6 地址,如果几个连续位段的值都为 0,则这些 0 可以简写为::,这就是零压缩技术。使用零压缩技术,前面的 IPv6 地址又可以简化为 B21E:A5BC::FFAF:1B01:8876:CC23。

下面给出几个使用零压缩的例子。

1234:0:0:0:0:5678:9ABC:DEF0	记为 1234::5678:9ABC:DEF0
FF02:0:0:0:0:0:0:1234	记为 FF02::1234
0:0:0:0:0:0:0:1	记为 ::1
0:0:0:0:0:0:0:0	记为 ::

在使用零压缩技术时,还需要注意以下两点。

(1) **不能将一个位段内的有效 0 压缩掉**。例如,1234:5006:0078:0:0:0:0:1 应该简写为 1234:5006:78::1,而不能简写为 1234:56:78::1。

(2) **双冒号在一个地址中只能出现一次**。例如,0:0:1234:5678:0:0:0:0 可以简写为::1234:5678:0:0:0:0,也可以简写为 0:0:1234:5678::,不能表示为::1234:5678::。

IPv6 不支持子网掩码,但 CIDR 的斜线表示法仍然可用。例如,CIDR 表示的 1234:5678:0:9ABC:DEF0:1234:5678:9ABC/60,其子网号为 1234:5678:0:9AB0::/60。

IPv6 的常用地址分类如表 4-11 所示。

表 4-11 IPv6 的常用地址分类

地址类型	分配状况	地址块前缀	前缀的 CIDR 记法
单播地址	未指明地址	00…0(128 位)	::/128
	环回地址	00…1(128 位)	::1/128
	本地站点单播地址	1111111011	FEC0::/10
	本地链路单播地址	1111111010	FE80::/10
	全球单播地址	见图 4-32	
多播地址		11111111	FF00::/8
任播地址		从单播地址空间中进行分配,格式同单播地址	

对表 4-11 中的地址解释如下。

(1) 未指明地址:当主机还没有配置到标准 IP 地址时,可临时使用该地址。该地址只能作为源地址使用,不能作为目的地址使用。

(2) 环回地址:与 IPv4 环回地址 127.0.0.1 等价。不能将该地址分配给任何物理接口,主机可以利用此地址向自己发送 IPv6 数据报。在路由器等网络设备上,通常使用环回地址来建立路由协议的邻居。

(3) 本地站点单播地址:其用途与 IPv4 的专用地址相同。这类地址占 IPv6 地址总数的 1/1024。

(4) 本地链路单播地址:该地址在单一链路上使用。这类地址占 IPv6 地址总数的 1/1024。

(5) 全球单播地址:IPv6 全球单播地址的划分方案较多,常见的如图 4-32 中的三种:第一种是把所有 128 位都作为一个结点的地址;第二种划分为两级,n 位是子网前缀,其余的 $128-n$ 位是接口标识符;第三种划分为三级,n 位是全球路由选择前缀,m 位是子网标识符,其余的 $128-n-m$ 位是接口标识符。

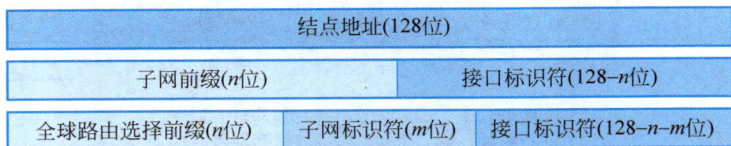

结点地址(128位)		
子网前缀(n位)		接口标识符(128-n位)
全球路由选择前缀(n位)	子网标识符(m位)	接口标识符(128-n-m位)

图 4-32　IPv6 单播地址的三种划分方法

（6）**多播地址**：功能与 IPv4 相同。这类地址占 IPv6 地址总数的 1/256。

（7）**任播地址**：IPv6 中没有为任播规定单独的地址空间,任播地址和单播地址使用相同的地址空间,仅可被分配给路由设备,不能应用于主机。

4.5.4　从 IPv4 向 IPv6 过渡的方法

随着 IPv6 技术的发展越来越成熟,是不是 IPv6 能够全部替换 IPv4 呢? 答案是否定的。因为 IPv6 不是 IPv4 的改进,它是一个全新的协议,两者在网络层是不同的网络协议,不能直接进行通信。互联网经过几十年的高速发展,几乎所有应用都是使用 IPv4,所以无法在短时间内全部替换为 IPv6。

下面介绍两种向 IPv6 过渡的方法,即双协议栈和隧道技术。

1. 双协议栈

双协议栈技术就是在主机或路由器上同时启用 IPv4 协议栈和 IPv6 协议栈,如图 4-33 所示。因此,这台设备既能和 IPv4 网络通信,又能和 IPv6 网络通信。当设备是主机时,那么它同时拥有 IPv4 地址和 IPv6 地址,并具备同时处理这两个协议地址的功能。当设备是路由器时,那么这台路由器的不同接口上分别配置了 IPv4 地址和 IPv6 地址,并很可能分别连接 IPv4 网络和 IPv6 网络。

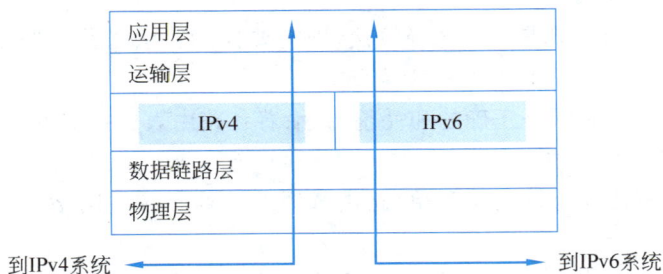

图 4-33　双协议栈技术示意图

双协议栈技术的缺点是实现成本高,增加了网络复杂性,带来了更多安全挑战。基于这些缺点,最好采用下面的隧道技术。

2. 隧道技术

隧道技术就是 IPv6 数据报进入 IPv4 网络时,将 IPv6 数据报封装成为 IPv4 数据报,现在整个的 IPv6 数据报成为了 IPv4 数据报的数据部分。当 IPv4 数据报离开 IPv4 网络时,需要将 IPv4 数据报进行解封装,取出数据部分即 IPv6 数据报,然后继续在 IPv6 网络中传输,这就好像在 IPv4 网络中打通一个隧道来传输 IPv6 数据报。图 4-34 给出了隧道技术的工作原理。

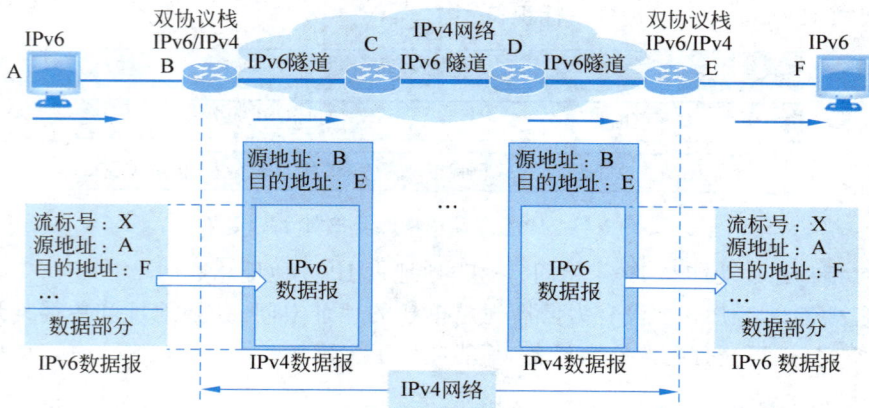

图 4-34　隧道技术的工作原理

　　从图 4-34 中不难看出，IPv6 数据报在路由器 B 中封装成为 IPv4 数据报，在路由器 E 中将 IPv4 数据报解封装取出 IPv6 数据报，路由器 B 和 E 之间形成了一条 IPv6 隧道。需要注意的是，在隧道中传输的数据报的源地址是 B 而目的地址是 E，其首部中协议字段值是41，表示该数据报的数据部分是 IPv6 数据报。

4.6　路由选择协议

　　本节将介绍几种常用的路由选择协议及其路由选择算法。

4.6.1　路由选择协议概述

1. 理想的路由选择算法

　　路由选择协议的核心就是路由选择算法，即需要何种算法来获得路由表中的各项。一个理想的路由选择算法应具有如下一些特点。

　　(1) 正确性。算法必须是正确的和完整的，沿着各路由表所指引的路由，分组一定能够最终到达目的网络和目的主机。

　　(2) 简单性。算法在计算上应简单，路由选择的计算不应使网络通信量增加太多的额外开销。

　　(3) 自适应性。算法应能适应通信量和网络拓扑的变化。当网络中的通信量发生变化时，算法能自适应地改变路由以均衡各链路的负载。当某个或某些结点、链路发生故障不能工作，或者故障消除再投入运行时，算法都能及时地改变路由。

　　(4) 稳定性。在网络通信量和网络拓扑相对稳定的情况下，路由选择算法应收敛于一个可以接受的解，而不应使得出的路由不停地变化。

　　(5) 公平性。路由选择算法应对所有用户(除对少数优先级高的用户)都是平等的。例如，若仅仅使某一对用户的端到端时延为最小，而不考虑其他广大用户，这就不符合公平性的要求。

　　(6) 最佳性。路由选择算法应当能够找出最好的路由，使得分组平均时延最小而网络的吞吐量最大。虽然我们希望得到"最佳"的算法，但这并不总是最重要的。对于某些网络，网络的可靠性有时要比最小的分组平均时延或最大吞吐量更加重要。因此,**所谓"最佳"只是在特定要求下得出的较为合理的选择**。

一个实际的路由选择算法,应尽可能接近于理想的算法。在不同的应用场景下,对以上提出的 6 方面也可有不同的侧重。

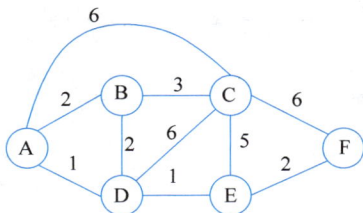

图 4-35 将实际的计算机
网络抽象为拓扑图

为了研究路由选择算法,经常会利用图论将计算机网络抽象为一个由若干结点和边组成的图(graph),结点表示路由器,而边表示路由器之间的链路,如图 4-35 所示。边的权值可用来表示费用、距离、时延、带宽等链路代价。路由选择算法的任务就是计算从某个结点到所有其他结点的最短路径。

首先,路由选择是一个非常复杂的问题,因为它需要网络中的所有结点协调工作。其次,路由选择的环境往往是不断变化的,而这种变化有时无法事先知道,例如,网络中出现了某些故障。此外,当网络发生拥塞时,就特别需要能缓解这种拥塞的路由选择策略,但恰在这种条件下,却很难从网络中的各结点获得所需的路由选择信息。

2. 路由选择算法的分类

根据分类的依据不同,会有不同的分类结果。

(1)**静态与动态**。根据路由选择算法能否随网络的通信量或拓扑自适应地进行调整变化来划分,可将路由选择算法分为**静态路由选择算法与动态路由选择算法**。静态路由选择算法很难称得上算法,只是由网管员手工配置形成的映射表而已。由于其不能自动适应网络状态的变化,也叫作**非自适应路由选择**。其特点是简单和开销较小,对于很简单的小型网络,完全可以采用静态路由选择,人工配置每一条路由即可。动态路由选择算法也叫作**自适应路由选择算法**,其特点是能较好地适应网络状态的变化,但实现起来较为复杂,开销也比较大。因此,动态路由选择适用于较复杂的大型网络。

(2)**单路径与多路径**。单路径路由算法只能为同一个目的网络找到一条路径,而多路径路由算法则可以找到多条路径,多路径算法的优点很明显,就是可以提供更多的吞吐量和更高的可靠性。

(3)**域内与域间**。一些路由算法只在域内工作,其他的则既在域内也在域间工作。这两种算法的本质是不同的。其遵循的理由是优化的域内路由算法没有必要也成为优化的域间路由算法。

3. 路由选择算法的度量标准

路由选择算法具有许多种不同的度量标准。复杂的路由算法可能采用多种度量来选择路由,通过一定的加权运算,将它们合并为单个的复合度量,作为寻径的标准。通常所使用的度量标准有路径长度、时延、可靠性、负载、带宽、通信代价等。

(1)**路径长度**。路径长度是常用的路由度量标准。一些路由协议允许网管员给每个网络链路人工赋以代价值,这种情况下,路径长度就是所经过各个链路的代价总和。其他路由协议定义了跳数,即分组在从源主机到目的主机所必须经过的路由器数量。一般来说,跳数越少的路径越好。

(2)**时延**。时延指分组从源通过网络到达目的所花时间。很多因素影响时延,包括中间的网络链接的带宽、经过的每个路由器的端口队列、所有中间网络链接的拥塞程度以及物理距离。时延是多个重要变量的混合体,它是一个比较常用且有效的度量标准。

(3)可靠性。可靠性指网络链路的可依赖性(通常以误码率或丢包率来描述)。

(4)负载。负载指网络资源(如路由器或网络线路)的繁忙程度。负载可以用很多方面计算,包括 CPU 使用情况和每秒处理的分组数。持续地监视这些参数本身也是很耗费资源的。

(5)带宽。带宽指链路的传输速率。在其他所有条件都相等时,10Mb/s 的以太网链路比 64kb/s 的专线更可取。

(6)通信代价。通信代价指传输过程中的开销,通常与所使用的通信介质、链路长度、数据速率、链路容量、传播时延、费用与安全等因素有关。

4. 分层次的路由选择协议

互联网采用的路由选择协议主要是自适应的(即动态的)分布式路由选择协议。同时,互联网采用了分层次的路由选择协议。之所以如此,主要基于以下两方面的考虑。

(1)互联网的规模非常大,现在就已经有几百万台路由器(大概的一个数据,实际上很难统计),而且数量还在不断增加。如果让所有的路由器知道所有的网络应怎样到达,则路由表将非常大,处理起来也将花费太多时间。而所有这些路由器之间交换路由信息所需的带宽就可能使互联网的通信链路饱和。

(2)许多单位不希望外界了解自己单位网络的布局细节和本部门所采用的路由选择协议(这属于本部门内部的事情),但同时还希望连接到互联网上。

因此,整个互联网被划分为许多较小的自治系统(Autonomous System,AS)。AS 是指在单一的技术管理下的一组路由器、IP 地址以及许多网络,而这些路由器使用一种 AS 内部的路由选择协议和共同的度量。每一个 AS 对其他 AS 表现出的是一个单一的和一致的路由选择策略。

这样,互联网就把路由选择协议划分为两大类。

(1)内部网关协议(Interior Gateway Protocol,IGP):在一个自治系统内部使用的路由选择协议,与互联网中的其他自治系统选用什么路由选择协议无关。目前这类路由选择协议较多,常用的有路由信息协议(Routing Information Protocol,RIP)和开放最短路径优先(Open Shortest Path First,OSPF)协议等。

(2)外部网关协议(External Gateway Protocol,EGP):在自治系统之间进行路由选择的协议,使用该种协议可以将路由信息从一个自治系统传递到另一个自治系统中。目前互联网使用的外部网关协议就是 BGP 的版本 4(BGP-4)。

自治系统之间的路由选择也叫作域间路由选择(interdomain routing),而自治系统内部的路由选择叫作域内路由选择(intradomain routing)。

图 4-36 是两个自治系统互连在一起的示意图。每个自治系统自己决定在本自治系统内部运行哪一个内部网关协议(例如,可以是 RIP,也可以是 OSPF 协议)。但每个自治系统都有一或多个路由器(图 4-36 中的路由器 R_1 和 R_2),除运行本系统的内部网关协议,还要运行自治系统间的外部网关协议(如 BGP-4)。

这里要指出,互联网的早期 RFC 文档中未使用“路由器”而是使用“网关”这一名词,但是在新的 RFC 文档中改为使用“路由器”这一名词。为便于读者查阅 RFC 文档,本书根据

图 4-36 自治系统和内部网关协议、外部网关协议

情况有时也使用"网关"这一名词,以便和 RFC 的提法一致。

总之,使用分层次的路由选择方法,可将互联网的路由选择协议划分为如下两类。

内部网关协议:具体的协议有多种,如 RIP 和 OSPF 协议等。

外部网关协议:目前使用的协议就是 BGP。

下面对这两类协议分别进行阐述。

4.6.2 RIP

RIP 是内部网关协议中最先得到广泛使用的协议之一,RIP 是一种分布式的基于距离向量算法的路由选择协议。距离向量路由选择算法源于 1969 年的 ARPANET。1988 年公布的 RFC 1058 描述了 RIPv1 协议的基本内容。1993 年,RFC 1388 对 RIPv1 进行了扩充,成为 RIPv2 协议。为了适应 IPv6 的推广,RIP 工作组于 1997 年公布 RIPng 协议文档(RFC 2080)。1998 年,RIP 成为正式的互联网标准(RFC 2453)。

在众多的网络系统中(如互联网、Apple Talk、Novell)都实现和应用了 RIP。这些网络系统采用了相同的算法,只是在细节上做了小的修改,以适应自身的需要。RIP 的最大优点就是简单。

1. RIP 的工作原理

RIP 要求网络中的每一个路由器都要维护从它自己到其他每一个目的网络的距离记录。

1)关于距离

对此,RIP 是这样定义的:**从一路由器到直接连接的网络的距离定义为 1,到非直接连接的网络的距离定义为所经过的路由器数量加 1。**加 1 是因为到达目的网络后就进行直接交付,而到直接连接的网络的距离已经定义为 1。**RIP 中的距离也称为跳数(hop count),路由的"距离"最短也就是"跳数"最小。**

例如,图 4-37 中,路由器 R_1 到网络 N_1 或网络 N_2 的距离均为 1(因为都与 R_1 直接连接)而到网络 N_3、网络 N_4 的距离分别为 2 和 3。从图 4-37 中可以看出,每经过一个路由器,距离(或跳数)就加 1。

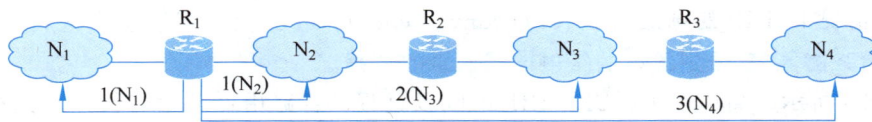

图 4-37 路由器 R_1 到目的网络的距离

RIP 允许一条路径最多包含 15 个路由器。因此"距离"最大值为 16(即意味着不可达)。RIP 认为一个好的路由就是它通过的路由器数目少,即"距离短"。可见 RIP 只适用于相对较小的自治系统,它们的距离一般小于 15。

需要注意的是,到直接连接的网络的距离也可定义为0(采用这种定义的理由是:路由器在和直接连接在该网络上的主机通信时不需要经过另外的路由器。既然每经过一个路由器要将距离加1,那么不再经过路由器的距离就应当为0)。这种定义在其他书中也曾使用过。但两种不同的定义对实现RIP并无影响,因为重要的是要找出最短距离,将所有的距离都加1或减1对选择最佳路由都是一样的。

2)**RIP的三个要点**

本节介绍的RIP和4.6.3节要介绍的OSPF协议,都是分布式路由选择协议。它们的共同特点就是每一个路由器都要不断地和其他路由器交换路由信息。一定要弄清楚以下三个要点,即和哪些路由器交换信息、交换什么信息、何时交换信息。

RIP的规定如下。

(1)仅和相邻路由器交换信息。如果两个路由器之间的通信不需要经过另一个路由器,那么这两个路由器就是相邻路由器。RIP规定,不相邻的路由器不交换信息。

(2)交换的信息是当前路由器所知道的全部信息,即自己的路由表。路由刷新报文的主要内容是由若干(V,D)组成的表。(V,D)表中的V代表向量(vector),标识该路由器可以到达的目的网络或目的主机:D代表距离(distance),指出该路由器到达目的网络或目的主机的距离。因此,交换的信息就是本路由器所知道的:"到本自治系统中所有网络的(最短)距离,以及到每个网络应经过的下一跳路由器"。至于本路由器怎样获得这些信息以及路由表是否完整,都不重要。

(3)按固定的时间间隔交换路由信息。例如,每隔30s,发送一次路由更新消息。RIP通过广播UDP报文来交换路由选择信息。当路由器收到的路由选择更新中包含对某些条目的修改时,将更新其路由表,以反映新的路由。路由器更新其路由表后,会立刻将路由更新情况告知其相邻路由器。然后这些路由器根据收到的路由信息更新自己的路由表。当网络拓扑发生变化时,路由器也及时向相邻路由器通告拓扑变化后的路由信息。网络中的主机虽然也运行RIP,但只被动地接收路由器发来的路由信息。

3)**其他规定**

第一,**RIP不能在两个网络之间同时使用多条路由**。RIP选择一个具有最少路由器的路由(即最短路由),哪怕还存在另一条高速且低时延但路由器较多的路由。

第二,**路由器在刚开始工作时,它的路由表是空的**。很快,路由器就得出到直接相连的几个网络的距离(这些距离定义为1)。接着,每一个路由器就和自己的相邻路由器(数目非常有限)交换并更新路由信息。经过若干次的更新后,所有的路由器最终都会知道到达本自治系统中任何一个网络的最短距离和下一跳路由器的地址。这一过程称为收敛。

一般情况下,RIP的算法可以收敛(convergence)。收敛就是通过多次迭代,所有的结点(主要指路由器)都得到正确的路由选择信息的过程。

图4-38所示的简单例子说明了RIP的收敛过程。各路由器开始时仅知道到直接连接的网络的距离。接着,各路由器都向其相邻路由器广播RIP报文,即广播路由表中的信息。假定路由器 R_2 收到了路由器 R_1 和 R_3 的路由信息,然后就更新自己的路由表。更新后的路由表再发送给路由器 R_1 和 R_3。路由器 R_1 和 R_3 分别再进行更新。这个例子非常简单,所以三个路由器中的路由表很快就全部更新完毕。实际的更新过程可能和图4-38有所不同,因为RIP报文的交互具有随机性,但最终都能收敛到同样的结果(学习了下面的距离向

量算法,就可以很容易地搞明白图 4-38 所示的 RIP 的收敛过程)。

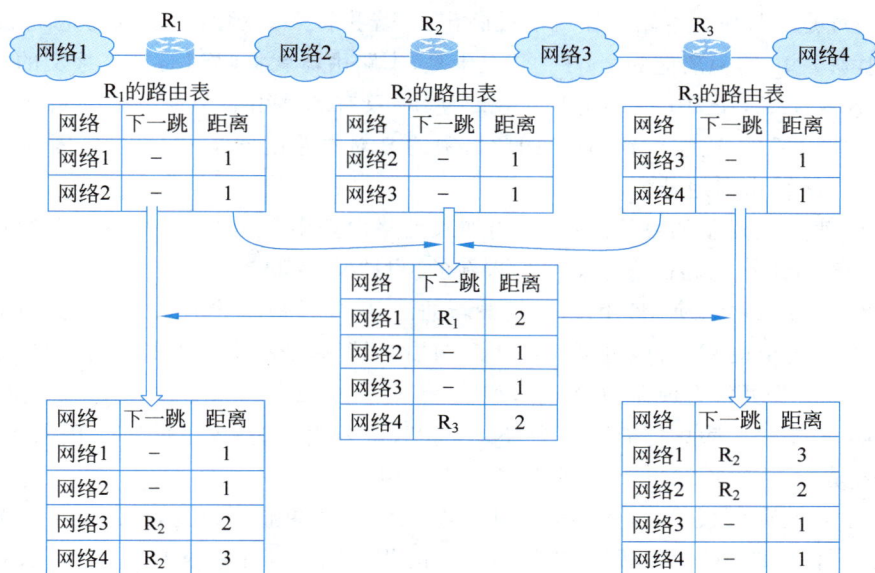

图 4-38 RIP 的收敛过程

最后,强调一点,路由表主要的信息就是目的网络、到该网络的距离(即最短距离),以及应经过的下一跳路由器地址。路由表更新的原则是找出到每个网络的最短距离。RIP 采用的路由更新算法就是下面要讨论的距离向量算法。

2. 距离向量算法的工作步骤

(1) 当一台路由器刚开始启动时,将路由表初始化,即将与本路由器直接相连的网络的路由距离设置成 1。

(2) 对每一个相邻路由器(假设其地址为 A)发来的 RIP 报文,执行以下步骤。

① 修改此 RIP 报文中的所有项目(或每一行),将"下一跳"字段中的地址都改为 A,并将所有的"距离"字段的值加 1(见后面的解释 1)。每一个项目都有三个关键数据,即目的网络 N、距离 d、下一跳路由器 A。

② 对修改后的 RIP 报文中的每一个项目,重复以下步骤。

若原来的路由表中没有目的网络 N,则把该项目添加到路由表中(见解释 2)。

否则(即在路由表中有目的网络 N,就再查看下一跳路由器地址)。

若下一跳路由器地址是 A,则把收到的项目替换原路由表中的项目(见解释 3)。

否则(即这个项目的目的网络是 N,但下一跳路由器不是 A)。

若收到的项目中的距离 d 小于路由表中的距离,则进行更新(见解释 4)。

否则,什么也不做(见解释 5)。

(3) 若 3min 还没有收到相邻路由器的更新路由表,则将此相邻路由器记为不可达路由器,即将距离设置为 16(距离为 16 表示不可达)。

(4) 返回。

下面是对距离向量算法工作步骤中的五点解释。

解释 1:这样做是为了便于进行本路由表的更新。设从位于地址 A 的相邻路由器发来的 RIP 报文的某一个项目是"N_2,2,B",意思是"我到网络 N_2 的距离是 2,要经过的下一跳路由器的地址是 B",那么本路由器就可推断出:"若我将下一跳路由器选为地址 A 的路由器,则我到网络 N_2 的距离应为 2+1=3"。于是,本路由器就将收到的 RIP 报文的这一个项目修改为"N_2,3,A",作为下一步进行比较时使用(只有和路由表中原有的项目比较后才能知道是否需要更新)。应注意到,收到的项目中的 B 对本路由器是没有用的,因为 B 不是本路由器的下一跳路由器地址。

解释 2:表明这是新的目的网络,应当加入到路由表中。例如,本路由表中没有到目的网络 N_2 的路由,那么在路由表中就要加入新的项目"N_2,3,A"。

解释 3:为什么要替换呢?因为这是最新的消息,要以最新的消息为准。到目的网络的距离可能增大,也可能减小,但也可能不变。例如,不管原来路由表中的项目是"N_2,2,A"还是"N_2,4,A",都要更新为现在的"N_2,3,A"。

解释 4:若本路由表中已有项目为"N_2,4,P",就要更新为"N_2,3,A"。因为到网络 N_2 的距离原来是 4,现在是 3,更短了,所以要更新路由表。

解释 5:若距离更大了,显然不应更新;若距离不变,更新无益处,因此也不更新。

RIP 让自治系统中的所有路由器都和自己的相邻路由器不断交换路由信息,并不断更新路由表,使得从每一个路由器到每一个目的网络的距离都是最短的(即跳数最少)。

为了加深对距离向量算法的理解,举例如下。

【例 4-6】　已知路由器 R_1 有表 4-12 所示的路由表。现在收到相邻路由器 R_4 发来的路由更新信息,如表 4-13 所示。试求路由器 R_1 更新后的路由表。

表 4-12　路由器 R_1 的路由表

目 的 网 络	下一跳路由器	距　离
N_2	R_4	3
N_3	R_5	4
N_4	R_6	2

表 4-13　路由器 R_4 发来的路由更新信息

目 的 网 络	下一跳路由器	距　离
N_1	R_1	3
N_2	R_2	4
N_3	—	1
N_4	R_6	3

解答:根据距离向量算法,先把表 4-13 中的距离都加 1,并把下一跳路由器都改为 R_4,得到表 4-14。

表 4-14　修改后的表 4-13

目 的 网 络	下一跳路由器	距　离
N_1	R_4	4
N_2	R_4	5
N_3	R_4	2
N_4	R_4	4

把表 4-14 中的每一行和表 4-12 进行比较。

第一行在表 4-12 中没有，因此要把这一行添加到表中。

第二行的 N_2 在表 4-12 中有，且下一跳路由器也是 R_4，因此替换（距离增大了）。

第三行的 N_3 在表 4-12 中有，但下一跳路由器不同，于是就比较距离。新的距离是 2，小于原来路由表中的 4，因此更新。

第四行的 N_4 在表中 4-12 中有，但下一跳路由器不同，于是就比较距离。新的路由信息距离是 4，大于原来路由表中的 2，因此什么也不做。

这样，就得出路由器 R_1 更新后的路由表，如表 4-15 所示。

表 4-15　路由器 R_1 更新后的路由表

目 的 网 络	下一跳路由器	距　　离
N_1	R_4	4
N_2	R_4	5
N_3	R_4	2
N_4	R_6	2

3. RIP 的报文格式

RIP 在交换路由信息时是通过发送 RIP 报文实现的。现在较新的 RIP 版本是 1998 年公布的 RIPv2（RFC 2453，已成为互联网标准协议），新版本协议本身变化不大，但性能上有些改进。RIPv2 支持变长子网掩码和 CIDR，以及提供简单的鉴别过程支持多播。

图 4-39 是 RIPv2 报文的格式。RIPv2 报文包括两部分：32 位的首部和若干路由信息部分。首部的命令字段指出报文的意义，后面的路由部分有些变化。

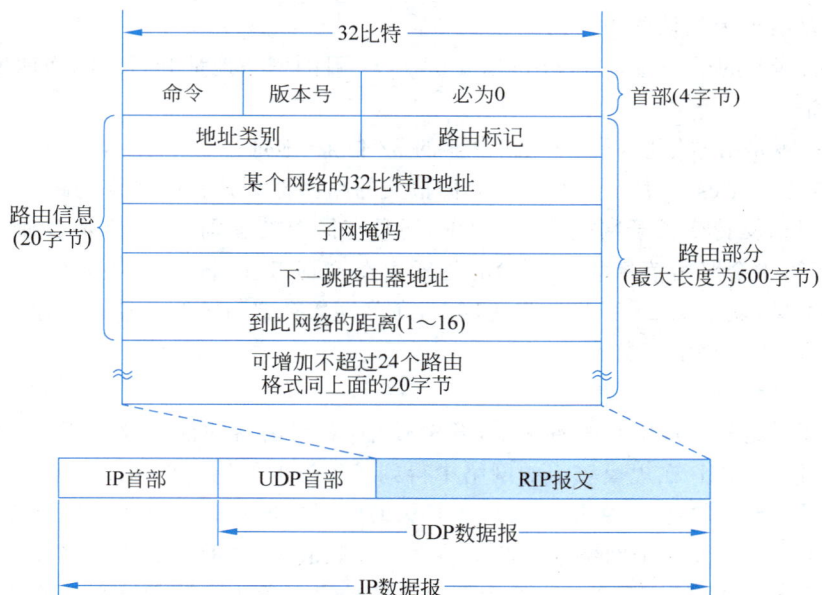

图 4-39　RIPv2 报文的格式

RIP 报文要先被封装成 UDP 报文，然后才交给网络层的 IP。不像后面将要介绍的 OSPF 协议，是直接交给网络层的 IP 封装的。下面来看 RIP 的首部各字段和路由部分。

1）RIP 报文的首部

（1）命令（command）：1 字节。其值为 1 时，表示该报文是一个请求报文，请求命令要求收到该请求的路由器发送其全部或部分路由表信息。其值为 2 时,表示该报文是一个响应报文或未被请求而发出的路由更新报文。响应是对请求的答复。在很多情况下,即使没有收到请求,路由器本身也会定期使用响应报文向外发布路由更新消息。在响应报文中,有全部或部分路由表信息。

(2) 版本号(version number):1 字节,表示当前实现的 RIP 版本。有两个 RIP 版本:版本 1 和版本 2。版本 2 对版本 1 向下兼容。版本 2 包含有更多的信息,从而支持一些高级的 IP 特性,如变长掩码等。

(3) 必为 0:首部的"必为 0"是为了 4 字节的对齐。

2) RIP 报文的路由部分

在 RIP 首部之后,由若干路由信息组成数据部分,每个路由信息占用 20 字节。一个 RIP 报文最多可包括 25 条路由信息,因而 RIP 报文最大长度为 504(4+20×25)字节。如果超过这个限制,则必须再用一个 RIP 报文来传送。

路由信息中各项的意义如下。

(1) 地址类别(address family identifier,又称地址族标识符):由于原来考虑 RIP 也用于其他非 TCP/IP 的情况,故设置此字段,表示所传输的地址类型。在互联网中该值为 2,表示传输的是 IP 地址信息。

(2) 路由标记:填入自治系统的号码(Autonomous System Number,ASN),这是考虑 RIP 有可能收到本自治系统以外的路由选择信息。

(3) 目的网络地址(destination address):4 字节的目的网络 IP 地址。如果这 4 字节为 0,则表示该路由项为默认路由。

(4) 目的网络的子网掩码(destination mask):目的网络地址和目的网络地址掩码唯一确定一个网络。

(5) 下一跳路由器地址:下一跳路由器的 32 位 IP 地址。

(6) 距离(metrics):表示从发送该数据报文的路由器到该目的网络的距离。

RIP_V2 可以支持变长子网掩码和 CIDR,还具有简单的鉴别功能,支持多播。当使用鉴别功能时,将第 1 个路由信息(20 字节)的位置用作鉴别,这时将地址类别置成全 1,路由标记写入鉴别类型,剩下的 16 字节为鉴别数据,在鉴别数据之后才写入路由信息。因此,这时最大只能放入 24 个路由信息。

4. RIP 的优缺点

RIP 的优点是易于理解且配置简单,开销较小,对路由器的性能要求不高,非常适合于小规模网络,因此,RIP 在规模较小的网络中得到了广泛的使用。但 RIP 也存在一些缺点。

(1) 当网络出现故障时,可能要经过比较长的时间才能将此信息传送到所有的路由器。

如图 4-40 所示,设三个网络通过两个路由器互联起来,并且两个路由器 R_1 和 R_2 都已经建立了各自的路由表。图 4-40 中路由器交换的信息只给出了我们感兴趣的一行内容。

现在路由器 R_1 和网络 1 的连接线路突然断开。路由器 R_1 发现后,将到达网络 1 的距离改为 16(16 表示到网络 1 不可达)。然后,可能出现两种情况。

情况 1:在 R_2 广播自己的 RIP 报文前,收到了 R_1 发送的路由更新信息,于是 R_2 修改路由表,将原来经 R_1 去往网络 1 的路由(网络 1,R_1,2)删除。在这种情况下,不会出现问题。

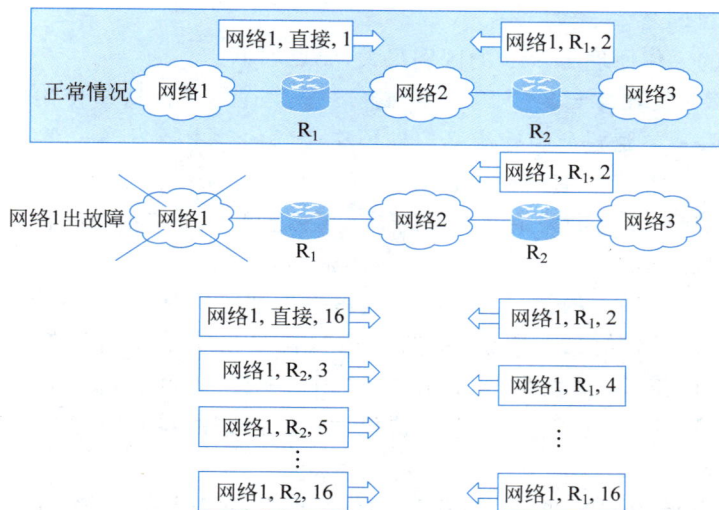

图 4-40 坏消息传播得慢

情况 2：R_2 在 R_1 发送新的 RIP 报文到达之前，向 R_1 发送了自己的 RIP 报文。R_1 收到 R_2 的更新报文后，误认为可经过 R_2 到达网络 1，"我可以经过 R_2 到达网络 1，距离是 3"。然后把这个更新信息发送给 R_2。

同理，R_2 以后又发布自己的路由更新信息："我可以经过 R_1 到达网络 1，距离是 4。"

这样不断更新下去，直到 R_1 和 R_2 到网络 1 的距离都增大到 16 时，R_1 和 R_2 才知道网络 1 是不可达的。**RIP 的这一特点叫作坏消息传播得慢**。即网络出现故障时路由更新的传播往往需要较长的时间（例如数分钟），这是 RIP 的一个主要缺点。

但如果一个路由器发现了更短的路由，那么这种更新信息就传播得很快。

为了使坏消息传播得更快些，可以采取多种措施。例如，当路由器从某个网络接口发送报文时，不让同一路由信息再通过此接口反方向传送。

（2）**RIP 限制了网络的规模，因为它能使用的最大距离为 15**（16 表示目的不可达），所以 RIP 只适用于规模较小的网络。

（3）**路由器之间交换的路由信息是路由器中的整个路由表，若扩大网络规模，则开销也增大**。

因此，对于规模较大的网络就应当另想办法，如采用 4.6.3 节介绍的 OSPF 协议。

4.6.3　OSPF 协议

开放最短路径优先协议（OSPF 协议）是为克服 RIP 的缺点在 1989 年被开发出来的。"开放"表明 OSPF 是面向所有厂家的，是公开发表的，而不受某一厂商的控制。"最短路径优先"是指使用了迪科斯彻（Dijkstra）提出的最短路径优先算法。OSPF 协议的第二个版本 OSPFv2 已成为互联网标准协议（RFC 2328）。注意，OSPF 协议只是一个协议的名字，它并不表示其他的路由选择协议不是"最短路径径先"。实际上，所有在自治系统内部使用的路由选择协议（包括 RIP）都是要寻找一条"最短的路径"。

OSPF 协议最显著的特征就是使用了**链路状态（Link State，LS）路由选择算法**（简称链路状态算法），而不再采用 RIP 所使用的距离向量算法。

1. OSPF 协议的基本工作原理

OSPF 协议的工作原理与 RIP 的区别很大,要点如下。

(1) **OSPF 路由器向本自治系统中所有路由器发送信息**。这里使用的方法是洪泛法(flooding),就是路由器通过所有输出端口向所有相邻的路由器发送信息,而每一个相邻路由器又再将此信息发往其所有的相邻路由器(但不再发送给刚刚发来信息的那个路由器)。这样,最终整个区域中所有的路由器都得到了这个信息的一个副本。注意,RIP 是仅仅向自己的相邻路由器发送信息。

(2) **OSPF 路由器发送的信息就是与本路由器相邻的所有路由器的链路状态**,而这只是路由器所知道的部分信息。所谓"链路状态",就是说明本路由器都和哪些路由器相邻①,以及它们之间链路的"度量"(metric)。这个"度量"作为链路的权值,表示费用、距离、时延、带宽等链路代价。应注意,RIP 协议发送的是路由器所知道的全部信息,即整个路由表。

从上述可以看出,OSPF 协议和 RIP 的工作原理很不相同。下面继续讨论。

(3) **当链路状态发生变化或每隔一段时间**(和 RIP 相比,间隔时间较长,如 30min),路由器向所有其他路由器发送链路状态信息。注意,OSPF 协议更长的间隔时间可确保洪泛不会在网络上产生太大的通信量。而 RIP 必须依赖相邻路由器间周期性频繁地发送路由更新报文来及时发现网络拓扑的变化(如相邻路由器的失效)。

(4) **每个路由器都可以建立全网的拓扑结构图**。由于各个路由器之间频繁地交换链路状态信息,因此所有的路由器最终都能建立一个全网的拓扑结构图(在 OSPF 协议中被称为链路状态数据库)。这个拓扑结构图在全网范围内是一致的(这称为链路状态数据库的同步)。因此,每一个路由器都知道全网共有多少个网络和路由器以及哪些路由器是相连的、链路的度量是多少等。然后使用最短路径算法计算到所有目的网络的最短路径(最低代价路径),并以此生成自己的路由表。RIP 的每一个路由器虽然知道到所有网络的距离及下一跳路由器,但却不知道全网的拓扑结构图(只有到了下一跳路由器,才能知道再下一跳应当怎样走)。

(5) 由于路由表是根据全网拓扑生成的,因此链路状态算法没有距离向量算法"坏消息传播得慢"的问题。

(6) **OSPF 协议允许网络管理员给每条路由指派不同的代价**。例如,高带宽的卫星链路对于非实时的业务可设置为较低的代价,但对于时延敏感的业务就可设置为非常高的代价。因此,OSPF 协议对于不同类型的业务可计算出不同的路由。链路的代价可以是 $1 \sim 65\,535$ 中的任意一个无量纲的数,因此十分灵活。这种灵活性是 RIP 所没有的。

(7) OSPF 协议允许同时使用到同一个目的网络的多条相同代价的路径,将流量分配给这几条路径。这叫作多路径间的负载平衡(load balancing)。在代价相同的多条路径上分配流量是流量工程中的简单形式。RIP 只能找出到某个网络的一条路径。

(8) 所有在 OSPF 协议路由器之间交换的分组(如链路状态更新分组)都具有鉴别的功能,因此保证了仅在可信赖的路由器之间交换链路状态信息。

---

① 在讨论路由器之间如何交换路由信息时说过,最好将路由器之间的网络简化为一条链路。OSPF 协议中的"链路状态"中的链路实际上就是指"和这两个路由器都有接口的网络"。

2. OSPF 协议主干区域与区域的概念

OSPF 协议最主要的特征是使用分布式链路状态协议。因此,每一个路由器都知道全网共有多少个网络和路由器,以及哪些路由器是相连的、其代价是多少等。实际上,这个数据库就是全网的拓扑结构图。由于链路状态信息的一致性,保证了在全网范围拓扑结构图是完全相同的(这称为链路状态数据库的同步)。每一个路由器使用链路状态数据库中的数据,算出以自己为根结点的最短路径树,再根据最短路径树就很容易地得到自己的路由表。因而能查出到达每一个目的网络应当走哪条路径。

为了满足更大规模的网络路由选择的需要,OSPF 协议使用层次结构的区域划分。OSPF 协议要求将自治系统进一步分为两层区域:一层是主干区域(backbone area),作用是连通其他在下层的区域;另一层是区域(area),每个区域内路由器数不超过 200 个,可以根据网络的规模设置为多个区域。每个区域用一个 32 位的区域标识符(用十进制数字的格式或 IP 地址格式)来标识,如 area0 或 area0.0.0.0。area0 表示主干区域。自治系统不可缺少主干区域,所有的区域都要与主干区域直接连接,如图 4-41 所示;否则就需要与主干区域建立虚链路。

从某区域来的信息都由区域边界路由器(area border router)进行概括。在图 4-41 中,路由器 R_3、R_4 和 R_7 都是区域边界路由器,很显然,每一个区域至少应当有一个区域边界路由器。在主干区域内的路由器叫作主干路由器(backbone router),如 R_3、R_4、R_5、R_6 和 R_7。一个主干路由器可以同时是区域边界路由器,如 R_3、R_4 和 R_7。在主干区域内还要有一个路由器专门和本自治系统以外的其他自治系统交换路由信息。这样的路由器叫作自治系统边界路由器,如 R_6。

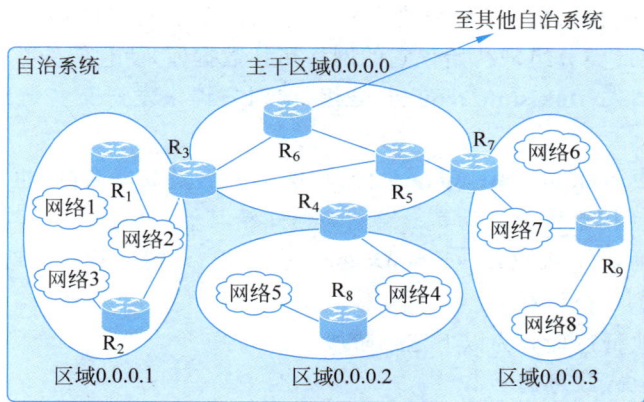

图 4-41　OSPF 协议划分为不同的区域

划分区域的好处就是将利用洪泛法交换链路状态信息的范围局限于每一个区域而不是整个自治系统,这就减少了整个网络上的通信量。在一个区域内部的路由器只知道本区域的完整网络拓扑,而不必知道其他区域的网络拓扑的情况。

采用分层次划分区域不仅使交换信息的种类多了,也使 OSPF 协议更加复杂了。但这样做却能使每一个区域内部交换路由信息的通信量大大减小,因此使 OSPF 协议能够用于规模很大的自治系统中。这里我们再一次看到划分层次在网络设计中的重要性。

3. OSPF 协议分组的格式

OSPF 协议分组的格式如图 4-42 所示，使用了 24 字节的固定长度首部，下面简单介绍各字段的意义。

（1）版本：当前的版本号是 2。

（2）类型：可以是 5 种分组类型中的一种。

（3）分组长度：包括 OSPF 协议首部在内的分组长度，以字节为单位。

（4）路由器标识符：标志发送该分组的路由器接口的 IP 地址。

（5）区域标识符：分组属于的区域的标识符。

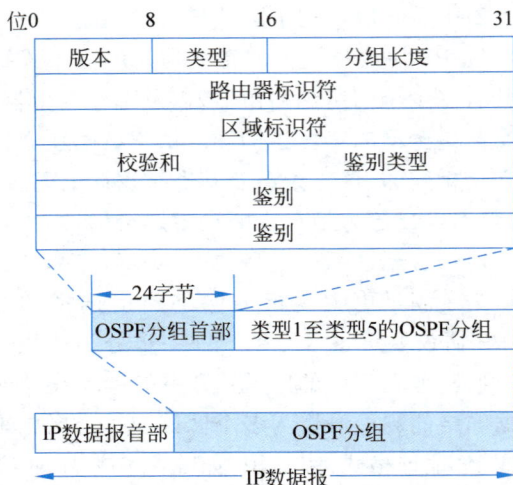

图 4-42　OSPF 协议分组的格式

（6）检验和：用来检测分组中的差错。

（7）鉴别类型：目前只有两种，即 0（不用）和 1（口令）。

（8）鉴别：鉴别类型为 0 时填入 0，鉴别类型为 1 时则填入 8 个字符的口令。

4. OSPF 协议的 5 种分组类型

OSPF 协议共有以下 5 种分组类型。

（1）问候（hello）分组，用来发现和维持邻站的可达性。

（2）数据库描述（database description）分组，向邻站给出自己的链路状态数据库中的所有链路状态项目的摘要信息。当两个路由器已经在一条点到点链路上建立了双向连接之后，路由器通过交换此类分组来初始化它的网络拓扑数据库，使它们的数据库同步。

（3）链路状态请求（link state request）分组，向对方请求发送某些链路状态项目的详细信息。

（4）链路状态更新（link state update）分组，这种分组是最复杂的，也是 OSPF 协议最核心的部分。路由器使用这种分组将其链路状态通知给其他路由器。

（5）链路状态确认（link state acknowledgment）分组，对链路状态更新分组的确认。

5. OSPF 协议的执行过程

OSPF 协议的执行过程分为以下三个阶段。

1）确定相邻路由器"可达"

当一个路由器刚开始工作时，它需要通过 OSPF 协议的"问候分组"完成相邻路由器的发现功能，得知哪些相邻的路由器"可达"，以及将数据发往相邻路由器所需的开销。

2）链路状态数据库同步

为了防止开销太大，OSPF 协议让每个路由器用"数据库描述分组"与相邻路由器交换本地数据库中已有的链路状态摘要信息。该摘要信息主要指出有哪些路由器的链路状态信息已写入数据库。经过与相邻路由器交换"数据库描述分组"之后，路由器就可以使用"链路状态请求分组"向相邻路由器请求发送自己缺少的某些链路状态项目的详细信息。通过一系列的这种分组交换，全网同步的链路状态数据库就建立起来了。

3) 链路状态更新

在网络运行过程中,如果有一个路由器的链路状态发生了变化,该路由器就使用链路状态更新分组,采用洪泛法发送出去。接收到链路状态更新分组的路由器就用链路状态确认分组予以回复。图 4-43 给出了 OSPF 协议的执行过程示意图。

同时,OSPF 协议规定:

(1) 两个相邻的路由器每隔 10s 交换一次问候分组,以确认相邻路由器是"可达"的。

(2) 如果 40s 没有收到问候分组,则认为该相邻路由器不可达,立即修改链路状态数据库,并重新计算路由表。

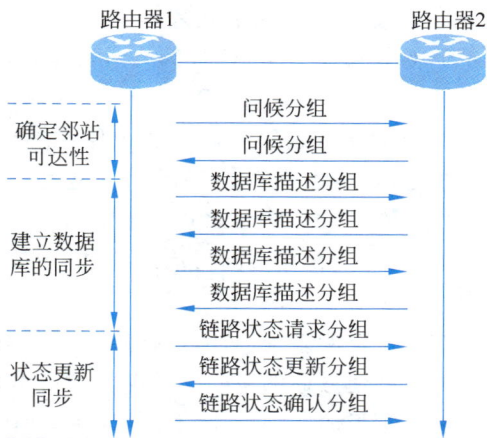

图 4-43　OSPF 协议的执行过程示意图

(3) 每隔一段时间(如 30min),路由器要刷新一次数据库中的链路状态。

除了问候分组,其他 4 种分组都是用来进行链路状态数据库的同步。所谓同步就是指不同路由器的链路状态数据库的内容是一样的。两个同步的路由器叫作完全邻接的(fully adjacent)路由器。不是完全邻接的路由器表明它们虽然在物理上是相邻的,但其链路状态数据库并没有达到一致。

6. OSPF 协议的其他方面

在网络运行过程中,如果某路由器的链路状态发生变化,那么该路由器就用可靠的洪泛法向全网发送链路状态更新分组,更新链路状态。所谓可靠的洪泛法是在收到更新分组后要发送确认,确认的发送故意推迟一些时间,以便少发送几个确认分组。

一个路由器的链路状态只涉及与相邻路由器的连通状态,与整个网络的规模并无直接关系。因此,当网络规模很大时,OSPF 协议要比 RIP 好得多。

当 N 个路由器连接在一个以太网上时,若每个路由器向其他($N-1$ 个)路由器发送链路状态信息,则有 $N \times (N-1)$ 个链路状态要通过以太网传送。为了大大降低广播的通信量,OSPF 协议对这种多点接入的局域网指定一个路由器代表所有的链路向连接到这个网络上的各路由器发送状态信息。

OSPF 支持 3 种网络的连接:①两个路由器之间的点对点连接;②具有广播功能的局域网;③无广播功能的广域网。

OSPF 协议的优点是:采用链路状态算法,适应网络拓扑的变化快;支持包括距离、时延、带宽与费用等多种"度量"值,增加了网络管理的灵活性;采用层次化结构,能适应更大规模网络的应用需求。

OSPF 协议的缺点是:协议复杂,链路"度量"值决定着路由计算的结果,而"度量"值可以由网络管理员设定,产生了很多不确定性;用洪泛法传输路由信息要占用一定的带宽资源。

4.6.4　外部网关协议

在同一个自治系统内部路由器之间交换路由信息采用的是内部网关协议。而在不同自治系统的路由器之间交换信息就要采用外部网关协议,也称为边界网关协议。1989 年发布的 BGP 就是一个非常有代表性的外部网关协议。而后经过几次版本更新,1995 年发表了第 4 个版本 BGP-4(RFC 1654)。虽然陆续发布了不少 BGP-4 的更新文档,但目前仍然是草案标准(RFC 4271)。BGP-4 也简写为 BGP。

BGP 对于互联网非常重要。因为内部网关协议只能用在自治系统内部,而不能用在自治系统之间,若没有 BGP,则分布在全世界数以万计的 AS 都将是一个个没有联系的孤岛。因此,正是有了 BGP,才将这么多的 AS 孤岛连接成一个完整的互联网。

那么,为什么在不同自治系统之间的路由选择不能使用前面讨论过的 RIP 和 OSPF 协议呢?

在一个自治系统内部,选择路由可以做到从源站点到目的站点选择一条最佳路径,并不需要考虑其他方面的策略。而在不同自治系统之间却很难寻找最佳路由,只能力求寻找一条能够到达目的网络且比较好的路径,起码不能兜圈子。原因有以下三点。

(1)**互联网的规模太大,使得自治系统之间路由选择非常困难**。互联网主干网上的路由器必须对任何有效的 IP 地址都能在路由表中找到匹配的目的网络,致使路由表的项目数很大,目前主干网路由器中路由表的项目数早已超过了 5 万个网络前缀。交换如此巨大的路由信息使得自治系统之间的路由选择非常困难。如果使用 OSPF 协议,则每一个路由器必须维持一个很大的链路状态数据库;而要使用 RIP,计算最短路径花费的时间也将太长,更不要提其他限制条件了。

(2)对于自治系统之间的路由选择,**要寻找最佳路由是很不现实的**。由于各自治系统运行自主选定的内部路由选择协议,使用自己的路径变量,以至于各自治系统的距离不能用于距离长短的比较。当一条路径经过不同自治系统时,不可能计算出这条路径有意义的费用(或距离)。例如,对某个自治系统来说,代价为 1000 可能表示一条比较长的路由。但对另一个自治系统,代价为 1000 却可能表示不可接受的坏路由。

基于以上两点,自治系统之间进行路由选择要想寻找最佳路由是不现实的。比较合理的做法是交换"**可达性**"信息(即"可到达"或"不可到达")。例如,告诉相邻路由器:"到达某目的网络可经过自治系统 AS_x"。

(3)**自治系统之间的路由选择必须考虑有关策略**。域间路由选择必须考虑政治、安全和经济等因素,允许使用多种选择策略。例如,自治系统 A 要发送数据报到自治系统 B,本来最好是经过自治系统 C。但自治系统 C 却不愿意让这些数据报通过本自治系统。另外,自治系统 C 愿意让其他相邻的自治系统的数据报通过,特别是对于那些支付服务费的自治系统更是如此。显然根据这些策略选择路由,只能由网络管理人员对每一个域间路由器进行设置。这就要求外部网关协议允许管理人员介入。这样看来,只能选择较好的路径,而不是最佳路径。

1. BGP 的基本工作原理

BGP 采用了路径向量(path vector)路由选择算法,它与距离向量算法及链路状态算法都不相同。**BGP 只是力求寻找一条能够到达目的网络且比较好的路由,而并非要寻找一条最佳路由**。

在配置 BGP 时,每个自治系统的管理员要至少选择一个路由器作为该自治系统的"**BGP 发言人**",代表整个自治系统和其他自治系统交换路由信息。其目的在于减少交换的路由信息数量,使自治系统之间的路由选择不致过分复杂。一般地讲,两个 BGP 发言人都是与一个共享网络连在一起,而且往往是 BGP 边界路由器,但也可以不是 BGP 边界路由器。这些路由器除运行 BGP 外,还必须运行所在自治系统使用的内部网关协议(如 OSPF 协议或 RIP)。

两个 BGP 发言人要交换路由信息时,首先要建立 TCP 连接(端口号为 179,使用 TCP 连接能提供可靠的服务,简化了路由选择协议),然后在此连接上交换 BGP 报文以建立 BGP 会话(session),利用 BGP 会话交换路由信息,如增加新的路由、撤销过时的路由,以及报告出差错的情况等。使彼此成为对方的邻站(neighbor)或对等站(peer),然后才能交换网络可达性信息。

BGP 支持 CIDR,因此,**BGP 的路由表应包括网络前缀、下一跳路由器以及到达目的网络所要经过的各个自治系统序列**。这就是路径向量信息。由于使用了路径向量的信息,就可以很容易地避免产生兜圈子的路由。如果一个 BGP 发言人收到了其他 BGP 发言人发来的路径通知,它就要检查一下本自治系统是否在此通知的路径中。如果在这条路径中,就不能采用这条路径(因为会兜圈子)。

BGP 所交换的网络可达性的信息就是要到达某个网络(用网络前缀表示)所要经过的一系列的自治系统。各 BGP 发言人要根据所采用的策略,从收到的路由信息中找出到达各自治系统的比较好的路由,构造出自治系统连通图。由于这个连通图是树状结构,因此不会存在回路。

图 4-44 是 BGP 发言人和 AS 的关系示意图,图中画出了三个自治系统中的 5 个 BGP 发言人。

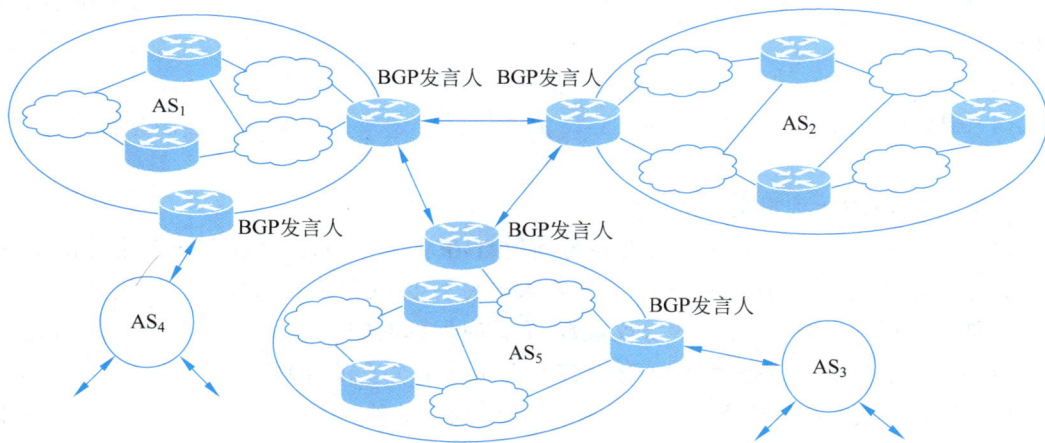

图 4-44 BGP 发言人和自治系统的关系示意图

图 4-45 给出了一个 BGP 发言人交换路径向量的例子。自治系统 AS_2 的 BGP 发言人通知主干网的 BGP 发言人:"要到达网络 N_1、N_2 和 N_3,可经过 AS_2"。主干网在收到这个通知后就发出:"要到达网络 N_1、N_2 和 N_3,可沿路径(AS_1,AS_2)"。同理,主干网还可发出通知:"要到达网络 N_4、N_5 和 N_6,可沿路径(AS_1,AS_3)"。

由此看出,BGP 交换路由信息的结点数量级是自治系统数的量级,要比这些自治系统中的网络数量少很多。要在许多自治系统之间寻找一条较好的路径,就是要寻找正确的 BGP 发言人(或边界路由器),而在每一个自治系统中 BGP 发言人的数目是很少的。这样

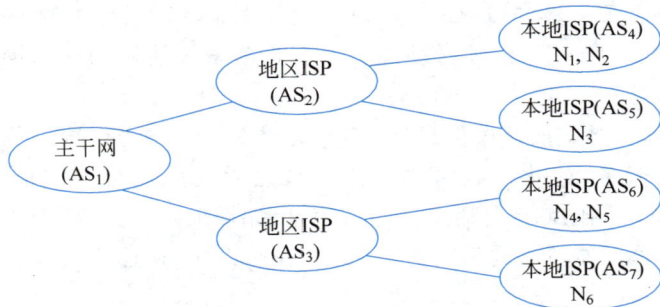

图 4-45　BGP 发言人交换路径向量的例子

就使得自治系统之间的路由选择不致过分复杂。

BGP 刚运行时，BGP 的邻站交换的是整个 BGP 路由表。但以后只需在发生变化时更新有变化的部分。 这样做对节省网络带宽和减少路由器的处理开销方面都有好处。

2．BGP 的 4 种报文

BGP 共使用 4 种报文。

（1）**打开（open）报文：用来与相邻的另一个 BGP 发言人建立关系**。BGP 路由器首先建立与相邻路由器的 TCP 连接，然后在该 TCP 连接上发送打开报文。若相邻路由器同意建立该关系，则发回保活报文作为响应，两者的相邻关系即告建立。上述过程称为邻站获取。

（2）**更新（update）报文：BGP 的核心，用来发送某一路由的信息以及列出要撤销的多条路由**。其用途如下：①撤销以前通知的到目的路由器的路由。②通知到目的路由器的新路由。

（3）**保活（keep alive）报文：用来确认打开报文和周期性地证实邻站关系**。

（4）**通知（notification）报文：用来当路由器检测出差错或打算关闭连接时发送的通知报文**。

下面讨论 BGP 4 种报文的使用场景。

（1）**邻站获取**。一个 BGP 发言人要与其他自治系统的 BGP 发言人交换路径信息，一定要先建立邻站关系。为此，一个 BGP 发言人向另一个 BGP 发言人发送打开报文，此报文的作用是相互识别对方，协商一些协议参数（如计时器的时间）。对方若同意建立邻站关系，就响应一个保活报文。于是两个 BGP 发言人之间就建立了邻站关系。

（2）**邻站测试**。一旦建立邻站关系后，要设法维持这种关系，双方中的每一方都需要确信对方是存在的，且一直保持这种邻站关系，即测试邻站是否可达。为此，这两个对等站彼此之间要周期性地交换保活报文。保活报文只用 BGP 报文的通用首部，取 19 字节长，如此设计的目的是不会造成太大的网络开销。

（3）**与邻站交换路由信息**。更新信息是 BGP 的核心内容。BGP 发言人可以用更新报文撤销它以前曾经通知过的路由或增加新的路由。撤销路由可以一次撤销许多条，而增加新路由时，每个更新报文只能增加一条。

还有两点需要清楚。第一，每个路由器都有一个**保持时间计时器**（hold timer）。路由器每收到一个 BGP 报文，这个计时器就重置一次，继续从 0 开始计数。如果在商定的保持时间内没有收到对等端发来的任何一种 BGP 报文，就认为对方已经不能工作了。发送保活报文的时间间隔取为双方事先商定的保持时间的 1/3。例如，在 BGP 建立连接阶段，双方商定保持时间为 180s，那么保活报文就每隔 60s 发送一次。若两个对等端选择的保持时间不一致，就选择数值较小的作为彼此使用的保持时间。保持时间也可选择为 0，在这种情况下就永远不发送保活报文，表明这条 BGP 连接总是正常的。

第二，BGP 可以很容易地解决距离向量算法中的"坏消息传播得慢"这一问题。这是因为当某个路由器或链路出故障时，BGP 发言人可以从不止一个邻站获得路由信息，所以容易选择新的路由。而距离向量算法往往不能给出正确的选择，因为这些算法不能指出哪些邻站到目的端的路由是独立的。

3. BGP 报文的格式

图 4-46 给出了 BGP 报文的格式。前述 4 种类型的 BGP 报文的首部都是一样的，长度为 19 字节，分为三个字段。

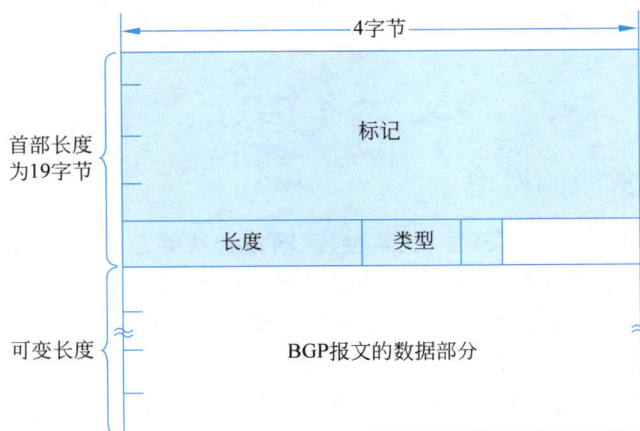

图 4-46 BGP 报文的格式

标记（marker）字段：16 字节，用来鉴别收到的 BGP 报文。当不使用鉴别时，标记字段要置为全 1。

长度字段：2 字节，指出包括首部在内的整个 BGP 报文的长度，以字节为单位，最小值是 19，最大值是 4096。

类型字段：1 字节，值为 1～4，分别对应于上述 4 种 BGP 报文中的一种。

打开报文共有 6 个字段，即版本（1 字节，现在的值是 4）、本自治系统编号（2 字节，使用全球唯一的 16 位 AS 代码）、保持时间（2 字节，以秒计算的保持为邻站关系的时间）、BGP 标识符（4 字节，通常就是该路由器的 IP 地址）、可选参数长度（1 字节）和可选参数。

更新报文共有 5 个字段，即不可行路由长度（2 字节，指明下一个字段的长度）、撤销的路由（列出所有要撤销的路由）、路径属性总长度（2 字节，指明下一个字段的长度）、路径属性（定义在这个报文中增加的路径的属性）和网络层可达性信息。最后这个字段定义发出此报文的网络，包括网络前缀的位数、IP 地址前缀。

保活报文只有 BGP 的 19 字节长的首部，没有数据部分。

通知报文有 3 个字段，即差错代码（1 字节）、差错子代码（1 字节）和差错数据（给出有关差错的诊断信息）。

　　BGP 报文是作为 TCP 报文的数据部分来传送的,即一个 BGP 报文要首先封装成 TCP 报文,然后交给网络层的 IP,如图 4-47 所示。

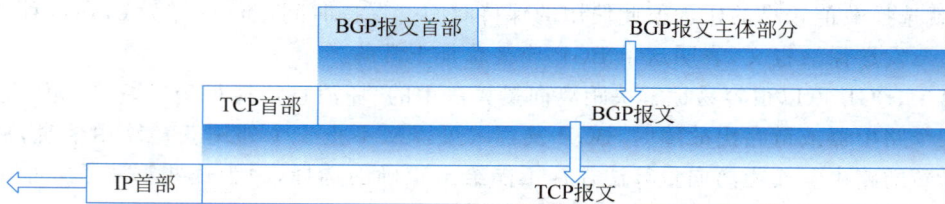

图 4-47　BGP 报文使用 TCP 报文传送

　　对于 BGP,其工作原理比较复杂,理解比较困难,且还是草案标准阶段。所以本书只讨论了读者易于理解的协议主要内容。感兴趣的读者可以阅读其他书籍,或者查阅互联网标准 RFC 4271,了解更多内容。

4.7　IP 多播

4.7.1　IP 多播的概念

　　随着宽带的发展,诸如远程教学、视频会议、网络游戏等互联网应用越来越受欢迎。这些应用涉及一点对多点的通信,与传统的单播有很大的不同。

　　1988 年,Steve Deering 首次提出了 IP 多播的概念,从此 IP 多播技术得到了广泛的关注。多播作为一点对多点的通信,是节省网络带宽的有效方法之一。图 4-48 给出了 IP 单播与多播的比较。其中,图 4-48(a)是 IP 单播的工作过程,服务器需要向 40 台主机发送同一文件,则它必须准备 40 个文件副本,分别封装在源地址相同而目的地址不同的 40 个 IP 数据报中,然后把这 40 个 IP 数据报分别发送给 40 台目的主机。图 4-48(b)是 IP 多播的工作过程,服务器同样需要向 40 台主机发送同一文件,但它只需要准备 **1 个文件副本**,封装在 1 个多播数据报中,发送给多播组中 40 个成员。当多播组中的成员很多时,采用多播方式可大大节约网络资源。

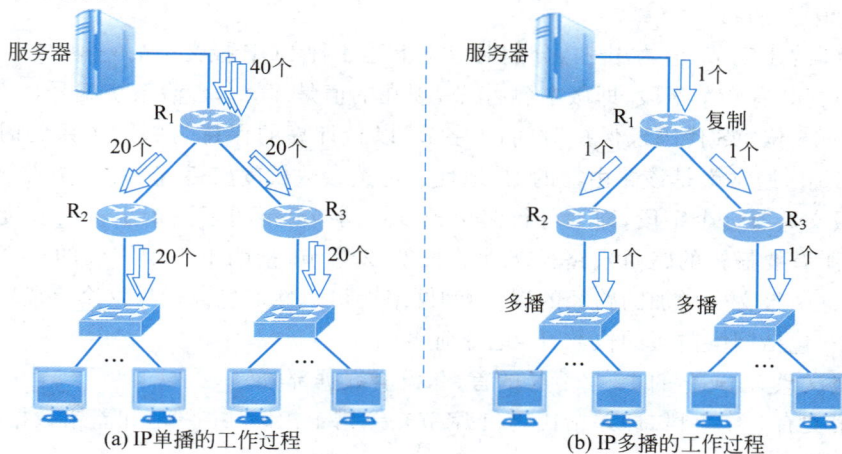

(a) IP 单播的工作过程　　　　　(b) IP 多播的工作过程

图 4-48　IP 单播与 IP 多播的比较

当采用多播方式时,多播数据报中的目的地址是什么呢?我们知道多播数据报首部中的目的地址只能填写一个 IP 地址,不可能把多播组中所有成员的 IP 地址全部填入。实际上,在多播数据报首部的目的地址写入的是多播组的标识符,加入多播组的成员的 IP 地址都与此标识符有关联。

在前面学习 IP 地址时,知道了 D 类 IP 地址是多播地址,该类地址的前 4 位是固定的 1110,因此 D 类地址的范围是 224.0.0.0 ～ 239.255.255.255。其实 D 类地址就是多播组的标识符,一个 D 类 IP 地址就表示一个多播组,因为 D 类 IP 地址共有 2^{28} 个,所以同一时间在互联网上最多允许 2^{28} 个多播组运行。

4.7.2　在局域网上进行硬件多播

IP 多播一般分为两种:一种是在互联网范围内进行多播;另一种是只在局域网范围内进行多播。由于目前大部分计算机都是通过局域网接入互联网的,因此在互联网内进行多播的最后阶段,还是要在局域网上进行硬件多播。下面就来讨论硬件多播。

由于 MAC 地址中有多播 MAC 地址的类型,因此只要把 IPv4 多播地址映射成多播 MAC 地址,即可将 IP 多播数据报封装在局域网的 MAC 帧中,而 MAC 帧首部的目的 MAC 地址字段的值,就设置为由 IPv4 多播地址映射成的多播 MAC 地址。这样,可以很方便地利用硬件多播来实现局域网内的 IP 多播。当给某个多播组的成员配置其所属的 IP 多播地址时,系统就会根据映射规则从该 IP 多播地址生成相应的局域网多播 MAC 地址。

互联网号码指派管理局(IANA)从 IEEE 注册管理机构申请到的以太网地址块的高 24 位为 00-00-5E,因为 MAC 地址字段中的第 1 字节的最低位为 1 时才是多播地址,IANA 从中取出一半作为以太网多播地址,所以其范围为 01-00-5E-00-00-00～01-00-5E-7F-FF-FF,这些多播 MAC 地址的前 25 位是固定的,后 23 位可以任意变化。为了映射一个 IP 多播地址到以太网多播地址,IP 多播地址的低 23 位可直接映射为以太网多播地址的低 23 位,如图 4-49 所示。又因为 IP 多播地址的前 4 位是固定的,后 28 位可以任意变化,除去映射的低 23 位,还有相邻的 5 位不需要映射到以太网多播地址,这就造成了 IP 多播地址与以太网多播地址的映射关系是多对一的(32：1),即最多 32 个不同 IP 多播地址可映射出同一个以太网多播地址,因此收到 IP 多播数据报的主机还要在网络层利用软件进行过滤,把不是本主机要接收的 IP 多播数据报丢弃。

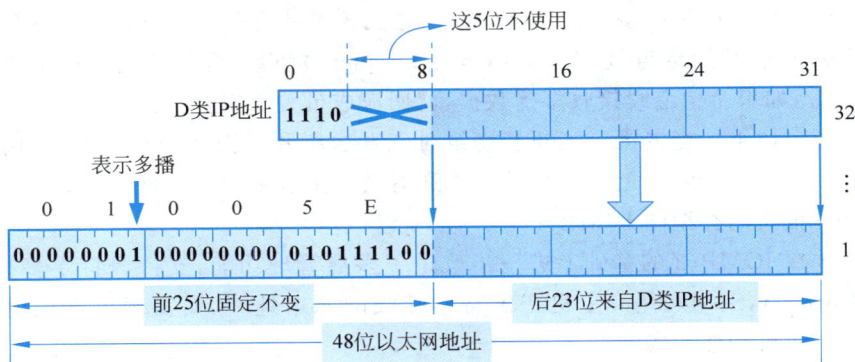

图 4-49　D 类 IP 地址与以太网多播地址的映射关系

4.7.3　IP 多播协议

1. IP 多播需要的协议

IP 多播需要两种协议,分别是网际组管理协议(Internet Group Management Protocol,IGMP)和多播路由选择协议,这两种协议共同支持 IP 多播的正常运作。

IGMP 用于主机和多播路由器之间的请求和探询,以管理多播组成员的加入和离开。IGMP 的功能是让多播路由器了解网络上多播组成员的分布,从而有效地转发多播数据报。

多播路由选择协议负责在互联网范围内路由转发多播数据报。它们确保多播数据报能够从源端到达所有的接收者,同时优化路由,减少不必要的传输。多播路由选择协议的选择取决于具体的网络环境和需求。

2. IGMP

到目前为止,IGMP 协议已有三个版本:IGMPv1(由 RFC 1112 定义)、IGMPv2(由 RFC 2236 定义)、IGMPv3(由 RFC 3376 定义)。

IGMPv1 提供了基本的多播组加入和查询功能,但缺少显式的离开机制。IGMPv1 报文主要有两种类型:**成员关系查询**(membership query)和**成员关系报告**(membership report)。

IGMPv1 协议功能的实现如下。

(1)**加入多播组**。当主机希望加入某个多播组时,就发送成员关系报告报文到目标多播地址,多播路由器收到报文后,将该主机加入多播转发表。

(2)**查询多播组成员**。多播路由器周期性地发送成员关系查询报文到 224.0.0.1(所有系统多播地址),以确认网络中是否还有主机希望接收多播数据。主机收到查询报文后,如果希望继续接收多播数据,就回应成员关系报告报文。

(3)**离开多播组**。IGMPv1 没有离开机制,主机离开多播组时不会发送任何报文。多播路由器通过周期性查询和等待报告报文来判断主机是否已经离开多播组。

IGMPv2 报文主要有三种类型:成员关系查询、成员关系报告和离开组(leave group)。

IGMPv2 协议在 IGMPv1 的基础上进行了改进,主要是增加了显式离开多播组的机制和特定查询机制。IGMPv2 协议功能的实现如下。

(1)加入多播组。同 IGMPv1。

(2)查询多播组成员。多播路由器周期性地发送成员关系查询报文到 224.0.0.1(所有系统多播地址),以及特定组查询(group-specific query)消息,询问特定组的成员。主机收到查询报文后,如果希望继续接收多播数据,就回应成员关系报告报文。

(3)离开多播组。当主机要离开多播组时就发送离开组报文到路由器,路由器收到离开组报文后,发送特定组查询消息,确认是否还有其他主机希望接收该多播数据。

IGMPv3 报文的类型同 IGMPv2。

IGMPv3 在 IGMPv2 的基础上进一步改进了多播管理功能,支持源特定多播(Source-Specific Multicast,SSM),允许主机指定希望接收的源地址,从而实现更细粒度的多播控制。IGMPv3 协议功能的实现如下。

(1)加入多播组。主机可以发送带有源过滤信息的成员关系报告报文,指定希望接收的源地址和多播地址。

（2）查询多播组成员。多播路由器周期性地发送带有源过滤信息的成员关系查询报文。主机收到查询报文后,如果希望继续接收多播数据,就回应带有源过滤信息的成员关系报告报文。

（3）离开多播组。同 IGMPv2。

IGMP 通过不同版本的演进,不断增强了多播组成员管理的功能和效率。

3. 多播路由选择协议

多播路由选择协议能适应多播组成员的动态变化,确保数据报能准确地发送到目标组内的所有成员。这些协议通过维护组成员关系和构建多播转发树来实现这一目标。在多播转发树上,每一个多播路由器向树的叶结点方向转发收到的多播数据报,但不允许多播数据报在互联网中兜圈子。不难看出,不同的多播组对应不同的多播转发树。同一个多播组,对不同的源点也会有不同的多播转发树。因此,M 个多播组,N 个源点,会有 $M \times N$ 棵以源端为根的多播转发树。

在转发多播数据报时,常用的方法有以下三种。

（1）洪泛与剪除。这种方法适用于规模较小的多播组,且组成员所在的局域网是邻接的。路由器转发多播数据使用洪泛的方法（就是广播）,如果网络中存在环路,就会产生兜圈子的现象。为了解决这个问题,采用了称为反向路径广播（Reverse Path Broadcasting,RPB)的策略。该策略的要点是:每个路由器在收到一个多播数据报时,先检查该数据报是否是从源点经最短路径传送来的。如何检查呢? 反向路径检查,就是查看从本路由器到源点的最短路径上的第一个路由器是否就是刚才送来多播数据报的路由器。若是,就向所有其他方向转发刚才收到的多播数据报（到来的方向除外）,否则就丢弃而不转发。如果本路由器有多个相邻路由器都处在到源点的最短路径上,也就是最短路径有多条,那么必须从中选取邻居路由器的 IP 地址最小的那条最短路径。图 4-50 展示了 RPB 的工作过程。

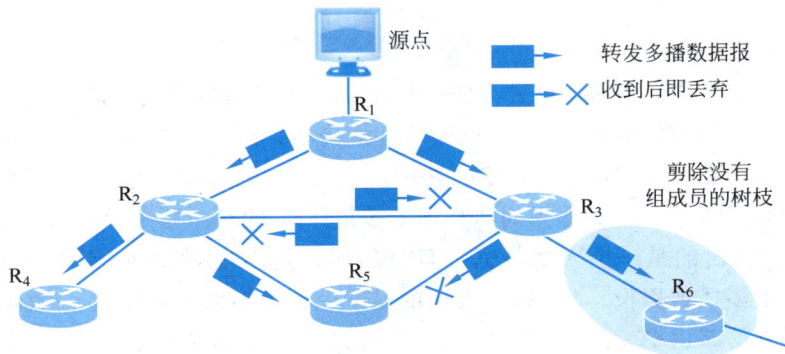

图 4-50　RPB 的工作过程

为了讨论问题简单化,我们假定各路由器之间的距离都是1。源点向 R_1 发送一个多播数据报,R_1 收到后,向其相邻路由器 R_2 和 R_3 转发,R_2 收到 R_1 转发来的多播数据报后,发现 R_1 就在自己到源点的最短路径上,因此向其相邻路由器 R_3、R_4 和 R_5 转发该多播数据报。同理,R_3 收到 R_1 转发来的多播数据报后,向其相邻路由器 R_2、R_5 和 R_6 转发。R_2 收到 R_3 转发来的多播数据报后,发现 R_3 不在 R_2 自己到源点的最短路径上,因此丢弃 R_3 转发来的多播数据报。同理,R_3 也会丢弃 R_2 转发来的数据报。R_5 到源点有两条最短路径:

$R_5 \to R_2 \to R_1 \to$ 源点和 $R_5 \to R_3 \to R_1 \to$ 源点。假设 R_2 的 IP 地址小于 R_3 的 IP 地址,因此选择经过 R_2 的那条最短路径。经过上述过程,最终可以得出转发多播数据报的多播转发树(图中用蓝色线表示)。使用这棵转发树,不会出现多播数据报兜圈子的现象。

RPB 虽然很好地解决了转发环路的问题,但只是实现了广播,要实现真正的多播,还要将像 R_6 这样的下游树枝中已没有多播组成员的路由器及其下游树枝一并剪除。如果被剪除的路由器通过 IGMP 又发现了新的多播组成员,则会向上游路由器发送一个嫁接报表,然后重新加入多播转发树中。

（2）隧道技术。这种方法适用于地理位置分散的多播组。例如,在图 4-51 中,网络 N_1 和 N_2 都支持多播,但路由器 R_1 和 R_2 之间的网络不支持多播,那么如何解决 N_1 主机向 N_2 主机进行多播的问题呢?方法是使用隧道技术。路由器 R_1 把多播数据报封装成单播数据报,多播数据报成为单播数据报的数据部分,路由器 R_2 收到后进行解封装,取出数据部分即多播数据报继续在网络 N_2 中进行多播。

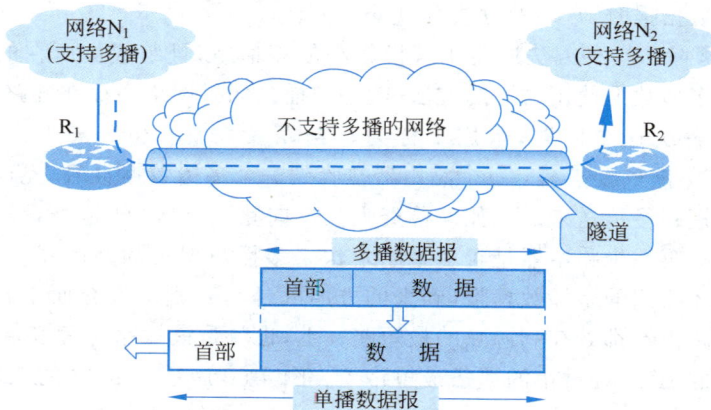

图 4-51　隧道技术在多播中的应用

（3）基于核心的发现技术。这种方法适用于各种规模的多播组。该方法对每个多播组 G 都指定一个核心路由器并给出其 IP 单播地址。核心路由器首先创建基于多播组 G 的转发树。如果有一个路由器 R_1 向这个核心路由器发送数据报,那么它在途中经过的每一个路由器都要检查其内容。当数据报到达参加了多播组 G 的路由器 R_2 时,R_2 就处理这个数据报。如果 R_1 发出的是一个多播数据报且目的地址是 G 的组地址,则 R_2 就向多播组 G 的成员转发这个多播数据报。如果 R_1 发出的是一个请求加入多播组 G 的数据报,R_2 就把这个信息加到它的路由中,并用隧道技术向 R_1 转发每一个多播数据报的一个副本。这样,参加到多播组 G 的路由器就从核心向外增多了,多播转发树的覆盖范围也扩大了。

下面是一些建议使用的多播路由选择协议。

① 距离向量多播路由选择协议（Distance Vector Multicast Routing Protocol,DVMRP）是第一个支持多播的路由协议,它已经被广泛应用在多播骨干网 MBONE 上。DVMRP 通过 RIP 来发现到源的最短路径,采用洪泛与剪除的方式来构建一棵多播树。

② 基于核心的转发树（Core Based Tree,CBT）。这个协议使用核心路由器作为转发树的根结点。它是一个与协议无关的基于稀疏模式的共享树协议。

③ 开放最短通路优先的多播扩展（Multicast extensions to OSPF,MOSPF）。该协议

通过 OSPF 协议来发现到源的最短路径,适合用在密集方式的拓扑下。

④ **协议无关多播-稀疏方式**(Protocol Independent Multicast-Sparse Mode,PIM-SM)。该协议不依赖于任何特定的单播路由协议,主要用来支持稀疏组。

⑤ **协议无关多播-密集方式**(Protocol Independent Multicast-Dense Mode,PIM-DM)。该协议适用于多播组成员相对密集、网络规模较小的环境,采用洪泛和剪除机制来转发数据报。

4.8 虚拟专用网与网络地址转换

4.8.1 虚拟专用网

在全球化的时代,很多企业的总部和分支机构常常位于不同区域(如位于不同的国家或城市),当分支机构的主机需要访问总部的服务器时,数据传输要经过 Internet。但 Internet 并不安全,数据传输时就容易被网络中的黑客窃取或篡改,最终造成数据泄密、重要数据被破坏等后果。为了保证分支机构和总部之间数据传输的安全性,可以采用虚拟专用网技术来实现二者之间的安全通信。

1. 虚拟专用网概述

虚拟专用网(Virtual Private Network,VPN)是一种通过公用网络(通常是互联网)建立私有传输通路的技术。利用 VPN 可以将物理上处于不同地点的远程分支机构、移动办公人员等连接在一起形成一个虚拟子网,VPN 可以利用认证、加密等技术,提供安全、稳定的端到端的数据通信服务。VPN 把现有的物理网络分解成逻辑上隔离的网络,在不改变网络现状的情况下实现安全、可靠的连接。它可以在不同地理位置的两个或多个企业内部网之间建立一条专有的通信线路,就像架设了一条专线,但不需要真正去铺设光缆之类的物理线路。

VPN 有着广泛的应用。企业利用 VPN 技术,可以帮助公司分支机构、商业伙伴及供应商同公司的内部网建立可信的安全连接,保证数据的安全传输。利用 VPN 技术,员工可以在家中或其他远程地点安全地访问公司内网资源,方便实现远程办公。VPN 还可用于实现电子商务或金融网络与通信网络的融合,确保数据传输的安全性和可靠性。

VPN 具有安全性高、成本低廉、灵活性强等优点,同时也面临被攻击、泄露数据等安全问题和网络延迟的挑战。

2. 本地地址与全球地址

在互联网发展过程中,IPv4 地址面临紧缺的问题,一个机构能申请到的 IP 地址数量往往小于本机构拥有的主机数。另外,在很多情况下,一个机构内的主机主要还是和本机构内的其他主机进行通信,为了保证安全性,一个机构也不需要把所有主机接入互联网。在这种情况下,一个机构内部的主机之间进行通信,就可以使用仅在本机构内有效的 IP 地址,这种地址称为**本地地址**。而机构内部的主机和互联网上的主机进行通信时使用全球唯一的 IP 地址,这种地址称为**全球地址**。这样既可以节省宝贵的 IP 地址资源,也在一定程度上保证了机构内主机的安全性。

RFC 1918 指明了一些**专用地址**(Private Address,也称为**私有地址**)作为机构内部主机之间通信的本地地址,这些地址只能用于机构的内部,而不能用于和互联网上的主机进行通信。在互联网中所有路由器对目的地址是专用地址的数据报一律不进行转发。

在 IPv4 中,RFC 1918 定义了三个地址块作为私有地址空间,这些地址块内的地址不能在互联网上全局路由,只能用于内部网络。这些地址块是:

(1) 10.0.0.0/8(10.0.0.0~10.255.255.255)。

(2) 172.16.0.0/12(172.16.0.0~172.31.255.255)。

(3) 192.168.0.0/16(192.168.0.0~192.168.255.255)。

采用这种专用地址的互联网络称为专用互联网或本地互联网,也可简称为专用网。利用公用的互联网作为本机构各专用网之间的通信载体,这样的专用网又称为虚拟专用网。

3. VPN 的实现原理

VPN 的基本原理是利用隧道(tunnel)技术,对传输报文进行封装,利用 VPN 骨干网建立专用数据传输通道,实现报文的安全传输。

隧道技术使用一种协议封装另外一种协议报文(通常是 IP 报文),而封装后的报文也可以再次被其他封装协议所封装。对用户来说,隧道是其所在网络的逻辑延伸,在使用效果上与实际物理链路相同。

下面通过一个实例进一步解释 VPN 的实现原理。

假设有两个远程网络:北京总公司和山东分公司,它们分别位于不同的地理位置,但需要通过互联网安全地通信。每个网络都有自己的内部子网,北京总公司的子网为 192.168.1.0/24,山东分公司的子网为 192.168.2.0/24。为了实现这两个网络之间的安全通信,可以使用隧道技术来构建 VPN,图 4-52 给出了用隧道技术实现 VPN 的原理。

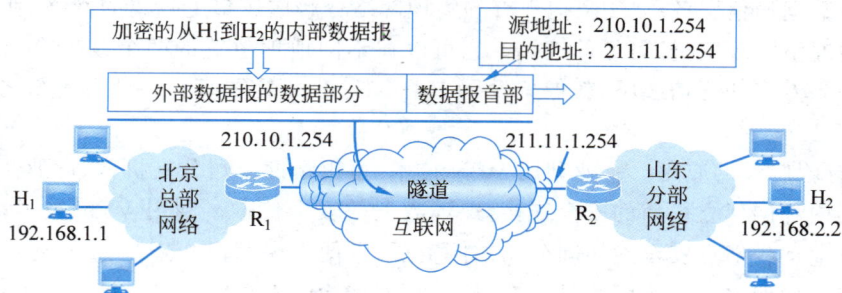

图 4-52　用隧道技术实现 VPN 的原理

图 4-52 中两个路由器 R_1 和 R_2 分别作为北京总公司和山东分公司专用网络的出口路由器。这两个路由器通过互联网连接在一起。这两个路由器和互联网的接口地址都是全球地址。路由器 R_1 和 R_2 与专用网络的接口地址则是专用网的本地地址。两个专用网内部的通信都不经过互联网,但位于北京总部的主机 H_1 和山东分部的内部主机 H_2 进行通信,就必须通过路由器 R_1 和 R_2。主机 H_1 向主机 H_2 发送的 IP 数据报的源地址是 192.168.1.1,而目的地址是 192.168.2.2。这个数据报先作为本机构的内部数据报从 H_1 发送到与互联网连接的路由器 R_1。路由器 R_1 收到内部数据报后,发现其目的网络必须通过互联网才能到达,就把整个内部数据报进行加密(这样就保证了内部数据报的安全),然后重新加上数据报的首部,封装成为在互联网上发送的外部数据报,其源地址是路由器 R_1 的全球地址 210.10.1.254,而目的地址是路由器 R_2 的全球地址 211.11.1.254。路由器 R_2 收到数据报

后将其数据部分取出进行解密,恢复出原来的内部数据报(目的地址是 192.168.2.2),交付主机 H_2。可见,虽然 H_1 向 H_2 发送的数据报是通过了公用的互联网,但在效果上就好像是在本部门的专用网上传送一样。如果主机 H_2 要向 H_1 发送数据报,那么所经过的步骤也是类似的。

注意,数据报从 R_1 传送到 R_2 可能要经过互联网中的很多个网络和路由器。但从逻辑上看,在 R_1 到 R_2 之间好像是一条直通的点对点链路,图 4-52 中的"隧道"就是这个意思。

图 4-52 所示的由总部和分部的内部网络所构成的 VPN 又称为 **内联网**(Intranet 或 Intranet VPN,即内联网 VPN),表示总部和分部属于同一个机构。

有时一个机构的 VPN 需要有某些外部机构(通常就是合作伙伴)参加进来。这样的 VPN 就称为 **外联网**(Extranet 或 Extranet VPN,即外联网 VPN)。

需要说明的是,内联网和外联网都采用了互联网技术,即都是基于 **TCP/IP** 的。

还有一种类型的 VPN,就是 **远程访问 VPN**(remote access VPN)。我们知道,有的公司可能并没有分布在不同场所的部门,但却有很多流动员工在外地工作。公司需要和他们保持联系,有时还可能一起开电话会议或视频会议。远程访问 VPN 可以满足这种需求。在外地工作的员工通过拨号接入互联网,而驻留在员工 PC 中的 VPN 软件可以在员工的 PC 和公司的主机之间建立 VPN 隧道,因而外地员工与公司通信的内容是保密的,员工们感到好像就是使用公司内部的本地网络。

4. VPN 的主要类型

VPN 允许用户通过公共网络(如互联网)建立一个加密的、安全的连接来传输数据,仿佛数据是在一个专用网络上进行传输一样。VPN 技术有多种类型,每种类型都有其特定的应用场景和优势。下面介绍几种常见的 VPN 类型。

1) 远程访问 VPN

远程访问 VPN 主要用于实现远程用户与企业内部网络之间的安全通信。有的公司有很多流动员工在外地工作,他们需要通过公共网络(如互联网)安全地访问公司内部资源,如文件服务器、数据库管理系统、内部网站等,利用远程访问 VPN 可以随时随地访问公司资源,提高工作效率,可以满足员工在公司以外的任何地方进行工作,如同身处办公室一样,实现了远程办公。这种 VPN 通常使用客户端软件(如 OpenVPN、Cisco VPN Client 等)在用户的计算机或移动设备上运行,以连接到组织内部的 VPN 服务器。远程访问 VPN 在提高企业工作效率、降低运营成本、增强网络安全性和提升用户体验等方面具有显著的优势。

2) 站点到站点 VPN

站点到站点 VPN(site-to-site VPN)用于在不同地理位置的多个网络之间建立安全的加密连接。这通常用于连接公司总部与分支机构、数据中心或与业务合作伙伴之间的网络。这种类型的 VPN 允许网络之间的无缝通信,同时保持数据的安全性和隐私性。

站点到站点 VPN 是一种将不同地理位置的多个网络通过公共网络进行安全连接的技术。这种类型的 VPN 常用于公司总部与多个分支机构、数据中心或业务合作伙伴之间建立安全的通信通道,以实现资源共享和协同工作。站点到站点 VPN 是一种高效、安全且灵活的网络连接方式,适用于需要跨地域进行资源共享和协同工作的场景。

3）多协议标签交换 VPN

多协议标签交换 VPN（MPLS VPN）是一种基于多协议标签交换（MPLS）技术的虚拟专用网络解决方案。MPLS 是一种用于快速数据包交换和路由的 IP 高速骨干网络交换协议，它通过为数据包分配固定长度的标签，并在网络中的各个结点根据标签进行转发，从而实现了高效的数据传输。MPLS VPN 通过在网络中使用标签来转发数据包，从而提高了数据传输的效率和安全性。这种 VPN 通常用于大型企业或服务提供商，以支持复杂的网络拓扑和大量的数据传输需求。它提供了安全、可靠且高效的方式来连接位于不同地理位置的分支机构和远程用户。MPLS VPN 具有高效、安全、可扩展和简化管理等优势，为用户提供了灵活的网络连接方式和强大的安全保障。MPLS VPN 广泛应用于需要跨地域进行资源共享和协同工作的场景，如企业分支机构之间的连接、数据中心之间的互联、云计算环境中的资源共享等。

4）软件定义 VPN

随着软件定义网络（SDN）这种新型网络架构的兴起，软件定义的 VPN 也开始受到关注。软件定义 VPN（Software-Defined VPN，SD-VPN）是 VPN 技术的一个发展趋势，它融合了 SDN 的概念，旨在通过软件来配置和管理 VPN 连接，而无须依赖传统的硬件设备，目的是实现 VPN 的灵活配置、自动化管理和动态扩展。这种 VPN 提供了更高的灵活性和可扩展性，使得网络管理员能够更快地响应业务需求的变化。SD-VPN 适用于各种需要跨地域、跨网络进行安全通信的场景，如企业远程办公、分支机构互联、云服务访问等。通过 SD-VPN，企业可以构建灵活、安全、高效的 VPN，满足业务发展的需求。

随着云计算、大数据、物联网等技术的不断发展，SD-VPN 将逐渐成为 VPN 市场的主流趋势。未来，SD-VPN 将更加注重与云服务的融合，实现更加灵活、智能的 VPN 服务。同时，随着安全技术的不断进步，SD-VPN 的安全性也将得到进一步提升。

需要注意的是，虽然 SD-VPN 具有诸多优势，但在实际应用中仍需根据具体业务需求和网络环境进行选择和配置。同时，也需要关注 SD-VPN 技术的最新发展动态，以便及时调整和优化 VPN 服务。

VPN 不止以上几种，每种 VPN 类型都有其独特的优点和适用场景，在选择 VPN 解决方案时应根据其具体需求和预算来做出决策。

4.8.2　网络地址转换

1. 网络地址转换概述

我们知道，虚拟专用网内部的主机可以使用仅在本专用网内使用的专用地址（本地地址）和网络内的其他主机进行通信，但现在又想和互联网上的主机进行通信，那么应当采取什么措施呢？

最简单的办法就是申请一些全球 IP 地址。但由于 IPv4 的地址缺乏，这在很多情况下是不容易申请到的。目前使用得最多的方法是采用网络地址转换。

网络地址转换（Network Address Translation，NAT）是一种将私有 IP 地址转换为公有 IP 地址的技术。NAT 主要用于解决 IPv4 地址资源有限的问题，使多台计算机能够共享同一个公网 IP 地址上网，同时提高了网络的安全性和隐蔽性。

2. NAT 的工作原理

要实现私有地址和公有地址的转换,需要在专用网连接到互联网的路由器上安装 NAT 协议。路由器至少有一个有效的外部全球 IP 地址。这样,所有使用本地地址的主机在和互联网上的主机通信时,都需要由路由器将其本地地址转换为全球 IP 地址,才能和互联网连接。图 4-53 给出了 NAT 的工作原理。在图 4-53 中,专用网 192.168.1.0 内所有主机的 IP 地址都是本地 IP 地址 192.168.1.X(X 为 1~254)。NAT 路由器至少要有一个全球 IP 地址,才能和互联网相连。图 4-53 中表示出 NAT 路由器有一个全球 IP 地址 210.11.2.5(当然,NAT 路由器可以有多个全球 IP 地址)。

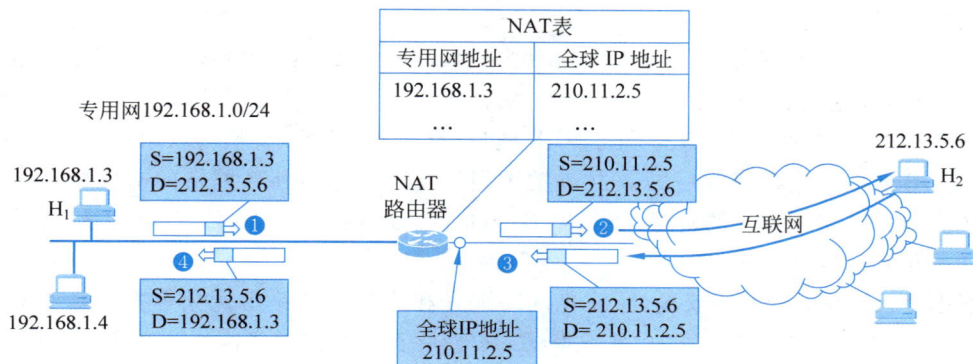

图 4-53 NAT 的工作原理

在图 4-53 中,NAT 路由器收到从专用网内部的主机 H_1 发往互联网上主机 H_2 的 IP 数据报:源 IP 地址是 192.168.1.3,而目的 IP 地址是 212.13.5.6。NAT 路由器把 IP 数据报的源 IP 地址 192.168.1.3 转换为新的源 IP 地址(即 NAT 路由器的全球 IP 地址)210.11.2.5,然后转发出去。因此,主机 H_2 收到这个 IP 数据报时,以为 H_1 的 IP 地址是 210.11.2.5。当 H_2 给 H_1 发送应答时,IP 数据报的目的 IP 地址是 NAT 路由器的 IP 地址 210.11.2.5。H_2 并不知道 H_1 的专用地址 192.168.1.3。实际上,即使知道了,也不能使用,因为互联网上的路由器都不转发目的地址是专用网本地 IP 地址的 IP 数据报。当 NAT 路由器收到互联网上的主机 H_2 发来的 IP 数据报时,还要进行一次 IP 地址的转换。通过 NAT 地址转换表,就可把 IP 数据报上的旧的目的 IP 地址 210.11.2.5,转换为新的目的 IP 地址 192.168.1.3(主机 H_1 真正的本地 IP 地址)。

由此可见,当 NAT 路由器具有 n 个全球 IP 地址时,专用网内最多可以同时有 n 台主机接入到互联网。这样就可以使专用网内较多数量的主机,轮流使用 NAT 路由器有限数量的全球 IP 地址。

显然,通过 NAT 路由器的通信必须由专用网内的主机发起。设想互联网上的主机要发起通信,当 IP 数据报到达 NAT 路由器时,NAT 路由器就不知道应当把目的 IP 地址转换为专用网内的哪一个本地 IP 地址。这就表明,这种专用网内部的主机不能充当服务器用,因为互联网上的客户无法请求专用网内的服务器提供的服务。

3. NAT 的分类

基于地址转换方式的不同可以将 NAT 分为**静态 NAT**(Static Network Address Translation)、**动态 NAT**(Dynamic Network Address Translation)和**网络地址端口转换**

（Network Address Port Translation，NAPT）三种。

1）静态 NAT

静态 NAT 是最简单和最容易实现的一种方式。它将内部网络的私有 IP 地址一对一映射到公共网络的一个公有 IP 地址上。这种映射关系是预先配置并固定不变的，无论内部主机是否在线，地址映射都持续存在。静态 NAT 常用于将内部服务器（如 Web 服务器、邮件服务器等）的私有 IP 地址映射到一个或多个公有 IP 地址，使得外部网络可以直接访问这些服务器提供的服务。利用静态 NAT，企业也可以严格控制哪些外部访问可以进入内部网络，从而提高网络安全性。总之，静态 NAT 适用于内部网络中只有少量计算机需要对外进行通信的情况。

当内部网络的主机发送数据包到外部网络时，具有 NAT 功能的设备（如路由器或防火墙）会检查数据包的源 IP 地址，并在静态 NAT 转换表中查找与该地址匹配的映射规则。如果找到匹配的规则，NAT 设备会将源 IP 地址（私有 IP 地址）替换为映射后的外部 IP 地址（公有 IP 地址），并将修改后的数据包发送到外部网络。当外部网络的响应数据包返回时，NAT 设备会执行相反的转换，将目标 IP 地址还原为内部主机的私有 IP 地址，并将数据包发送给正确的内部主机。

静态 NAT 在提升网络安全性、简化网络配置和管理以及路由优化等方面具有显著的优点，但也存在 IP 地址消耗较大、维护难度大以及存在安全隐患等问题。在实际应用中，需要根据具体场景和需求来选择合适的网络地址转换技术。

2）动态 NAT

动态 NAT 是一种在计算机网络中广泛使用的网络地址转换技术。动态 NAT 是一种自动化的映射过程，它定义了一个或多个公网地址池，把内部网络地址采用动态分配的方法映射到地址池内，从而实现内网私有 IP 地址和外网公有 IP 地址的映射。在企业网络中，当内部主机需要访问外部网络时，可以使用动态 NAT 将它们的私有 IP 地址映射到有限的几个公网 IP 地址上，从而实现与外部网络的通信。动态 NAT 适用于内部网络中有大量主机需要共享少量公有 IP 地址对外进行通信的情况。

当内部网络中的主机需要访问外部网络时，NAT 设备（如路由器或防火墙）会检查主机的 IP 地址，并从已定义的地址池中动态地选择一个未使用的公有 IP 地址进行映射。映射关系不是永久固定的，而是在一段时间内有效，之后可能会根据需要重新分配。当外部网络的响应数据包返回时，NAT 设备会执行相反的转换，将数据包的目的 IP 地址从公有 IP 地址转换回原始的内部私有 IP 地址。

动态 NAT 在提升安全性、节省公网地址、灵活性等方面具有显著的优点，但也存在配置复杂、延迟可能增加等缺点。

3）网络地址端口转换

网络地址端口转换是网络地址转换的一种扩展形式。通过修改数据包的源 IP 地址和端口号（源 NAT）或目的 IP 地址和端口号（目的 NAT）来实现多个私有 IP 地址映射到单个公有 IP 地址，并通过端口号来区分不同的内部主机和服务，从而实现对外部网络的访问。NAPT 常用于家庭网络和小型企业网络等场景。

当内部主机发送数据包到外部网络时，NAPT 设备（如路由器或防火墙）会将数据包的源 IP 地址和端口号替换为映射表中的公有 IP 地址和一个新的端口号，并在映射表中记录下相应的映射关系。当外部网络返回数据包时,NAPT 设备会根据数据包的目的 IP 地址和端口号找到相应的映射关系,并将数据包的目的 IP 地址和端口号替换为内部主机的私有 IP 地址和端口号,然后将数据包转发给内部主机。

NAPT 通过引入端口号的概念,实现了多个内部主机共享单个公共 IP 地址的目标,从而节省了 IP 地址资源、增强了网络安全性并简化了网络管理。在实际应用中,NAPT 技术被广泛应用于各种网络环境中,为网络的互联互通提供了有力支持。

图 4-54 给出的是三种 NAT 的过程。静态 NAT 总是把内网的私有 IP 地址 192.168.1.100(服务器的内部 IP 地址)与公网地址 212.102.11.100 一对一转换,使得外部网络可通过公网地址 212.102.11.100 访问内部服务器。

动态 NAT 中给出了地址池的范围:212.102.11.3~212.102.11.10,可将内部网络中的所有私有地址动态映射到这个地址池内。

NAPT 是将内部多个私有地址映射到一个公网地址的不同端口上,理想状态下,一个单一的 IP 地址可以使用的端口数为 4000 个。

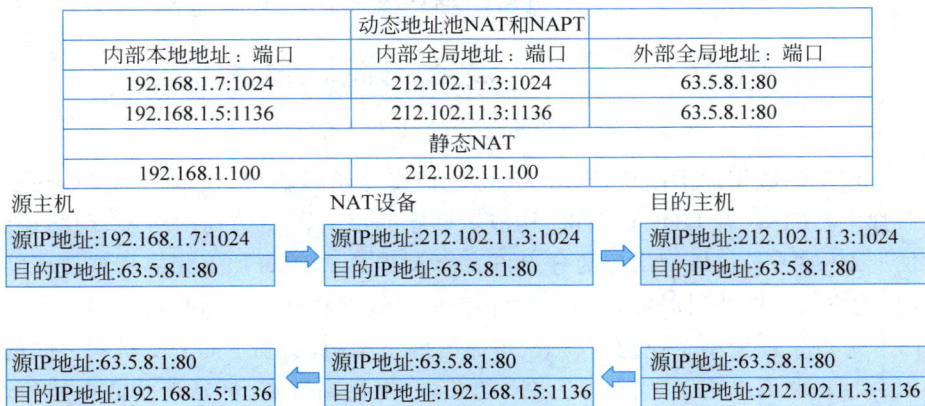

动态地址池 NAT 和 NAPT		
内部本地地址:端口	内部全局地址:端口	外部全局地址:端口
192.168.1.7:1024	212.102.11.3:1024	63.5.8.1:80
192.168.1.5:1136	212.102.11.3:1136	63.5.8.1:80
静态NAT		
192.168.1.100	212.102.11.100	

源主机

源IP地址:192.168.1.7:1024
目的IP地址:63.5.8.1:80

NAT设备

源IP地址:212.102.11.3:1024
目的IP地址:63.5.8.1:80

目的主机

源IP地址:212.102.11.3:1024
目的IP地址:63.5.8.1:80

源IP地址:63.5.8.1:80
目的IP地址:192.168.1.5:1136

源IP地址:63.5.8.1:80
目的IP地址:192.168.1.5:1136

源IP地址:63.5.8.1:80
目的IP地址:212.102.11.3:1136

图 4-54　地址转换过程

4.9　MPLS

4.9.1　MPLS 概述

20 世纪 90 年代初期,随着互联网流量的快速增长,当时的硬件技术以及传统 IP 转发机制(最长前缀逐跳转发数据包)成为网络数据转发的瓶颈。快速路由技术成为当时研究的一个热点。在多种解决方案中，IETF 将**多协议标签交换**（Multi-Protocol Label Switching，**MPLS**）作为标准协议。它是一种在开放的通信网上利用标签引导数据高速、高效传输的新技术，也是一种新一代的 IP 高速骨干网络交换标准。

MPLS 中的 Multi-Protocol 指的是支持多种网络层协议，如 IP、IPX、AppleTalk 等，同时还可以兼容第二层的多种数据链路层技术，如 ATM、帧中继等。这使得 MPLS 具有广泛的适用性和灵活性。

MPLS 提供了一种新的网络数据转发机制，它采用短而定长的标签来封装数据包，当分组进入网络时，为其分配固定长度的短标记，并将标记与分组封装在一起。MPLS 通过为数据包分配标签，并在网络中根据标签进行转发，从而避免了传统 IP 路由方式中在每一跳都需要分析 IP 报文头的开销。在整个转发过程中，交换结点仅根据标记进行转发，从而实现快速的数据包交换和路由，大大提高数据传输效率和灵活性。

MPLS 处于数据链路层和网络层之间，可以看作 2.5 层协议，采用面向连接的方式进行数据转发。所在层次及数据封装情况如图 4-55 所示。

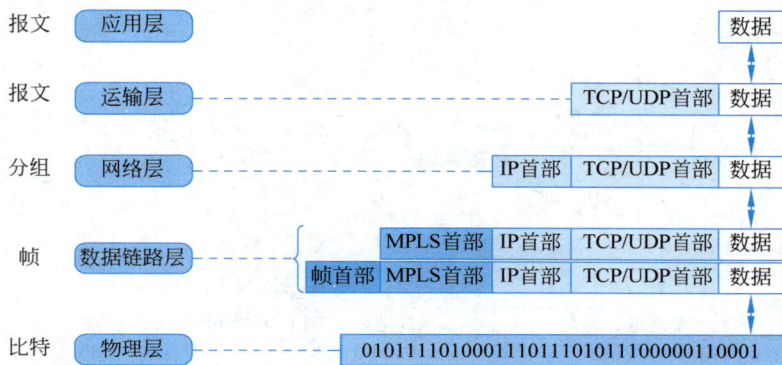

图 4-55　MPLS 所在层次及数据封装情况

应用层产生的数据加上高层协议的首部之后发送给运输层，运输层的 TCP 或者 UDP 收到之后加上 TCP 或者 UDP 的首部，构成运输层的报文再发送到网络层，网络层的 IP 收到之后加上 IP 的首部构成网络层的分组再发给 MPLS，MPLS 加上相应的首部再发送给数据链路层，构成数据链路层的帧，最后以比特流的形式在物理层进行传输。

MPLS 可以帮助大型企业构建高效、可靠的网络架构，实现不同分支机构之间的快速互联和数据共享；也可以用于数据中心之间的互联，提供高带宽、低延迟的数据传输通道，满足大规模数据处理和存储的需求；还可以应用于 VPN 中，它通过标签交换路径（Label Switching Path，LSP）将私有网络的不同分支连接起来，形成一个统一的网络，并支持对不同 VPN 间的互通控制，提供安全、可靠的跨地域数据传输服务。

MPLS 具有以下优点。

（1）**转发速度快**。MPLS 利用短而固定长度的标签来封装网络层的分组，通过标签转发分组，而不再根据目的 IP 地址查找路由，显著提高了数据包的转发速度，降低了网络延迟。

（2）**支持多种协议**。MPLS 位于数据链路层和网络层之间，它可以建立在各种数据链路层协议（如 PPP、ATM、以太网协议等）之上，为各种网络层协议（如 IPv4、IPv6、IPX 等）提供面向连接的服务。

（3）**增强网络灵活性和可扩展性**。MPLS专线可根据企业需求进行灵活的网络拓扑设计和扩展,支持多个站点的连接。MPLS采用模块化结构,使得设备的扩展性更强,可以轻松添加新的服务和功能,而不需要对网络进行大幅度的改动。MPLS支持大规模网络的部署和管理,具有良好的可扩展性。

（4）**强大的流量工程能力**。MPLS提供了流量工程功能,可以根据网络的拓扑结构和负载情况来优化数据流量的路径,支持多条路径并行传输,避免拥塞,实现网络负载的均衡和优化,确保网络的高可靠性和可用性。

总之,MPLS是一种高效、灵活的网络交换技术,它以其转发速度快、支持多种协议、增强网络灵活性和可扩展性、强大的流量工程能力等优点,在现代网络架构中发挥着重要作用。然而,也需要注意到MPLS的实施和运营成本较高,需要专门的设备和技术人员进行维护,同时在适应新兴的云计算和SDN等技术方面也面临一些挑战。

4.9.2　MPLS 的首部结构

MPLS首部是一个固定长度的32位(即4字节)字段,它包含了用于转发数据包所需的必要信息。该首部在帧的首部和IP数据报的首部之间,其首部格式如图4-56所示,由以下4个字段构成。

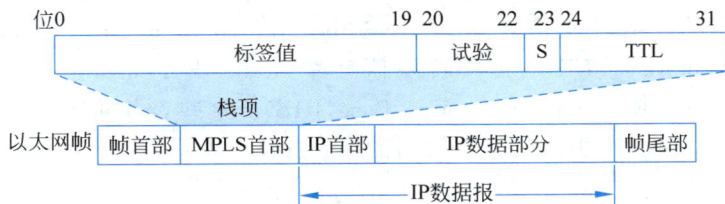

图 4-56　MPLS 的首部结构

（1）**标签值(label)**：占20位,取值范围为0~1 048 575。0~15为保留标签,其中,0表示该标签必须弹出,交给IPv4处理;2表示该标签必须弹出,交给IPv6处理;3表示倒数第二跳弹出。16~1023为静态标签;1024~65 536为动态标签。标签是一个短而定长的、只具有本地意义的标识,用于唯一标识去往同一目的地址的报文分组。

（2）**试验(EXP)**：占3位,目前被保留用于实验目的,但最常见的用途是标记数据包的服务质量(QoS)。

（3）**S(栈底)**：占1位,S位用于指示当前标签是否是标签栈中的最后一个标签。如果S位被设置为1,则表示该标签是栈底标签,即没有更多的标签跟随其后。如果这是栈底的标签,则取值为1;如果不是栈底标签,则取值为0。

（4）**TTL**：占8位,TTL位的作用是防止数据包在网络中无限循环。每当数据包经过一个MPLS路由器时,其TTL值就会减1。如果TTL值减至0,则数据包将被丢弃。此字段与IP数据报首部中的TTL字段类似,但MPLS的TTL是作用于MPLS域内的,而不是整个网络。

4.9.3　MPLS 中的路由器

在 MPLS 网络中,路由器被赋予了新的功能,以支持 MPLS 的标签转发机制。MPLS 中的路由器分为标签交换路由器(Label Switching Router,LSR)和标签边缘路由器(Label Edge Router,LER)两种。

LSR 是一台在 MPLS 网络域中支持 MPLS 功能并启用了 MPLS 技术的路由器,它是 MPLS 网络的基本组成单元。LSR 由控制单元和转发单元两部分构成。控制单元负责标签分配、路由选择、标签转发表建立等工作,转发单元则依据标签转发表来转发带有标签的数据分组。

LER 是 MPLS 网络与其他网络连接的边界设备,作为 MPLS 域的入口和出口点,负责将 IP 报文转换为 MPLS 报文(即添加 MPLS 标签)或将 MPLS 报文转换为 IP 报文(即移除 MPLS 标签)。

MPLS 网络中的路由器是 MPLS 转发机制的核心组件,它们通过标签分发、标签转发、标签添加、标签移除、路由和转发决策、QoS 支持和流量工程等功能来确保网络中的数据包能够高效、可靠地传输。

4.9.4　MPLS 中的表

MPLS 通过将三层路由信息映射为二层交换路径,从而提高网络的性能和可靠性。MPLS 中的表主要包括转发信息库(Forwarding Information Base,FIB)、标签信息库(Label Information Base,LIB)、标签转发信息库(Label Forwarding Information Base,LFIB)和路由信息库(Routing Information Base,RIB)。这些表共同构成了 MPLS 的转发机制,使得 MPLS 能够实现快速转发和灵活的路由选择。

1. FIB

FIB 是通过 IGP、BGP 等路由协议根据收到的路由信息建立的用于 IP 数据报转发的一张表。该表通常与 IP 路由表相关联,在 MPLS 网络中,FIB 起到了指导 IP 报文转发的作用。当 IP 报文离开 MPLS 域时,需要按照 FIB 中的信息进行转发。FIB 是从 RIB 中提取得到的,仅包含当前有效的路由表项信息。

2. LIB

LIB 用于存放 MPLS 路由器从邻居接收到的所有远程标签及本地分发的本地标签,即到达下一跳路由器的所有可能的标签条目,用于构建 LFIB。LIB 是 MPLS 标签分发和 LSP 建立的基础,它确保了 MPLS 网络中标签的正确分发和交换。

3. LFIB

LFIB 是 MPLS 的核心表,是进行标签转发实际需要查询的表,此表包含从 LIB 中筛选出的最优转发标签条目,存储了标签转发信息,包括入栈标签、出栈标签、出接口/下一跳等信息。

4. RIB

RIB 由各种 IP 生成,用于路由选择。在 MPLS 网络中,RIB 是路由信息的核心存储库,它包含了网络中的所有路由信息,为 MPLS 标签的分配和标签交换路径 LSP 的建立提供了必要的路由信息。

4.9.5　MPLS 的体系结构

MPLS 的体系结构如图 4-57 所示。由控制平面(control plane)和转发平面(forwarding plane,也称为数据平面,data plane)组成。这种体系结构使得 MPLS 能够在保持 IP 网络强大灵活的路由功能的同时,实现快速的数据转发。

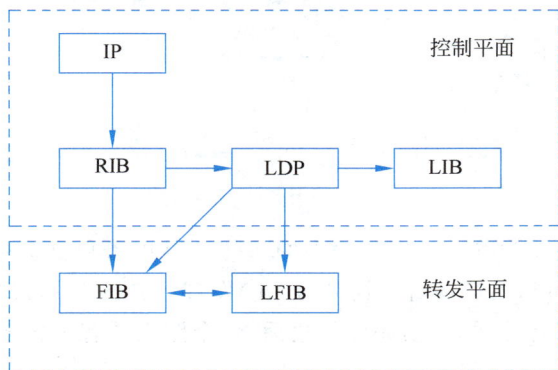

图 4-57　MPLS 的体系结构

在控制平面,路由器通过运行路由协议(如 OSPF、IS-IS、BGP 等)建立邻居关系、交换路由信息,生成 RIB。标签分发协议(LDP)从 RIB 中获取路由信息,根据路由前缀匹配转发等价类(Forwarding Equivalence Class,FEC),为 FEC 分配标签,生成 LIB 和 FIB,并从 FIB 中找到最优标签生成 LFIB,LFIB 包含了用于指导 MPLS 报文转发的标签信息。总之,控制平面主要负责标签的分配、标签转发信息库(Label Forwarding Information Base,LFIB)的建立,除此之外,还需要完成标签交换路径(Label Switched Path,LSP)的建立与拆除等工作。它是无连接的,通常依赖现有的 IP 网络来实现这些功能。

在转发平面,当 IP 数据包进入 MPLS 网络时,入口路由器(ingress router)会为 IP 包添加标签,封装成 MPLS 报文进行转发。在 MPLS 网络内部,中间路由器(transit router)根据标签转发表进行标签交换,完成 MPLS 报文的转发。当 MPLS 报文到达出口路由器(egress router)时,标签被弹出,恢复成原来的 IP 报文进行相应的转发。转发平面主要负责对 IP 数据包进行标签的添加和删除,同时依据 LFIB 对收到的分组进行转发。它是面向连接的,可以使用 ATM、Ethernet 等二层网络承载。

综上所述,MPLS 的体系结构通过控制平面和转发平面的协同工作,实现了在保持 IP 网络灵活性的同时,提高数据转发的速度和效率。

4.9.6　MPLS 的工作原理

MPLS 的基本原理是通过在数据包上附加短而定长的标签,并利用这些标签给出数据包在网络中的转发路径,从而实现快速、高效的数据传输。MPLS 依据路由器上生成的三张表完成对数据包的转发。下面结合图 4-58 简单介绍 MPLS 的基本工作原理。

1. 产生 MPLS 的三张表

路由器之间通过运行 IGP(可以是 RIP、OSPF、静态路由协议)学习到 MPLS 域中所有非直连网段的路由信息,产生 FIB,确保 MPLS 域中路由互通。

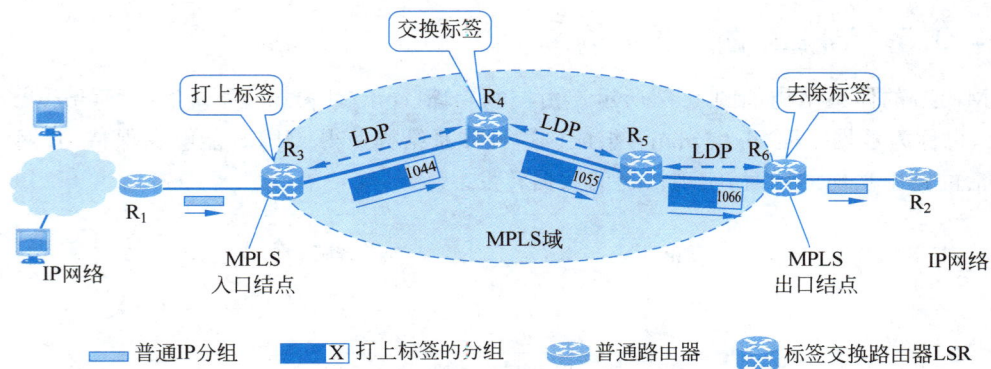

图 4-58　MPLS 的工作原理

MPLS 域中的路由器为其本地路由表中的每一个路由条目都会分配一个本地标签,进行 FEC 标签绑定。通过运行标签分配协议(LDP)发现 MPLS 邻居,MPLS 路由器将路由条目的本地标签通告给所有邻居,交换完标签之后,各个路由器有了关于路由表中每一条目的本地标签和邻居发来的远程标签,从而得到 LIB。

MPLS 路由器将下一跳路由器通告的远程标签放到 LIB 中,生成 LFIB,用于 MPLS 数据包的转发。有了 LFIB,路由器就可以根据此表中的标签表项完成数据包的转发。

2. 数据包在 MPLS 网络中的转发过程

假设标签交换路由器 R_3、R_4、R_5、R_6 分配的本地标签分别为 1033、1044、1055 和 1066。下面给出 MPLS 路由器收到 IP 数据报后的转发过程。

路由器 R_1 将 IP 数据包发给路由器 R_3,R_3 收到不带标签的 IP 数据包后,根据目的地址判定该数据包所属的转发等价类(FEC,一组具有相同转发特性的数据包)及对应的 LFIB 中的项目,为此数据包添加出标签 1044,并从对应的出接口将带有标签 1044 的数据包转发给下一跳 R_4。路由器 R_3 完成了标签的添加和数据包的转发。

路由器 R_4 根据数据包上的标签 1044 查找 LIB,找到对应的 LIB 项,并用出标签 1055 替换原有标签,从对应的出接口将带有标签 1055 的数据包转发给下一跳 R_5。路由器 R_5 做类似的查找和转发,将数据包转发给路由器 R_6。路由器 R_4 和 R_5 完成了标签的交换和数据包的转发。

路由器 R_6 接收到标签为 1066 的数据包后,查找入标签为 1066 对应的 LIB 项,删除数据包中的标签,恢复 IP 数据报,根据 IP 选路将报文发给 R_2。路由器 R_6 完成了标签的删除和数据包的转发。

4.10　SDN

软件定义网络(Software Defined Network,SDN)是由美国斯坦福大学 Clean-Slate 课题研究组提出的一种新型网络架构,是网络虚拟化的一种实现方式。它旨在将网络的控制平面与数据转发平面分离开来,以实现网络流量的灵活控制和管理。这种分离使得网络开发者和管理者能够通过软件编程和管理网络资源,而不需要直接配置各个物理或虚拟网络设备。它通过控制平面与数据平面的分离、集中控制、开放可编程和抽象化等核心思想,使得网络能够更好地适应不断变化的业务需求和技术挑战。SDN 被认为是网络领域的一场革命，为新型互联网体系结构研究提供了新的实验途径，也极大地推动了下一代互联网的发展。

4.10.1　SDN 的产生和发展

传统网络基于分层的网络模型（OSI 或者 TCP/IP），将网络通信过程划分为不同的层次，每个层次负责不同的功能和任务，以确保数据能够准确、高效地从一个结点传输到另一个结点。在基于五层模型的网络中，当数据从一个网络中的一台主机发送到另一个网络中的一台主机时，数据会自顶向下依次经过应用层、运输层、网络层、数据链路层和物理层，并在每一层被封装上相应的协议数据。接收方则自底向上逐层解析数据，最终将数据还原并呈现给应用层。随着网络规模的扩大和业务种类的增多，传统网络的分层架构存在的控制平面与数据平面紧密耦合以及只可配置不可编程的局限带来了扩展成本高、网络新业务部署速度慢、运维难度大、网络协议实现复杂等一系列问题，很难满足现代网络业务的需求。为了克服传统网络的局限性，SDN 这种新型网络技术应运而生，SDN 通过将网络控制平面和数据平面分离，并引入集中式的控制器对网络进行编程化控制和管理，从而实现了网络的灵活性、可编程性和智能化。

SDN 从最初的学术研究到现在的广泛应用，其发展历程可以概括为以下几个关键阶段。

1. 初期发展阶段（2006—2010 年）

2006 年，当时斯坦福大学的 Nick McKeown 教授及其团队提出了 OpenFlow 的概念，并基于 SDN 这一概念开始探索网络的可编程能力。Martin Casado 博士在 RCP 和 4D 论文基础上，提出了逻辑上集中控制的企业安全解决方案 SANE。2007 年，Martin 博士在 SANE 的基础上领导了面向企业网络安全的 Ethane 项目，同年 Nick McKeown 教授、Scott Shenker 教授和 Martin Casado 博士成立了 Nicira 公司（后被 VMware 收购）。2008 年，Nick McKeown 教授等发表了关于 OpenFlow 的论文，并发布了首个开源 SDN Controller NOX。2009 年，发布了 Python 版的 SDN Controller POX，以及 OpenFlow 1.0 协议和开源网络虚拟化软件 FlowVisor。

2. 快速发展和标准化阶段（2011—2015 年）

随着 SDN 技术的不断发展，业界开始推动其标准化进程。2011 年，Open Networking Foundation（ONF）成立，致力于推动 SDN 的标准化和开放化。2012 年，Google 的 SDN 项目案例 B4 成功，展示了 SDN 在实际应用中的巨大潜力。2013 年，OpenDaylight 开源项目诞生，旨在解决 OpenFlow 不支持 IPv6、QoS 等问题，通过设备开放更多的北向 API 供调用。SDN 技术开始在企业网络、数据中心等领域得到初步应用。

3. 成熟与广泛应用阶段（2016 年至今）

2014 年，P4 编程语言的诞生，进一步推动了数据平面的可编程性。Nick McKeown 教授在 ONF Connect 2019 演讲中定义了 SDN 发展的三个阶段，包括通过 OpenFlow 实现控制平面与数据平面分离的第一阶段、通过 P4 实现数据平面可编程的第二阶段，以及未来整个网络可编程的第三阶段（SDN 3.0）。SDN 控制器市场持续扩大，全球范围内对 SDN 的需求不断增加。SDN 技术已经广泛应用于数据中心、云服务、企业网络等领域，提高了网络的灵活性、效率和可管理性。

综上所述,SDN 的发展经历了从学术研究到广泛应用的过程,其技术创新和市场应用不断推动网络技术的进步和发展。未来,随着技术的不断进步和市场需求的持续增长,SDN 有望在更多领域发挥重要作用。

4.10.2　SDN 的体系架构

SDN 的基本架构采用了集中式的控制平面和分布式的转发平面(数据平面)相互分离的设计理念,通过这种架构,网络控制变得更加灵活和可编程。其体系架构主要由三个逻辑层组成,每层负责不同的功能和角色。SDN 的体系架构由下到上分为数据平面、控制平面和应用平面,具体如图 4-59 所示。

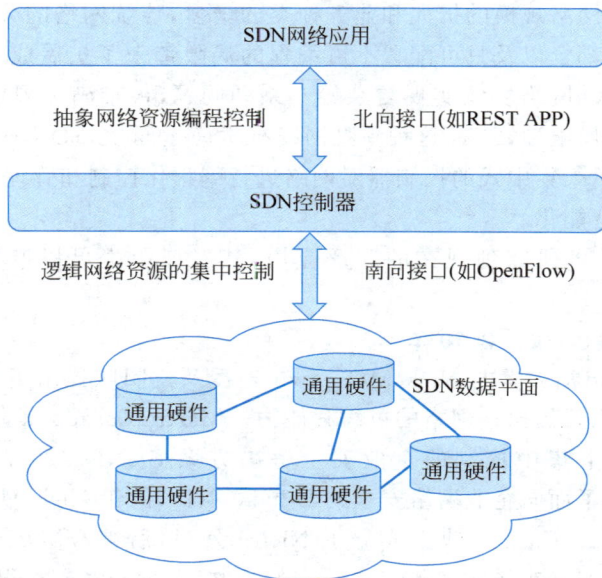

图 4-59　SDN 的体系架构

数据平面由交换机、路由器等网络通用硬件组成,各个网络设备之间通过不同规则形成 SDN 数据通路连接,负责网络流量的转发和处理,实现数据在物理网络中的实际传输。数据平面在 SDN 架构中不再负责网络控制功能,而是通过南向接口接收来自控制平面的控制指令,并按照指令中的转发规则进行数据转发。由于控制逻辑的集中化,数据层面可以更加专注于数据的高速转发,提高网络的整体性能。

控制平面是 SDN 架构中的核心组成部分,包含了逻辑上为中心的 SDN 控制器,它掌握着全局网络信息,可以实时收集网络状态信息,进行全局优化和决策,负责集中管理网络资源、提供灵活的网络流量调度和控制能力。SDN 控制器(如 OpenDaylight、ONOS 等)是控制平面的主要组成部分,它通过南向接口(southbound interface)与数据转发设备(如交换机、路由器)进行通信,并接收来自应用层的网络需求,转换为具体的转发规则。SDN 控制器之间通过东西向接口实现彼此之间的通信。此外,控制平面还提供了丰富的北向接口,以便与上层应用进行交互。

应用平面是 SDN 架构中的最上层,包含了各种基于 SDN 的网络应用和服务,用户无须关心底层细节就可以编程、部署新应用。这些应用可以通过北向接口（northbound interface）与SDN控制器进行交互，实现对网络资源的动态配置和管理。应用平面是用户直接交互的界面，可以支持各种网络功能的快速开发和部署，如网络监控、流量工程、安全策略、资源优化等。

SDN的体系架构通过分层设计，实现了网络控制逻辑与数据转发逻辑的分离，提高了网络的灵活性和可编程性。同时，通过丰富的接口协议支持，SDN使得网络管理与运维变得更加简单和高效。

4.10.3　SDN的数据平面

SDN数据平面的架构和转发模型是SDN架构中的重要组成部分，它们共同实现了网络数据的高效转发和处理。

1. SDN数据平面的架构

SDN数据平面的架构主要体现了控制平面与数据转发平面的分离，以及数据平面内部的可编程性和灵活性。

在SDN架构中，控制平面负责网络的决策和控制，而数据转发平面则负责实际的数据包转发。这种分离使得控制逻辑可以独立于物理网络设备进行集中管理和编程。

在传统的网络架构中，数据平面和控制平面存在于同一个网络设备中，在物理上彼此之间是紧密耦合的。数据平面的任务主要是执行网络的控制逻辑，如解析数据包头、转发数据包到某些端口。通过查询由控制平面所生成的转发信息表来完成。传统网络数据包的转发流程如图4-60所示。具体来讲，数据包从输入端口进入后，通过拆封与解析、转发策略匹配和转发调度等处理，然后被转发到相应的输出端口。传统网络数据平面只能处理有限的某几种特定协议的数据包，网络设备的功能模块固定，支持有限的用户配置，不支持编程自定义。如二层设备只能完成MAC地址的学习与查找处理、三层设备只能完成IP地址的学习与查找处理。针对传统网络数据平面存在的不足，SDN数据平面架构对传统网络数据平面架构做了改进。

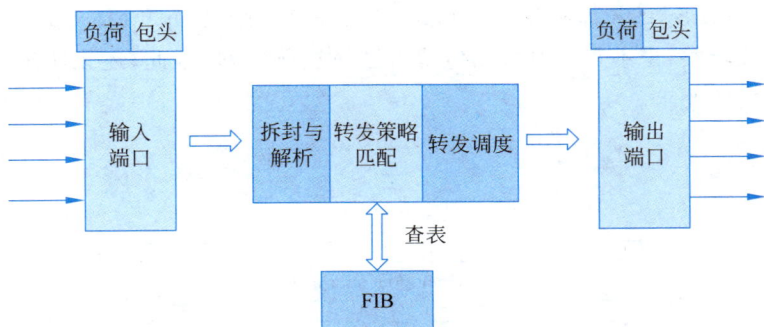

图 4-60　传统网络转发数据包的流程

SDN数据平面转发数据包的流程如图4-61所示。相对传统数据平面主要有两大变化：第一，在SDN数据平面中，包处理流程中的所有模块都是可编程协议无关的；第二，传统网络设备中的二层或三层转发表被抽象成流表。这种网络架构为用户提供了一种可以通过软件编程、任意定义网络功能的方式，使得网络可以更加灵活地适应不同的业务需求和网络场景。SDN 数据平面设计倾向于实现协议无关的数据包处理,即不依赖于特定的网络协议进行数据包的解析和转发。这有助于提高网络的兼容性和可扩展性。

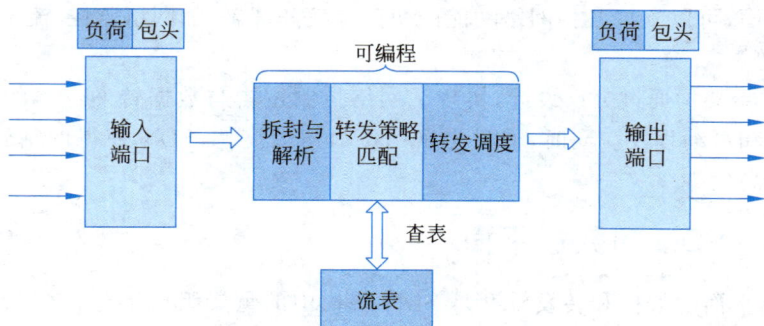

图 4-61　SDN 数据平面转发数据包的流程

2. SDN 数据平面的转发模型

SDN 数据平面的转发模型主要基于流表(flow table)和匹配-动作(match-action)机制。OpenFlow 和 PISA 架构是两种较为典型的转发模型。

1) OpenFlow 交换机模型

OpenFlow 交换机模型的结构如图 4-62 所示。它是一个可编程通用转发抽象模型,将交换机的流表、安全通道和 OpenFlow 协议组合在一起,具有可编程性和协议无关性,能够支持多种网络协议和用户自定义的转发逻辑。该模型是在 SDN 数据平面架构实现上的一次尝试。OpenFlow 交换机将传统网络数据平面中的各种查找表抽象成一种通用的流表,所谓的流表是 SDN 网络中控制平面下发给数据平面的转发规则集合,流表的设计使得数据转发处理可以更加灵活和高效。通过编程定义流表项,可以实现复杂的转发逻辑和策略控制。将数据转发处理抽象成通用的匹配-动作过程,也就是 match-action 过程。每个流表可以实现用户定义的网络处理功能,从而实现可编程的数据转发处理。OpenFlow 交换机转发模型是现有通用转发模型数据平面中的代表,目前,主流厂商的 SDN 物理交换机和主流的虚拟交换机 OpenSwitch 都实现了对 OpenFlow 的支持,但 OpenFlow 交换机转发模型并未实现协议无关转发,也不支持对数据包解析逻辑进行编程,因此,还无法达到理想的通用可编程转发模型的要求。

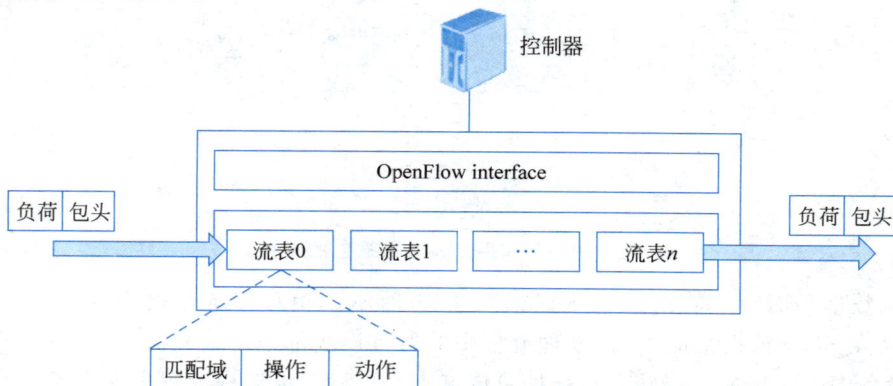

图 4-62　OpenFlow 交换机模型的结构

2) PISA

PISA(Protocol-Independent Switch Architecture,可编程协议无关交换机模型)即可编程协议无关交换机架构,是一种在 SDN 数据平面中广泛研究和应用的通用可编程数据转发模型。PISA 架构是 Nick 教授提出的一种更加灵活和可扩展的 SDN 数据平面实现方式。它设计了可编程解析器来实现协议无关的数据包解析处理,并在入口和出口分别设计了"匹配-动作"逻辑。这种架构能够支持更多的网络功能和应用,并具有较高的灵活性和可扩展性。

在如图 4-63 所示的 PISA 中,数据包到达后,由可编程解析器解析,再通过入口处一系列的匹配-动作阶段,然后经由队列系统交换,由出口匹配-动作阶段再次处理,最后重新组装发送到输出端口。与 OpenFlow 交换机结构相比,在数据包解析能力上,PISA 通过可编程解析器,实现了协议无关的数据包解析处理,能够更灵活地支持新网络协议和数据包格式。在协议无关性上,OpenFlow 支持对数据包解析逻辑的深入编程自定义,更好地体现了协议无关性。在可编程性和灵活性上,PISA 提供了更高级的可编程性和灵活性,允许用户对数据包解析、匹配-动作逻辑以及队列系统等进行深入定制和优化。

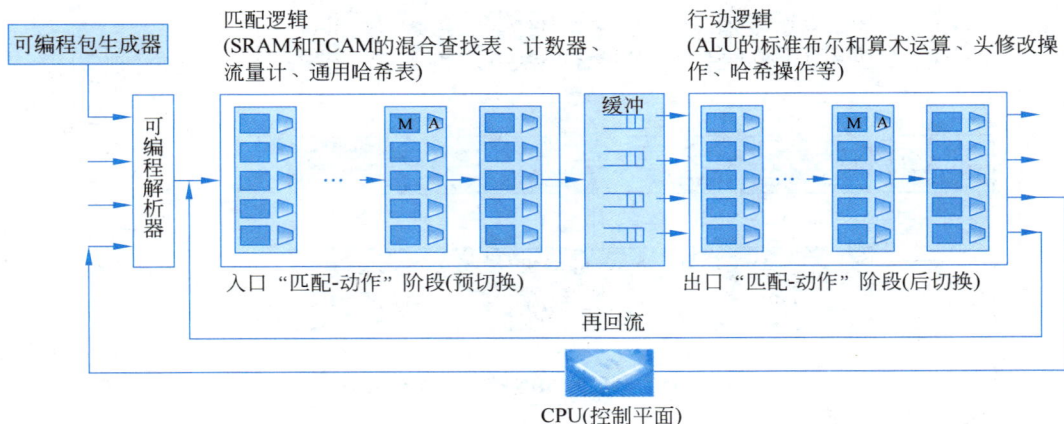

图 4-63 PISA

PISA 具有协议无关性、可编程性、高效性和扩展性等特点,这些特点使得 PISA 在 SDN 数据平面中具有重要的地位和应用价值。

总之,SDN 数据平面的架构和转发模型体现了控制平面与数据转发平面的分离、可编程性和协议无关性等特点。通过流表和匹配-动作机制的实现方式,SDN 数据平面能够高效地处理网络数据包,满足不同的业务需求和网络场景。

4.10.4 SDN 的控制平面

SDN 控制平面是 SDN 整体架构中的核心部分,它负责集中管理网络资源,并提供灵活的网络流量调度和控制能力,提供开放的北向接口,使得第三方应用可以方便地使用网络资源和服务。

SDN 控制器是整个网络的大脑和控制中心,负责生成对应的数据平面转发规则,完成两大任务:一是通过南向接口对底层网络交换设备进行集中管理、状态监测、转发决策以及处理和调度流量;二是通过北向接口与上层应用进行交互,开放多个层次的可编程能力,使得应用能够调用底层的网络资源和能力,允许网络用户根据特定的应用场景灵活地制定各种网络策略。

1. SDN 控制器的架构

SDN 的控制器非常多,可以分为开源控制器和商用控制器。SDN 控制器是 SDN 网络架构中的核心组件,它负责集中管理网络资源、制定转发策略、控制网络设备的行为,并通过开放的接口与上层应用进行交互。一个典型的 SDN 控制器体系架构如图 4-64 所示。该体系架构包括 6 个层次,每个层次都有其特定的功能和作用。

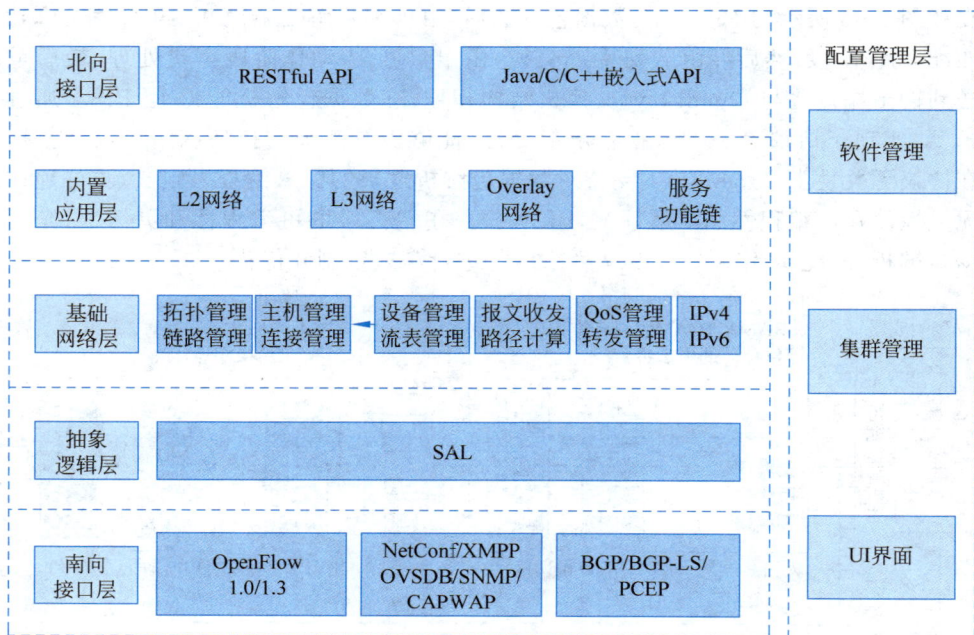

图 4-64　典型的 SDN 控制器体系架构

1) 南向接口层

南向接口层提供对各种南向接口协议的支持,如 OpenFlow、NetConf、OVSDB 等标准协议。控制器通过南向接口层的通道实现对底层网络设备的监控、配置和控制。该层使用的关键技术有链路发现、拓扑管理、策略制定和表项下发等。这些技术使得控制器能够实时了解网络设备的状态,并根据应用需求制定相应的转发策略。

2) 抽象逻辑层

抽象逻辑层的主要作用是将服务抽象出来,实现各种通信协议的适配,为各模块和应用提供一致的服务。这一层主要处理来自南向接口层的数据,将其转换为控制器内部可以理解和处理的格式。

3) 基础网络层

基础网络层在任何控制器中都是必不可少的,包含控制器内部的实现逻辑,如拓扑管理、链路管理等,也包括一些底层的网络实现逻辑,如 BGP、Vxlan 的实现等。这一层是控制器实现网络控制和管理的基础。

4) 内置应用层

内置应用层提供基础的功能包,如 L2、L3 网络功能、Overlay App、服务链 App 等。这些内置应用使得控制器能够支持多种网络服务和应用场景。

5) 北向接口层

北向接口层的控制器实现了 RESTful API 或其他形式的接口,提供给上层应用调用。这一层使得网络用户可以根据业务需求灵活地定制网络策略和服务。

6) 配置管理层

配置管理层提供控制器服务管理、集群管理和图形化界面等功能。如 ODL 控制器提供了模块的启用、删除等功能。Floodlight 等控制器提供了一个简单易用的 UI 界面,可以在 Web 界面中调用控制器的北向 API,对控制器进行配置。

典型的 SDN 控制器的体系架构是一个多层次的架构,每个层次都有其特定的功能和作用。通过这些层次的协作,SDN 控制器能够实现对网络资源的集中管理、灵活调度和高效运行。

2．SDN 控制器的关键技术

1) 南向网络控制

南向网络控制技术通过南向接口协议进行链路发现、拓扑管理、策略制定和表项下发等,实现对底层网络设备的集中控制和管理。其中,链路发现是获得 SDN 全网信息的关键,是实现网络地址学习、VLAN、路由转发等网络功能的基础。拓扑管理是为了随时监控和采集 SDN 交换机的信息,及时反馈工作状态和链路连接状态。策略制定是南向网络控制中的核心技术之一,交换机流表生成算法是影响控制器智能化水平的关键因素,控制器要针对不同层次的传输需求,制定相应的转发策略并生成对应的流表项。策略制定的结果需要通过下发表项来实现,控制器下发表项有两种控制方式:主动下发和被动下发。主动下发是指在没有外部触发(如数据包到达)的情况下,系统或控制器提前将所需的信息、指令或数据发送给接收方。这种方式避免了数据包到达时的处理延迟,提高了网络的响应速度和效率。被动下发则是指系统或控制器在接收到外部触发(如数据包到达且没有匹配的流表项)后,才将所需的信息、指令或数据发送给接收方。这种方式虽然灵活,但会增加流表设置的时间和控制器的处理负担。

2) 北向业务支撑

北向接口是 SDN 控制器与上层应用之间的通信接口,其目标是使应用能够便利地调用底层的网络资源和能力。通过北向接口为上层业务应用及资源管理系统提供灵活的网络资源抽象,支持多样化的业务需求。北向接口的设计需要密切联系应用的业务需求,目前还缺少业界公认的北向接口标准。

SDN 作为一种新型的网络架构,其核心在于将网络的控制平面与数据平面分离,这种架构具有转控分离、开放可编程和逻辑上的集中控制三大主要特征。

SDN 正在深刻地改变着网络行业的面貌。它不仅提高了网络的灵活性和可管理性,还推动了网络硬件的变革和新型网络设备的发展。随着技术的不断进步和市场的日益成熟,我们有理由相信 SDN 将在未来发挥更加重要的作用,为我们的生活和工作带来更多的便利和可能性。

4.11　本章重要概念

1. 异构网络(heterogeneous network)通常是指由不同制造商生产的计算机、网络设备等网络元素,采用不同的技术、架构、协议等组合而成的网络系统。

2. 异构网络互联(heterogeneous network interconnection)指的是将两个或多个不同类型的网络连接在一起,以便它们能够相互通信和共享资源。

3. 虚拟互连网络也称为逻辑互连网络,指的是互连起来的各种物理网络的异构性本来是客观存在的,但是我们利用网际协议(IP)就可以使这些性能各异的网络在网络层上看起来好像是一个统一的网络。这种使用IP的虚拟互连网络可简称为IP网。

4. 路由选择指的是路由器根据路由算法选择最佳的路径,使得分组能够快速、稳定地传输到目的地。分组转发指的是路由器将一个分组从一个端口转发到另一个端口的过程,完成转发表查询、转发及相关的队列管理等任务。

5. IP地址是一个32位的二进制数,互联网上的每一台主机(或路由器)的每一个接口分配一个在全世界范围内唯一的IP地址作为标识符,以此来区别不同的主机、确定设备在网络中的位置、屏蔽物理地址的差异。IP地址是网络层及以上各层使用的地址,是一种逻辑地址。

6. 分类的编址将32位的IP地址划分为A、B、C、D、E 5类,每一类地址都由两个固定长度的字段组成。其中,第一个字段是网络号(net-id),它标志主机(或路由器)所连接到的网络。一个网络号在整个互联网范围内必须是唯一的。第二个字段是主机号(host-id),它标志该主机(或路由器)。

7. 子网掩码(subnet mask)又叫地址掩码,用来指明一个IP地址的哪些位标识的是主机所在的子网,哪些位标识的是主机。子网掩码是一个32位地址,由一连串的1和一连串的0构成,1对应IP地址的网络号和子网号部分,0对应主机号部分。

8. CIDR取消了分类编址中A类、B类和C类地址以及划分子网的概念,把32位的IP地址划分为前后两部分。前面部分为"网络前缀",用来指明网络;后面部分为"主机号",用来指明主机。

9. CIDR把网络前缀都相同的连续的IP地址组成一个"CIDR地址块"。我们只要知道CIDR地址块中的任何一个地址,就可以知道这个地址块的起止地址(即最小地址和最大地址),以及地址块中的地址数。

10. 地址掩码由一串1和一串0组成,而1的个数就是网络前缀的长度,0的个数就是主机号的长度。

11. IP数据报(datagram)是一个可变长度的分组,由首部和数据两部分组成。首部的前一部分是固定长度,共20字节,是所有IP数据报必须具有的。在首部的固定部分的后面是一些可选字段,其长度是可变的。

12. 路由聚合又称为地址聚合,可以将路由表中的某些表项聚合成一个表项。采用路由聚合(route aggregation)技术,可以在一定程度上缩小路由表的长度,进而缩短查找路由表的时间。

13. 物理地址是数据链路层和物理层使用的地址,在局域网中,物理地址通常指的是 MAC 地址,它是每个网络接口卡(NIC)的唯一标识符,嵌入在数据链路层的数据帧中。

14. 地址解析协议(ARP)接受来自 IP 的逻辑地址,将其映射为相应的物理地址,再递交给数据链路层的协议,完成 IP 地址到物理地址的动态映射。

15. 网际控制报文协议(Internet Control Message Protocol,ICMP)是 TCP/IP 协议族网络层的标准协议之一,与 IP、ARP 及 IGMP 共同构成 TCP/IP 模型中的网络层。ICMP主要用于网络设备(主机或者路由器)之间传递控制信息,包括报告差错、交换受限控制和状态信息等。

16. 虚拟专用网(Virtual Private Network,VPN),是一种通过公用网络(通常是互联网)建立私有传输通路的技术。利用虚拟专用网可以将物理上处于不同地点的远程分支机构、移动办公人员等连接在一起形成一个虚拟子网,VPN 可以利用认证、加密等技术,提供安全、稳定的端到端的数据通信服务。

17. 仅在本机构内有效的 IP 地址称为本地地址。而机构内部的主机和互联网上的主机进行通信时使用全球唯一的 IP 地址称为全球地址。

18. 网络地址转换(Network Address Translation,NAT)是一种将私有 IP 地址转换为公有 IP 地址的技术。NAT 主要用于解决 IPv4 地址资源有限的问题,使多台计算机能够共享同一个公网 IP 地址上网,同时提高了网络的安全性和隐蔽性。

19. 多协议标签交换(Multi-Protocol Label Switching,MPLS)是一种在开放的通信网上利用标签引导数据高速、高效传输的新技术,也是一种新一代的 IP 高速骨干网络交换标准。

20. 软件定义网络(Software Defined Network,SDN)是由美国斯坦福大学 Clean-Slate课题研究组提出的一种新型网络架构,是网络虚拟化的一种实现方式。它旨在将网络的控制平面与数据转发平面分离开来,以实现网络流量的灵活控制和管理。

21. 数据平面由交换机、路由器等网络通用硬件组成,各个网络设备之间通过不同规则形成 SDN 数据通路连接,负责网络流量的转发和处理,实现数据在物理网络中的实际传输。

22. 控制层面是 SDN 架构中的核心组成部分,包含逻辑上为中心的 SDN 控制器,它掌握着全局网络信息,可以实时收集网络状态信息,进行全局优化和决策,负责集中管理网络资源、提供灵活的网络流量调度和控制能力。

23. 北向接口是 SDN 控制器与上层应用之间的通信接口,其目标是使应用能够便利地调用底层的网络资源和能力。通过北向接口为上层业务应用及资源管理系统提供灵活的网络资源抽象,支持多样化的业务需求。

4.12 本章知识图谱

4.13　习题

1. 网络层向运输层提供的服务有哪两种？试比较其优缺点。

2. 作为中间设备，转发器、网桥、路由器和网关有何区别？

3. 将十进制 IP 地址 199.5.48.3 转换为二进制形式，再用十六进制数表示，并说明是哪一类 IP 地址、该类地址的最大网络数和每个网络中的最大主机数。

4. 假设某单位分配到一个地址块 146.43.32.64/24，现在需要利用子网划分技术把该网络进一步划分成 6 个一样大的子网。子网掩码是多少？每个子网中有多少个地址？给出每个子网的主机地址的最小值和最大值。

5. 某单位分配到一个 IP 地址，其网络号为 212.49.165.0，试问其默认子网掩码是多少？假设该单位需划分 6 个不同的子网，划分子网后该网络的子网掩码是多少？每个子网中有多少个地址？

6. 某单位分配到一个地址块 129.250/16。该单位有 4000 台计算机，均匀分布在 16 个不同的地点。试给每一个地点分配一个地址块，并算出每个地址块中 IP 地址的最小值和最大值。

7. 已知地址块中的一个地址是 140.120.84.24/20。试求这个地址块中的最小地址和最大地址。地址掩码是多少？地址块中共有多少个地址？相当于多少个 C 类地址？

8. 某单位分配到一个地址块 136.23.12.64/26，现在需要进一步划分为 4 个一样大的子网。试问：

(1) 每个子网的网络前缀有多长？

(2) 每一个子网中有多少个地址？

(3) 每一个子网的地址块是什么？

(4) 每一个子网可分配给主机使用的最小地址和最大地址是什么？

9. 有如下的 4 个/24 地址块，试进行最大可能的聚合。

212.56.132.0/24

212.56.133.0/24

212.56.134.0/24

212.56.135.0/24

10. 一个数据报长度为 4000B(固定首部长度)。现在经过一个网络传送，但此网络能够传送的最大数据长度为 1500B。试问应当划分为几个短些的数据报片？各数据报片的数据字段长度、片偏移字段和 MF 标志应为多少？

11. 假设有一个 IP 分组，头部长度为 20B，数据部分长度为 2000B。现在分组从源主机到目的主机需要经过两个网络，这两个网络所允许的最大传输单元(MTU)为 1500B 和 576B，请问该数据报如何进行分片？

12. 一个 3200 位长的 TCP 报文传到 IP 层，加上 160 位的首部后成为数据报。下面的互联网由两个局域网通过路由器连接起来，但第二个局域网所能传送的最长数据帧中的数据部分只有 1200 位，因此数据报在路由器中必须进行分片。试问第二个局域网向其上层要传送多少位数据(这里的"数据"当然指的是局域网看见的数据)？

13. 设某路由器建立如表 4-16 所示的路由表。

表 4-16 建立的路由表

目的网络地址	子 网 掩 码	下 一 跳
158.96.39.0	255.255.255.128	接口 0
158.96.39.128	255.255.255.128	接口 1
158.96.40.0	255.255.255.128	R2
192.4.153.0	255.255.255.196	R3
*（默认）	—	R4

现收到 5 个分组,其目的 IP 地址分别为:(1)158.96.39.10;(2)158.96.40.20;(3)158.96.40.153;(4)192.4.153.12;(5)192.4.153.90。试分别计算其下一跳。

14. 假设某路由器具有如表 4-17 所示的路由表。

表 4-17 某路由器的路由表

目的网络地址	子 网 掩 码	下 一 跳
162.210.64.0	255.255.255.0	R1
162.210.71.128	255.255.255.240	R2
162.210.71.128	255.255.255.252	R3
162.210.0.0	255.255.0.0	R4

（1）假设路由器接收到一个目的地址为 162.210.71.132 的 IP 分组,请确定路由器为该 IP 分组选择的下一跳,并解释说明。

（2）在路由表中增加一条路由表项,该路由表项使以 162.210.71.132 为目的地址的 IP 分组选择 R1 作为下一跳,而不影响其他目的地址的 IP 分组转发。

（3）在上面的路由表中增加一条路由表项,使所有目的地址与该路由表中任何路由表项都不匹配的 IP 分组被转发到下一跳 R5。

15. 已知路由器 R1 的转发表如表 4-18 所示。

表 4-18 路由器 R1 的转发表

前 缀 匹 配	下一跳地址	路由器接口
140.5.12.64/26	180.15.2.5	m2
130.5.8/24	190.16.6.2	m1
110.71/16	…	m0
180.15/16	…	m2
190.16/16	…	m1
默认	110.71.4.5	m0

试画出各网络和必要的路由器的连接拓扑,标注出必要的 IP 地址和接口,对不能确定的情况应当指明。

16. 如图 4-65 所示,网络 145.13.0.0/16 划分为 4 个子网 N1、N2、N3、N4。这 4 个子网与路由器 R 连接的接口分别是 m0、m1、m2、m3。路由器 R 的第五个接口 m4 连接到互联网。

（1）试给出路由器 R 的路由表。

（2）路由器 R 收到一个分组,其目的地址是 145.13.160.78,试解释这个分组是怎样被转发的。

17. 试说明 IP 地址与 MAC 地址的区别。为什么要使用这两种不同的地址?

网络145.13.0.0/16

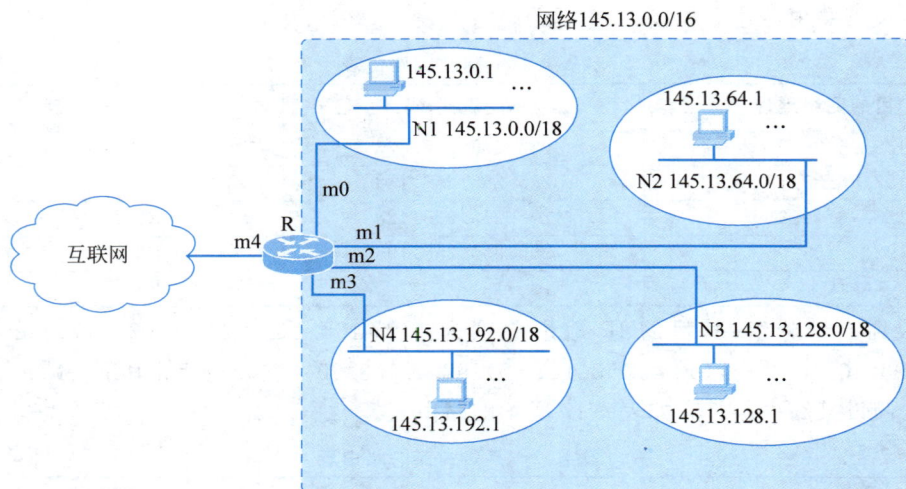

图 4-65　网络拓扑图 1

18. 什么是最大传送单元？它和 IP 数据报首部中的哪个字段有关系？

19. 简述路由器收到分组的转发过程。

20. ARP 的主要功能是什么？ARP 高速缓存是如何形成的？

21. 分别简述 RIP、OSPF 协议的三个要点。

22. 假定网络中的路由器 A 使用 RIP 对收到的分组进行路由，其路由表如表 4-19 所示，现在 A 收到从邻站 B 发来的路由信息，如表 4-20 所示。

表 4-19　A 的路由表

目 的 网 络	距　离	下一跳路由器
N1	6	C
N2	2	B
N4	5	D
N6	8	F
N8	4	E
N9	3	F

表 4-20　B 的路由信息

目 的 网 络	距　离	下一跳路由器
N2	4	D
N3	6	H
N6	4	E
N8	3	F
N9	5	C

请回答：

（1）RIP 使用什么路由算法来生成其路由表？

（2）求出路由器 A 更新后的路由表。

23. 从 IPv4 过渡到 IPv6 的方法有哪些？

24. 什么是 VPN？VPN 有什么特点和优缺点？VPN 有几种类别？

25. 什么是 NAT？什么是 NAPT？NAT 的优点和缺点有哪些？NAPT 有哪些特点？

26. MPLS 的工作原理是怎样的？它有哪些主要功能？

27. MPLS 具有哪些优点？

28. MPLS 由哪些表构成了其转发机制？对这些表进行简单介绍。

29. SDN 的体系结构由哪几部分构成？它们之间有什么关系？

4.14　考研真题

1. (2010 年)某网络的 IP 地址空间为 192.168.5.0/24，采用定长子网划分，子网掩码为 255.255.255.248，则该网络中的最大子网个数、每个子网内的最大可分配地址个数分别是(　　)。

  A. 32,8   B. 32,6   C. 8,32   D. 8,30

2. (2010 年)某自治系统内采用 RIP，若该自治系统内的路由器 R1 收到其邻居路由器 R2 的距离向量，距离向量中包含信息<net1,16>，则能得出的结论是(　　)。

  A. R2 可以经过 R1 到达 net1，跳数为 17   B. R2 可以到达 net1，跳数为 16

  C. R1 可以经过 R2 到达 net1，跳数为 17   D. R1 不能经过 R2 到达 net1

3. (2011 年)TCP/IP 参考模型的网络层提供的是(　　)。

  A. 无连接不可靠的数据包服务   B. 无连接可靠的数据包服务

  C. 有连接不可靠的虚电路服务   D. 有连接可靠的虚电路服务

4. (2011 年)网络拓扑如图 4-66 所示，路由器 R1 只有到达子网 192.168.1.0/24 的路由。为使 R1 可以将 IP 分组正确地路由到图中所有子网，则在 R1 中需要增加的一条路由(目的网络，子网掩码，下一跳)是(　　)。

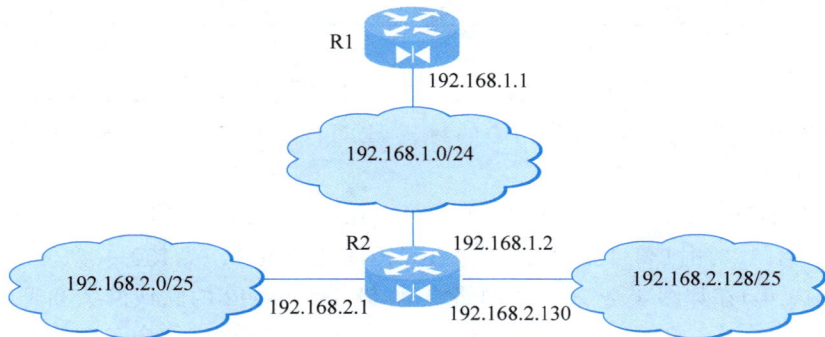

图 4-66　网络拓扑图 2

  A. 192.168.2.0,255.255.255.128,192.168.1.1

  B. 192.168.2.0,255.255.255.0,192.168.1.1

  C. 192.168.2.0,255.255.255.128,192.168.1.2

  D. 192.168.2.0,255.255.255.0,192.168.1.2

5. (2011 年)在子网 192.168.4.0/30 中，能接受目的地址为 192.168.4.3 的 IP 分组的最大主机数是(　　)。

  A. 0   B. 1   C. 2   D. 4

6. (2012年)某主机的 IP 地址为 180.80.77.55,子网掩码为 255.255.252.0。若该主机向其所在子网发送广播分组,则目的地址可以是(　　)。

　　A. 180.80.76.0　　　　　　　　　　B. 180.80.76.255

　　C. 180.80.77.255　　　　　　　　　D. 180.80.79.255

7. (2012年)ARP 的功能是(　　)。

　　A. 根据 IP 地址查询 MAC 地址　　　B. 根据 MAC 地址查询 IP 地址

　　C. 根据域名查询 IP 地址　　　　　　D. 根据 IP 地址查询域名

8. (2012年)在 TCP/IP 体系结构中,直接为 ICMP 提供服务的协议是(　　)。

　　A. PPP　　　　　　B. IP　　　　　　C. UDP　　　　　　D. TCP

9. (2012年)下列关于 IP 路由器功能的描述中,正确的是(　　)。

Ⅰ. 运行路由协议,设置路由表

Ⅱ. 监测到拥塞时,合理丢弃 IP 分组

Ⅲ. 对收到的 IP 分组头进行差错校验,确保传输的 IP 分组不丢失

Ⅳ. 根据收到的 IP 分组的目的 IP 地址,将其转发到合适的输出线路上

　　A. 仅Ⅲ,Ⅳ　　　B. 仅Ⅰ,Ⅱ,Ⅲ　　　C. 仅Ⅰ,Ⅱ,Ⅳ　　　D. Ⅰ,Ⅱ,Ⅲ,Ⅳ

10. (2015年)某路由器的路由表如表 4-21 所示,若路由器收到一个目的地址为 169.96.40.5 的 IP 分组,则转发该 IP 分组的接口是(　　)。

表 4-21　某路由器的路由表

目 的 网 络	下 一 跳	接 口
169.96.40.0/23	176.1.1.1	S1
169.96.40.0/25	176.2.2.2	S2
169.96.40.0/27	176.3.3.3	S3
0.0.0.0/0	176.4.4.4	S4

　　A. S1　　　　　　B. S2　　　　　　C. S3　　　　　　D. S4

11. (2016年)假设连接 R1、R2、R3 之间的点对点链路使用 201.1.3.x/30 地址。当 H3 访问 Web 服务器 S 时,R2 转发出去的封装 HTTP 请求报文的 IP 分组的源 IP 地址和目的 IP 地址分别是(　　)。

　　A. 192.168.3.251,130.18.10.1　　　B. 192.168.3.251,201.1.3.9

　　C. 201.1.3.8,130.18.10.1　　　　　D. 201.1.3.10,130.18.10.1

12. (2016年)在如图 4-67 所示的网络中,假设 H1 和 H2 的默认网关和子网掩码均分别配置为 192.168.3.1 和 255.255.255.128,H3 和 H4 的默认网关和子网掩码均分别配置为 192.168.3.254 和 255.255.255.128,则下列现象可能发生的是(　　)。

　　A. H1 不能与 H2 进行正常 IP 通信　　B. H2 与 H4 均不能访问 Internet

　　C. H1 不能与 H3 进行正常 IP 通信　　D. H3 不能与 H4 进行正常 IP 通信

13. (2016年)如图 4-67 所示的网络中,假设 R1、R2、R3 采用 RIP 交换路由信息,且均已收敛。若 R3 检测到网络 201.1.2.0/25 不可达,并向 R2 通告一次新的距离向量,则 R2 更新后,其到达该网络的距离是(　　)。

　　A. 2　　　　　　B. 3　　　　　　C. 16　　　　　　D. 17

14. (2016年)在 OSI 参考模型中,图 4-67 所示的 R1、Switch、Hub 实现的最高功能层

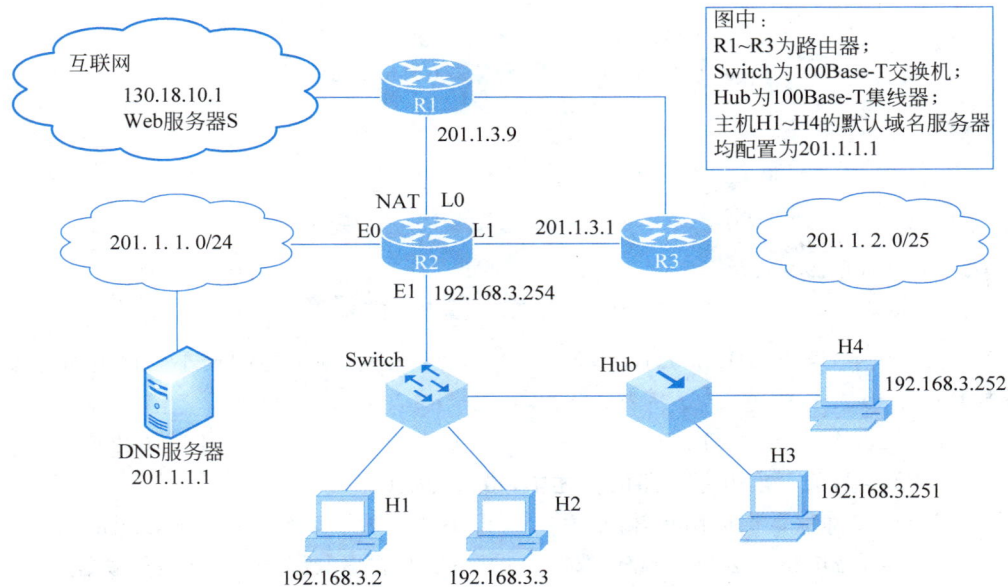

图中：
R1~R3为路由器；
Switch为100Base-T交换机；
Hub为100Base-T集线器；
主机H1~H4的默认域名服务器
均配置为201.1.1.1

图 4-67　网络拓扑图 3

分别是（　　）。

    A. 2,2,1　　　　　　B. 2,2,2　　　　　　C. 3,2,1　　　　　　D. 3,2,2

15. （2017 年）下列 IP 地址中,只能作为 IP 分组的源 IP 地址但不能作为目的 IP 地址的是（　　）。

    A. 0.0.0.0　　　　　　　　　　　　　　B. 127.0.0.1

    C. 200.10.10.3　　　　　　　　　　　　D. 255.255.255.255

16. （2017 年）若将网络 21.3.0.0/16 划分为 128 个规模相同的子网,则每个子网可分配的最大 IP 地址个数是（　　）。

    A. 254　　　　　　B. 256　　　　　　C. 510　　　　　　D. 512

17. （2017 年）直接封装 RIP、OSPF、BGP 报文的协议分别是（　　）。

    A. TCP,UDP,IP　　B. TCP,IP,UDP　　C. UDP,TCP,IP　　D. UDP,IP,TCP

18. （2018 年）某路由表中有转发接口相同的 4 条路由表项,其目的网络地址分别是 35.230.32.0/21,35.230.40.0/21,35.230.48.0/21,35.230.56.0/21,将这 4 条路由聚合后的目的网路地址为（　　）。

    A. 35.230.0.0/19　　　　　　　　　　　B. 35.230.0.0/20

    C. 35.230.32.0/19　　　　　　　　　　D. 35.230.32.0/20

19. （2018 年）路由器 R 通过以太网交换机 S1 和 S2 连接两个网络,R 的接口、主机 H1 和 H2 的 IP 地址与 MAC 地址如图 4-68 所示。若 H1 向 H2 发送 1 个 IP 分组 P,则 H1 发出的封装 P 的以太网帧的目的 MAC 地址、H2 收到的封装 P 的以太网帧的源 MAC 地址分别是（　　）。

    A. 00-a1-b2-c3-d4-62,　　　　　　　　B. 00-a1-b2-c3-d4-62,

        00-1a-2b-3c-4d-52　　　　　　　　　　00-a1-b2-c3-d4-61

    C. 00-1a-2b-3c-4d-51,　　　　　　　　D. 00-1a-2b-3c-4d-51,

        00-1a-2b-3c-4d-52　　　　　　　　　　00-a1-b2-c3-d4-61

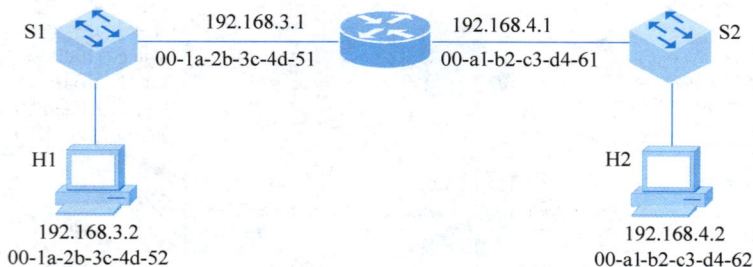

S1　192.168.3.1　192.168.4.1　S2
00-1a-2b-3c-4d-51　00-a1-b2-c3-d4-61

H1　　　　　　　　　　　　　　　　H2

192.168.3.2　　　　　　　　　　　　192.168.4.2
00-1a-2b-3c-4d-52　　　　　　　　00-a1-b2-c3-d4-62

图 4-68　路由器连接的两个网络

20.（2019 年）若将 101.200.16.0/20 划分为 5 个子网,则可能的最小子网的可分配 IP 地址数是（　　）。

　　A. 126　　　　　　　B. 254　　　　　　　C. 510　　　　　　　D. 1022

21.（2020 年）关于虚电路网路的叙述中,错误的是（　　）。

　　A. 可以确保数据分组传输顺序　　　　　B. 需要为每条虚电路预分配带宽

　　C. 建立虚电路时需要进行路由选择　　　D. 依据虚电路号（VCID）进行数据分组转发

22.（2021 年）现将一个 IP 网络划分为 3 个子网,若其中一个子网是 192.168.9.128/26,则下列网络中,不可能是另外两个子网之一的是（　　）。

　　A. 192.168.9.0/25　　　　　　　　　　B. 192.168.9.0/26

　　C. 192.168.9.192/26　　　　　　　　　D. 192.168.9.192/27

23.（2021 年）若路由器向 MTU＝800B 的链路转发一个总长度为 1580B 的 IP 数据报（首部长度为 20B）时,进行了分片,且每个分片尽可能大,则第 2 个分片的总长度字段和 MF 标志位的值分别是（　　）。

　　A. 796,0　　　　　　B. 796,1　　　　　　C. 800,0　　　　　　D. 800,1

24.（2021 年）某网络中所有路由器均采用距离向量路由算法计算路由。若路由器 E 与邻居路由器 A、B、C、D 之间的直接链路距离分别是 8,10,12,6,且 E 收到邻居路由器的距离向量如表 4-22 所示,则路由器 E 更新后的到达目的网络 Net1～Net4 的距离分别是（　　）。

表 4-22　路由器的距离向量

目 的 网 络	A 的距离向量	B 的距离向量	C 的距离向量	D 的距离向量
Net1	1	23	20	22
Net2	12	35	30	28
Net3	24	18	16	36
Net4	36	30	8	24

　　A. 9,10,12,6　　　B. 9,10,28,20　　　C. 9,20,12,20　　　D. 9,20,28,20

25.（2022 年）图 4-69 所示网络中的主机 H 的子网掩码与默认网关分别是（　　）。

　　A. 255.255.255.192,192.168.1.1　　　　B. 255.255.255.192,192.168.1.62

　　C. 255.255.255.224,192.168.1.1　　　　D. 255.255.255.224,192.168.1.62

26.（2022 年）某主机的 IP 地址是 183.80.72.48,子网掩码是 255.255.192.0,则该主机所在网络的网络地址是（　　）。

　　A. 183.80.0.0　　　　　　　　　　　　B. 183.80.64.0

　　C. 183.80.72.0　　　　　　　　　　　　D. 183.80.192.0

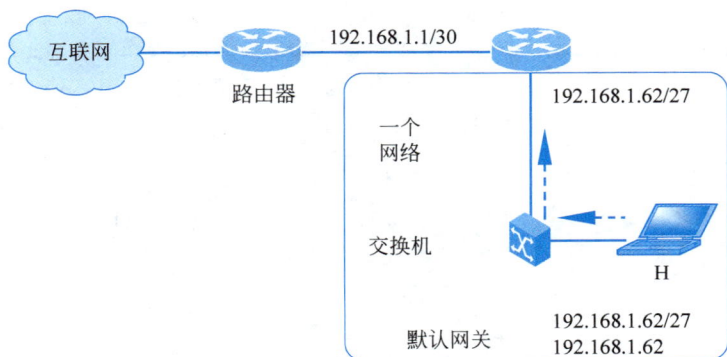

图 4-69 网络拓扑图 4

27.（2022 年）在 SDN 网络体系结构中，SDN 控制器向数据平面的 SDN 交换机下发流表时所使用的接口是（　　）。

　　A. 东向接口　　　　B. 南向接口　　　　C. 西向接口　　　　D. 北向接口

28.（2023 年）主机 168.16.84.24/20 所在子网的最小可分配 IP 地址和最大可分配 IP 地址分别是（　　）。

　　A. 192.168.80.1,168.16.84.254　　　　B. 192.168.80.1,168.16.95.254

　　C. 192.168.84.1,168.16.84.254　　　　D. 192.168.84.1,168.16.95.254

29.（2023 年）下列关于 IPv4 和 IPv6 的叙述中，正确的是（　　）。

Ⅰ. IPv6 的地址空间是 IPv4 地址空间的 96 倍

Ⅱ. IPv4 首部和 IPv6 基本首部的长度均可变

Ⅲ. IPv4 向 IPv6 过渡可以采用双协议栈和隧道技术

Ⅳ. IPv6 首部的跳数限制字段等价于 IPv4 首部的 TTL 字段

　　A. Ⅰ,Ⅱ　　　　　B. Ⅱ,Ⅲ　　　　　C. Ⅰ,Ⅳ　　　　　D. Ⅲ,Ⅳ

30.（2023 年）某网络拓扑如图 4-70 所示，其中路由器 R2 实现 NAT 功能。若主机 H 向 Internet 发送一个 IP 分组，则经过 R2 转发后，该 IP 分组的源 IP 地址是（　　）。

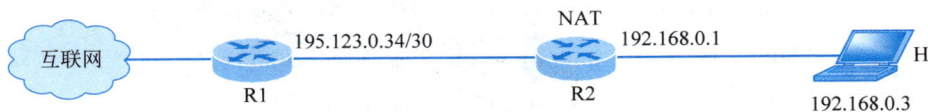

图 4-70 网络拓扑图 5

　　A. 195.123.0.33　　B. 195.123.0.35　　C. 192.168.0.1　　D. 192.168.0.3

31.（2009 年）某网络拓扑如图 4-71 所示，路由器 R2 通过接口 E1、E2 分别连接局域网 1、局域网 2，通过接口 L0 连接路由器 R1，并通过路由器 R1 连接域名服务器与互联网。R2 的 L0 接口的 IP 地址是 202.118.2.1，R1 的 L0 接口的 IP 地址是 202.118.2.2，L1 接口的 IP 地址是 130.11.120.1，E0 接口的 IP 地址是 202.118.3.1，域名服务器的 IP 地址是 202.118.3.2。

R1 和 R2 的路由表结构如表 4-23 所示。

表 4-23　R1 和 R2 的路由表结构

目的网络地址	子网掩码	下一跳 IP 地址	接口

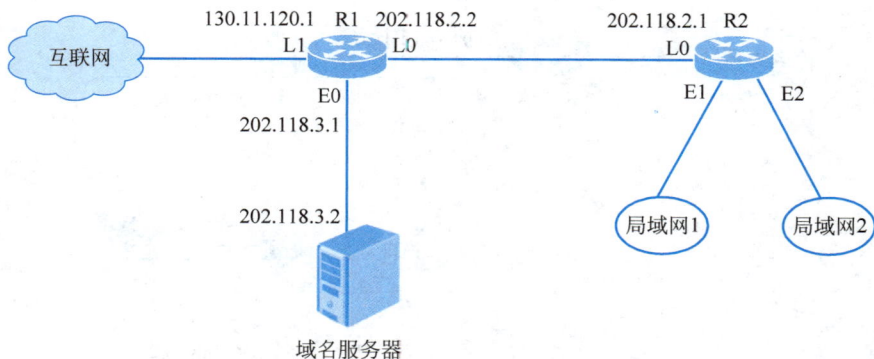

图 4-71　网络拓扑图 6

（1）将 IP 地址空间 202.118.1.0/24 划分为两个子网,分别分配给局域网 1、局域网 2,每个局域网需分配的 IP 地址数不少于 120 个。请给出子网划分结果,说明理由或给出必要的计算过程。

（2）请给出 R1 的路由表,使其明确包括到局域网 1 的路由、局域网 2 的路由、域名服务器的主机路由和互联网的路由。

（3）请采用路由聚合技术,给出 R2 到局域网 1 和局域网 2 的路由。

32.（2011 年）某主机的 MAC 地址为 00-15-c5-c1-5e-28,IP 地址为 10.2.128.100(私有地址)。图 4-72 是网络拓扑,图 4-73 是该主机进行 Web 请求的一个以太网数据帧前 80 字节的十六进制及 ASCII 码内容。

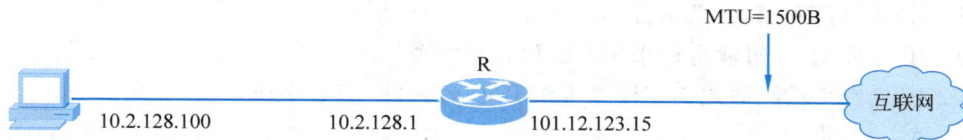

图 4-72　网络拓扑图 7

```
0000    00 21 27 21 51 ee 00 15    c5 c1 5e 28 08 00 45 00
0010    01 ef 11 3b 40 00 80 06    ba 9d 0a 02 80 64 40 aa
0020    62 20 04 ff 00 50 e0 e2    00 fa 7b f9 f8 05 50 18
0030    fa f0 1a c4 00 00 47 45    54 20 2f 72 66 63 2e 68
0040    74 6d 6c 20 48 54 54 50    2f 31 2e 31 0d 0a 41 63
```

图 4-73　以太网数据帧(前 80 字节)

请参考图 4-72 和图 4-73 中的数据回答以下问题:

（1）Web 服务器的 IP 地址是什么? 该主机的默认网关的 MAC 地址是什么?

（2）该主机在构造图 4-73 中的数据帧时,使用什么协议确定目的 MAC 地址? 封装该协议请求报文的以太网帧的目的 MAC 地址是什么?

（3）假设 HTTP/1.1 协议以持续的非流水线方式工作,一次请求响应时间为 RTT,rfc.html 页面引用了 5 个 JPEG 小图像,则从发出图 4-73 中的 Web 请求开始到浏览器收到全部内容为止,需要经过多少个 RTT?

（4）该帧所封装的 IP 分组经过路由器 R 转发时,需修改 IP 分组头中的哪些字段?

注:以太网的帧格式如图 4-74 所示,IP 数据报的首部格式如图 4-75 所示。

6B	6B	2B	46~1500B	4B
目的MAC地址	源MAC地址	类型	数据	CRC

图 4-74　以太网的帧格式

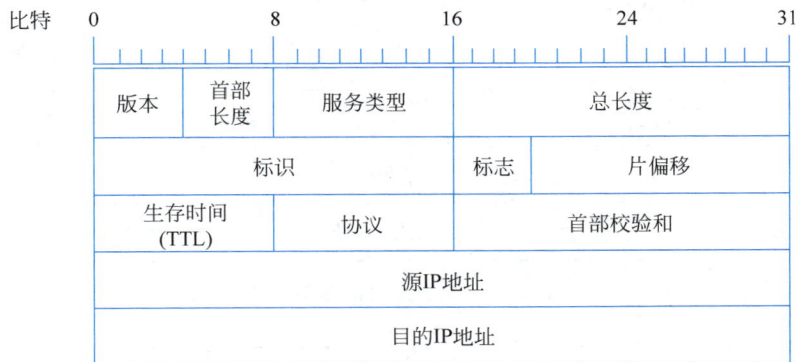

图 4-75　IP 数据报的首部格式

33. （2012 年）主机 H 通过快速以太网连接 Internet,IP 地址为 192.168.0.8,服务器 S 的 IP 地址为 211.68.71.80。H 与 S 使用 TCP 通信时,在 H 上捕获的其中 5 个 IP 分组如表 4-24 所示。

回答下列问题。

（1）表 4-24 中的 IP 分组中,哪几个是由 H 发送的?哪几个完成了 TCP 连接建立过程?哪几个在通过快速以太网传输时进行了填充?

（2）根据表 4-24 中的 IP 分组,分析 S 已经收到的应用层数据字节数是多少。

（3）若表 4-24 中的某个 IP 分组在 S 发出时的前 40 字节如表 4-25 所示,则该 IP 分组到达 H 时经过了多少个路由器?

表 4-24　5 个 IP 分组

编号	IP 分组的前 40 字节内容（十六进制）				
1	45 00 00 30 0b d9 13 88	01 9b 40 00 84 6b 41 c5	80 06 1d e8 00 00 00 00	c0 a8 00 08 70 02 43 80	d3 44 47 50 5d b0 00 00
2	45 00 00 30 13 88 0b d9	00 00 40 00 e0 59 9f ef	31 06 6e 83 84 6b 41 c6	d3 44 47 50 70 12 16 d0	e0 a8 00 08 37 e1 00 00
3	45 00 00 28 0b d9 13 88	01 9c 40 00 84 6b 41 c6	80 06 1d ef e0 59 9f f0	c0 a8 00 08 50 f0 43 80	d3 44 47 50 2b 32 00 00
4	45 00 00 38 0b d9 13 88	01 9d 40 00 84 6b 41 c6	80 06 1d de e0 59 9f f0	c0 a8 00 08 50 18 43 80	d3 44 47 50 e6 55 00 00
5	45 00 00 28 13 88 0b d9	68 11 40 00 e0 59 9f f0	31 06 06 7a 84 6b 41 d6	d3 44 47 50 50 10 16 d0	c0 a8 00 08 57 d2 00 00

表 4-25 来自 S 的分组

来自 S 的分组	45 00 00 28 13 88 a1 08	68 11 40 00 e0 59 9f f0	40 06 ec ad 84 6b 41 d6	d3 44 47 50 50 10 16 d0	ca 76 01 06 b7 d6 00 00

注：IP 数据报首部的格式如图 4-76 所示，TCP 报文的首部格式如图 4-77 所示。

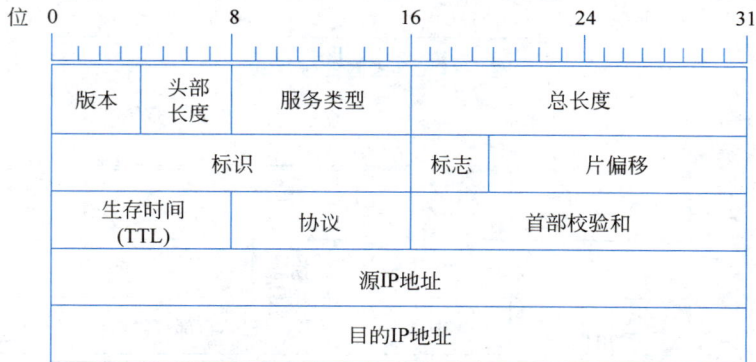

图 4-76 IP 数据报的首部格式

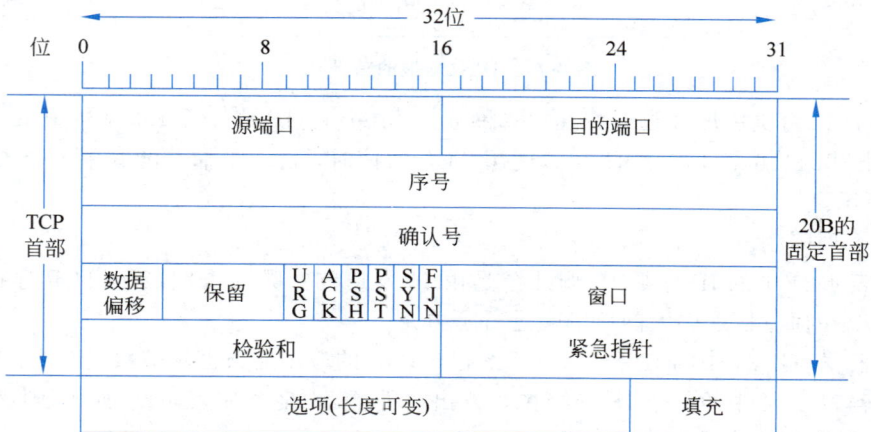

图 4-77 TCP 报文的首部格式

34.（2013 年）假设 Internet 的两个自治系统如图 4-78 所示，AS1 由路由器 R1 连接两个子网构成，AS2 由路由器 R2 和 R3 互联并连接 3 个子网构成。各子网地址、R2 的接口名、R1 与 R3 的部分 IP 地址如图 4-78 所示。请回答下列问题。

（1）假设路由表结构如表 4-26 所示。请利用路由聚合技术，给出 R2 的路由表，要求包括到达图 4-78 中所有子网的路由，且路由表中的路由项尽可能少。

表 4-26 路由表的结构

目的网络	下一跳	接口

（2）若 R2 收到一个目的 IP 地址为 194.17.20.200 的 IP 分组，R2 会通过哪个接口转发该 IP 分组？

（3）R1 与 R2 之间利用哪个路由协议交换路由信息？该路由协议的报文被封装到哪个协议的分组中进行传输？

35.（2018 年）某公司网络如图 4-79 所示。IP 地址空间 192.168.1.0/24 被均分给销

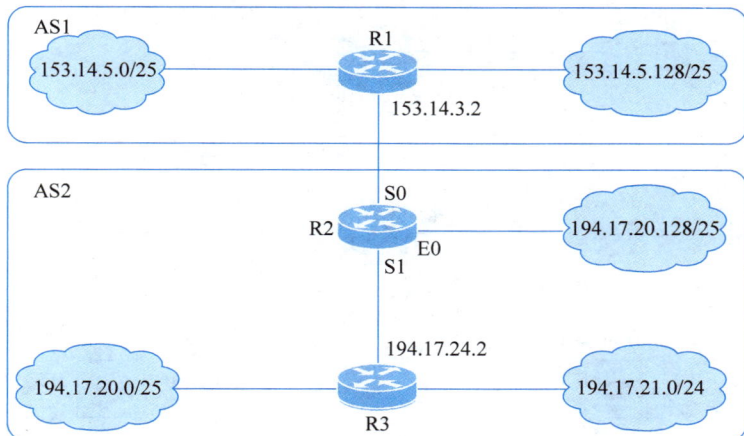

图 4-78　Internet 的两个自治系统

售部和技术部两个子网,并已分别为部分主机和路由器接口分配了 IP 地址,销售部子网的 MTU＝1500B,技术部子网的 MTU＝800B。请回答下列问题。

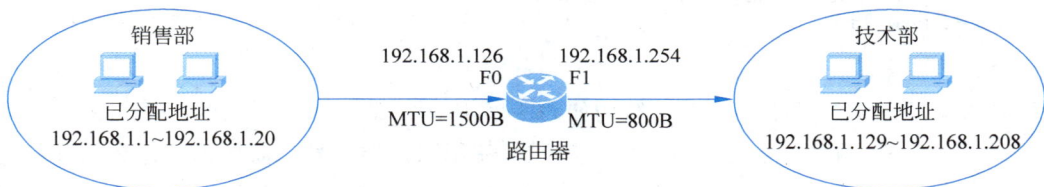

图 4-79　公司网络

(1) 销售部子网的广播地址是什么?技术部子网的子网地址是什么?若每个主机仅分配一个 IP 地址,则技术部子网还可以连接多少台主机?

(2) 假设主机 192.168.1.1 向主机 192.168.1.208 发送一个总长度为 1500B 的 IP 分组,IP 组的头部长度为 20B,路由器在通过接口 F1 转发该 IP 分组时进行了分片。若分片时尽可能分为最大片,则一个最大 IP 分片封装数据的字节数是多少?至少要分为几个分片?每个分片的片偏移量是多少?

36.（2019 年)某网络拓扑如图 4-80 所示,其中 R 为路由器,主机 H1~H4 的 IP 地址配置以及 R 的各接口 IP 地址配置如图 4-80 所示。现有若干以太网交换机(无 VLAN 功能)和路由器两类网络互联设备可供选择。

请回答下列问题。

(1) 设备 1、设备 2 和设备 3 分别应选择什么类型的网络设备?

(2) 设备 1、设备 2 和设备 3 中,哪几个设备的接口需要配置 IP 地址?为对应的接口配置正确的 IP 地址。

(3) 为确保主机 H1~H4 能够访问互联网,R 需要提供什么服务?

(4) 若主机 H3 发送一个目的地址为 192.168.1.127 的 IP 数据报,网络中哪几个主机会接收该数据报?

37.（2020 年)某校园网有两个局域网,通过路由器 R1、R2 和 R3 互联后接入互联网,S1 和 S2 为以太网交换机。局域网采用静态 IP 地址配置,路由器部分接口以及各主机的 IP

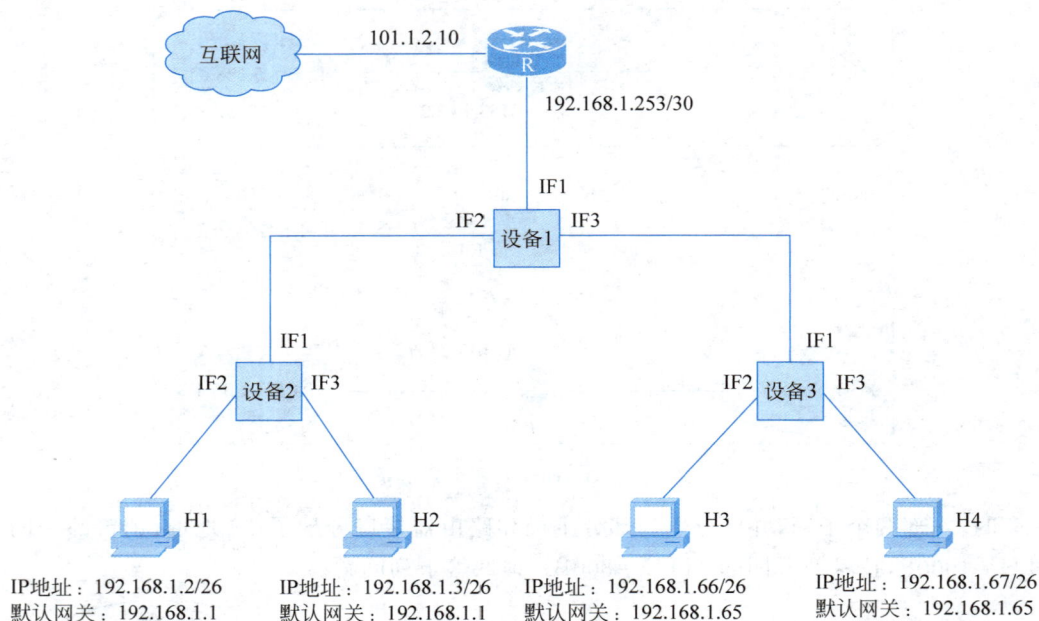

图 4-80　网络拓扑图 8

地址如图 4-81 所示。假设 NAT 表结构如表 4-27 所示。请回答下列问题。

（1）为使 H2 和 H3 能够访问 Web 服务器（使用默认端口号），需要进行什么配置？

（2）若 H2 主动访问 Web 服务器时，将 HTTP 请求报文封装到 IP 数据报 P 中发送，则 H2 发送 P 的源 IP 地址和目的 IP 地址分别是什么？经过 R3 转发后，P 的源 IP 地址和目的 IP 地址分别是什么？经过 R2 转发后，P 的源 IP 地址和目的 IP 地址分别是什么？

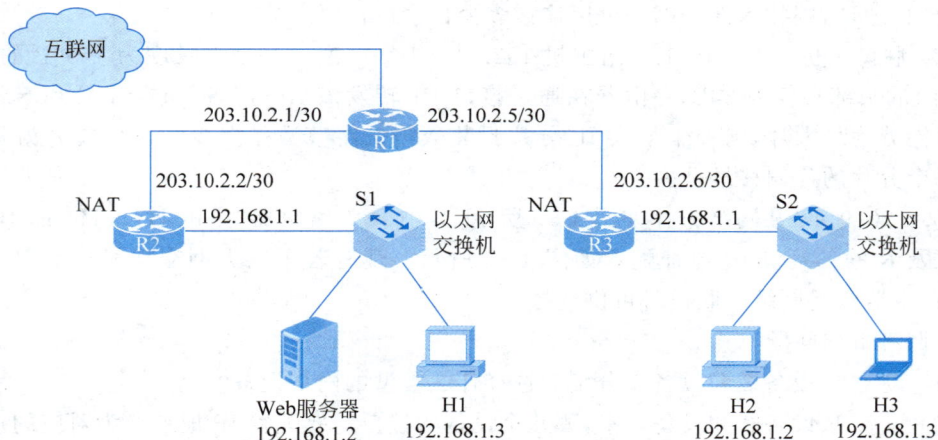

图 4-81　校园图

表 4-27　NAT 表的结构

外　　　网		内　　　网	
IP 地址	端口号	IP 地址	端口号

第5章

运输层

【本章主要内容】
（1）运输层提供进程之间的逻辑通信。
（2）UDP、TCP 的特点。
（3）运输层端口与套接字的概念。
（4）C/S 模式的面向连接套接字编程模型。
（5）C/S 模式的无连接套接字编程模型。
（6）TCP 可靠传输原理。
（7）TCP 的流量控制。
（8）TCP 的拥塞控制。
（9）TCP 的运输连接管理。

5.1 运输层协议概述

5.1.1 运输层的基本功能

在五层网络体系结构中，从功能组合的角度出发，通常有两种划分的方法：第一种划分是将低三层作为面向互联网核心部分的层，负责通信通道的建立，而将高二层作为面向互联网边缘部分的层，负责终端系统间的数据通信；第二种划分是将低四层作为面向通信的层，负责通信通道的建立和数据通信，而应用层负责解决具体的应用问题，如图 5-1 所示。

运输层是面向通信的最高层，但通过前 4 章的学习可知，网络层、数据链路层和物理层已经实现了互联网中主机之间的通信，那运输层的功能又是什么呢？

互联网中两台主机通信，通信的实体是主机吗？不是！真正通信的实体是主机中的应用进程，即一台主机中的应用进程和另一台主机中的应用进程在通信。而低三层协议只能将数据运达目的主机的网络层，而没有递交给具体的目的应用进程，因此将数据交付目的应用进程的任务就由运输层来完成，运输层的功能就是完成互联网上不同主机中进程之间的逻辑通信。

作为面向通信的高二层，网络层与运输层的功能是不同的。网络层负责完成主机之间的逻辑通信，而运输层负责完成应用进程之间的逻辑通信（也称为端到端的通信），如图 5-2 所示。

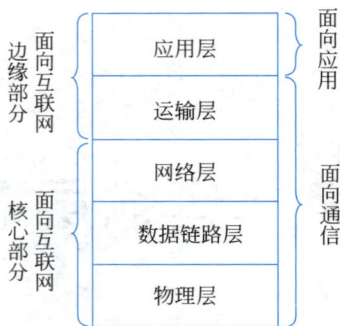

图 5-1　运输层在网络体系结构中的特殊位置

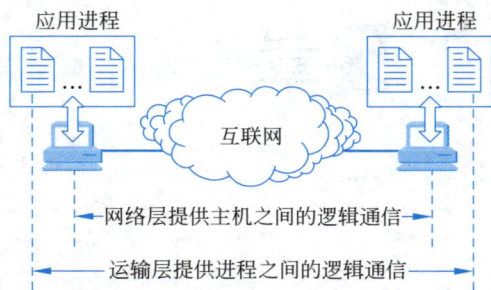

图 5-2　网络层与运输层功能的区别

5.1.2　运输层的两个主要协议

为满足网络中不同主机的进程之间的不同通信需求,运输层提供了两个主要协议,分别是 UDP 和 TCP。

运输层中实现运输层协议的软件或硬件称为运输实体,两个对等运输实体传送的报文称为**运输协议数据单元**(Transport Protccol Data Unit,TPDU)。具体来说,UDP 传送的是 **UDP 用户数据报**,TCP 传送的是 **TCP 报文段**。

UDP 是**无连接**的协议,它不提供差错纠正、流量控制和拥塞控制的服务,因此功能相对简单,开销小、传输效率高。

TCP 是面向连接的协议,它提供了可靠交付、流量控制和拥塞控制的服务,使得 TCP 报文段首部较大,处理时会占用较多的处理机资源。UDP 与 TCP 的特点对比如表 5-1 所示。

表 5-1　UDP 与 TCP 的特点对比

	UDP	TCP
是否连接	无连接	面向连接
交付方式	尽最大努力交付	可靠交付
传输方式	面向报文	面向字节流
是否拥塞控制	无	有
连接对象个数	支持一对一、一对多、多对一和多对多交互通信	仅支持一对一通信
首部开销	仅 8 字节	最小 20 字节,最大 60 字节
适用场景	实时应用	要求可靠传输的应用

下面逐个讨论 UDP 与 TCP 的特点。

(1)UDP 是**无连接**的协议,有数据立即发送,无须建立连接,响应及时。而 TCP 是面向连接的协议,在发送数据之前,必须先建好 TCP 连接,在数据传输完毕后,还要释放 TCP 连接。

(2)UDP 不保证可靠交付,即使用**尽最大努力的交付**,无须维持具有很多参数的复杂连接状态表。而 TCP 提供可靠交付的服务,可靠包括无差错、无丢失、无重复、无乱序四方面。

（3）UDP 是面向报文的，发送方的 UDP 收到应用层的报文后，直接添加首部后递交给下层网络层，既不拆分，也不合并，而是原封不动地封装，如图 5-3 所示。在接收方，UDP 收到下层网络层交上来的 UDP 用户数据报，在去除首部后直接递交给上层的应用层。也就是说，无论发送端还是接收端的 UDP，在封装或解封装时，从不考虑报文的大小，这样就带来一个隐患，因为数据链路层的帧的数据部分都规定了一个最大长度即 MTU，当应用层报文太大时，UDP 封装后递交给网络层，网络层就必须进行分片操作，这就会降低网络层的效率。反之，若应用层报文太小，UDP 封装后递交给网络层，会导致 IP 数据报的数据部分相对太小，同样降低了网络层的效率。要保障网络层的效率，必须从源头解决问题，即应用程序要选择合适大小的报文。

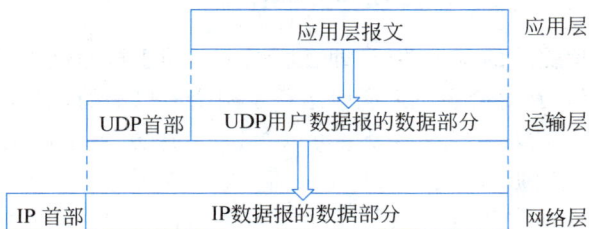

图 5-3　UDP 面向报文的特点

TCP 是面向字节流的，"面向字节流"就是 TCP 把应用进程递交的数据块看成无结构的字节流。发送方应用进程递交给发送方 TCP 的数据块可能与接收方应用进程从接收方 TCP 收到的数据块数量不一样多，但接收方应用进程收到的字节流和发送方应用进程发送的字节流完全一样。造成这种现象的原因是：发送方应用进程将数据块写入发送方的 TCP 发送缓存后，如果数据块太大，超过了对方的接收窗口或当前网络的运载能力，则发送方 TCP 就把大数据块划分为多个小数据块再发送；如果数据块太小，则发送方 TCP 就继续等待，直到积累足够多数据量才组装成报文段发送出去，这种"分大合小"的策略是为了提高 TCP 的传输效率。图 5-4 是上述特性的示意图，图 5-4 中的 TCP 连接是一条虚连接（逻辑连接），TCP 报文段不能直接通过此连接发送给对方，而是经过网络层、数据链路层处理后，才能进入物理链路开始传播。另外为了讨论问题的简单化，每个 TCP 报文段仅有几字节，实际网络中，TCP 报文段的长度可达上千字节。

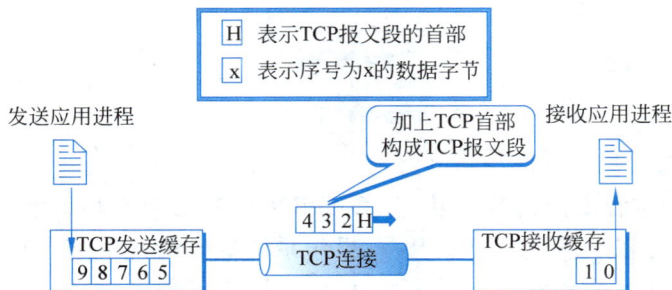

图 5-4　TCP 面向字节流的特点

（4）UDP 没有拥塞控制，因此当网络出现拥塞时，源主机的发送速率不会降低，同时它还具有低时延和容许数据报丢失的特点，这正好满足了实时应用的要求，如视频直播、语音通话就是使用 UDP 保障它的流畅度。TCP 有拥塞控制，是可靠传输协议，当网络出现拥塞时，TCP 有能力缓解网络拥塞，因此它的适用场景有文件传输、网页浏览、电子邮件传输、远程登录等。

（5）UDP 支持一对一、一对多、多对一和多对多的交互通信，而 TCP 是面向连接的，只能是一对一才能连接，不能实现其他形式的通信。

（6）UDP 简单，只是在 IP 服务之上增加了端口与差错检测的功能，因此它的首部小，仅有 4 个字段 8 字节。而 TCP 相对复杂，它的固定首部长度为 20 字节，如果还要选用其他一些功能，对应的选项最长可达 40 字节，此时 TCP 的最长首部为 60 字节。

5.1.3　运输层端口与套接字网络编程

前面已经学习了运输层的基本功能，即互联网中不同主机的进程之间的通信，有时可能还不止一对进程在通信，在每台主机上同时运行了两个或以上的进程，这说明运输层有复用和分用的功能，如图 5-5 所示。从图 5-5 中可以看到，发送方应用层不同应用进程可以使用同一个运输层协议传送数据，即复用的功能；而接收方运输层能把数据正确地递交给不同的目的应用进程，即分用的功能。从图 5-5 中还可看出，网络层也有复用和分用的功能，运输层的 TCP 报文段或 UDP 用户数据报都要使用网络层 IP 来传输，同样在接收端的网络层，在去除首部后，IP 能正确地递交给上层的 TCP 或 UDP。

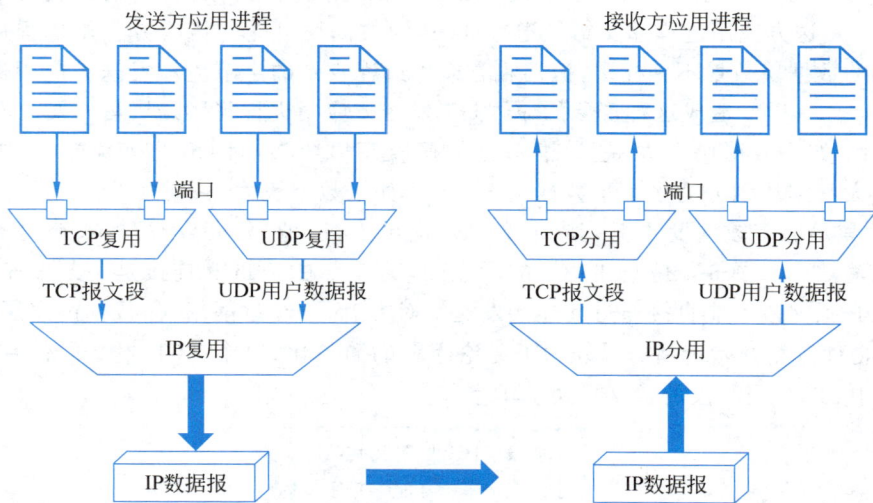

图 5-5　运输层复用与分用的功能

1. 运输层端口

运输层要实现进程之间通信的功能，必须解决进程之间互相识别的问题。首先，在单机环境里，识别进程是使用进程标识符（操作系统生成的一个整数），然而在互联网的环境里，使用进程标识符来识别进程是不可行的，因为不同主机可能安装了不同的操作系统，而不同操作系统的进程标识符的编码规则是不同的。其次，进程的创建和销毁都是动态的，通信的一方永远无法确定对方的状态，如果数据是直接递交给目的应用进程，在发送方应用进程发出数据后，可能接收方应用进程已经销毁了，此时数据将无法正确递交。最后，实现同一功能的进程可能有多个，机械地将某一个应用进程作为目的进程也是错误的。

既然存在以上三个困难，那如何解决这个问题呢？方法就是在应用层和运输层之间设置一个特殊的"门"，我们把这些"门"称为端口。应用层不是直接把数据发送给运输层，而是把数据发送到合适的端口上，然后运输层检测到有新数据到来时就读取数据。同样，在接收端运输层收到数据后，就把数据发送到合适的端口，然后应用层检测到消息后就读取数据。其实在日常生活中也有很多端口的例子，例如奶箱，当顾客在牛奶配送站订奶后，考虑顾客不一定每时每刻都在家，牛奶配送站工作人员会在顾客家门口安装一个奶箱，并每天按时将牛奶放入奶箱，顾客只需在自己合适的时间将牛奶取出即可。

需要注意的是，端口是应用层和运输层之间抽象的协议端口，是软件端口，与不同硬件设备交互的硬件端口完全不同。

为了区分不同的端口，每个端口被赋予一个端口号（正整数）。为了满足每台主机的使用需求，端口号设置为 16 位的二进制数，即为 0 ～ 65 535 的整数。需要注意的是，端口号只具有本地意义，互联网不同主机中的相同端口号是没有任何关联的。

互联网上的主机常见的通信方式为 C/S 模式与 P2P 模式，因此可以把端口号划分为两大类：服务器使用的端口号和客户使用的端口号（即临时端口号），其中，服务器使用的端口号又细分为熟知端口号与注册端口号，其划分如图 5-6 所示。

0	⋯	1023	1024	⋯	49 151	49 152	⋯	65 535
	熟知端口号			注册端口号			临时端口号	

图 5-6　IANA 对于端口号的划分

1）熟知端口号

该类端口号的数值范围为 0～1023，通常与特定的服务紧密绑定，由 IANA 统一分配给 TCP/IP 最重要的一些应用程序，让所有的用户都知道。

2）注册端口号

该类端口号的数值范围为 1024～49 151，可由企业/开发者向 IANA 申请注册，用于商业软件或自定义服务。

3）临时端口号

该类端口号的数值范围为 49 152～65 535，仅在客户进程运行时由主机操作系统动态分配，当通信结束时，这个客户端口号就被操作系统收回，后面可以被其他的客户进程使用。

2. 套接字网络编程

前面已经讲过，TCP 的特点是面向连接、只能进行一对一的通信，这就明确了每一条TCP 的连接有两个端点。那么，如何定义 TCP 连接的端点呢？在 TCP/IP 网络编程中，TCP 连接的端点叫套接字（Socket），根据 RFC 793 的定义：端口号连接在 IP 地址后面就构成了套接字，如式(5-1)所示，从公式中可以看出套接字包括 IP 地址和端口号两部分，中间用冒号分隔。例如，IP 地址是 210.44.125.49，端口号为 80，那么两者组合构成的套接字就是 210.44.125.49:80。

$$套接字 = (IP\ 地址:端口号) \tag{5-1}$$

UNIX 操作系统最早设计并实现了套接字应用程序编程接口（Socket Application

Program Interface，Socket API)，在 Socket API 中定义了一组函数，每个函数能完成与协议栈交互的基本操作。由于 Socket API 的广泛使用，其他操作系统如 Windows 和 Linux 全面继承与发展了 Socket API，下面的套接字编程知识都以 Windows Socket API 为例。

　　在 Socket API 中，套接字具有三种类型，分别为流式套接字、数据报套接字和原始式套接字。流式套接字提供面向连接的、可靠的数据流传输服务，它使用的是运输层的 TCP。数据报套接字提供无连接的、不可靠的数据报传输服务，它使用的是运输层的 UDP。原始式套接字可以直接访问协议栈中低层次的协议，一般用于检验新协议。

　　在 Windows Socket API 中定义了三种结构型的数据类型，用来存储各种网络地址。

　　(1) **sockaddr 结构**：适用于各种通信域的套接字地址。

```
struct sockaddr
{
    u_short sa_family;              //套接字地址族
    char sa_data[14];              //14 字节协议地址
}
```

　　(2) **sockaddr_in 结构**：专用于 Internet 通信域的套接字地址。

```
struct sockaddr_in
{
    short sin_family;              //Internet 通信域套接字地址族
    u_short int sin_port;          //端口号
    struct in_addr sin_addr;       //IP 地址
    char sin_zero[8];              //置为 0,用于填充
}
```

　　(3) **in_addr 结构**：IP 地址。

```
struct in_addr
{
    union
    {
        struct {u_char s_b1, s_b2, s_b3, s_b4;} s_un_b;
        struct {u_short s_w1, s_w2;} s_un_w;
        u_long s_addr;
    }
}
```

　　互联网中不同主机的进程之间面向连接的通信，两端的套接字应为流式套接字，图 5-7 所示为 C/S 模式的面向连接套接字编程模型。下面简单介绍客户与服务器所用的套接字编程接口函数的功能，至于每个函数具体参数细节，读者可查阅相关专业书籍。

　　(1) **socket()**：创建一个新的套接字。

　　(2) **connect()**：客户请求与服务器建立连接。

　　(3) **send()**：向本地已建立连接的流式套接字发送数据。

　　(4) **recv()**：将本地套接字数据接收缓冲区中的数据接收到用户进程的缓冲区中。

　　(5) **closesocket()**：释放套接字。

　　(6) **bind()**：将套接字绑定到指定的网络地址上。

　　(7) **listen()**：服务器的监听套接字开始监听来自客户的连接请求。

　　(8) **accept()**：从服务器的监听套接字的等待连接队列中选取第一个连接请求，同意建

服务器

对于监听套接字

客户

| 创建套接字：socket( ) |

| 绑定套接字：bind( ) |

| 创建套接字：socket( ) |

| 启动监听：listen( ) |

对于连接套接字

| 请求连接：connect( ) |

请求连接
（第一次握手）

接受连接
（第二次握手）

| 接受客户的连接请求：accept( ) |

| 创建新的套接字 |

如果没有已经到达的连接请求，
就阻塞，等待客户的连接请求

请求服务器的服务

| 发送数据：send( ) |

（第三次握手，同时发送数据）

| 读取数据：recv( ) |

处理服务器的响应数据

处理客户的服务请求

| 读取数据：recv( ) |

服务器发送给客户的响应

| 发送数据：send( ) |

| 关闭套接字：closesocket( ) |

| 关闭套接字：closesocket( ) |

| 关闭套接字：closesocket( ) |

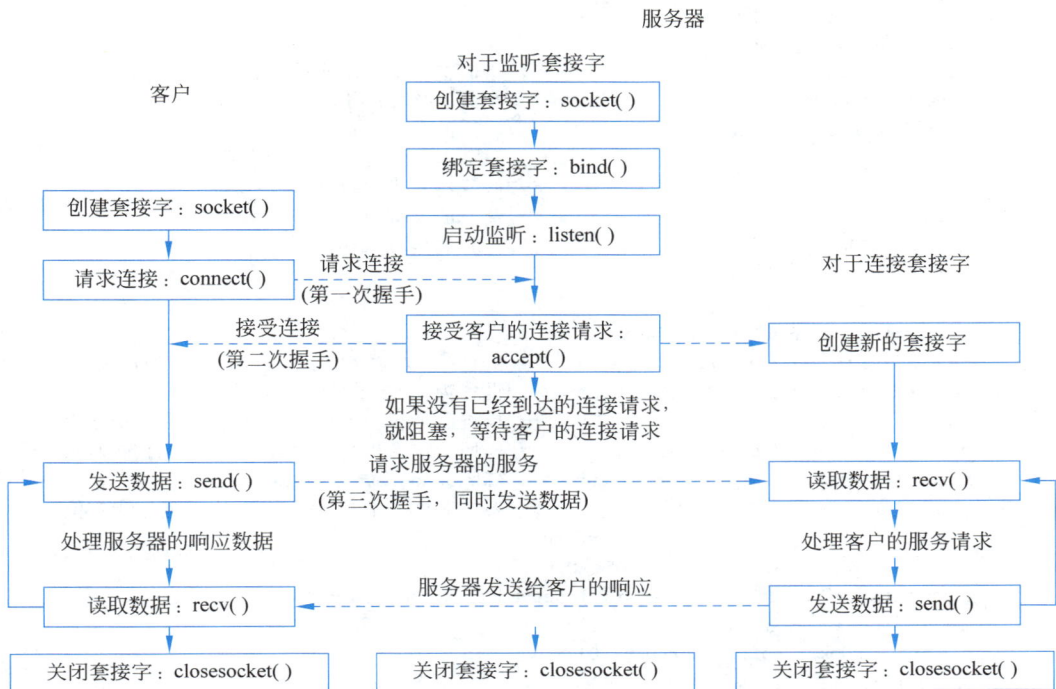

图 5-7　C/S 模式的面向连接套接字编程模型

立连接并生成响应套接字。

　　下面给出一个使用 Windows Socket API 进行 C/S 模式的面向连接的套接字编程实例。为了强调重要问题，我们有意提供了一份能说明问题却并不完美的代码，"优秀的代码"无疑还要有更多辅助代码行。客户程序的功能是向服务器发出连接请求，在连接成功后，接收服务器发送的日期与时间信息，并以字符串的形式将其显示出来，运行效果如图 5-8 所示。服务器程序提供 Daytime 服务，该程序监听客户的连接请求，如果有客户与服务器建立连接，服务器就将当前的日期与时间发送给客户，同时将到访客户数量、最新到访客户的IP 地址与端口号显示出来，运行效果如图 5-9 所示。

```
D:\>client localhost 6666
Received information from server : Wed Oct  2 09:48:39 2024
```

图 5-8　客户运行效果图

```
D:\>server 6666
已有1个访问者，当前访问者的IP : 127.0.0.1 , port : 51154
```

图 5-9　服务器运行效果图

```
/* -----------------------------------------------------------------
程序:client.cpp,命令行语法:client host port
------------------------------------------------------------------ */
# include < WinSock2.h >
# pragma comment(lib,"ws2_32.lib")
# include < iostream >
using namespace std;
# include < string >
```

```cpp
int main(int argc,char * argv[])
{
    struct hostent * phostent;               //指向主机信息结构的指针
    struct sockaddr_in servaddr;             //存放服务器网络地址的结构
    SOCKET sockfd;                           //客户的套接字描述符
    int port;                                //服务器监听套接字的指定端口号
    char * host;                             //服务器主机名指针
    int n;                                   //读取的字符数
    char buf[100];                           //客户的接收缓存
    WSADATA wsaData;

    WSAStartup(MAKEWORD(2, 0), &wsaData);
    memset((char * )&servaddr,0,sizeof(servaddr));   //服务器网络地址的初始化
    servaddr.sin_family = AF_INET;           //设置为 Internet 协议簇
    host = argv[1];                          //检查命令行中主机名参数,提取使用指定值
    phostent = gethostbyname(host);          //返回给定主机名的包含地址信息的 hostent 指针
    memcpy(&servaddr.sin_addr, phostent -> h_addr, phostent -> h_length);
    port = atoi(argv[2]);                    //检查命令行中端口号参数,提取使用指定值
    servaddr.sin_port = htons((u_short)port);
    sockfd = socket(AF_INET,SOCK_STREAM,0);
    connect(sockfd, (struct sockaddr * )&servaddr, sizeof(servaddr));
    memset((char * )&buf, 0, sizeof(buf));
    n = recv(sockfd,buf,sizeof(buf),0);
    while(n > 0)
    {                                        //从套接字反复读数据,并输出到用户屏幕上
        cout << "Received information from server : " << buf << endl;
        n = recv(sockfd,buf,sizeof(buf),0);
    }
    closesocket(sockfd);
    WSACleanup();
    return 0;
}
/* --------------------------------------------------------------------
程序:server.cpp,命令行语法:server port
-------------------------------------------------------------------- */
# include < WinSock2.h >
# pragma comment(lib,"ws2_32.lib")
# include < string.h >
# include < iostream >
using namespace std;

int visits = 0; //到访客户计数
int main(int argc,char * argv[])
{
    struct sockaddr_in serveraddr,clientaddr;   //存放服务器、客户网络地址的结构
    SOCKET listenfd,responsefd;                 //监听套接字、响应套接字描述符
    int port,addrlen;                           //监听套接字指定端口号、客户网络地址长度
    char sendbuf[100];                          //服务器的发送缓冲区
    WSADATA wsaData;
    time_t currentTime;                         //服务器的日期时间

    WSAStartup(MAKEWORD(2, 0), &wsaData);
    memset((char * )&serveraddr,0,sizeof(serveraddr));  //服务器网络地址结构的初始化
    serveraddr.sin_family = AF_INET;            //设置为 Internet 协议簇
```

```
serveraddr.sin_addr.s_addr = INADDR_ANY; //设置服务器端计算机上任一 IP 地址
port = atoi(argv[1]);                      //检查命令行中端口号参数,提取使用指定值
serveraddr.sin_port = htons((u_short)port);
listenfd = socket(AF_INET,SOCK_STREAM,0); //创建监听套接字
//将监听套接字与指定的服务器网络地址进行绑定
bind(listenfd, (struct sockaddr * )&serveraddr, sizeof(serveraddr));
listen(listenfd,5);                        //监听套接字开始监听
while(1)
{
    addrlen = sizeof(clientaddr);
    //接受客户连接请求,并生成响应套接字
    responsefd = accept(listenfd, (struct sockaddr * )&clientaddr, &addrlen);
    visits++;
    cout << "已有" << visits << "个访问者," << "当前访问者的 IP:" << inet_ntoa
(clientaddr.sin_addr) << ", port : " << ntohs(clientaddr.sin_port) << endl;
    currentTime = time(NULL);
    sprintf(sendbuf, "%s\n", ctime(&currentTime));
    send(responsefd,sendbuf,strlen(sendbuf),0);
    closesocket(responsefd);
}
WSACleanup();
return 0;
}
```

互联网中不同主机的进程之间无连接的通信,两端的套接字应为数据报套接字,图 5-10 所示为 **C/S 模式的无连接套接字编程模型**。从模型中可以看到,有两个适用于无连接套接字编程专用的函数:sendto()和 recvfrom(),下面简单介绍这两个函数的功能,至于每个函数具体参数细节,读者可查阅相关专业书籍。

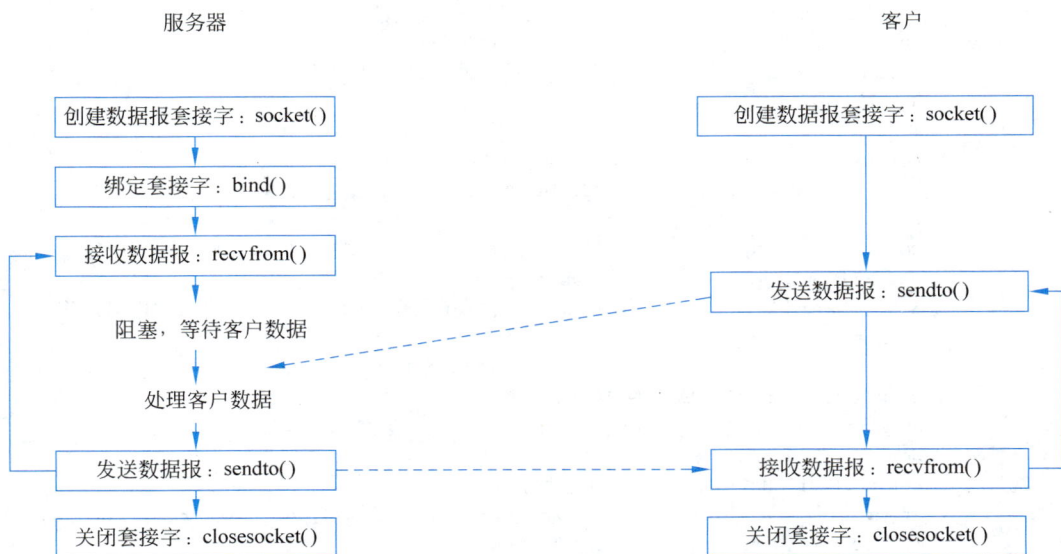

服务器   客户

```
创建数据报套接字:socket()                         创建数据报套接字:socket()
         │                                                     │
绑定套接字:bind()                                            │
         │                                                     │
接收数据报:recvfrom() ◄────────┐                            │
         │                        │         发送数据报:sendto() ◄──┐
阻塞,等待客户数据                │                            │      │
         │                        │                            │      │
处理客户数据                      │                            │      │
         │                        │                            │      │
发送数据报:sendto() ──────────────────────────► 接收数据报:recvfrom()
         │                                                     │
关闭套接字:closesocket()                          关闭套接字:closesocket()
```

图 5-10 C/S 模式的无连接套接字编程模型

(1) **sendto()**:按照指定目的地址向数据报套接字发送数据。

(2) **recvfrom()**:从源数据报套接字接收数据并保存源地址。

下面给出一个使用 Windows Socket API 进行 C/S 模式的无连接的套接字编程实例。客

户程序的功能是向服务器发送字符串"Hello！I am a client."，发送成功后本端提示
"sendto() succeeded."，最后显示从服务器收到的字符串"Hello！I am a server."，运行效
果如图 5-11 所示。服务器程序收到客户发来的信息后，先显示来访客户的 IP 地址与端口
号，然后展示客户发送的字符串，最后向客户发送字符串，如发送成功，则本端提示
"sendto() succeeded!"，运行效果如图 5-12 所示。

```
D:\>client localhost 6666
sendto() succeeded.
recvfrom():Hello!I am a server.
```

```
D:\>server 6666
Accepted client IP:[127.0.0.1],port:[60248]
Received information:Hello!I am a client.
sendto() succeeded!
```

图 5-11　客户运行效果图　　　　　　图 5-12　服务器运行效果图

```cpp
/ * --------------------------------------------------------------
程序:client.cpp,命令行语法:client host port
----------------------------------------------------------------- */
# include < winsock2. h >
# pragma comment(lib,"ws2_32.lib")
# include < string. h >
# include < iostream >
using namespace std;

int main( int argc,char * argv[ ])
{
    struct hostent * ptrh;              //指向主机列表中一个条目的指针
    struct sockaddr_in servaddr;        //存放服务器网络地址的结构
    SOCKET sockfd;                      //客户的套接字描述符
    int port;                           //服务器套接字协议端口号
    char * host;                        //服务器主机名指针
    int datalen;                        //发送、接收的数据长度
    int addrlen;                        //地址长度
    char buf[100];                      //缓冲区,接收服务器发来的数据
    WSADATA wsaData;

    WSAStartup(MAKEWORD(2, 0), &wsaData);
    memset((char * )&servaddr,0,sizeof(servaddr)); //清空 sockaddr 结构
    servaddr. sin_family = AF_INET;     //设置为 Internet 协议簇
    port = atoi(argv[2]);               //检查命令行中端口号参数,提取使用指定值
    servaddr. sin_port = htons((u_short)port);
    host = argv[1];                     //检查命令行中主机名参数,提取使用指定值
    ptrh = gethostbyname(host);
    memcpy(&servaddr. sin_addr,ptrh -> h_addr,ptrh -> h_length);
    sockfd = socket(AF_INET,SOCK_DGRAM,0);
    addrlen = sizeof(servaddr);
    memset(buf,0,sizeof(buf));
    sprintf(buf,"Hello! I am a client.");
    if((datalen = sendto(sockfd,buf,sizeof(buf),0,(struct sockaddr * )&servaddr,addrlen)) > 0)
        cout << "sendto() succeeded. " << endl;
    memset(buf,0,sizeof(buf));
    if((datalen = recvfrom(sockfd,buf,sizeof(buf),0,(struct sockaddr * )&servaddr,
&addrlen)) > 0)
        cout << "recvfrom():" << buf << endl;
    closesocket(sockfd);
    WSACleanup();
```

```cpp
    return 0;
}
/* -------------------------------------------------------------------
程序:server.cpp,命令行语法:server port
------------------------------------------------------------------- */
# include < winsock2. h >
# pragma comment(lib,"ws2_32.lib")
# include < string. h >
# include < iostream >
using namespace std;

int main( int argc, char * argv[])
{
    struct sockaddr_in servaddr,clientaddr; //存放服务器、客户网络地址的结构
    SOCKET sockfd;                          //服务器套接字描述符
    int port;                               //服务器协议端口号
    int addrlen;                            //地址长度
    int datalen;                            //数据长度
    char buf[100];                          //发送、接收数据的缓冲区
    WSADATA wsaData;

    WSAStartup(MAKEWORD(2, 0), &wsaData);
    memset((struct sockaddr * )&servaddr, 0, sizeof(servaddr)); //清空 sockaddr 结构
    servaddr.sin_family = AF_INET;              //设置为 Internet 协议簇
    servaddr.sin_addr.s_addr = htonl(INADDR_ANY);   //设置本地 IP 地址
    port = atoi(argv[1]);   //检查命令行中端口号参数,提取使用指定值
    servaddr.sin_port = htons((u_short)port);
    sockfd = socket(AF_INET, SOCK_DGRAM, 0);
    bind(sockfd, (struct sockaddr * )&servaddr, sizeof(servaddr));
                                            //将地址绑定到监听套接字
    while (1)//与客户进行数据的发送、接收
    {
        addrlen = sizeof(clientaddr);
        memset(buf, 0, sizeof(buf));
        if((datalen = recvfrom(sockfd, buf, sizeof(buf), 0, (struct sockaddr * )&clientaddr,
&addrlen)) > 0)
        {
            cout << "Accepted client IP:[ " << inet_ntoa(clientaddr. sin_addr) << "],
port:[" << ntohs(clientaddr. sin_port) << "]" << endl;
            cout << "Received information:" << buf << endl;
        }
        memset(buf, 0, sizeof(buf));
        sprintf(buf, "Hello! I am a server.");
        if((datalen = sendto(sockfd, buf, sizeof(buf), 0, (struct sockaddr * )&clientaddr,
addrlen)) > 0)
            cout << "sendto() succeeded!" << endl;
    }
    closesocket(sockfd);
    WSACleanup();
    return 0;
}
```

5.2 UDP

5.2.1 UDP 概述

UDP 功能简单，它只是在 IP 服务之上增加了复用和分用以及差错检验的功能。

在一台主机中经常同时运行多个应用进程。例如，客户和服务器同时运行了域名系统（DNS）、简单网络管理协议（SNMP），DNS 和 SNMP 都使用 UDP 来传输数据，这种发送方不同应用进程使用同一个运输层协议传送数据的功能称为复用，而接收方的运输层在剥去首部后能把数据正确交付目的应用进程的功能称为分用。图 5-13 以举例的形式给出了 UDP 复用与分用功能的示意图。

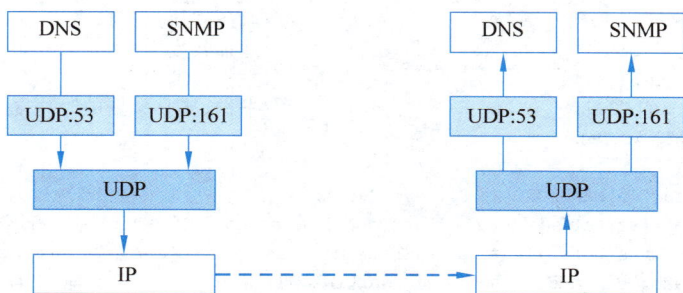

图 5-13　UDP 复用与分用功能的示意图

5.2.2 UDP 的报文格式

UDP 的报文格式比较简单，如图 5-14 所示，整个报文由两部分组成：数据和首部。数据是应用层的报文，首部由 4 个字段组成，每个字段的长度为 2 字节，共有 8 字节。UDP 报文首部各字段的意义说明如下。

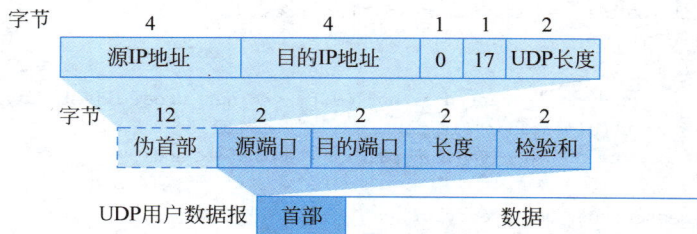

图 5-14　UDP 用户数据报的首部格式

（1）源端口：源计算机使用的 UDP 端口，该字段是可选的，在不使用时它的值为 0，仅当需要目的主机回信时才有意义。

（2）目的端口：目的计算机使用的 UDP 端口，一般必须使用。

（3）长度：UDP 用户数据报的总长度，即首部和数据部分的长度之和。

（4）检验和：检测接收到的 UDP 用户数据报是否有比特差错，有错就丢弃，正确就接收。

在计算检验和时，需要临时在 UDP 用户数据报首部前面增加 12 字节的伪首部。为了更好地理解添加伪首部的目的,需要注意以下两点。

① 伪首部并不是真正的首部,只是在计算检验和时临时添加在首部前面构成一个临时数据报。

② 伪首部存在的唯一价值就是用来计算检验和,在其他场合都不出现,即临时数据报既不向底层传送,也不向高层递交。

图 5-14 给出了伪首部的格式。伪首部有 5 个字段,第 1、2 字段分别是源 IP 地址、目的 IP 地址,第 3 字段是全 0,第 4 字段是 IP 首部中协议字段的值,此处是 UDP,协议字段值为 17,第 5 字段是 UDP 用户数据报的总长度。从图 5-14 中不难看出,这样计算出的检验和,不仅检查了源 IP 地址和源端口号(源套接字),也检查了目的 IP 地址和目的端口号(目的套接字),从而确保了收发地址的正确性。

UDP 计算检验和的方法与 IP 计算首部检验和的方法完全相同,只是计算的数据范围不同,UDP 计算检验和的数据范围包括伪首部和 UDP 用户数据报,而 IP 计算检验和的数据范围只有 IP 数据报首部。UDP 计算检验和的具体方法,此处不再赘述,读者可查阅前面相关内容。

5.3　TCP 报文段的首部格式

TCP 报文段由首部和数据两部分组成,首部包括固定首部、选项和填充,图 5-15 给出了 TCP 报文段的首部格式,固定首部中各字段的意义如下。

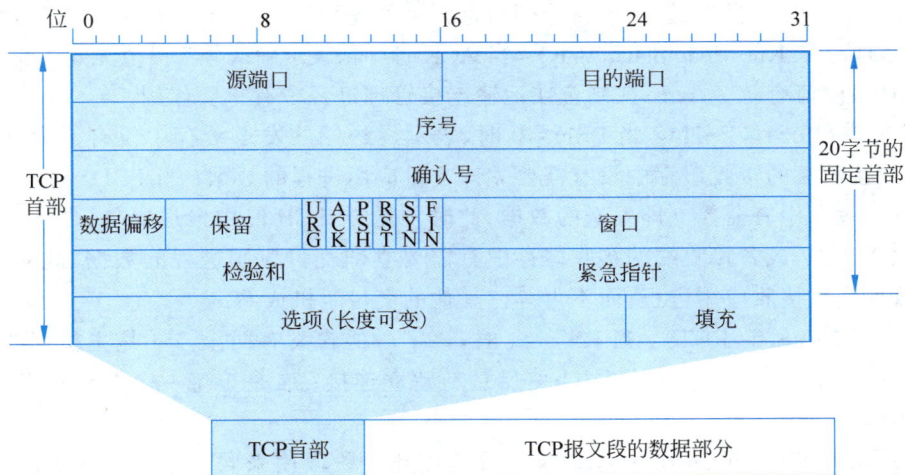

图 5-15　TCP 报文段的首部格式

(1) 源端口和目的端口:长度都是 2 字节,分别表示源端口号和目的端口号。端口号与 IP 数据报首部中的 IP 地址结合才能标识通信的一端,即前面讲过的套接字。

(2) 序号:长度为 4 字节。因为 TCP 是面向字节流的,因此在 TCP 连接中传送的每一个数据字节都要按序进行编号,起始序号必须在连接建立阶段进行设置,序号指本报文段所携带数据的第一字节的编号。例如一个 TCP 报文段的"序号"字段值为 1001,而该报文段携带了 500 字节的数据,则表明该 TCP 报文段数据的最后一字节编号为 1500,如果还有下一个 TCP 报文段,则数据序号应当从 1501 开始,即下一个报文段的序号字段值为 1501。由于序号长度为 4 字节,即 32 位,最多表示 2^{32} 字节,因此在一次 TCP 连接中,如果待传输的数据长度超过 4G 字节,序号将会绕回。

(3) 确认号:长度为 4 字节,指本方期望接收到对方下一个报文段的数据部分的第一字节的序号。注意,确认号不是本方已经正确接收的最后一字节的序号,而是已经正确接收的最后一字节序号值加 1。例如,主机 A 向主机 B 发送了一个 TCP 报文段,其序号值为 1001,而该报文段携带了 500 字节的数据,当 B 正确接收后可能立即返回一个确认报文段,确认报文段中确认号的值是多少呢?是 1501。不是 1500,更不是 1001!

使用"序号"和"确认号"两个字段,可以为 TCP 的可靠传输提供支持。

(4) 数据偏移:长度为 4 位。它表示从 TCP 报文段的起始处到 TCP 报文段的数据起始处的距离,这实际上就是 TCP 报文段首部的长度。需要注意的是,"数据偏移"是以 4B 为计算单位,而 4 位二进制数能够表示的最大十进制数是 15,因此此"数据偏移"的最大值是 $15 \times 4B = 60B$,这就意味着 TCP 报文段首部的长度范围是 20~60B,选项字段长度的最大值是 40B,同时这也说明了"数据偏移"字段存在的必要性,因为选项的长度是不确定的。

(5) 保留:长度为 6 位。这是为将来 TCP 功能扩展而预留的比特位,目前尚未使用,应置为全 0。

接下来的 6 位是 6 个控制位,它们的意义见下面的(6)~(11)。

(6) 紧急(URGent,URG):当 URG=0 时,表示报文段中没有紧急数据;当 URG=1 时,表示报文段中有紧急数据,发送方 TCP 需把紧急数据放置到本报文段数据的最前面,这样紧急数据会优先安排发送,而不再按照数据到来的先后顺序进行发送。

(7) 确认(ACKnowledgment,ACK):当 ACK=0 时,表示确认号字段值无效;当 ACK=1 时,确认号字段值有效。ACK 控制位在运输连接管理过程中有重要作用。

(8) 推送(PuSH,PSH):当 PSH=0 时,表示发送端的发送缓存中没有需要立即发送的数据,或接收端的接收缓存中没有需要立即交付应用进程的数据;当 PSH=1 时,表示发送端的发送缓存中有需要立即发送的数据,此时发送方 TCP 使用推送操作,立即创建一个报文段发送出去,或者接收端的接收缓存中有需要立即交付应用进程的数据,此时 TCP 就尽快把数据交付接收应用进程,而不再等待其他的交付时机成熟。

(9) 复位(ReSeT,RST):当 RST=1 时,该字段的含义有两个。一是主机崩溃或其他原因导致的严重错误,需要释放连接,然后重新建立连接;二是拒绝一个非法的 TCP 报文段或拒绝打开一个连接。

(10) 同步(SYNchronization,SYN):在连接建立阶段用来同步序号。当 SYN=1 时,表示这是一个连接请求或连接确认报文。当 SYN=1,ACK=0 时,表示这是一个连接请求报文段;而当 SYN=1,ACK=1 时,表示这是一个连接确认报文段。

(11) 终止(FINish, FIN):用于释放一个运输连接。当 FIN=1 时,表示数据已全部发送完毕,发送端请求释放当前连接。

(12) 窗口:长度为 2 字节。要理解窗口字段的意义,需要注意以下 4 点。

① 窗口字段长度为 16 位,单位是 B,因此窗口值的取值范围为 0 ~ 65 535B。

② 为提高传输效率,发送端可发送的数据量要根据接收方可接收的容量来设定,因此有必要设定一个窗口字段指明接收方还有多大的接收容量。窗口字段值是发送本报文段的

一方的接收窗口,不是发送窗口,通过该字段值,本方告诉对方,从本报文段首部中的确认号开始,本方允许对方最多可发送的数据量。

③ 对方收到报文段后,将根据窗口值设置自己的发送窗口大小。即一方的发送窗口是根据对方的接收窗口设定的。

④ 窗口字段值不是固定不变的,而是动态变化的。我们将在后面的窗口与缓存的关系中进行详细说明。

例如,本方发送了一个报文段,其确认号为 1001,窗口值为 500,这就意味着:本方从 1001 开始,还有 500 字节的接收空间。对方收到此报文段后,马上构造自己的发送窗口,在发送窗口内,允许发送的字节序号范围为 1001~1500。

(13) 检验和:长度为 2 字节。TCP 报文段计算检验和的方法与 UDP 用户数据报相同,添加的伪首部格式也一样,但因为此处是 TCP 报文段,因此伪首部第 4 个字段值变更为 TCP 的协议号 6,把第 5 个字段值从 UDP 长度变更为 TCP 长度。

(14) 紧急指针:长度为 2 字节。紧急指针仅在 URG＝1 时才有意义,它就是本报文段携带的紧急数据的长度。因为紧急数据位于报文段数据的最前面,所以有:紧急数据的起点＝序号字段的值,而紧急数据的终点＝序号字段值＋紧急指针－1。紧急数据的后面是普通数据,紧急数据处理完成后,TCP 就通知应用进程恢复到正常操作。需要注意的是,即使窗口为 0 也可发送紧急数据。

(15) 选项:长度为 0~40B。TCP 最早只规定了一个选项——最大报文段长度(Maximum Segment Size,MSS)。要正确理解 MSS 的意义,需要注意以下几个问题。

① MSS 是 TCP 报文段数据部分的最大长度,而不是整个 TCP 报文段的最大长度。

② MSS 值的选择会影响网络的传输效率。若 MSS 值太小,如只有 1B,则在发送端逐层向下的过程中,要先后添加 TCP 首部、IP 首部、帧的首部与尾部,这样构成的帧额外开销大,降低了传输效率。若 MSS 值太大,则在添加 TCP 首部、IP 首部后,其值超过了 MTU 值,那么这样构成的 IP 数据报需要进行分片处理,同样降低了传输效率。

③ 在 TCP 连接建立过程中,双方把自己能够支持的 MSS 值告知对方,从而提高网络传输效率。如果没有设置 MSS 值,则取默认值 536B。

随着 TCP 的不断优化提高,后面又增加了一些选项,如窗口扩大选项、时间戳选项、选择确认选项等。

增加窗口扩大选项是为了扩大窗口。原有的窗口最大值为 65 535B,随着网络的高速发展,在某些情况下这个窗口值可能不够。窗口扩大选项长度为 3 字节,其中 1 字节的值是移位值 S,S 允许使用的最大值是 14,则窗口字段长度从 16 位增加到 30 位(16＋14＝30),此时窗口最大值增加到 $(2^{30}-1)$B。

时间戳选项字段长度为 10B,由 4 部分构成:类别(1B)、长度(1B)、发送方时间戳(4B) 和时间戳回送回答字段(4B)。其作用有以下两个。

① 防止序号回绕。TCP 报文段的序号是 32 位,最多可给 2^{32} 个数据字节进行编号,当在一次 TCP 连接中传输的数据量超过 2^{32} 个字节时,就会产生序号回绕。为了区分相同序号的新旧报文段,可以在报文段上加上时间戳。

② 计算往返时间(RTT)。发送方在发送报文段时把时间写入时间戳字段,接收方收到该报文段后把时间戳字段值复制到时间戳回送回答字段中,发送方收到此确认报文段后,就

可以计算出 RTT 值。

选择确认选项将在后续介绍。

(16) **填充**：长度为 1～3B。用于确保 TCP 报文段首部长度是 4B 的整数倍。若首部中包含"选项"字段，可能导致首部长度不是 4B 的整数倍，此时需要通过"填充"字段进行补齐。补齐到 4B 边界有助于 CPU 和网络设备高效处理数据。

5.4 可靠传输的工作原理

通过前面的学习，我们知道在网络体系结构中，运输层 TCP 的实现要使用网络层 IP 的服务。但 IP 提供的只是尽最大努力的传输，是不可靠的传输。因此，TCP 要实现可靠传输必须采取适当的措施。为讲述可靠传输的工作原理，下面从最简单的停止等待协议讲起。需要注意的是，停止等待协议在网络发展初期使用在数据链路层，在运输层并不使用该协议。

5.4.1 停止等待协议

为了讨论问题的简单化，在全双工通信中，我们仅考虑一个方向上的通信，如发送方 A 发送数据而接收方 B 接收数据并发送确认。

停止等待协议的工作原理基于一个简单的交互过程：发送方发送一个分组后停止等待，接收方收到后发送确认，发送方收到确认后再发送下一个分组。这个过程形成了"发送-等待-接收-确认"的循环。图 5-16 是停止等待协议最简单的无差错情况。A 发送分组 M_1，发完停止等待。B 接收 M_1，经检验无差错后向 A 发送确认。A 收到对 M_1 的确认后发送下一个分组 M_2。

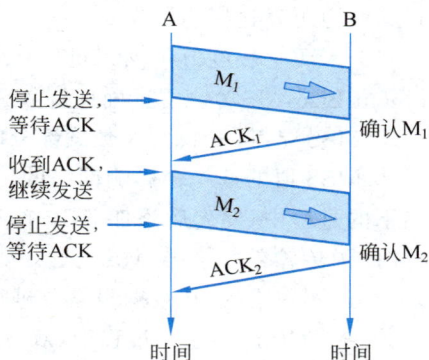

图 5-16　无差错情况

1. 分组丢失和分组出错

图 5-17(a) 是分组丢失的情况：A 发送分组 M_1，但 M_1 在传输过程中丢失了。图 5-17(b) 是分组出错的情况：B 接收 M_1，经检验 M_1 是错误的，就丢弃 M_1。在这两种情况下，因为 B 都没有收到正确的分组，因此不会向 A 发送确认。A 没有收到对 M_1 的确认，也就无法发送下一个分组 M_2，只能一直等待下去。为解决这个问题，可靠传输协议在每发送完一个分组时设置一个 超时计时器。如果超时了，就重传前面未收到确认的分组，即 超时重传。如果 A 在超时计时器到期之前收到了 B 的确认，就撤销超时计时器。在具体实施超时重传机制时，需要注意以下三点。

(1) A 在 发送分组后必须暂时保留该分组的一个副本，以备在超时重传时使用。只有收到 B 发来的对该分组的确认，才能清除该分组副本。

(2) 分组和确认分组都必须进行编号。通过给每个分组编号，接收方可以识别重复的分组并丢弃。同时发送方可以根据确认分组的编号确认分组是否被正确接收，从而避免不必要的重传。

(3) 超时计时器设置的重传时间应当比分组的平均往返时间更长一些。原因是网络中

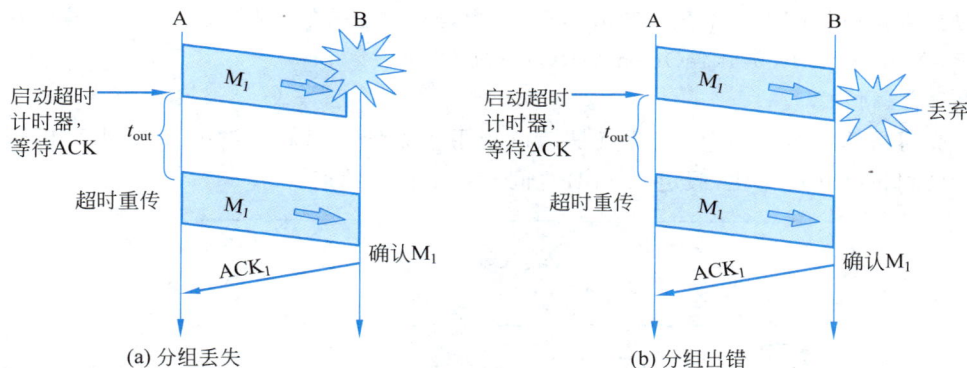

(a) 分组丢失   (b) 分组出错

图 5-17　出现差错

的延迟是不确定的,设置较长的超时时间可以应对临时的网络延迟,避免因小延迟导致的分组重传。超时重传时间不应设定得过长,否则通信效率下降。超时重传时间也不应设定得过短,否则会导致不必要的重传,从而浪费了网络资源。超时重传时间不是固定的,而是应随着网络环境动态变化,具体重传时间如何选择,在后面的5.5.2节继续进行讨论。

2. 确认分组丢失和确认分组迟到

图 5-18 是确认分组丢失的情况。A 发送分组 M_1,B 收到后发送确认分组,但确认分组丢失了。A 在设定的超时重传时间内没有收到确认,于是重传 M_1。B 收到重传的 M_1 后需采取两个行动。

(1)**丢弃重复的分组 M_1**。

(2)**重传对分组 M_1 的确认**,因为 A 重传 M_1 表示 A 没有收到对 M_1 的确认。

图 5-19 是确认分组迟到的情况。A 发送分组 M_1,B 收到后发送确认分组,但确认分组迟到了。迟到的确认分组是重复确认,因此 A 收到后就丢弃,其他什么也不做。B 也会收到重复的 M_1,同样会采取上面的两个行动。

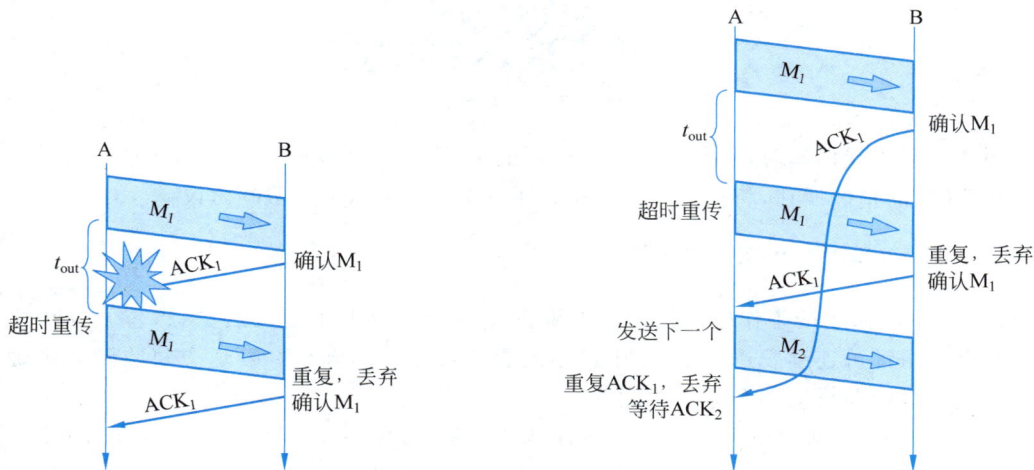

图 5-18　确认分组丢失

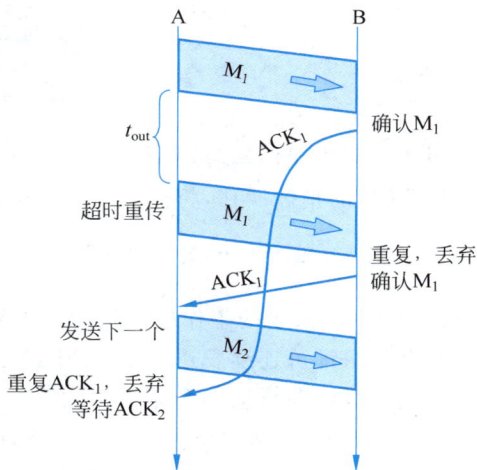

图 5-19　确认分组迟到

通过上面的讲述,我们不难发现可靠传输协议为保障可靠传输,主要使用了编号、确认和超时重传机制。

停止等待协议的重传不是接收方请求的,而是自动进行的,因此也称为**停止等待自动重传请求**(Automatic Repeat reQuest,ARQ)协议。

3. 信道利用率

停止等待协议虽然简单,但缺点是信道利用率太低。我们通过图 5-20 来分析这个问题。为使讨论问题简单化,假定 A 和 B 之间有一条直通信道。

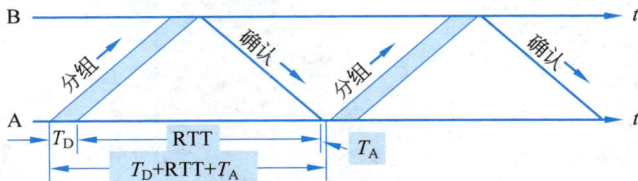

图 5-20　停止等待协议的信道利用率

从图 5-20 中不难看出,在无差错的情况下,发送方每成功发送一个分组需要的总时间是 $T_D+\text{RTT}+T_A$。其中,T_D 是分组的发送时间,RTT 是分组往返时间,T_A 是确认分组的发送时间。由于只有 T_D 是有效时间,因此信道的利用率可用下式计算:

$$U = \frac{T_D}{T_D + \text{RTT} + T_A} \tag{5-2}$$

从式(5-2)可以看出,当 RTT 远大于 T_D 时,信道利用率就会很低。如果再出现重传,信道利用率还会进一步降低。

停止等待协议传输效率低的原因是一次只能发送一个分组,导致在成功发送一个分组的总时间中有效时间所占比重不高。为了提高传输效率,发送方可以不使用停止等待协议,而是采用流水线传输。如图 5-21 所示,流水线传输就是发送方可以连续发送多个分组,这种传输方式可获得很高的信道利用率。

图 5-21　流水线传输

当使用流水线传输时,就要使用下面介绍的**连续 ARQ 协议**和**滑动窗口协议**。滑动窗口协议是 TCP 的精髓所在,将在 5.5 节讨论。下面先来讲述连续 ARQ 协议。

5.4.2　连续 ARQ 协议

连续 ARQ 协议的工作原理是发送方维持着一个一定大小的**发送窗口**,位于发送窗口内的所有分组都可连续发送出去,而中途不需要等待对方的确认。发送方每收到一个确认就把发送窗口向前滑动一个分组的位置。

图 5-22(a)表示发送方的发送窗口大小为 10,发送方可把位于发送窗口中的 10 个分组连续发送出去而不必等待确认。图 5-22(b)表示发送方收到了接收方对第 1 个分组的确认,于是发送窗口向前滑动一个分组的位置,使得第 11 个分组进入发送窗口。

连续 ARQ 协议中常见的协议是回退 N 协议(Go-Back-N,GBN)。回退 N 协议的接收方采用了**累积确认**的方式。所谓累积确认就是**对按序到达的最后一个分组发送确认**,不必

发送窗口

| 1 | 2 | 3 | 4 | 5 | 6 | 7 | 8 | 9 | 10 | 11 | 12 |

(a) 发送方维持的发送窗口

发送窗口　　　向前滑动→

| 1 | 2 | 3 | 4 | 5 | 6 | 7 | 8 | 9 | 10 | 11 | 12 |

↑
被确认

(b) 发送方收到一个确认后发送窗口向前滑动

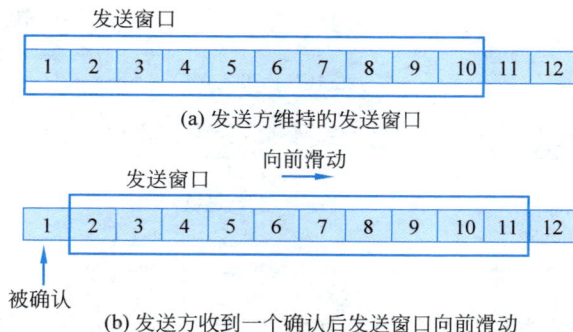

图 5-22　连续 ARQ 协议的工作原理

对收到的分组逐个发送确认。仍以图 5-22 为例,发送方把发送窗口内的 10 个分组连续发送出去,接收方正确收到了 9 个分组,5 号分组丢失了。这时接收方使用累积确认的方式对 4 号分组发送确认。发送方收到确认后,就把 5～10 号分组重传一次。本来发送方已经按序发送完 10 个分组了,现在只能回退回来重传已发送过的 6 个分组。

从上面的分析不难看出,累积确认的优点有两个:一是可以减少接收方的开销,减少对网络资源的占用;二是即使确认分组丢失,发送方也可不必重传。当然累积确认也有缺点,那就是不能向发送方及时反映出接收方已经正确接收的所有分组的信息,尤其当网络状况不佳时会导致大量分组的重传,从而降低了传输效率。

5.5　TCP 的可靠传输

前面已经提到过 TCP 可靠性的 4 方面,即无比特差错、无丢失、无重复、无乱序,其中无比特差错使用检验和的方式来保障,那无丢失、无重复、无乱序如何实现呢?那就是使用以字节为单位的滑动窗口以及确认与重传机制。

5.5.1　以字节为单位的滑动窗口

TCP 的通信是全双工的,每一端既是发送方又是接收方,为了更清晰地讲述可靠传输的工作原理,我们只考虑一个方向上的数据传输,如 A 是发送方,B 是接收方,这样讨论问题仅限于 A 的发送窗口和 B 的接收窗口。

现假定 A 收到 B 发来的确认报文段,其中确认号是 11,窗口是 20 字节(实际窗口大小一般为数千字节,取小值是为了简化问题的表述)。根据这两个字段值,A 就可以构造出自己的发送窗口,如图 5-23 所示。发送窗口越大,发送方就可以连续发送更多的数据,因而可能获得更高的传输效率。A 的发送窗口并不总是和 B 的接收窗口一样大,因为确认报文段在网络中传输需要耗费一定的时间,除此之外,A 的发送窗口还受网络拥塞情况的影响。

滑动窗口协议较为复杂,它是 TCP 的精髓所在。使用以字节为单位的滑动窗口,可以控制字节流的发送、接收、确认与重传。

为了达到利用滑动窗口协议实现可靠传输的目的,TCP 引入了"字节流传输状态"的概念。从图 5-23 中可以看出字节流传输状态分为 3 种类型。

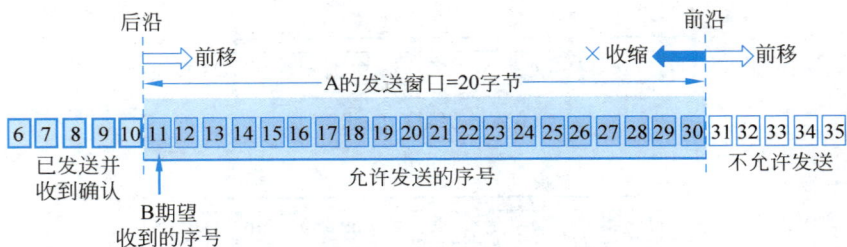

图 5-23　A 根据 B 的窗口值构造出自己的发送窗口

（1）第 1 类：已发送并收到确认的字节。图 5-23 中序号小于或等于 10 的字节属于此类，因为这些字节已发送并收到了接收方的确认，因此无须在发送窗口内暂存。

（2）第 2 类：允许发送但尚未发送的字节。图 5-23 中序号 11～30 的字节属于此类，接收方 B 已经为这些字节做好接收准备，发送方 A 可以把这些字节连续发送出去。

（3）第 3 类：不允许发送的字节。图 5-23 中序号大于或等于 31 的字节属于此类，接收方 B 尚未对这些字节做好接收的准备，发送方 A 不能发送这些字节。

发送窗口的两个边界分别是前沿和后沿。随着滑动窗口的移动，后沿的变化有两种。

（1）**不动**。在没有收到新的确认的情况下，后沿位置不变。

（2）**前移**。在收到新的确认的情况下，后沿位置前移，具体前移到哪个位置，取决于接收方给出的确认报文段中的"确认号"字段值。

后沿位置能后移吗？不能！因为不能撤销已收到的确认。发送窗口前沿的变化也有两种。

（1）**前移**。收到新的确认且接收方的接收窗口大小不变，或者是收到新的确认且接收方的接收窗口缩小，但因为前移的幅度大于接收窗口收缩的幅度，导致前沿前移了。

（2）**不动**。没有收到新的确认，或者是收到了新的确认且接收方的接收窗口缩小了，但因为前移的幅度等于接收窗口收缩的幅度，导致前沿不动。

现假定 A 发送了序号为 11～ 21 的字节，如图 5-24 所示，从中可以看出字节流传输状态发生了变化，由 3 种增大为 4 种。

图 5-24　A 发送了 11 字节的数据

（1）第 1 类：已发送并收到确认的字节。图 5-24 中序号小于或等于 10 的字节属于此类。

（2）第 2 类：已发送但未收到确认的字节。图 5-24 中序号为 11～21 的字节属于此类，这些字节在未收到确认之前必须暂时保留,以便在超时重传时使用。

(3) 第 3 类:允许发送但尚未发送的字节。图 5-24 中序号为 22～30 的字节属于此类,这些字节构成的子窗口又称为可用窗口或有效窗口。

(4) 第 4 类:不允许发送的字节。图 5-24 中序号大于或等于 31 的字节属于此类。

再看一下 B 的接收窗口。在图 5-24 中,B 收到了序号为 12、13 的字节,但序号为 11 的字节尚未收到,如果此时发送确认报文段,其中的"确认号"仍旧是 11,因为 B 采用了累积确认的方式,即 B 只能对按序收到的字节的最高序号给出确认。

现在假定 B 收到了序号为 11 的字节,在把序号为 11～13 的字节交付目的进程后,接收窗口向前移动 3 个序号,然后给 A 发送确认报文段,在确认报文段中,"窗口"值为 20,"确认号"为 14,如图 5-25 所示。A 在收到 B 的确认后,就把发送窗口前移 3 个序号,不难看出,此时 A 的可用窗口从之前的 9 字节增大到 12 字节。

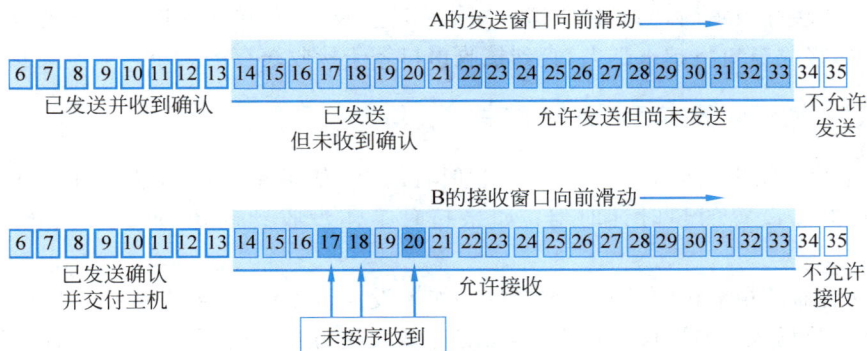

图 5-25　A 收到新的确认后发送窗口向前滑动

尽管 TCP 具有面向字节流的特点,但是也不可能对收到的每一个字节进行确认,否则传输效率太低了。TCP 将字节流分段,每段加上首部打包成一个 TCP 报文段进行发送与接收。在发送 TCP 报文段的同时启动超时计时器,若超时就重传该报文段,直到收到接收方的确认为止。

前面我们提到了两个概念:缓存和窗口,两者的存储位置相同吗?有什么区别?下面我们来讨论缓存与窗口的关系。图 5-26 分别为发送方的发送缓存与发送窗口、接收方的接收缓存与接收窗口。

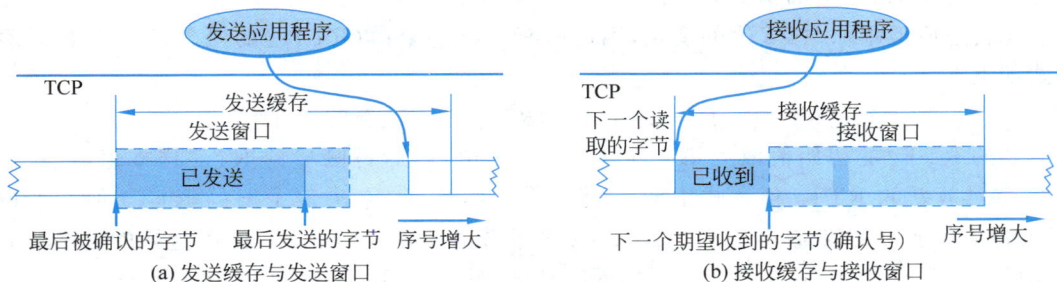

图 5-26　TCP 的缓存与窗口的关系

先看图 5-26(a)所示的发送方的情况,从中不难发现,发送窗口是发送缓存的一部分,因为已发送并收到确认的数据应当从发送缓存中删除,所以发送窗口与发送缓存的后沿是重合的。在序号增大的方向上,发送缓存通常由三部分组成。

(1) 发送窗口。发送窗口又由两部分组成:已发送但未收到确认的数据、允许发送但尚未发送的数据。

(2) 不允许发送的数据。

(3) 发送缓存中的空闲空间。

再看图 5-26(b)所示的接收方的情况,从中不难发现,接收窗口是接收缓存的一部分,接收窗口与接收缓存的前沿是重合的。接收缓存通常由三部分组成。

(1) 按序到达的但尚未被接收进程读取的数据。

(2) 未按序到达的数据。

(3) 接收缓存中的空闲空间。

如果接收应用进程长时间未读取收到的数据,接收缓存中积压的数据将越来越多,最终将会导致接收缓存被填满,同时接收窗口减小到零。反之,如果接收应用进程能够快速读取收到的数据,接收窗口将越来越大,直到接收窗口等于接收缓存的大小。

5.5.2 超时重传时间的选择

TCP 在发送完报文段时会立即启动超时计时器,如果超时计时器到期之前收到了确认,那么撤销已设置的超时计时器;如果超时了还没收到确认,那么发送方就重传报文段。

超时计时器的精准设定是非常重要的。如果设定得太低,就会造成报文段的不必要重传,使网络负荷增大;如果设定得太高,就会造成发送方过长时间的等待,导致网络空闲时间增大,降低了传输效率。

要研究 TCP 超时重传时间的选择,必须搞清楚 TCP 连接往返时间的特点。其特点有两个。

(1) 不同 TCP 连接的往返时间相差较大。

(2) 同一个 TCP 连接不同时段的往返时间也不相同。

基于以上两个特点,TCP 超时重传时间的设定不能采用静态方法,而要采用动态自适应的方法。TCP 记录报文段发出的时间以及收到相应确认的时间,这两个时间之差就是报文段的往返时间(Round-Trip Time,RTT)。为了更加精准的预测即将发生的 RTT 值,在充分考虑历史 RTT 值的情况下设计了一个加权平均计算公式,使用该公式计算出的结果会动态自适应地跟踪 RTT 值的变化,因此就有了平滑 RTT(RTT_S)的概念,RTT_S 的计算公式如下:

$$新的 RTT_S = (1-\alpha) \times 旧的 RTT_S + \alpha \times 新的\ RTT\ 样本 \tag{5-3}$$

新的 RTT_S 的初始值取为第一个 RTT 样本值,以后再测量到 RTT 样本值,就按照式(5-3)计算新的 RTT_S 值。式中的 α 是一个平滑因子,它决定了旧的 RTT_S 值和新的 RTT 样本值所占的权重,$0 \leqslant \alpha < 1$,RFC 6298 推荐的 α 值为 0.125。使用这样的方法计算得出的 RTT_S 值更平滑,更符合当时的网络环境,更逼近即将发生的 RTT 实际值。

超时重传时间(Retransmission Time-Out,RTO)应稍大于使用式(5-3)计算出的 RTT_S 值,RFC 6298 建议的 RTO 计算公式为:

$$RTO = RTT_S + 4 \times RTT_D \tag{5-4}$$

式中，RTT_D 是 RTT 的偏差的加权平均值，RTT_D 值和 RTT_S 与新的 RTT 样本之差相关，RFC 6298 建议的 RTT_D 计算公式为：

$$新的 RTT_D = (1-\beta) \times 旧的 RTT_D + \beta \times | RTT_S - 新的 RTT 样本 |　\qquad (5\text{-}5)$$

新的 RTT_D 的初始值取为第一个 RTT 样本值的一半，以后再测量到 RTT 样本值，就按照式(5-5)计算新的 RTT_D 值。公式中的 β 是一个常数加权因子，$0 \leqslant \beta < 1$。若 β 取值接近于 0，则表示新的 RTT_D 值和旧的 RTT_D 值相比变化不大，新的 RTT 样本值带来的影响很小。若 β 取值接近于 1，则表示新的 RTT_D 值受新的 RTT 样本的影响较大。RFC 6298 推荐的 β 值为 0.25。使用这样的方法计算得出的 RTT_D 值使得 TCP 能及时重传，减少等待时间，同时也不会引起很多的报文重传。

　　这里还有一个重要的问题要讨论，那就是对于重传的报文段如何计算其 RTT 样本值。假如发送方发送了一个报文段，在超时计时器到期后没有收到确认，于是发送方重传该报文段，之后就收到了相应的确认报文段。在计算 RTT 样本值时 TCP 遇到了困难：此确认报文段是对先发送的原始报文段的确认，还是对后来重传的报文段的确认？因为重传的报文段与原始报文段是完全一样的，因此发送方无法精准做出判断。如果收到的确认报文段是对重传报文段的确认，但却被发送方当成是对原始报文段的确认，则这样计算得出的 RTT_S 和 RTO 值就会偏大，否则会偏小。图 5-27 是该问题的示意图。

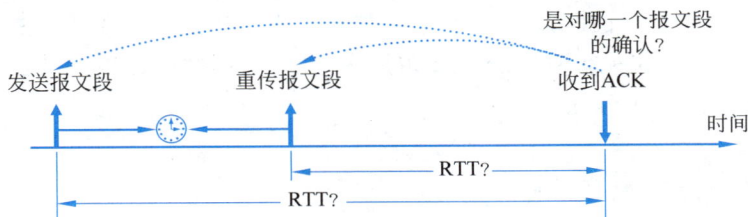

图 5-27　报文段重传情况下无法确定往返时间 RTT

　　为了解决这个问题，Karn 提出一个算法，就是只要报文段重传了，就不采用其往返时间作为样本，这样计算得出的 RTT_S 和 RTO 值就较为精准。

　　但这种 Karn 算法在有些特殊情况下却不合适。例如，报文段的往返时间突然增大了很多。那么，在原来得出的重传时间内是不会收到确认的，因此只能重传报文段。而根据 Karn 算法，此时的往返时间样本值却被丢弃了，RTO 值无法得到更新。

　　因此要对 Karn 算法进行改进，具体操作是：报文段只要重传了，就把 RTO 值增大，建议的计算公式为：

$$新的 RTO = \gamma \times 旧的 RTO \qquad (5\text{-}6)$$

公式(5-6)中的系数 γ 的典型值是 2。当报文段不再重传了，就继续使用公式(5-4)计算 RTO 值。实践证明，改进的 Karn 算法更为合理。

5.5.3　选择确认

　　前面已经讨论了 TCP 的确认机制和累积确认方式，累积确认是 TCP 接收方常采用的确认方式，该方式的缺点是不能向发送方及时反映接收方已经正确收到的所有分组的信息，导致发送方出现 GBN 现象，降低了传输效率。那么能否设法告诉发送方已经收到的、与前面不连续的字节块，让发送方只发送缺少的数据呢？答案是肯定的，选择确认(SACK)就是解决这个问题的有效办法。

我们用一个例子来说明选择确认的工作原理。假如 TCP 的接收方收到了 3 个字节块，序号区间分别为 1～1000、2000～2500、3000～4000，如图 5-28 所示。从图 5-28 中可以看出，指明一个与前后不连续的字节块只需给出它的左右边界，例如，第一个字节块的左边界是 2000，右边界是 2501，请注意不是 2500。这就是说，左边界是字节块第一字节的序号，而**右边界是字节块最后一字节的序号加 1**，以此类推，第二个字节块的左边界是 3000，而其右边界是 4001。

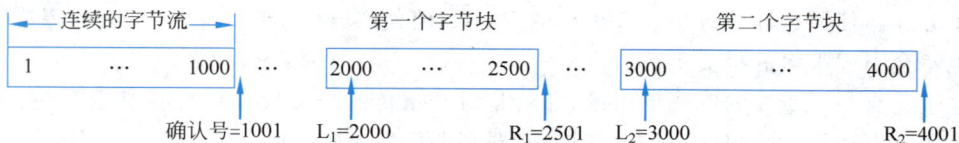

连续的字节流		第一个字节块		第二个字节块
1 … 1000	…	2000　　　2500	…	3000　　　4000

确认号=1001　　L₁=2000　　R₁=2501　　L₂=3000　　R₂=4001

确认号=1001　　L_1=2000　　R_1=2501　　L_2=3000　　R_2=4001

图 5-28　接收到 2 个与前后不连续的字节块

字节块的边界信息应当写到哪个字段中呢？很明显，在 TCP 固定首部中没有为这些信息预留空间。RFC 2018 规定，在 TCP 报文段首部中增加 SACK 选项来运输不连续字节块的边界信息。一个字节块的两个边界需要占用 8 字节，因为一个序号是 4 字节的长度，又因为 TCP 首部的选项最长为 40 字节，是不是可以指明 5 个不连续字节块的边界信息呢？不是！因为在这些边界信息前面，还要**占用 2 字节用来指明类型**（kind）**和长度**（length），这里类型是 SACK 选项，长度是 SACK 选项要占用多少字节，因此在选项中最多只能指明 4 个字节块的边界信息（占用 34 字节）。

5.6　TCP 的流量控制

5.6.1　利用窗口实现流量控制

前面已经讨论了缓存与窗口的关系，知道了接收窗口的大小是动态变化的，主要受两个因素影响：一是**发送方发送的数据量**；二是**接收应用进程读取的数据量**。如果接收应用进程读取数据缓慢，而发送方发送数据太多太快，将导致接收窗口大小变为 0，即接收缓存写满数据，甚至使接收缓存溢出。为了解决这个问题，TCP 为应用进程提供了流量控制服务。

现在讨论 TCP 是如何实现流量控制服务的。为了简化问题的表述，假设 TCP 接收方只接收按序到达的数据字节，未按序到达的数据字节直接丢弃。定义以下变量。

RecvBuf：接收方接收缓存大小。

RecvWindow：接收方接收窗口大小。

LastByteRead：接收方的应用进程从接收缓存读走的最后一字节的编号。

LastByteRecv：接收方从发送方收到的按序到达且已存入接收缓存的数据流最后一字节的编号。

SendBuf：发送方发送缓存大小。

SendWindow：发送方发送窗口大小。

LastByteSent：发送方发送的数据流最后一字节的编号。

LastByteAcked：接收方已确认的数据流最后一字节的编号。

为避免接收方接收缓存溢出,必须满足以下关系式:

$$LastByteRecv - LastByteRead \leqslant RecvBuf \qquad (5\text{-}7)$$

对于接收方来说,接收窗口是接收缓存的一部分,它的大小可按式(5-8)进行计算。

$$RecvBuf - (LastByteRecv - LastByteRead) = RecvWindow \qquad (5\text{-}8)$$

从式(5-8)不难看出,接收窗口 RecvWindow 的大小是随时间动态变化的。接收方通过把 RecvWindow 值写入确认报文段首部的"窗口"字段中,通知发送方目前接收方可接收的数据量。TCP 连接刚建好时,接收方的 RecvWindow 值等于 RecvBuf 值。图 5-29 对式(5-8)进行了说明,需要注意的是 LastByteRead 的位置,因为最后读取的字节已不在接收缓存内,所以其位置在接收缓存后沿后面的第一个位置。

流量控制就是**让发送方发送的数据量不要太多,要让接收方能够放得下**。为此发送方需要跟踪两个变量 LastByteSent 和 LastByteAcked 的值,两个变量之差 LastByteSent — LastByteAcked 就是发送方已发送但未被确认的数据量。因此,在该 TCP 连接的整个周期内必须满足以下关系式:

$$LastByteSent - LastByteAcked \leqslant RecvWindow \qquad (5\text{-}9)$$

通过将未被确认的数据量控制在值 RecvWindow 以内,就可以保证发送方发送的数据量不会使接收方的接收缓存溢出。图 5-30 对式(5-9)进行了说明。需要注意的是 LastByteAcked 的位置,其位置在发送缓存后沿后面的第一个位置。不要将 LastByteAcked 与接收方发来的确认报文段的确认号相混淆。

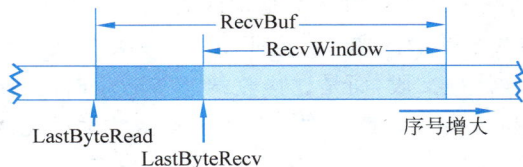

图 5-29　接收端的接收缓存和接收窗口　　　　图 5-30　发送端的发送缓存和发送窗口

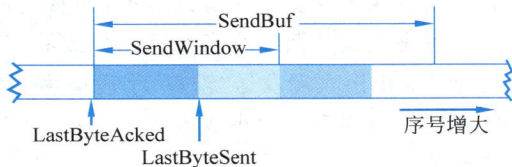

流量控制中还有一个问题需要讨论,就是接收方向发送方发送了零窗口通知,即不允许发送方再发送数据了,过了一段时间后接收方的接收缓存又有了一些存储空间,于是接收方向发送方发送非零窗口通知,但是这个报文段中途丢失了,于是发送方一直等待接收方发来非零窗口通知,而接收方一直等待对方发送数据,这种互相等待的死锁局面出现了。

为了解决这个问题,TCP 为每一个连接设置了**零窗口持续计时器**。当 TCP 连接的一方收到零窗口通知时就启动零窗口持续计时器。若零窗口持续计时器到期就主动向对方发出**零窗口探测报文段**,对方在确认该探测报文段时就可以给出当前的接收窗口值。如果接收窗口值仍然是零,收到确认报文段的一方要重新启动零窗口持续计时器。如果窗口不是零,那么死锁的局面就打破了。

5.6.2　提高 TCP 传输效率的算法

TCP 发送报文段的时机是一个值得讨论的问题。时机掌握不好,可能导致 TCP 的传输效率低下。例如,发送方每次只发送 1 字节的数据,加上 20 字节的首部后形成 21 字节长的 TCP 报文段,接收方发来的确认报文段为 20 字节,这样在运输层为传输 1 字节有效数据共产生了 41 字节的数据。

为解决发送方发送很小报文段的问题,TCP 使用了 **Nagle 算法**。该算法规定:若发送应用进程每次只把 1 字节数据写入发送缓存,则 TCP 先把第一字节发送出去,其余后到的字节缓存起来,直到收到第一字节的确认为止。然后把发送缓存中的所有数据组装成一个报文段发送出去,当收到对前一个报文段的确认后才发送下一个报文段。需要注意的是,当到达的数据量等于最大报文段长度 MSS 或者发送窗口的一半时,就立即把数据组装成报文段发送出去。Nagle 算法流程如图 5-31 所示。

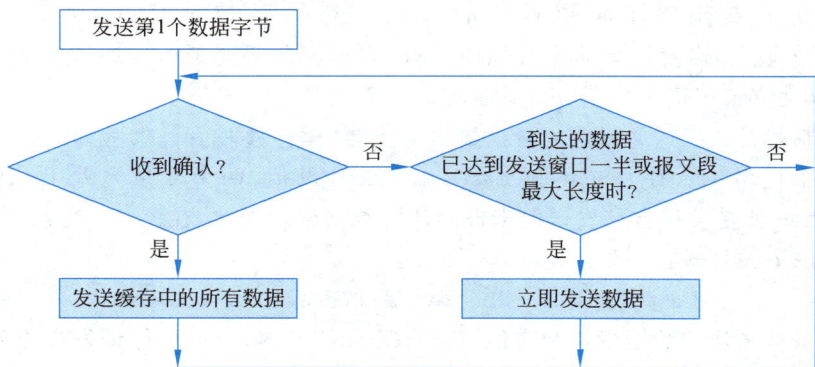

图 5-31　**Nagle 算法流程**

还有一种情况,接收方每次发来的确认报文段中的"窗口"值为 1,发送方收到确认报文段后也就只能再发送 1 字节的数据,显然这种情况下的传输效率也是很低的。

为解决接收方通知小窗口信息导致的传输效率低的问题,TCP 使用了 **Clark 算法**。算法规定:禁止接收端发送"窗口"字段值为 1 的确认报文段,而是让接收端等待一段时间,使得接收端的接收窗口大小或等于最大报文段长度或者接收缓存空间一半已空时才发送确认报文段。

5.7　TCP 的拥塞控制

5.7.1　TCP 拥塞控制概述

所谓拥塞就是在一段时间内,对网络中资源的需求超过了该资源所能提供的可用部分,导致网络性能变坏的现象。拥塞控制就是防止太多的数据进入网络,从而导致网络资源过载。

造成网络拥塞的原因是多方面的,它涉及链路带宽、结点缓存和处理机的能力等。一般把网络出现拥塞的条件写为:

$$\sum 对网络资源的需求 > 网络可用资源 \tag{5-10}$$

拥塞控制与流量控制是不同的,流量控制是点对点链路的通信量的局部控制,而拥塞控制是对进入网络数据总量的全局控制。例如,如果网络链路带宽为 1Gb/s,而连接在网络上的 1000 台计算机要求都以 10Mb/s 的速率发送数据,显然整个网络的输入负载超过了网络所能承受的。此时如果将链路带宽升级到 10Gb/s 就能满足对于带宽的需求,但结点的缓存与处理机速度可能会成为新的瓶颈。局部的改善不能从根本上解决网络拥塞的问题,问题的实质是整个系统的各个部分不匹配。

图 5-32 给出了拥塞控制的作用示意图,其中横坐标是提供的负载,纵坐标是吞吐量。

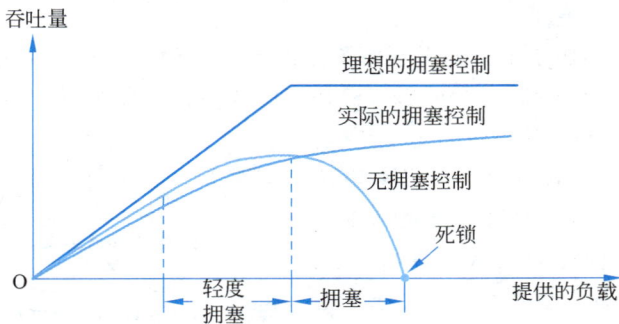

图 5-32 拥塞控制的作用示意图

从图 5-32 中不难发现:

(1)理想的拥塞控制:在吞吐量饱和之前,网络吞吐量等于提供的负载,但当提供的负载超过某一限度时,吞吐量不再增长即吞吐量饱和了。

(2)无拥塞控制:在初始阶段网络吞吐量随着网络负载的增加呈线性增长。当出现轻度拥塞时,网络吞吐量的增长小于网络负载的增加量。当提供的负载增大到某一数值时,网络吞吐量反而随提供的负载的增大而下降,此时网络进入拥塞状态。当提供的负载继续增大到某一数值时,网络的吞吐量降为零,网络进入死锁状态。

(3)实际的拥塞控制:在网络负载增长的初期,它的吞吐量比无拥塞控制时还小,原因是实施拥塞控制策略消耗了一定网络资源。但是,它的优势在于随着网络负载的增加,网络吞吐量也在增加,不会出现吞吐量下降甚至死锁的现象。

通过前面的讨论,我们了解了发生拥塞的原因,也知道了提供的负载与网络吞吐量的关系,但要设计高效的拥塞控制策略还是非常困难的,因为引发拥塞的因素是动态的。基于这些现实,出现了一系列 TCP 拥塞控制机制。最初是慢开始和拥塞避免算法,后来在 TCP Reno 版本中又加入了快重传和快恢复算法。

5.7.2 TCP 的 4 种拥塞控制算法

为了讨论问题简单化,我们做如下假定。

(1)虽然 TCP 的通信是全双工的,但我们只考虑一个方向的数据传输。

(2)接收方的接收缓存无穷大,因而发送方的发送窗口大小仅取决于网络的拥塞程度。

1. 慢开始

在 TCP 连接中,发送方需要维持一个称为拥塞窗口(congestion window, cwnd)的状态参数。所谓拥塞窗口就是对当前网络负载能力的估计,其大小取决于网络的拥塞程度,并且是动态变化的。基于前面的第(2)条假定,发送方让自己的发送窗口等于拥塞窗口。

因为拥塞窗口是动态变化的,所以其值很难精准确定。TCP 的发送方设定拥塞窗口的方法是试探着由小及大地增大其值,只要网络没有出现拥塞,发送方就可以继续增大拥塞窗口,使得网络利用率提高;当网络出现拥塞或拥塞趋势,拥塞窗口就减小一些,发送方减少发送数据量,使拥塞得以缓解。

视频讲解

发送方如何判定网络发生了拥塞呢？依据是出现了超时。正常情况下，发送方发送出的报文段不会出现超时，接收方因收到错误的报文段而丢弃的概率也不高。因此，只要出现了超时就认定是网络拥塞了。

下面用一个简单的例子来说明慢开始算法的原理。为了讨论的简单化，用发送方最大报文段(Sender Maximum Segment Size, SMSS)的数值作为拥塞窗口的单位。

发送方首先将拥塞窗口初始化为1，发送方能发送1个报文段，接收方收到后发来确认报文段。慢开始算法规定，发送方每收到1个对新报文段的确认（重传的确认不算），cwnd就加1，因此，现在cwnd增大为2。发送方把2个报文段连续发送出去，很快又从接收方收到2个确认，那么cwnd就增大为4。发送方把4个报文段连续发送出去，接着从接收方收到4个确认，那么cwnd就增大为8。图5-33是慢开始阶段拥塞窗口按二进制指数方式增长的示意图。

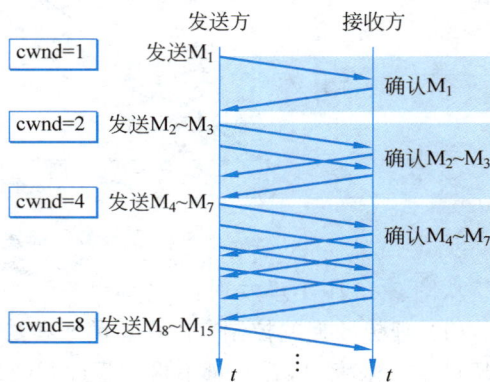

图5-33　慢开始阶段拥塞窗口
按二进制指数方式增长的示意图

这里需要注意以下三个问题。

(1) 慢开始算法并不慢。从前面的讨论不难看出，慢开始算法使得拥塞窗口按二进制指数方式成倍增长，其增长速率并不慢，但这里的"慢"指的是拥塞窗口的初始值为1，发送方第一次只能发送1个报文段，这要比一开始就发送大量报文段要慢，但"慢"开始对于防止网络拥塞却是一个好的方法。

(2) 每一次发送的RTT是不同的。RTT是指发送方把发送窗口内的报文段全部发出，到收到所有确认报文段所经历的时间。

(3) 慢开始算法下的拥塞窗口不能无限增长。为了避免拥塞窗口增长过快引起网络拥塞，还需设置一个参数——慢开始阈值(slow-start threshold, ssthresh)。

在慢开始和拥塞避免算法中，ssthresh与cwnd之间的关系规定如下。

① 当cwnd<ssthresh时，使用慢开始算法。

② 当cwnd>ssthresh时，使用拥塞避免算法。

③ 当cwnd=ssthresh时，既可使用慢开始算法，也可使用拥塞避免算法。

2. 拥塞避免

当cwnd>ssthresh时，此时的cwnd值已经非常接近网络的实际负载能力，如果继续使用慢开始算法，让cwnd按二进制指数方式快速增长，那么很快网络就会拥塞。因而此时必须停止使用慢开始算法，转而使用拥塞避免算法。拥塞避免算法是每经过一个RTT，cwnd就加1，使其按线性规律缓慢增长，我们把拥塞避免阶段称为"加法增大"(Additive Increase, AI)。

图5-34给出了TCP cwnd在拥塞控制时的变化情况。图5-34中横坐标是RTT，纵坐标是cwnd。当TCP连接初始化时，将cwnd设置为1，ssthresh设置为16。首先执行慢开始算法，经过4个RTT后cwnd增长到16（图中的点①），然后转而执行拥塞避免算法，又经过8个RTT后cwnd增长到24（图中的点②），此时发送方出现了超时，也就意味着网络发生了拥塞，于是做出三个调整。

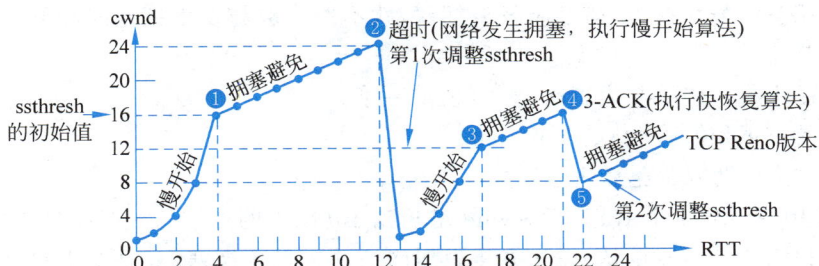

图 5-34 TCP cwnd 在拥塞控制时的变化情况

（1）设置 ssthresh 为当前 cwnd 值的一半，即 ssthresh＝cwnd/2＝12，这常称为"**乘法减小**"（Multiplicative Decrease，MD），前面我们还提到拥塞避免有加法增大（AI）的特性，两者结合就是所谓的 AIMD 算法。

（2）设置 cwnd 值为 1。

（3）开始执行慢开始算法。

开始新一次慢开始算法，在第 17 个 RTT 后，cwnd 增长到 12（图中的点③），然后转而执行拥塞避免算法。

3. 快重传

有时网络并未出现拥塞，而只是个别报文段在网络中丢失了，如果不采取新的措施，这些丢失的报文段将导致发送方超时，并误认为网络发生了拥塞，于是按照上面的（1）～（3）执行操作，这些操作显然跟网络实际情况不符，低估了网络的负载能力，使得传输效率下降。

为了解决这个问题，TCP 引入了快重传算法。快重传算法的思路就是让发送方尽早知道网络并没有出现拥塞，只是**发生了个别报文段的丢失**，不再等到超时计时器到期，而是应该立即重传丢失的报文段。如图 5-35 所示，发送方连续发送了 5 个报文段：M_1～M_5，只有 M_2 在传输过程丢失了，接收方先给 M_1 发出了确认，接下来的 M_3～M_5 三个报文段是未按序到达的，根据快重传算法的规定，接收方应及时向发送方**连续三次发出对 M_1 的重复确认**。发送方连续收到三个重复确认后，就意识到网络并未出现拥塞，只是接收方少收到一个报文段 M_2，因而**立即重传 M_2**。

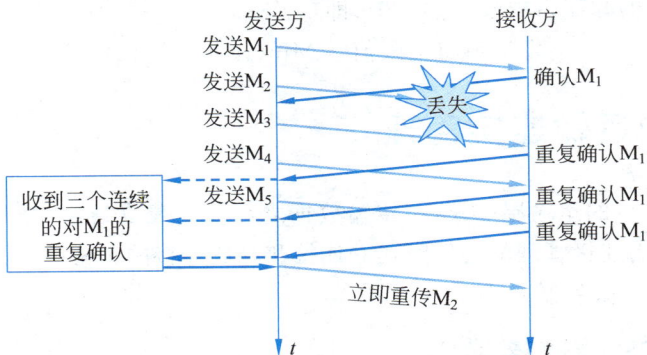

图 5-35 快重传的示意图

4. 快恢复

与快重传算法配合使用的还有快恢复算法。当发送方一连收到三个重复确认时，发送

方意识到网络并未发生拥塞,既然未发生拥塞,就不能采取与发生拥塞时相同的措施,快恢复算法这样规定:

(1) 设置新的 ssthresh 为当前 cwnd 值的一半。

(2) 设置 cwnd 值等于新的 ssthresh。

(3) 开始执行拥塞避免算法。

图 5-34 中,在第 21 个 RTT 后,cwnd 增长到 16(图中的点④),此时发送方收到三个连续的对同一报文段的重复确认,发送方意识到网络并未发生拥塞,只是个别报文段丢失了。因此,发送方开始执行快恢复算法,而不是慢开始算法。即设置新的 ssthresh=16/2=8,同时设置 cwnd=ssthresh=8(图中的点⑤),然后开始执行拥塞避免算法。

通过前面的讨论,我们知道在拥塞避免阶段可能会出现超时和收到三个重复确认的情况,其实在慢开始阶段也可能会出现,其应对措施也相同,因此,完整的 TCP 的拥塞控制可归纳为如图 5-36 所示的流程图。

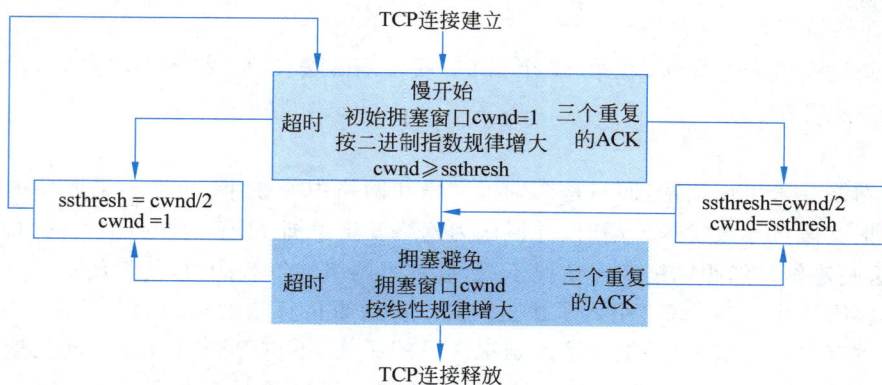

图 5-36 TCP 拥塞控制的流程图

本节开始时我们假定接收方的接收缓存无穷大,发送方的发送窗口大小仅取决于网络的拥塞程度,但实际上接收方的接收缓存总是有限的,从流量控制的角度考虑,发送方的发送窗口不能超过接收方的 **rwnd**,结合本节讨论的拥塞控制,发送方的发送窗口值的上限值应取为接收窗口和拥塞窗口中较小的一个,即

$$发送窗口上限值 = Min(rwnd, cwnd) \tag{5-11}$$

5.8 TCP 的运输连接管理

TCP 是面向连接的运输层协议,在传输数据之前需要建立连接,数据传输完毕还要释放连接,TCP 的运输连接管理就是保障建立连接和释放连接的正常完成。TCP 连接的建立与释放都是采用客户服务器方式。

5.8.1 TCP 的连接建立

TCP 建立连接需要在客户与服务器之间交换三个 TCP 报文段,我们把它称为"三报文握手",图 5-37 给出了这个过程,现将三报文握手建立连接的过程描述如下。

(1) 最初客户程序处于 CLOSED(关闭)状态,当需要建立 TCP 连接时,向服务器程序

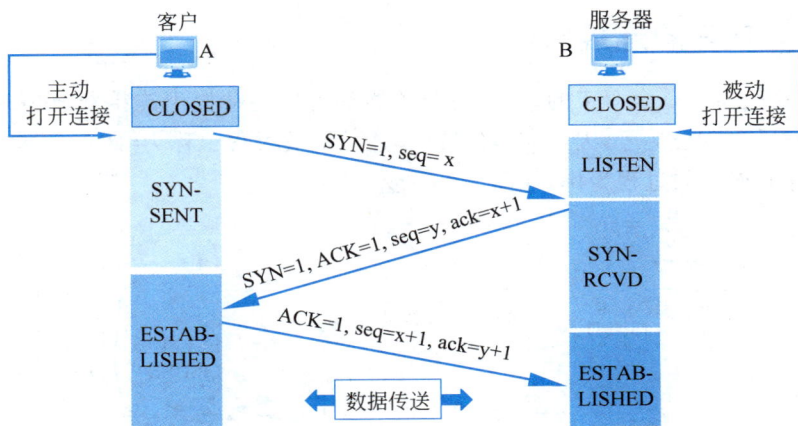

图 5-37 三报文握手建立 TCP 连接的过程

发出连接请求报文段,该报文段首部中的同步位 SYN=1,序号 seq=x,x 是随机产生的,但不能为 0。TCP 规定,连接请求报文段不能携带数据,但要消耗掉一个序号。此时,TCP 客户程序进入 SYN-SENT(同步已发送)状态。

(2) 最初服务器程序处于 CLOSED(关闭)状态,然后被动打开后处于 LISTEN(监听)状态,等待客户程序发来连接请求。服务器程序在收到连接请求报文段后,如同意建立连接,则向客户程序发送连接请求确认报文段,该报文段首部中 SYN=1、ACK=1、确认号 ack=x+1,表示是对连接请求报文段(seq=x)的确认。同样,连接请求确认报文段也不携带数据,但要消耗掉一个序号,序号 seq=y。此时,TCP 服务器程序进入 SYN-RCVD(同步收到)状态。

(3) 客户程序收到连接请求确认报文段后,还要向服务器程序发出确认报文段,该报文段首部中 ACK=1、ack=y+1、seq=x+1。按照 TCP 规定,该报文段可以携带数据也可以不携带数据,如果不携带数据则不消耗序号,即下一个报文段的序号仍然是 seq=x+1。此时,TCP 客户程序进入 ESTABLISHED(已建立连接)状态。

服务器程序收到确认报文段后,也进入 ESTABLISHED 状态。

为什么连接建立需要双方交换三个报文段,两个可以吗?之前我们讨论过 TCP 的可靠传输,一方发送,对方确认就可以了,那么这里为什么需要第三个报文段呢?原因是防止已失效的连接请求报文段传送到了对方。

现考虑出现一种异常情况,客户程序发出的第一个连接请求报文段长时间滞留在网络中,因为超时客户需要重传,之后双方通过三报文握手建好连接并开始数据传送。数据传送完毕双方释放连接后,之前滞留在网络中的第一个连接请求到达服务器,服务器误认为是客户发出的新的连接请求。于是向客户发送确认报文段,同意建立连接。假如不需要第三个报文段,那么只要服务器发出确认报文段,双方就建好了一个新的连接。

客户并没有建立新连接的意愿,也没有数据要发送。而服务器却以为新的连接已建立,就一直等待客户发来数据,服务器为此次连接分配的资源就这样浪费了。

采用三报文握手的方法,就可以有效解决上述异常情况发生导致的错误。在上述异常情况下,客户不会向服务器的确认发出确认。服务器没有收到确认,就认为客户并没有建立新连接的意愿,因此不会错误地为连接分配资源。

5.8.2　TCP 的连接释放

由于 TCP 的通信是全双工的,客户与服务器都可以主动提出连接释放请求,每个方向的连接释放需要两个报文段,因此完整的 TCP 连接释放过程也称为"四报文握手"。下面以客户先主动释放连接的过程为例,如图 5-38 所示。

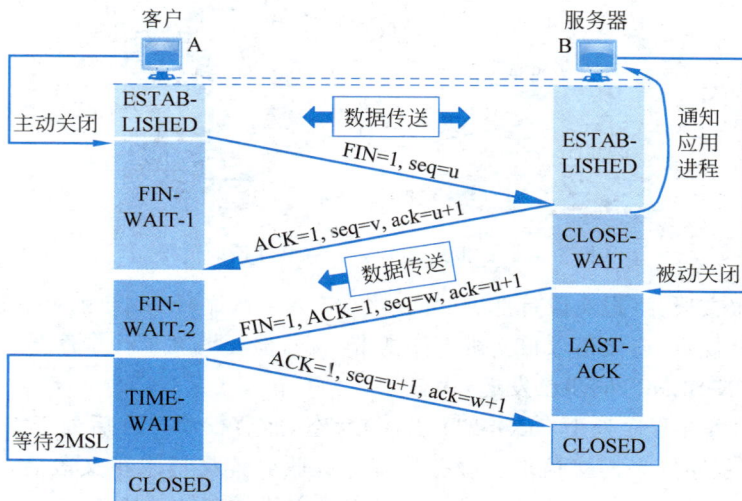

图 5-38　四报文握手释放 TCP 连接的过程

(1) 当客户已发送完数据,会主动向服务器发出连接释放请求报文段,该报文段首部中 FIN=1、seq=u,u 等于客户前面已发送数据的最后一字节的序号加 1。连接释放请求报文段不携带数据,但要消耗掉一个序号。客户发出连接释放请求报文段后,就由 ESTABLISHED 状态转换到 FIN-WAIT-1(终止等待 1)状态。

(2) 服务器收到连接释放请求报文段后,需要向客户发回连接释放请求确认报文段,该报文段首部中 ACK=1、ack=u+1、seq=v,v 等于服务器前面已发送数据的最后一字节的序号加 1。现在从客户到服务器方向的连接已经断开,但是服务器到客户的连接还没有断开,如果服务器有数据要发送时,它可以继续发送直至结束。这种状态称为半关闭状态。服务器发出确认报文段后进入 CLOSE-WAIT(关闭等待)状态,客户在收到确认报文段后进入 FIN-WAIT-2(终止等待 2)状态,等待服务器发来连接释放请求报文段。

(3) 当服务器已发送完数据,会主动向客户发出连接释放请求报文段,该报文段首部中 FIN=1、seq=w、ACK=1、ack=u+1,服务器的序号是 w,表明进入半关闭状态后服务器又发送了一些数据,服务器还要重复上次已发送过的确认号 ack=u+1。连接释放请求报文段不携带数据,但要消耗掉一个序号。服务器发送出连接释放请求报文段后,就进入 LAST-ACK(最后确认)状态,等待客户发来确认。

(4) 客户收到服务器发来的连接释放请求报文段后,立即发出连接释放请求确认报文段,该报文段首部中 ACK=1、ack=w+1、seq=u+1,因为服务器发送的连接释放请求报文段只消耗一个序号 w,同样 seq=u+1,也是因为客户发送的连接释放请求报文段只消耗一个序号 u。客户发出确认报文段后就进入 TIME-WAIT(时间等待)状态,该状态要持续 2MSL(Maximum Segment Lifetime)时间后客户才进入 CLOSED 状态,RFC 793 建议的

MSL 时间为 2min，TCP 也允许根据具体情况设置不同的 MSL 值。

客户在发出确认报文段后不是直接进入 CLOSED 状态，而是在 TIME-WAIT 状态下等待 2MSL 时间，理由有两条：

① 保证客户发送的确认报文段能够到达服务器。客户发送的确认报文段可能会丢失，服务器长时间收不到确认会超时重传连接释放请求报文段，如果客户不等待 2MSL 时间，而是直接进入 CLOSED 状态，那么客户将无法处理这个重传的连接释放请求报文段，从而导致服务器无法正常进入 CLOSED 状态。有了 2MSL 的等待时间，当服务器重传连接释放请求报文段时，客户就可以收到该报文段并重传确认报文段，最后，客户与服务器都能正常进入 CLOSED 状态。

② 使得本连接持续时间内所产生的所有报文段都从网络中消失。客户在等待的 2MSL 时间内，可以接收并处理连接持续时间内产生的所有报文段，从而使得在下一个新连接中不会出现本连接所产生的报文段，杜绝了错误的发生。

B 收到 A 发出的确认后就进入 CLOSED 状态。

TCP 中有 4 种计时器，分别为重传计时器、零窗口持续计时器、等待计时器与保活计时器。前三种计时器在本章前面部分已经陆续讲述，现在再来学习保活计时器。

保活计时器用来防止 TCP 连接出现长时间的空闲。假定客户与服务器建立了 TCP 连接，传送了一些数据后，客户的主机出现了故障。在这种情况下，这个连接将永远处于打开状态，服务器为该连接分配的资源会一直浪费。为解决这个问题，可以在服务器设置保活计时器。每当服务器收到客户的信息，就将保活计时器重置，超时时长通常设 2h。若保活计时器到期了还没有收到客户的信息，服务器就发送探测报文段。若发送了 10 个探测报文段（每一个间隔为 75s）还没有响应，就假定客户出了故障，就可以终止该连接。

5.9 本章重要概念

1. 运输层的功能就是完成互联网中不同主机中进程之间的通信。

2. 网络层负责完成主机之间的逻辑通信，而运输层负责完成应用进程之间端到端的逻辑通信。

3. 运输层提供了两个主要协议，分别是用户数据报协议（UDP）和传输控制协议（TCP）。

4. UDP 的主要特点是：①无连接；②尽最大努力交付；③面向报文；④无拥塞控制；⑤支持一对一、一对多、多对一和多对多的交互通信；⑥首部开销小，仅有 4 个字段 8 字节；⑦能满足直播视频、语音通话等实时应用的要求。

5. TCP 的主要特点是：①面向连接；②可靠交付；③面向字节流；④有拥塞控制；⑤仅支持一对一通信；⑥首部长度为 20～60B；⑦适用于文件传输、网页浏览、电子邮件传输、远程登录等场合。

6. 运输层有复用和分用的功能。发送方应用层不同应用进程可以使用同一个运输层协议传送数据，而接收方运输层能把数据正确地递交给不同的目的应用进程。

7. 运输层每个端口被赋予一个端口号（正整数）。端口号设置为 16 位的二进制数，即为 0～65 535 的整数。端口号只具有本地意义，互联网不同主机中的相同端口号是没有任何关联的。

8. 运输层的端口号分为服务器使用的端口号和客户使用的端口号(49 152～65 535)，其中服务器使用的端口号又细分为熟知端口号(0～1023)与注册端口号(1024～49 151)。

9. 在 TCP/IP 网络编程中，TCP 连接的端点叫套接字(Socket)，根据 RFC 793 的定义，端口号连接在 IP 地址后面就构成了套接字(IP 地址:端口号)。

10. 在 Socket API 中，套接字有流式套接字、数据报套接字和原始式套接字三种类型。流式套接字提供面向连接的、可靠的数据流传输服务，它使用的是运输层的 TCP；数据报套接字提供无连接的、不可靠的数据报传输服务，它使用的是运输层的 UDP；原始式套接字可以直接访问协议栈中低层次的协议，一般用于检验新协议。

11. 在 Windows Socket API 中定义了三种结构型的数据类型，用来存储各种网络地址。其中，sockaddr 结构适用于各种通信域的套接字地址；sockaddr_in 结构专用于 Internet 通信域的套接字地址；in_addr 结构用于 IP 地址。

12. 在 C/S 模式的面向连接套接字编程模型中，客户涉及的函数主要有 socket()、connect()、send()、recv()、closesocket()，服务器涉及的函数主要有 socket()、bind()、listen()、accept()、send()、recv()、closesocket()。

13. 在 C/S 模式的无连接套接字编程模型中，客户涉及的函数主要有 socket()、sendto()、recvfrom()、closesocket()，服务器涉及的函数主要有 socket()、bind()、sendto()、recvfrom()、closesocket()。

14. UDP 在计算检验和时，需要在用户数据报首部前面增加 12 字节的伪首部。伪首部不是真正的首部，只是在计算检验和时临时添加在首部前面构成一个临时数据报，这个临时数据报既不向底层传送，也不向高层递交。

15. TCP 报文段由首部和数据两部分组成，首部又包括固定首部、选项和填充。

16. TCP 连接中传送的每一个数据字节都要按序进行编号，起始序号必须在连接建立阶段进行设置，序号指本报文段所携带数据的第一字节的编号。

17. TCP 首部中的确认号是指本方期望接收到对方下一个报文段的数据部分的第一字节的序号。确认号不是本方已经正确接收的最后一字节的序号，而是已经正确接收的最后一字节序号值加 1。

18. TCP 首部中的窗口字段是发送本报文段的一方的接收窗口，不是发送窗口，通过该字段值，本方告诉对方，从本报文段首部中的确认号开始，本方允许对方最多可发送的数据量。

19. 停止等待协议就是每发送完一个分组就停止发送，等待对方的确认。在收到确认后再发送下一个分组。分组与确认分组都必须进行编号。

20. 超时重传是指只要超过了一段时间没有收到确认，就认为刚才发送的分组丢失了，因而重传前面发送过的分组。要实现超时重传，就要在每发送完一个分组时设置一个超时计时器。超时计时器的重传时间应当比分组传输的平均往返时间更长一些。

21. 连续 ARQ 协议的接收方一般采用累积确认的方式。接收方不必对收到的分组逐个发送确认，而是在收到几个分组后，对按序到达的最后一个分组发送确认。累积确认的缺点是不能向发送方及时反映接收方已经正确收到的所有分组信息。

22. TCP 使用滑动窗口机制。字节流传输状态最多有 4 种：已发送并收到确认的字节、已发送但未收到确认的字节、允许发送但尚未发送的字节、不允许发送的字节。

23. 在 TCP 的流量控制中,接收窗口的大小是动态变化的,主要受两个因素影响:一是发送方发送的数据量;二是接收应用进程读取的数据量。

24. 为提高 TCP 的传输效率,发送方不要发送太小的数据报,同时接收方也不要通知小窗口信息给对方。

25. 拥塞就是在一段时间内,对网络中资源的需求超过了该资源所能提供的可用部分,导致网络性能变坏的现象。拥塞控制就是防止太多的数据进入网络,从而导致网络资源过载。

26. 局部的改善不能从根本上解决网络拥塞的问题,问题的实质是整个系统的各个部分不匹配。

27. TCP 拥塞控制算法有 4 种,分别是慢开始、拥塞避免、快重传和快恢复。

28. 慢开始算法是每经过一个往返时延(RTT),拥塞窗口(cwnd)按二进制指数方式增长。拥塞避免算法是每经过一个 RTT,cwnd 就加 1。

29. 快重传规定,当发送方一连收到三个重复确认时,就提前重传丢失的报文段,而不再等待超时计时器到期。

30. 发送方的发送窗口上限值应取为接收窗口和拥塞窗口中较小的一个。

31. TCP 的连接建立采用三报文握手机制,需要第三个报文的原因是防止已失效的连接请求报文段最终传送到了对方。

32. TCP 的连接释放采用四报文握手机制。

5.10　本章知识图谱

5.11　习题

习题答案

1. 运输层为(　　)之间提供逻辑通信。
   A. 主机　　　　　　　B. 路由器　　　　　　C. 交换机　　　　　　D. 进程
2. 以下(　　)能够唯一确定一个在互联网上通信的进程。
   A. IP 地址　　　　　　　　　　　　　　B. 端口号
   C. IP 地址及端口号　　　　　　　　　　D. MAC 地址及端口号
3. UDP 数据报首部不包含(　　)。
   A. 源端口号　　　　B. 目的端口号　　　　C. 首部长度　　　　D. 检验和
4. UDP 数据报比 IP 数据报增加了(　　)服务。
   A. 路由转发　　　　B. 端口功能　　　　　C. 流量控制　　　　D. 拥塞控制
5. 接收端收到有差错的 UDP 用户数据报时的处理方式是(　　)。
   A. 请求重传　　　　B. 丢弃　　　　　　　C. 忽略差错　　　　D. 差错校正

6. 下列( )不是 TCP 服务的特点。

    A. 支持广播　　　　　B. 字节流　　　　　C. 全双工　　　　　D. 可靠

7. 当 TCP 报文段的标志字段中( )为 1,表示出现严重错误,必须释放连接。

    A. URG　　　　　　　B. RST　　　　　　C. ACK　　　　　D. FIN

8. TCP 报文段首部中窗口字段的值是( )。

    A. 自己的发送窗口的大小　　　　　　　　B. 自己的接收窗口的大小

    C. 对方的发送窗口的大小　　　　　　　　D. 对方的接收窗口的大小

9. TCP 采用三报文握手建立连接,其中第三个报文是( )。

    A. TCP 普通数据　　　　　　　　　　　　B. TCP 连接请求

    C. 对 TCP 连接请求的确认　　　　　　　D. 对 TCP 连接请求确认的确认

10. A 发起与 B 的 TCP 连接,A 选择的初始序号为 100,若 A 和 B 建立连接过程中最后一个报文段不携带数据,则 TCP 连接建立后,A 给 B 发送的数据报文段的序号为( )。

    A. 100　　　　　　　B. 101　　　　　　C. 102　　　　　D. 103

11. 甲发起与乙的 TCP 连接,甲选择的初始序号为 100,连接建立过程中未发送任何数据,TCP 连接建立后,甲给乙发送了 2000B 数据,乙正确接收后发送给甲的确认号是( )。

    A. 2100　　　　　　B. 2101　　　　　C. 2099　　　　　D. 2102

12. 一个 TCP 连接的数据传输阶段,若发送端的发送窗口值由 1000 变为 2000,则意味着发送端可以( )。

    A. 在收到一个确认之前可以发送 1000 个 TCP 报文段

    B. 在收到一个确认之前可以发送 2000 个 TCP 报文段

    C. 在收到一个确认之前可以发送 1000B

    D. 在收到一个确认之前可以发送 2000B

13. 在一个 TCP 连接中,MSS 为 1KB,当拥塞窗口为 66KB 时发生了超时事件。若在接下来的 5 个 RTT 内报文段传输都是成功的,则当这些报文段均得到确认后,拥塞窗口的大小是( )。

    A. 16KB　　　　　B. 17KB　　　　　C. 32KB　　　　　D. 33KB

14. 设 TCP 的拥塞窗口的慢开始门限值初始化为 8(单位为报文段),当拥塞窗口上升到 12 时发生超时,TCP 开始慢开始和拥塞避免,则第 13 次传输时拥塞窗口的大小为( )。

    A. 8　　　　　　　　B. 7　　　　　　　C. 6　　　　　　D. 4

15. 在一个 TCP 连接中,MSS 为 1KB,当拥塞窗口为 34KB 时收到了 3 个重复确认报文。若在接下来的 4 个 RTT 内报文段传输都是成功的,则当这些报文段均得到确认后,拥塞窗口的大小是( )。

    A. 21KB　　　　　B. 20KB　　　　　C. 16KB　　　　　D. 8KB

16. A 和 B 建立 TCP 连接,MSS 为 1KB。某时,慢开始门限值为 2KB,A 的拥塞窗口为 4KB,在接下来的一个 RTT 内,A 向 B 发送了 4KB 的数据(TCP 的数据部分),并且得到了 B 的确认,确认报文段中的窗口字段的值为 2KB。在下一个 RTT 中,A 最多能向 B 发送( )数据。

　　A. 2KB　　　　　　　B. 4KB　　　　　　　C. 5KB　　　　　　　D. 8KB

17. 假设在没有发生拥塞的情况下,在一条 RTT 为 10ms 的线路上采用慢开始控制策略。若接收窗口的大小为 24KB,最大报文段为 2KB,则发送方能发送出第一个完全窗口(也就是发送窗口达到 24KB)需要的时间是(　　　)。

　　A. 60ms　　　　　　　B. 50ms　　　　　　　C. 40ms　　　　　　　D. 30ms

18. 主机 1 的进程以端口 x 和主机 2 的端口 y 建立了一条 TCP 连接,这时若希望再在这两个端口间建立一个 TCP 连接,则会(　　　)。

　　A. 建立失败,不影响先建立连接的传输

　　B. 建立失败,两个连接都被断开

　　C. 建立成功,先建立的连接被断开

　　D. 建立成功,且两个连接都可以正常传输

19. 在本主机访问新浪网过程中,使用 Wireshark 抓取到如图 5-39 所示的三个数据报,请根据图中数据进行分析并解答下面的问题。

NO.	Source	Destination	Protocol	Length	Info
1	2408:8214:7238:ff30:c21:cdaf:b28f:c956	2408:8719:3200:1:3:3fe	TCP	86	62798->https[SYN]
2	2408:8719:3200:1:3:3fe	2408:8214:7238:ff30:c21:cdaf:b28f:c956	TCP	86	https->62798[SYN,ACK]
3	2408:8214:7238:ff30:c21:cdaf:b28f:c956	2408:8719:3200:1:3:3fe	TCP	74	62798->https [ACK]

图 5-39　抓取的三个数据报

　　(1) 三个报文完成了什么功能? 依据是什么?

　　(2) 第一个报文首部中目的端口号是多少?

　　(3) 新浪网的 IPv6 地址是多少? 该地址是使用什么技术变成简洁形式的? 请将该简洁形式恢复成原来的形式。

　　(4) 请给出第三个报文存在的必要性。

20. TCP 的拥塞窗口 cwnd 大小与 RTT 的关系如表 5-2 所示。

表 5-2　cwnd 大小与 RTT 的关系

cwnd	1	2	4	8	16	17	18	19
RTT	1	2	3	4	5	6	7	8
cwnd	20	10	11	12	1	2	4	6
RTT	9	10	11	12	13	14	15	16

　　(1) 指明 TCP 工作在慢开始阶段的时间间隔。

　　(2) 指明 TCP 工作在拥塞避免阶段的时间间隔。

　　(3) 在 RTT=9 和 RTT=12 之后发送方是通过收到三个重复的确认还是通过超时检测到丢失了报文段?

　　(4) 在 RTT=1、RTT=11 和 RTT=14 时,ssthresh 分别被设置为多大?

　　(5) 在 RTT 等于多少时发送出第 100 个报文段?

　　(6) 假定在 RTT=16 之后收到了三个重复的确认,因而检测出了报文段的丢失,那么 cwnd 和 ssthresh 应设置为多大?

5.12　考研真题

1. (2018 年)UDP 协议实现分用时所依据的首部字段是(　　)。

　　A. 源端口号　　　　　B. 目的端口号　　　　C. 长度　　　　　D. 校验和

2. (2014 年)下列关于 UDP 协议的叙述中,正确的是(　　)。

i. 提供无连接服务

ii. 提供复用与分用服务

iii. 通过差错检验,保障可靠数据

　　A. i　　　　　　　B. ii, iii　　　　　　C. i, ii　　　　　D. i, ii, iii

3. (2019 年)对于滑动窗口协议,若分组序号采用 3 比特编号,发送窗口大小为 5,则接收窗口最大是(　　)。

　　A. 2　　　　　　　B. 3　　　　　　　C. 4　　　　　D. 5

4. (2015 年)主机甲通过 128kb/s 卫星链路,采用滑动窗口协议向主机乙发送数据,链路单向传播延迟为 250ms,帧长为 1000 字节。不考虑确认帧的开销,为使链路利用率不小于 80%,帧序号的比特数至少是(　　)。

　　A. 3　　　　　　　B. 4　　　　　　　C. 7　　　　　D. 8

5. (2021 年)若大小为 12B 的应用层数据分别通过 1 个 UDP 数据报和 1 个 TCP 段传输,则该 UDP 数据报和 TCP 段实现的有效载荷(应用层数据)最大传输效率分别是(　　)。

　　A. 37.5%,16.7%　　B. 37.5%,37.5%　　C. 60%,16.7%　　D. 60%,37.5%

6. (2013 年)主机甲与主机乙之间已建立一个 TCP 连接,双方持续有数据传输,且数据无差错与丢失。若甲收到 1 个来自乙的 TCP 段,该段的序号为 1913,确认序号为 2046,有效载荷为 100 字节,则甲立即发送给乙的 TCP 段的序号和确认序号分别是(　　)。

　　A. 2046,2012　　　B. 2046,2013　　　C. 2047,2012　　D. 2047,2013

7. (2011 年)主机甲与主机乙之间已建立一个 TCP 连接,主机甲向主机乙发送了 3 个连续的 TCP 段,分别包含 300 字节、400 字节和 500 字节的有效载荷,第 3 个段的序号为 900。若主机乙仅正确接收到第 1、3 个段,则主机乙发送给主机甲的确认序号是(　　)。

　　A. 300　　　　　　B. 500　　　　　　C. 1200　　　　　D. 1400

8. (2009 年)主机甲与主机乙之间已建立一个 TCP 连接,主机甲向主机乙发送了两个连续的 TCP 段,分别包含 300B 和 500B 的有效载荷,第一个段的序列号为 200,主机乙正确接收到两个段后,发送给主机甲的确认序列号是(　　)。

　　A. 500　　　　　　B. 700　　　　　　C. 800　　　　　D. 1000

9. (2021 年)主机甲通过 TCP 向主机乙发送数据,部分过程如图 5-40 所示。甲在 t_0 时刻发送一个序号 seq=501、封装 200B 数据的段,在 t_1 时刻收到乙发送的序号 seq=601、确认序号 ack_seq=501、接收窗口 rcvwnd=500B 的段,则甲在未收到新的确认段之前,可以继续向乙发送的数据序号范围是(　　)。

　　A. 501~1000　　　B. 601~1100　　　C. 701~1000　　D. 801~1100

10. (2017 年)若甲向乙发起一个 TCP 连接,MSS=1KB,RTT=5ms,乙开辟的接收缓存为 64KB,则甲从连接建立成功至发送窗口达到 32KB,需经过的时间至少是(　　)。

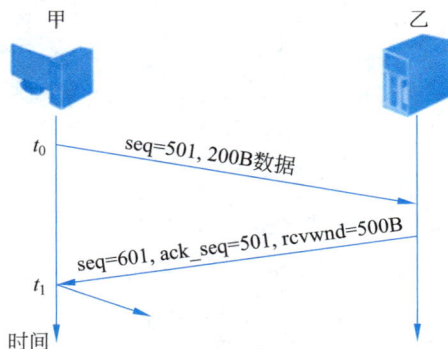

图 5-40 主机甲通过 TCP 向主机乙发送数据的部分过程

 A. 25ms B. 30ms C. 160ms D. 165ms

11. (2020 年)若主机甲与主机乙已建立一条 TCP 连接,MSS 为 1KB,RTT 为 2ms,则在不出现拥塞的前提下,拥塞窗口从 8KB 增长到 32KB 所需的最长时间是( )。

 A. 4ms B. 8ms C. 24ms D. 48ms

12. (2022 年)假设主机甲和主机乙已建立一个 TCP 连接,MSS=1KB,甲一直有数据向乙发送,当甲的拥塞窗口为 16KB 时,计时器发生了超时,则甲的拥塞窗口增长到 16KB 所需要的时间至少是( )。

 A. 4RTT B. 5RTT C. 11RTT D. 16RTT

13. (2009 年)一个 TCP 连接总是以 1KB 的最大段长发送 TCP 段,发送方有足够多的数据要发送。当拥塞窗口为 16KB 时发生了超时,如果接下来的 4 个 RTT 内的 TCP 段的传输都是成功的,那么当第 4 个 RTT 内发送的所有 TCP 段都得到肯定应答时,拥塞窗口大小是( )。

 A. 7KB B. 8KB C. 9KB D. 16KB

14. (2019 年)某客户通过一个 TCP 连接向服务器发送数据的部分过程如图 5-41 所示。客户在 t_0 时刻第一次收到确认序列号 ack_seq=100 的段,并发送序列号 seq=100 的段,但发生丢失。若 TCP 支持快速重传,则客户重新发送 seq=100 段的时刻是( )。

 A. t_1 B. t_2 C. t_3 D. t_4

15. (2015 年)主机甲和主机乙新建一个 TCP 连接,甲的拥塞控制初始阈值为 32KB,甲向乙始终以 MSS=1KB 大小的段发送数据,并一直有数据发送;乙为该连接分配 16KB 接收缓存,并对每个数据段进行确认,忽略段传输延迟。若乙收到的数据全部存入缓存,不被取走,则甲从连接建立成功时刻起,未发生超时的情况下,经过 4 个 RTT 后,甲的发送窗口是( )KB。

 A. 1 B. 8 C. 16 D. 32

16. (2014 年)主机甲和主机乙已建立了 TCP 连接,甲始终以 MSS=1KB 大小的段发送数据,并一直有数据发送;乙每收到一个数据段都会发出一个接收窗口为 10KB 的确认段。若甲在 t 时刻发生超时时拥塞窗口为 8KB,则从 t 时刻起,不再发生超时的情况下,经过 10 个 RTT 后,甲的发送窗口是( )KB。

 A. 10 B. 12 C. 14 D. 15

17. (2010 年)主机甲和主机乙之间已建立一个 TCP 连接,TCP 最大段长度为 1000B,

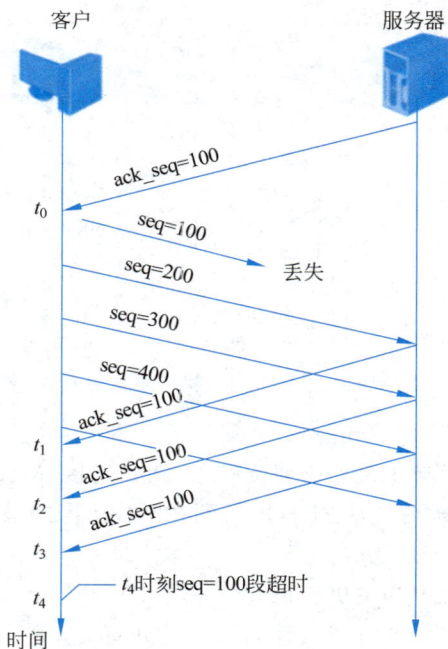

图 5-41　某客户通过一个 TCP 连接向服务器发送数据的部分过程

若主机甲的当前拥塞窗口为 4000B,在主机甲向主机乙连续发送 2 个最大段后,成功收到主机乙发送的对第一个段的确认段,确认段中通告的接收窗口大小为 2000B,则此时主机甲还可以向主机乙发送的最大字节数是(　　)。

  A. 1000　　　　　　B. 2000　　　　　　C. 3000　　　　　　D. 4000

18.(2019 年)若主机甲主动发起一个与主机乙的 TCP 连接,甲、乙选择的初始序列号分别为 2018 和 2046,则第三次握手 TCP 段的确认序列号是(　　)。

  A. 2018　　　　　　B. 2019　　　　　　C. 2046　　　　　　D. 2047

19.(2020 年)若主机甲与主机乙建立 TCP 连接时,发送的 SYN 段中的序号为 1000,在断开连接时,甲发送给乙的 FIN 段中的序号为 5001,则在无任何重传的情况下,甲向乙已经发送的应用层数据的字节数为(　　)。

  A. 4002　　　　　　B. 4001　　　　　　C. 4000　　　　　　D. 3999

20.(2021 年)若客户首先向服务器发送 FIN 段请求断开 TCP 连接,则当客户收到服务器发送的 FIN 段并向服务器发送了 ACK 段后,客户的 TCP 状态转换为(　　)。

  A. CLOSE_WAIT　　　　　　　　　　C. FIN_WAIT_1

  B. TIME_WAIT　　　　　　　　　　D. FIN_WAIT_2

21.(2022 年)假设客户 C 和服务器 S 已建立一个 TCP 连接,通信 RTT＝50ms,MSL＝800ms,数据传输结束后,C 主动请求断开连接。若从 C 主动向 S 发出 FIN 段时刻算起,则 C 和 S 进入 CLOSED 状态所需的时间至少分别是(　　)ms。

  A. 850,50　　　　　　B. 1650,50　　　　　　C. 850,75　　　　　　D. 1650,75

22.(2011 年)主机甲向主机乙发送一个(SYN＝1,seq＝11220)的 TCP 段,期望与主机乙建立 TCP 连接,若主机乙接受该连接请求,则主机乙向主机甲发送的正确的 TCP 段可能是（　　）。

  A．（SYN＝0，ACK＝0，seq＝11221，ack＝11221）

  B．（SYN＝1，ACK＝1，seq＝11220，ack＝11220）

  C．（SYN＝1，ACK＝1，seq＝11221，ack＝11221）

  D．（SYN＝0，ACK＝0，seq＝11220，ack＝11220）

23．（2020 年）假设主机甲采用停等协议向主机乙发送数据帧，数据帧长与确认帧长均为 1000B，数据传输速率为 10kb/s，单向传播时延为 200ms，则甲的最大信道利用率是（　　）。

  A．80%   B．66.7%   C．44.4%   D．40%

24．（2018 年）主机甲采用停等协议向主机乙发送数据，数据传输速率是 3kb/s，单向传播时延是 200ms，忽略确认帧的传输时延。当信道利用率等于 40% 时，数据帧的长度为（　　）b。

  A．240   B．400   C．480   D．800

25．（2009 年）数据链路层采用 GBN 协议，发送方已经发送了编号为 0～7 的帧。当计时器超时时，若发送方只收到了 0、2、3 号帧的确认，则发送方需要重发的帧数是（　　）。

  A．2   B．3   C．4   D．5

26．（2014 年）主机甲与主机乙之间使用 GBN 协议传输数据，甲的发送窗口尺寸为 1000，数据帧长为 1000 字节，信道带宽为 100Mb/s，乙每收到一个数据帧立即利用一个短帧（忽略其传输延迟）进行确认，若甲、乙之间的单向传播时延是 50ms，则甲可以达到的最大平均数据传输速率约为（　　）Mb/s。

  A．10   B．20   C．80   D．100

27．（2016 年）假设图 5-42 中的主机 H3 访问 Web 服务器 S 时，S 为新建的 TCP 连接分配了 20KB（K＝1024）的接收缓存，MSS＝1KB，RTT＝200ms。H3 建立连接时的初始序号为 100，且持续以 MSS 大小的段向 S 发送数据，拥塞窗口初始阈值为 32KB；S 对收到的

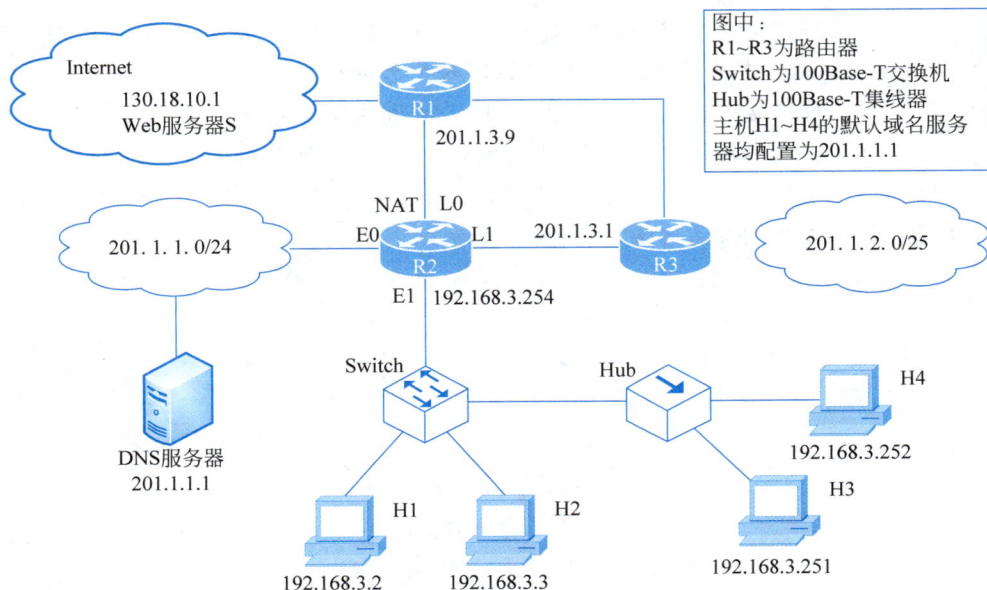

图中：
R1～R3 为路由器
Switch 为 100Base-T 交换机
Hub 为 100Base-T 集线器
主机 H1～H4 的默认域名服务器均配置为 201.1.1.1

Internet
130.18.10.1
Web 服务器 S

R1
201.1.3.9

NAT L0
E0 L1 201.1.3.1
R2   R3
201.1.1.0/24
E1 192.168.3.254
201.1.2.0/25

Switch   Hub   H4
             192.168.3.252

DNS 服务器
201.1.1.1

H1   H2   H3
192.168.3.2 192.168.3.3 192.168.3.251

图 5-42　主机 H3 访问 Web 服务器 S

每个段进行确认,并通告新的接收窗口。假定 TCP 连接建立完成后,S 端的 TCP 接收缓存仅有数据存入而无数据取出。请回答下列问题。

(1) 在 TCP 连接建立过程中,H3 收到的 S 发送过来的第二次握手 TCP 段的 SYN 和 ACK 标志位的值分别是多少? 确认序号是多少?

(2) H3 收到的第 8 个确认段所通告的接收窗口是多少? 此时 H3 的拥塞窗口变为多少? H3 的发送窗口变为多少?

(3) 当 H3 的发送窗口等于 0 时,下一个待发送的数据段序号是多少? H3 从发送第 1 个数据段到发送窗口等于 0 时刻为止,平均数据传输速率是多少(忽略段的传输时延)?

(4) 若 H3 与 S 之间通信已经结束,在 t 时刻 H3 请求断开该连接,则从 t 时刻起,S 释放该连接的最短时间是多少?

28. (2023 年)某网络拓扑如图 5-43 所示,主机 H 登录 FTP 服务器后,向服务器上传一个大小为 18000B 的文件 F。假设 H 为传输 F 建立数据连接时,选择的初始序号为 100,MSS=1000B,拥塞控制初始阈值为 4MSS,RTT=1ms,忽略 TCP 段的传输时延;在 F 的传输过程中,H 均以 MSS 段向服务器发送数据,且未发生差错、丢包和乱序现象。

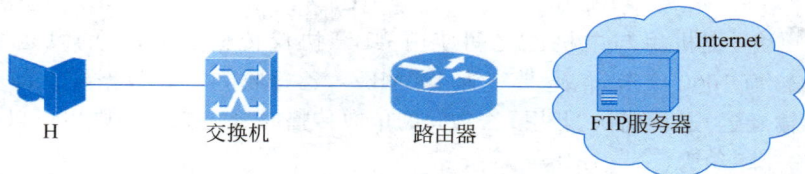

图 5-43 某网络拓扑

请回答下列问题。

(1) FTP 的控制连接是持久的还是非持久的? FTP 的数据连接是持久的还是非持久的? H 登录 FTP 服务器时,建立的 TCP 连接是控制连接还是数据连接?

(2) H 通过数据连接发送 F 时,F 的第 1 字节的序号是多少? 在断开数据连接过程中,FTP 服务器发送的第二次握手 ACK 段的确认序号是多少?

(3) H 通过数据连接发送 F 的过程中,当 H 收到确认序号为 2101 的确认段时,H 的拥塞窗口调整为多少? 收到确认序号为 7101 的确认段时,H 的拥塞窗口调整为多少?

(4) H 从请求建立数据连接开始,到确认 F 已被服务器全部接收为止,至少需要多长时间? 期间应用层数据平均发送速率是多少?

第 6 章

应用层

（1）域名系统，域名与 IP 之间的关系。

（2）万维网和 HTTP。

（3）电子邮件的传送过程，以及 SMTP 与 POP3 介绍。

（4）动态主机配置协议的特点。

（5）P2P 文件系统与应用。

6.1　域名系统

视频讲解

6.1.1　域名系统概述

域名系统（Domain Name System，DNS）本质是命名系统，其作用是将服务器的名字转换为 IP 地址。互联网的命名多用"域"表示，所以使用域名代替命名，并且一直沿用。多数应用层软件都会使用域名系统，域名系统也为计算机用户提供了间接服务，为应用层软件提供了核心服务。

在互联网上，用户与网络应用进行通信，要知道网络应用的 IP 地址。主机地址有 32 位，对于用户来说，操作非常不方便。为此，应用层提供了便于用户记忆的主机名字，使用时，将主机名字转换为 IP 地址，一般将主机名字称为域名，以上就是域名系统的工作。

主机处理 IP 数据报时仍然使用 IP 地址而不是域名，其原因在于域名的长度不固定，其组成名字的字符长度可长可短，主机读取比较困难。而 IP 地址是固定的 32 位长度，对于主机来说，定长的 IP 地址更容易处理。

理论上来看，可以设置一个巨大的域名服务器，用来存储所有的域名和对应的 IP 地址。但实际上来看，这种方式并不好，因为互联网规模巨大，网络应用也很多，域名服务器需要承载巨量的数据信息，可能会无法正常工作，再有如果出现域名服务器故障，所有的网络应用的 IP 地址无法被用户获取，互联网就无法运转。合理的解决方案是使用分布式的域名系统。采用分布式域名系统后，多数名字在本地进行解析，少数名字在域名服务器中解析，其优点在于域名系统的效率很高，且单个域名服务器出现故障后，域名系统依旧正常运转。域名服务器负责域名到 IP 地址的解析工作，多个域名服务器合作完成域名的解析工作，域名服务器存在于专设的结点中。

应用进程将域名解析为 IP 地址的过程中，会调用解析程序，成为域名系统的客户。将需要解析的域名放在 DNS 请求报文中，使用 UDP 数据报发送给本地域名服务器。本地域名服务器进行搜索,将地址放在回答报文中传送回来,此时应用进程获取了 IP 地址,可以和目的主机通信。假如本地域名服务器无法搜索到地址,本地域名服务器就向其他域名服务器发出请求,直到能查找到 IP 地址为止。

6.1.2   互联网的域名结构

早期的互联网使用非等级命名空间,此阶段名字的特点是简短。当互联网用户增加后,这种方式就不再适用。之后互联网采用层次树状结构的命名方法。使用这种方法,任何一个主机都会有一个唯一的名字,这个名字具有层次结构,称为域名。域是名字空间中的一块区域,域还可以继续划分成子域,不断的划分就形成了顶级域、二级域、三级域等形式。

每个域名都是由标号序列组成,标号之间用点"."进行隔离。举例如下,对于 lcu.edu.cn 来说,其中 cn 是顶级域名,标号 edu 是二级域名,标号 lcu 是三级域名。规定标号需要使用数字或者字母,一个标号不能超过 63 个字符,不区分大小写字母。标号不能使用标点符号,连字符(-)除外。右边是级别高的域名,左边是级别低的域名。注意,一个域名可以包含多个下级域名,DNS 对可包含多少个下级域名不做要求。各级域名被上一级管理机构所管理,最高的顶级域名归 ICANN 管理。这种方法保证域名是唯一的,也便于查找。

域名仅仅是一个逻辑概念,和主机所在的物理地点无关。域名便于人的记忆,而 IP 地址便于机器的处理。顶级域名大致分为三类,分别是国家顶级域名、通用顶级域名和基础结构域名。

(1) 国家顶级域名。如 cn 表示中国,us 表示美国,uk 表示英国。

(2) 通用顶级域名。如 com 表示公司企业,net 表示网络服务机构,org 表示非营利组织,int 表示国际组织,edu 表示美国教育机构,gov 表示美国政府部门,mil 表示美国军事部门,aero 表示航空运输企业等。

(3) 基础结构域名。如 arpa 表示反向域名,用于反向域名解析。

我国的二级域名分为"类别域名"和"行政域名"。其中,类别域名中 ac 表示科研机构,com表示企业,edu 表示教育机构,gov 表示政府机构,mil 表示国防机构,net 表示网络服务机构,org 表示非营利组织。行政域名共 34 个,表示各个省、自治区、直辖市。例如:bj 表示北京市。

域名的命名空间可以使用树状结构表示,如图 6-1 所示。最上面的是树的根,没有对应的域名,根的下一级是顶级域名,例如 cn,再下一级是二级域名,例如 edu,再下一级是三级域名,例如 lcu,再下一级是四级域名,例如 mail。

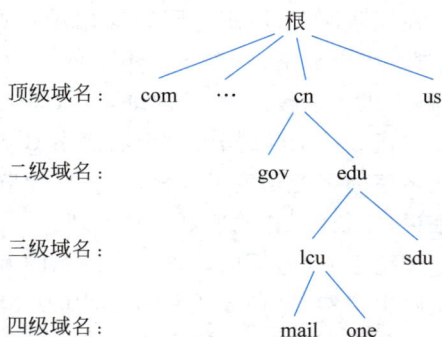

图 6-1   域名的层次结构

6.1.3   域名服务器

1. 域名服务器概述

服务器所负责的范围是区(zone),可以根据实际需求划分自己需要负责的区。要注意区内的结点是连通的。每个区需要设置权限域名服务器,其作用是保存本区内的所有主机的域名与 IP 地址的映射。通过描述可以看出,DNS 管辖范围是以区为单位,而不是以域为单位。一般认为,区的大小要小于或等于域的大小。如图 6-2(a)所示,edu 域名下有学校 a 和 b,edu 只设置了一个区 edu.cn,那么区 edu.cn 和域 edu.cn 指代相同,都是同一大小。但如果像图 6-2(b)所示,edu 分出两个区:edu.cn 和 b.edu.cn,两个区都属于域 edu.cn,且都设置了各自的权限域名服务器,此时区是域的子集。

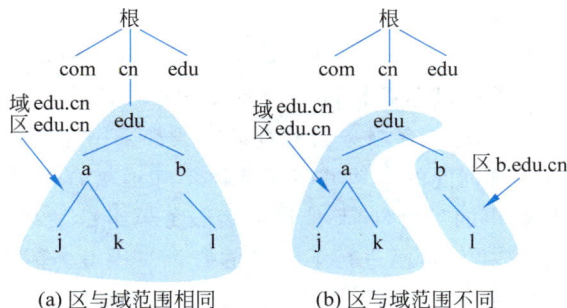

图 6-2 DNS 划分区举例

域名服务器按照层次安排,根据域名服务器的作用,可以进行如下划分。

(1)根域名服务器。根域名服务器是最高层次的域名服务器,根域名服务器中记录所有的顶级域名服务器的 IP 地址和相应域名。为了保证根域名服务器正常工作,世界范围设置了 13 个根域名服务器。当然根域名服务器不是由一台服务器构成,它们由多组服务器构成,分散在世界的各个地方。找到根域名服务器意味着找到确定存在的域名,也会找到相应的 IP 地址,完成对域名的解析。当需要向根域名服务器发送请求时,解析的请求报文转发到最近的根域名服务器,其优点是可以提高查询速度,减少通信资源的浪费。

要注意的是,根域名服务器一般不会告知具体的 IP 地址,而是给出需要查询的顶级域名服务器的地址,告知本地服务器下一个需要查询的域名服务器地址。

(2)顶级域名服务器。顶级域名服务器管理在其下注册的二级域名,收到 DNS 查询请求后,给出相应的答复,可能是目的主机 IP 地址,可能是下一步应当查找的域名服务器的 IP 地址。

(3)权限域名服务器。权限域名服务器负责一个区的域名服务器,如果权限域名服务器无法给出目的主机的 IP 地址,会答复客户下一个权限域名服务器的 IP 地址。

(4)本地域名服务器。本地域名服务器虽然不属于域名服务器的层次系统,但它的存在尤为重要。它的作用是当主机发出 DNS 查询请求时,这个请求首先送给本地域名服务器。如果没有本地域名服务器,当用户需要域名解析时,通常需要自行选择合适的域名服务器发送域名查询报文。这种处理过程对用户不够友好,而有了本地域名服务器后,操作就方便得多了。用户可以将查询请求直接交给本地域名服务器,由本地域名服务器代替用户来访问域名系统。此时,用户只需要等待本地域名服务器传回映射结果即可。

为了增强 DNS 的可靠性,DNS 域名服务器通常会将数据复制并存储在多个服务器上。其中,一个被指定为主域名服务器(master name server),其余的为辅助域名服务器(secondary name server)。当主域名服务器发生故障时,辅助域名服务器能够继续提供 DNS 查询服务,确保系统的稳定性与连续性。主域名服务器会定期将数据同步至辅助域名服务器,然而,数据的修改只能在主域名服务器上进行,以此保证数据的一致性。

2．域名解析过程

DNS 的存在，不仅是为了存储域名和 IP 地址的映射关系，而且更要对查询映射关系的请求进行应答，即提供域名解析工作。域名解析工作在互联网上是时时刻刻都会发生的操作。域名解析的查询请求和应答分别是通过传递 DNS 查询报文和应答报文进行的，其在 DNS 正常运行的过程中有问必有答，查询请求和应答是成对出现的，两种报文也是成对出现的。

域名解析过程有两种不同的方式：一种是递归查询；另一种是迭代查询。无论是递归查询还是迭代查询，一次完整的域名解析过程会涉及 4 种域名服务器。

（1）递归查询。主机向本地域名服务器的查询一般都采用递归查询（recursive query）。所谓递归查询，即如果主机所询问的本地域名服务器不知道被查询域名的 IP 地址，那么本地域名服务器就以 DNS 客户的身份，向其他根域名服务器继续发出查询请求报文（即替该主机继续查询），而不是让该主机自己进行下一步的查询。因此，递归查询返回的查询结果或者是所要查询的 IP 地址，或者是报错，表示无法查询到所需的 IP 地址。

（2）迭代查询。本地域名服务器向根域名服务器的查询通常采用迭代查询（iterative query）。迭代查询的特点是：当根域名服务器收到本地域名服务器发出的迭代查询请求报文时，要么给出所要查询的 IP 地址，要么告诉本地域名服务器："你下一步应当向哪一个域名服务器进行查询"。然后让本地域名服务器进行后续的查询（而不是替本地域名服务器进行后续的查询）。根域名服务器通常是把自己知道的顶级域名服务器的 IP 地址告诉本地域名服务器，让本地域名服务器再向顶级域名服务器查询。顶级域名服务器在收到本地域名服务器的查询请求后，要么给出所要查询的 IP 地址，要么告诉本地域名服务器下一步应当向哪一个权限域名服务器进行查询，本地域名服务器就这样进行迭代查询。最后，知道了所要解析的域名的 IP 地址，然后把这个结果返回给发起查询的主机。当然，本地域名服务器也可以采用递归查询，这取决于最初的查询请求报文的设置要求使用哪一种查询方式。

例如，用户的域名为 m．xyz．com，用户想要查询另一台主机域名为 y．abc．com 的 IP 地址，获取过程使用递归查询如图 6-3（a）所示。

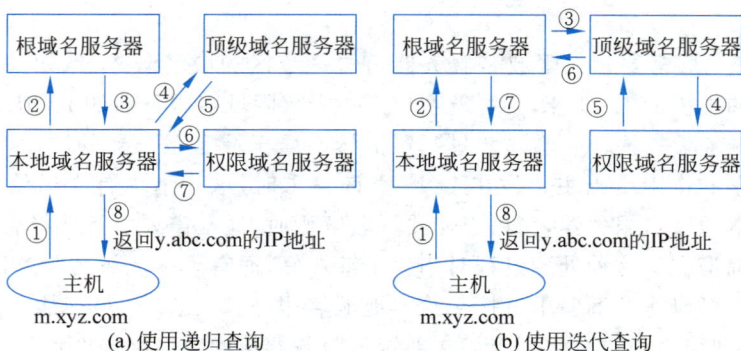

(a) 使用递归查询　　(b) 使用迭代查询

图 6-3　DNS 查询

① 主机首先向本地域名服务器进行递归查询。

② 本地域名服务器向根域名服务器发送查询请求，使用迭代查询。

③ 根域名服务器返回给本地域名服务器一个 IP 地址，作为下一次查询的地址，下一次

应查询顶级域名服务器。

④ 本地域名服务器向顶级域名服务器发送查询请求。

⑤ 顶级域名服务器返回给本地域名服务器一个 IP 地址,作为下一次查询的地址,下一次应查询权限域名服务器。

⑥ 本地域名服务器向权限域名服务器发送查询请求。

⑦ 权限域名服务器返回给本地域名服务器请求的主机的 IP 地址。

⑧ 本地域名服务器将结果返回给主机 m. xyz. com。

图 6-3(b)是采用迭代查询。通过这个例子,发现本地域名服务器向根域名服务器查询一次,整个查询依然有 8 个步骤,使用 8 个 UDP 报文。

为了提高 DNS 查询效率,并减轻根域名服务器的负荷和减少互联网上的 DNS 查询报文数量,在域名服务器中广泛地使用了高速缓存(有时也称为高速缓存域名服务器)。高速缓存用来存放最近查询过的域名以及从何处获得域名映射信息的记录。例如,在图 6-3(a)的查询过程中,如果在不久前已经有用户查询过域名为 y. abc. com 的 IP 地址,那么本地域名服务器就不必向根域名服务器重新查询 y. abc. com 的 IP 地址,而是直接把高速缓存中存放的上次查询结果(即 y. abc. com 的 IP 地址)告诉用户。这样不仅可以大大减轻根域名服务器的负荷,而且也能够使互联网上的 DNS 查询请求和回答报文的数量大为减少。

在上述域名解析过程中,每种域名服务器均以单一实例的形式出现。尽管根域名服务器和顶级域名服务器各自只能有一个实例存在,但在实际应用中,本地域名服务器和权限域名服务器可以存在多个实例。然而,无论在解析过程中涉及多少域名服务器,域名解析的基本原理仍然保持不变。

6.2　FTP

6.2.1　FTP 概述

FTP(File Transfer Protocol,**文件传输协议**)是互联网中广泛应用的文件传输协议之一。FTP 提供了交互式访问功能,用户可以指定文件的类型和格式(例如,选择是否使用 ASCII 码),并设置文件的访问权限(如限制访问文件的用户需通过授权并输入有效的密码)。FTP 有效地屏蔽了不同计算机系统的底层细节,使其在异构网络中的不同计算机之间进行文件传输时尤为适用。

基于 TCP 的 FTP 与**基于 UDP 的简单文件传输协议**都属于文件共享协议中的一种类型,即整个文件的复制。其特点在于:在访问一个文件时,必须首先获取该文件的本地副本。如果需要对文件进行修改,只能对副本进行操作,随后将修改后的副本返回至原始结点。文件共享协议的另一类方式是**联机访问**。联机访问允许多个程序同时对同一文件进行访问。与数据库系统不同,联机访问无须用户调用特殊的客户端进程,而是通过操作系统提供对远程共享文件的访问服务,就像访问本地文件一样。这一特性使得用户可以将远程文件作为输入和输出,运行任何应用程序,而操作系统中的文件系统则提供对共享文件的透明访问。透明访问的优点在于:当处理远程文件时,无须对原用于处理本地文件的应用程序进行显著修改。属于文件共享协议的例子包括**网络文件系统**(Network File System,

NFS）。NFS 使得本地计算机能够共享远程资源，如同这些资源位于本地一般。

6.2.2　FTP 的基本工作原理

在网络环境中，一项基本的应用需求是将文件从一台计算机复制到另一台可能相距较远的计算机上。虽然表面上看，两台主机之间的文件传输似乎是一个简单的过程，但实际上却常常面临诸多困难。主要原因在于，不同计算机厂商所开发的文件系统种类繁多，已多达数百种，并且这些系统之间存在显著差异，这些因素使得在异构系统之间进行文件传输变得复杂且具有挑战性。常见的挑战包括：

（1）计算机存储数据的格式各不相同。

（2）文件的目录结构和命名规则存在差异。

（3）操作系统为实现相同的文件存取功能所使用的命令不同。

（4）访问控制方法存在差异。

FTP 仅提供基本的文件传输服务，并依赖于 TCP 提供可靠的传输保障。FTP 的核心功能在于减少或消除不同操作系统之间在文件处理上的不兼容性。在 FTP 的工作框架下，服务器端和客户端系统之间的差异分别由服务器端程序和客户端程序进行屏蔽。FTP 规范了客户端与服务器端之间的通信命令和数据传输方式。只要不同系统的客户端和服务器端在通信上遵循 FTP 的规定，并且各自妥善解决与其操作系统之间的文件交互问题，就可以确保整个文件传输过程的兼容性。

在进行文件传输时，FTP 客户端与服务器之间需建立两条并行的 TCP 连接，分别称为控制连接和数据连接。如图 6-4 所示，控制连接在整个会话期间始终保持打开状态，FTP 客户端发出的传输请求通过控制连接发送至服务器端的控制进程。然而，控制连接并不用于实际的文件传输。文件的传输实际上是通过"数据连接"来完成的。当

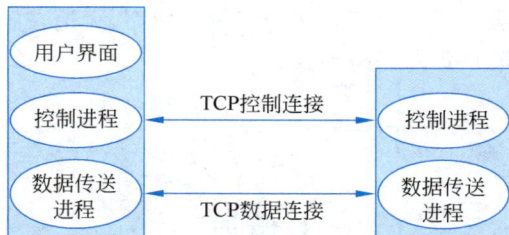

图 6-4　FTP 使用的两个 TCP 连接

服务器端的控制进程接收到来自 FTP 客户端的文件传输请求后，会创建一个"数据传送进程"并建立"数据连接"，以便连接客户端和服务器端的数据传送进程。数据传送进程负责实际的文件传输操作，文件传输完成后，数据连接会被关闭，数据传送进程也随之结束运行。

当客户进程向服务器进程发出连接请求时，它需要寻找服务器进程的熟知端口号 21，同时还需要向服务器进程提供一个本地端口号，以用于建立数据传输连接。随后，服务器进程利用其熟知端口 20 与客户端提供的端口号建立数据传输连接。由于 FTP 采用了两个不同的端口号，数据连接与控制连接得以有效区分，从而避免了混淆。使用两个独立连接的主要优势在于简化协议的设计与实现，并且在文件传输过程中，控制连接能够用于管理和控制文件传输。例如，客户端可以通过控制连接发送"请求终止传输"等命令，从而灵活地控制文件传输过程。

在 FTP 的通信过程中，客户端首先与负责通信的从属进程建立控制连接。该控制连接在整个通信过程中负责传输各类命令。当 FTP 需要传输文件时，无论是从服务器读取还是写入数据，都必须建立一个专门的数据连接。数据连接在相应文件传输完成后即被关闭。

如果同时存在多个文件传输任务,则会相应地建立多个数据连接。控制连接贯穿整个通信过程,而数据连接则根据通信需求动态建立与关闭。此外,FTP 服务器通常会基于用户名和密码建立多个账户,不同账户可配置不同的访问权限,从而控制对不同文件的访问。FTP 服务器在整个通信过程中还会维护用户的状态信息,这与 HTTP 等无状态协议有所不同。

图 6-4 中的用户界面通常是系统自带的 FTP 客户端,通常以命令行界面的形式呈现。正常使用时,需要通过 FTP 命令进行操作。为了方便用户,一些公司开发了图形化界面客户端。此外,用户还可以通过浏览器访问 FTP 服务器。在这种情况下,用户的操作、返回信息和文件传输并非通过 HTTP 进行,而是通过 FTP 完成。因此,浏览器本身实际上支持 FTP,并具备了图形化 FTP 客户端的功能。

6.2.3　TFTP

在 TCP/IP 协议族中,还有一个**简单文件传输协议**(Trivial File Transfer Protocol,TFTP),这是一个轻量且易于实现的文件传输协议。尽管 TFTP 也采用 C/S 模式,但它使用 UDP 数据报进行通信,因此 TFTP 需要具备自身的差错纠正机制。与 FTP 不同,TFTP 仅支持文件传输功能,不支持交互操作。TFTP 没有庞大的命令集,不具备目录列出的功能,也无法进行用户身份验证。

TFTP 主要有两个优点:首先,TFTP 可用于 **UDP 环境**,例如在需要同时将程序或文件下载到多台机器时,TFTP 是常用的选择;其次,TFTP 代码占用的内存非常小,这对内存有限的小型计算机或某些特定用途的设备来说尤为重要。这类设备通常不配备硬盘,只需使用内嵌了 TFTP、UDP 和 IP 的小容量只读存储器即可。在启动时,这些设备会执行只读存储器中的代码,并在网络上广播 TFTP 请求。网络中的 TFTP 服务器会响应请求,并发送包含可执行二进制程序的数据包。设备接收到此文件后,将其加载到内存中并开始运行程序。这种方式增加了系统的灵活性,并降低了设备的成本。

TFTP 每次传输的数据报文中包含 **512 字节**的数据,最后一次传输的数据可能少于512 字节。TFTP 支持 ASCII 码或二进制文件的传输,并允许对文件进行读写操作。在通信开始时,TFTP 客户端进程会向 TFTP 服务器进程发送一个读请求报文或写请求报文,服务器的熟知**端口号为 69**。随后,TFTP 服务器进程会选择一个新的端口与 TFTP 客户端进程进行通信。如果文件长度恰好是 512 字节的整数倍,则在文件传输完成后,必须发送一个只包含首部而不含数据的报文来标识传输结束。如果文件长度不是 512 字节的整数倍,则最后一个数据报文中的数据字段会少于 512 字节,这正好作为文件传输结束的标志。

6.3　Telnet

Telnet 是一个简单的远程登录协议,它也是互联网的正式标准。用户用 Telnet 就可在其所在地通过 TCP 连接到远程的另一台主机上。Telnet 能将用户的输入传到远程主机,同时也能将远程主机的输出通过 TCP 连接返回到用户屏幕。这种服务是透明的,因为用户感觉到好像键盘和显示器是直接连在远程主机上。因此,Telnet 又称为**终端仿真协议**。

Telnet 也使用 **C/S 模式**。在本地系统运行 Telnet 客户进程,而在远程主机则运行Telnet 服务器进程。服务器中的主进程等待新的请求,并产生从属进程来处理每一个连接。

  Telnet 能够适应许多种计算机和操作系统的差异。例如,对于文本中一行的结束,有的系统使用 ASCII 码的回车符(CR),有的系统使用换行符(LF),还有的系统使用两个字符,回车换行符(CR-LF)。又如,在中断一个程序时,许多系统使用 Ctrl＋C(^C),但也有系统使用 Esc 按键。为了适应这种差异,Telnet 定义了数据和命令应怎样通过互联网。这些定义就是所谓的**网络虚拟终端**(Network Virtual Terminal,NVT)。客户软件把用户的击键和命令转换为 NVT 格式,并送交服务器。服务器软件把收到的数据和命令从 NVT 格式转换为远程系统所需的格式。向用户返回数据时,服务器把远程系统的格式 转换为 NVT格式,本地客户再从 NVT 格式转换到本地系统所需的格式。

  NVT 格式的定义很简单。所有的通信都使用 8 位一字节。在运转时,NVT 使用 7 位 ASCII 码传送数据,而当高位置 1 时用作控制命令。ASCII 码共有 95 个可打印字符(如字母、数字、标点符号)和 33 个控制字符。所有可打印字符在 NVT 中的意义和在 ASCII 码中一样。但 NVT 只使用了 ASCII 码的控制字符中的几个。此外,NVT 还定义了两字符的 CR-LF 为标准的行结束控制符。当用户输入回车符时,Telnet 的客户就把它转换为 CR-LF 再进行传输,而 Telnet 服务器要把 CR-LF 转换为远程机器的行结束字符。

6.4　万维网

6.4.1　万维网概述

  万维网(World Wide Web,WWW)并不是一种特定的计算机网络,而是一个**庞大的联机信息存储系统**,通常简称为 Web。通过使用链接的方式,万维网能够轻松地在互联网上的不同站点之间进行访问,也就是所谓的"**链接到其他站点**"。这种机制使用户能够主动按需获取丰富的资源。图 6-5 展示了万维网在分布式链接方面的特性。

图 6-5　万维网在分布式链接方面的特性

  图 6-5 展示了三个万维网站点的示例,其中每个带圈数字表示一个**链接(link)**,这种链接有时也被称为**超链接(hyperlink)**。当用户在这些标识处单击时,可以从当前文档跳转到另一份可能地理上相距遥远的文档。经过一定的时延(可能为几秒、几分钟,甚至更长时间,具体取决于目标文档的大小和网络的拥塞程度),远程文档便会在用户的屏幕上显示。

  例如,当在网站 A 处单击①时,用户可以打开网站 B 的内容,这一操作便是链接到网站 B。类似地,在网站 B 处单击②可以跳转到网站 C,而在网站 C 处单击③则可以回到网站 A。万维网的出现,使得互联网从一个仅供少数计算机专家使用的工具,转变为普通大众皆可访问和利用的庞大信息资源库。万维网的引入,推动了网站数量以指数级增长,是互联网发展史上的一个重要里程碑。

万维网作为一个分布式的**超媒体系统**,是对**超文本系统**的进一步扩展。超文本是指包含指向其他文档链接的文本,这些文档可以通过链接连接起来,形成一个由多个信息源构成的网络。信息源可以分布在世界各地,其数量没有限制。用户通过单击一个链接,能够访问远程的另一个文档,该文档也可能继续链接到其他文档,如此反复。实际上,这些文档可以位于全球任何一个接入互联网的超文本系统中。因此,**超文本构成了万维网的核心基础**。

超媒体系统与超文本系统的区别在于文档内容不同。超文本文档仅包含文本信息,而超媒体文档则整合了多种表现形式的信息,包括图形、图像、声音、动画和视频等多媒体内容。

在分布式与非分布式的超媒体系统之间存在显著差异。非分布式系统中的所有信息都存储在单台计算机的磁盘上。由于文档可直接从本地访问,因此这些文档之间的链接可以进行一致性检查。由此,非分布式超媒体系统能够确保所有链接的有效性和一致性。

万维网的运行基于 C/S 模式。用户主机上运行的浏览器是万维网的客户端程序,而托管万维网文档的主机则运行服务器程序,因此,这些主机被称为**万维网服务器**。客户端程序向服务器程序发送请求,而服务器程序则将用户所需的**万维网文档**返回给客户端程序。在客户端程序的主窗口中显示的万维网文档称为**页面**(page)。

为了解决标记万维网文档的问题,万维网使用**统一资源定位符**(Uniform Resource Locator,**URL**)来标志万维网上的各种文档,并使每一个文档在整个互联网的范围内具有唯一的标识符 URL。为了实现万维网中的各种链接,要使万维网客户程序与万维网服务器程序之间的交互遵守严格的协议,这就是**超文本传送协议**(HyperText Transfer Protocol,HTTP)。HTTP 是一个应用层协议,它使用 TCP 连接进行可靠的传送。为了实现多样化内容的展示,万维网采用了**超文本标记语言**(HyperText Markup Language,HTML)。HTML 使得网页设计者能够轻松地创建链接,从当前页面的某个位置连接到互联网上的任何其他万维网页面,并将这些页面显示在用户主机的屏幕上。为了便于信息的获取,用户可以利用搜索工具,在万维网上快速查找所需的内容。

6.4.2　URL

URL(统一资源定位符)用于表示从互联网上获取资源的位置以及访问这些资源的方法。URL 为资源的位置提供了一种抽象的识别方式,并通过这种方式实现资源的定位。只要能够对资源进行定位,系统便可以对其进行多种操作,例如存取、更新、替换以及查询其属性。因此,**URL 实际上就是互联网上资源的地址**。只有明确了资源在互联网上的位置,才能对其进行相关操作。显然,互联网上的所有资源都拥有一个唯一确定的 URL。

这里的"资源"包括任何可以在互联网上被访问的对象,例如文件目录、文件、文档、图像、声音等,以及与互联网相连接的任何形式的数据,甚至包括电子邮件地址等。URL 相当于将文件名在网络范围内进行了扩展。因此,URL 相当于指向与互联网连接的计算机上任何可访问对象的一个指针。由于访问不同对象需要使用不同的协议,URL 还指明了读取某个对象时所应使用的协议。URL 的一般形式由以下部分组成:

协议:// 主机名[:端口]/ 路径 / 文件名

其中,协议指的是获取万维网文档的协议,常用的协议是 HTTP,协议之后是":// "字符串,是规定的格式不得省略。之后是主机名,多指为服务器域名,用来指示主机在互联网的域名,以 www 开头。之后是端口号,通常是默认端口号 80,如果是默认端口号,就可以省略。最后是路径和文件名,表示文档在服务器中的路径。

URL 中使用最多的协议就是 HTTP。对于万维网网站的访问要使用 HTTP,HTTP 的 URL 的一般形式是:

http:// 主机名 / 路径 / 文件名

HTTP 的**默认端口号是 80**,通常可省略。若再省略文件的路径,则 URL 就指到互联网上的**某个主页(homepage)**。例如 http://www.lcu.edu.cn/ 表示为聊城大学的主页。

在 URL 中,字母的大小写没有区别。通过 URL,用户不仅可以访问万维网的页面,还能够使用其他互联网应用程序。用户在使用这些应用程序时,只需通过浏览器进行操作。这种统一的访问方式大大提升了使用的便捷性。

6.4.3 HTTP

视频讲解

1. HTTP 操作过程

HTTP(超文本传送协议)定义了浏览器如何向万维网服务器请求文档,以及服务器如何将文档传送给浏览器。从层次角度来看,HTTP 是一种**面向事务(transaction-oriented)的应用层协议**,它构成了万维网上可靠文件交换的关键基础。HTTP 不仅能够传输完成超文本跳转所需的信息,还能传输任何可以从互联网上获取的内容,包括文本、超文本、声音和图像等。

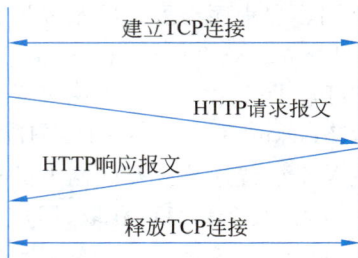

图 6-6 万维网的工作过程

万维网的工作过程如图 6-6 所示。

在万维网上每个网站会运行一个服务器进程,该进程不断监听 TCP 端口 80,以便发现是否有浏览器(即万维网客户端)向其发起连接建立请求。一旦监听到连接请求并成功建立 TCP 连接,浏览器就会向万维网服务器发出浏览某个页面的请求。服务器接收到请求后,便会返回所请求的页面内容作为响应。最后,这条 TCP 连接会被释放。在浏览器与服务器之间的请求-响应交互过程中,必须遵循预先规定的格式和规则。这些格式和规则就是 HTTP 的内容。HTTP 规定了 HTTP 客户端与 HTTP 服务器之间每次交互所使用的报文格式。这些报文通常采用 ASCII 码,并通过 TCP 连接进行传输。用户浏览网页的常见方式有两种:一种是在浏览器的地址栏中输入所需页面的 URL;另一种是在某个页面上单击超链接,浏览器会自动在互联网上查找并加载所链接的页面。总的来说,HTTP 为浏览器与服务器之间的互联网内容交换提供了标准化的机制,在万维网应用中发挥着关键作用。

HTTP 依赖于面向连接的 TCP 作为其运输层协议,以确保数据的可靠传输。HTTP 本身不涉及数据在传输过程中丢失后的重传机制,这一责任由 TCP 承担。虽然 HTTP 使用 TCP 连接进行数据传输,但 **HTTP 本身是无连接的**,即通信双方在交换 HTTP 报文之前无须建立 HTTP 连接。此外,HTTP 是**无状态的(stateless)**。这意味着,当同一客户第二次访问同一服务器上的页面时,服务器的响应与第一次访问时相同,服务器不会记住客户的身份或此前的交互历史。HTTP 的无状态特性简化了服务器的设计,从而使服务器能够更高效地处理大量并发的 HTTP 请求。

请求一个万维网文档所需的时间是**该文档的传输时间和两倍 RTT**，其中一个 RTT 是 TCP 连接，另一个 RTT 是请求和接收万维网文档。

2．代理服务器

代理服务器（**proxy server**）是一种网络实体，它又称为**万维网高速缓存**（**Web cache**）。代理服务器把最近的一些请求和响应暂存在本地磁盘中。当新请求到达时，若代理服务器发现这个请求与暂时存放的请求相同，就返回暂存的响应，而不需要按 URL 的地址再次去互联网访问该资源。代理服务器可在客户端或服务器端工作，也可在中间系统上工作。

图 6-7 所示，为代理服务器使用方案。用户浏览器向互联网服务器请求时，先与代理服务器建立 TCP 连接，并向代理服务器发出 HTTP 请求报文。若代理服务器存放了所请求的对象，代理服务器就把这个对象发给浏览器。如果没有存放，则代理服务器代表用户浏览器与互联网服务器建立 TCP 连接，并发送 HTTP 请求报文。互联网服务器响应后将响应报文传给代理服务

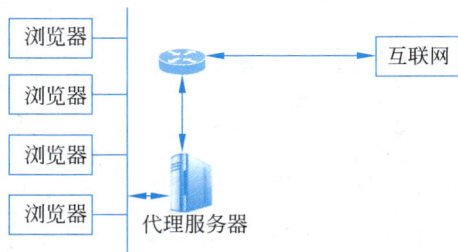

图 6-7　代理服务器的使用

器。代理服务器先存储备份，然后发送给用户浏览器。可以发现，代理服务器有时作为服务器，用来接受用户浏览器的 HTTP 请求；有时作为客户机，用来向互联网服务器发送请求。

代理服务器可以作为隔离内外网络使用，内网主机通过代理服务器访问外网的互联网服务器，内网可以使用本地 IP 地址，**代理服务器使用互联网全局 IP 地址**，作用类似于 NAT，工作在应用层，可以认为是**应用层网关**。

3．HTTP 报文格式

根据上述描述，HTTP 的报文可分为两类：**请求报文和响应报文。请求报文由客户端发送至服务器，以发出请求，而响应报文则是服务器对客户端请求的回应。**

由于 HTTP 是**面向文本**（**text-oriented**）的协议，报文中的每个字段均由 ASCII 码串组成，因此，各字段的长度并不固定。HTTP 的请求报文和响应报文均由三部分构成。如图 6-8 所示，这两种报文格式的主要区别在于其开始行的不同。

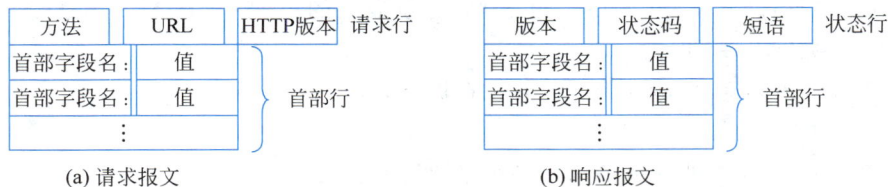

图 6-8　HTTP 报文格式

开始行：用于区分报文的类型，是请求报文还是响应报文。在请求报文中，开始行被称为**请求行**（**request-line**），而在响应报文中则称为**状态行**（**status-line**）。开始行中的三个字段之间以空格分隔，行尾都会有回车和换行符。

首部行：用于说明有关浏览器、服务器或报文主体的一些信息。首部可以包含多个字段，也可以为空。在每个首部行中，字段名与其对应的值之间有明确的分隔，并且每一行的末尾都以回车和换行符结束。整个首部行结束后，会有一个空行将首部行与随后实体主体的内容分隔开。

请求报文的第一行即请求行,包含三个关键内容:请求方法、请求资源的 URL,以及 HTTP 版本。其中,术语"方法"(method)源自面向对象技术,指的是对所请求资源进行的操作。本质上,这些方法是用于执行特定操作的命令。因此,请求报文的类型取决于所使用的方法。表 6-1 列出了请求报文中常用的方法。

表 6-1　请求报文中常用的方法

方法(操作)	意　　义
OPTION	请求一些选项的信息
GET	请求读取由 URL 所标志的信息
HEAD	请求读取由 URL 所标志的信息的首部
POST	给服务器添加信息(例如,注释)
PUT	在指明的 URL 下存储一个文档
DELETE	删除指明的 URL 所标志的资源
TRACE	用来进行环回测试的请求报文

下面是 HTTP 的请求报文的开始行(即请求行)的格式。在 GET 后面有一个空格,接着是某个完整的 URL。其格式如下所示。

GET https://www.lcu.edu.cn/

下面是一个完整的 HTTP 请求报文的例子。

```
GET /lcdx2023/images/t44.png HTTP/1.1      //使用相对 URL
Accept-Language: zh-CN,zh                  //中文版本的文档优先
Connection: close                          //发送完请求的文档后就可释放连接
Host: www.lcu.edu.cn                       //此行是首部行的开始,给出主机的域名
User-Agent: Mozilla/5.0                    //用户代理使用火狐浏览器 Firefox
```

在请求行使用了相对 URL 是因为下面的首部行给出了主机的域名。第 3 行是告诉服务器不使用持续连接,表示浏览器希望服务器在传送完所请求的对象后即关闭 TCP 连接。这个请求报文没有实体主体。

HTTP 响应报文的主要特点如下。每一个请求报文发出后,都能收到一个响应报文。响应报文的第一行就是状态行。状态行包括三项内容,即 HTTP 的版本、状态码,以及解释状态码的简单短语。状态码(status-code)都是三位数字的,分为 5 大类,这 5 大类的状态码都是以不同的数字开头的。

1xx 表示通知信息,如请求收到了或正在进行处理。

2xx 表示成功,如接受或知道了。

3xx 表示重定向,如要完成请求还必须采取进一步的行动。

4xx 表示客户的差错,如请求中有错误的语法或不能完成。

5xx 表示服务器的差错,如服务器失效无法完成请求。

为了提升文档查询效率,Web 浏览器通常采用缓存机制,这是基于用户在浏览网页时常常频繁访问同一站点的特点。浏览器将用户查看过的文档或图像存储在本地磁盘上,以便在用户再次请求时,首先检查缓存中的内容,然后决定是否向 Web 服务器发送请求。此举不仅有效减少了用户等待时间,还降低了网络通信量。

此外,许多 Web 浏览器允许用户调整缓存策略。用户可以设置缓存的时间限制,浏览器将在时间到期后自动删除缓存中的部分文档。通常情况下,浏览器会在特定的会话期间

维持缓存的存在。如果用户在会话期间希望不保留缓存中的文档,可以将缓存时间设置为零。在这种情况下,当用户终止会话时,浏览器将会清除缓存中的所有文档。

6.4.4 万维网的文档

1. HTML

为了确保任何计算机都能够显示来自任何万维网服务器的页面,页面制作的标准化问题必须得到解决。HTML(超文本标记语言)是用于制作万维网页面的标准语言,成功消除了不同计算机之间信息交流的障碍。需要强调的是,HTML并不是一种应用层协议,而是万维网浏览器使用的标记语言。由于HTML简单易学且实施便捷,它迅速成为万维网的重要基石。HTML的官方标准由万维网联盟负责制定。

HTML定义了大量用于排版的命令,即所谓的标签(tag)。例如,<P>表示段落的开始,而</P>表示段落的结束。通过将这些标签嵌入网页中,便形成了所谓的HTML文档。HTML文档是可以使用任何文本编辑器创建的ASCII码文件。然而,需注意的是,只有在HTML文档以.html或.htm为扩展名时,浏览器才会解释其中的标签。如果HTML文档扩展名被更改为.txt,则HTML解释程序将不再处理这些标签,浏览器仅显示原始文本内容。

下面是一个简单例子,用来说明HTML文档中标签的用法。在每一个语句后面是给读者看的注释,在实际的HTML文档中并没有这种注释。

```
< html >                        文档开始
< head >                        首部开始
< title >HTML 示例</title>      文档标题
</head>                         首部结束
< body >                        主体开始
    < h1 >测试 HTML </h1 >      1 级标题
    <p>段落 A </p>              段落开始和结束
    <p>段落 B </p>              段落开始和结束
</body >                        主体结束
</html >                        文档结束
```

在浏览器读取并解析HTML文档后,它会根据HTML中的各种标签,并结合显示器的尺寸和分辨率,对内容进行重新排版,然后呈现在用户的屏幕上。图6-9展示了Edge浏览器在计算机屏幕上显示该文档相关部分的界面。文档的标题(<title>标签内容)"HTML示例"被显示在浏览器的最上方标题栏中,而文件的路径则呈现在地址栏内。紧接着的是文档的主体部分,其题头(即文档的主标题)由于被指定为一级标题(<h1>标签),因此以较大的字号显示在页面中。

现今,已经开发出许多功能强大的软件工具,用于创建万维网网页,使得网页制作变得如同使用Word文字处理器一样便捷。HTML允许在网页中嵌入图像,这些嵌入的图像称为内含图像(inline image)。尽管HTML标准并未对图像格式做出明确规定,但大多数浏览器都支持GIF和JPEG格式的图像文件。

此外,HTML还详细规范了超链接的设置方法。超链接的结构包含一个起点和一个终点。起点指定了在网页中可以触发链接的位置。在网页中,链接的起点可以是单个词语、多个词语、一幅图像,或者一段文字。在浏览器中显示的页面上,链接的起点通常很容易识别。

图 6-9　HTML 文件演示

当文字作为链接的起点时,这些文字通常以不同的颜色显示,并可能加上下画线。当用户将鼠标指针移动到链接的起点时,指针通常会变为手形,此时单击即可激活该链接。

链接的终点可以指向其他网站的页面,这种类型的链接称为远程链接(remote link),在这种情况下,必须在 HTML 文档中明确指明目标网站的 URL。此外,链接也可以指向本地计算机中的文件或同一文档中的其他位置,这称为本地链接(local link),在此情况下,需要在 HTML 文档中指定链接的路径。

在本节的最后,还需简要介绍几种与浏览器相关的其他语言。

首先,**XML(可扩展标记语言)** 与 HTML 有相似之处,但二者的设计目标不同。XML旨在传输数据,而非展示数据。具体而言,XML 是一种用于标记电子文件的语言,具有结构性,可用于标记数据并定义数据类型。XML 还允许用户自定义标记语言,因而被广泛采用,成为一种简单、平台无关的标准。其次,**XHTML(可扩展超文本标记语言)** 是一种更严格的 HTML 版本,它通过作为 XML 的一个应用来重新定义 HTML,并将逐渐取代HTML。所有现代浏览器均支持 XHTML。最后,**CSS(层叠样式表)** 是一种用于为 HTML文档定义布局的样式表语言。两者的区别在于,HTML 用于结构化内容,而 CSS 则用于格式化这些结构化内容。CSS 可以精确规定浏览器中显示的字体、颜色、边距、高度、宽度、背景图像等方面的样式。目前,所有浏览器均支持 CSS。

2. 动态万维网文档

上文讨论的万维网文档类型主要集中于**所谓的静态文档(static document)**,这是万维网文档的最基本形式。静态文档在创作完成后被存储于万维网服务器上,其内容在用户浏览过程中保持不变。因此,用户每次访问静态文档时,获得的内容都是一致的。

静态文档的主要优势在于其简单性。由于 HTML 是一种排版语言,因此无须具备编程知识的人员也能够创建静态文档。然而,静态文档的缺点在于灵活性不足。当信息发生变化时,必须由文档的作者手动进行更新。因此,对于内容频繁变动的情况,静态文档并不适用。

相比之下,**动态文档(dynamic document)** 则是在浏览器访问万维网服务器时,由应用程序动态生成的内容。当浏览器发出请求时,服务器运行相关应用程序并将控制权交予该程序。随后,该程序处理浏览器传来的数据,并生成符合 HTTP 格式的文档,服务器将此输出作为对浏览器的响应。由于每次响应都是临时生成的,用户通过动态文档看到的内容会不断变化。动态文档的显著优势在于其能够提供最新的信息,例如实时的股市行情、天气预报或航空票务情况。动态文档的创建过程相对复杂,因为其开发涉及编写生成文档的应用程序,而不是直接编写文档内容。开发人员不仅需要具备编程能力,还需确保所编写程序经过广泛测试,以保证输入的有效性。

静态文档与动态文档的主要区别体现在服务器端,尤其是文档内容的生成方式不同。从浏览器的角度看,这两类文档并无明显差异。无论是静态文档还是动态文档,其内容均遵循 HTML 格式,浏览器无法仅凭显示内容判断文档类型,只有文档的开发者能够知晓其性质。

从上述讨论可以看出,实现动态文档需要在两个关键方面扩展万维网服务器的功能。首先,必须增加一个新的应用程序,用于处理来自浏览器的数据并创建动态文档。其次,需要增加一个机制,使得万维网服务器能够将浏览器发来的数据传递给该应用程序,并能够解释应用程序的输出,最终向浏览器返回 HTML 文档。

图 6-10 展示了功能扩展后的万维网服务器示意图。在此图中,新增了一种称为通用网关接口(Common Gateway Interface,CGI)的机制。CGI 是一种标准,它规定了动态文档的创建方式、输入数据的传递方式,以及输出结果的使用方式。在扩展后的万维网服务器中,新增的应用程序被称为 CGI 程序。之所以采用这一名称,是因为万维网服务器与 CGI 程序之间的通信遵循 CGI 标准。"通用"一词表明这一标准所定义的规则适用于其他任何编程语言。"网关"一词的使用是因为 CGI 程序可能会访问其他服务器资源,如数据库或图形软件包,因此 CGI 程序在功能上类似于网关。此外,CGI 程序有时也被简称为网关程序。"接口"一词则指向一系列预定义的变量和调用,这些可以供其他 CGI 程序使用。需要特别注意的是,当提到 CGI 时,必须明确区分其是否指代 CGI 标准或 CGI 程序,以避免混淆。

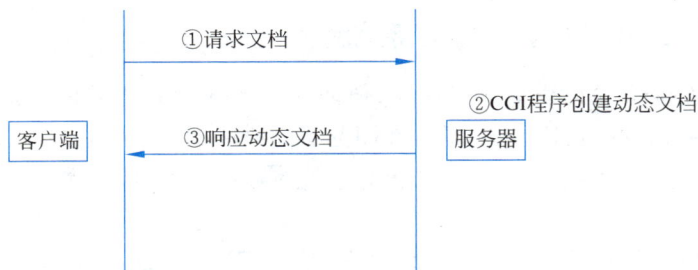

图 6-10　CGI 功能的万维网服务器

CGI 程序的正式名称为 CGI 脚本(CGI script)。在计算机科学的范畴内,"脚本"通常指一种程序,该程序并非由计算机的处理器直接执行,而是由另一个解释程序进行解释或执行。一些语言专门设计为脚本语言,如 JavaScript 和 Tcl/Tk 等。此外,脚本也可以用常见的编程语言编写,例如 C、C++ 等。

使用脚本语言进行编码通常更加简便和快速,这在开发具有有限功能的小型程序时尤为适用。然而,由于脚本的每条指令都需要通过另一个解释程序处理(这增加了额外的指令),而非直接由指令处理器执行,因此脚本的运行速度通常慢于一般的编译程序。需要注意的是,脚本并不一定是一个独立的程序,它也可以是一个动态加载的库,甚至是服务器的一个子程序。

3. 活动万维网文档

随着 HTTP 和万维网浏览器的不断发展,传统动态文档已经难以满足日益增长的需求。这种局限性主要体现在动态文档一旦生成,其内容便固定不变,无法实时更新。此外,动态文档也无法提供诸如动画等复杂的显示效果。

为了实现浏览器屏幕内容的连续更新,主要有两种技术可供选择。其中一种技术称为**服务器推送(server push)**,该技术将更新的全部工作交由服务器处理。服务器持续运行与动态文档相关联的应用程序,定期更新信息,并将更新后的文档发送给浏览器。

尽管从用户的角度来看,服务器推送可以实现连续更新的效果,但该技术存在显著缺陷。首先,为满足大量客户端的请求,服务器需同时运行多个服务器推送程序,从而导致服务器资源消耗过大。其次,服务器推送技术要求服务器为每个浏览器客户端维持一个不释放的 TCP 连接。**随着 TCP 连接数量的增加,分配到每个连接的网络带宽会减少,进而增加网络传输的时延**。

另一种提供屏幕连续更新的技术是**活动文档(active document)**。此技术将大部分工作转移到浏览器端。当浏览器请求一个活动文档时,服务器会返回该活动文档程序的副本,使其在浏览器端运行。活动文档程序能够与用户进行直接交互,并可以持续更新屏幕显示。只要用户在运行活动文档程序,文档内容就可以持续变化。由于活动文档技术不依赖服务器的持续传输更新,因此对网络带宽的要求较低。

从传输的角度来看,浏览器和服务器均将活动文档视为静态文档。与动态文档不同,服务器上的活动文档内容保持不变,浏览器可以在本地缓存活动文档的副本。此外,活动文档还可以被压缩,以便于存储和传输。需要注意的是,活动文档本身并不包含其运行所需的全部软件,绝大部分支持软件已预先存储在浏览器中。

6.4.5　万维网的信息检索系统

万维网是一个庞大的在线信息存储库,但如何高效地找到所需信息是一个关键问题。如果用户已知所需信息的具体位置,只需在浏览器的地址栏中输入相应的 URL 并按 Enter 键即可访问该站点。然而,当用户不清楚信息的具体存储位置时,就需要借助万维网的搜索工具。

用于在万维网上进行信息检索的工具称为**搜索引擎(search engine)**。搜索引擎种类繁多,但总体上可以分为两大类:全文检索搜索引擎和分类目录搜索引擎。

全文检索搜索引擎是一种技术驱动的检索工具。其工作原理是通过搜索软件在互联网上自动搜集信息。这种搜集方式类似于蜘蛛爬行,搜索软件在找到一个网站后,可以通过该网站的链接进一步访问其他网站。随后,搜索引擎根据特定规则构建一个庞大的在线索引数据库,供用户进行查询。用户只需输入关键词,搜索引擎便会在已建立的索引数据库中进行查询。然而,由于信息的动态性,有些检索到的数据可能已经过时。因此,维护这些索引数据库的网站必须定期更新其内容,以确保数据的准确性和时效性。

目前,中国最大的全文检索搜索引擎是百度(Baidu,www.baidu.com)。百度提供多种搜索服务,包括网页搜索、图片搜索、视频搜索、地图搜索、新闻搜索、购物搜索、博客搜索、论坛搜索、学术搜索和财经搜索等。

分类目录搜索引擎与全文检索搜索引擎的运作方式有所不同。分类目录搜索引擎并不主动采集网站的内容信息,而是依赖网站管理员在向搜索引擎提交站点信息时所填写的关键词和网站描述等内容。经过人工审核与编辑,如果这些信息符合网站收录的标准,便会被纳入分类目录数据库,供用户查询。因此,分类目录搜索引擎也被称为分类网站搜索引擎。

分类目录搜索引擎的优势在于用户可以通过预设的目录逐级定位所需信息,避免了使用关键词查询的烦琐过程,从而提高了查询的准确性。然而,分类目录搜索返回的结果通常为被收录网站的主页 URL 地址,而非具体页面,因此获取的信息相对有限。相比之下,全文检索搜索引擎能够检索出大量信息,但查询结果往往过于庞杂,可能会呈现数以千万计的页面,导致用户难以迅速找到所需的信息。

从用户角度来看,无论是使用分类目录搜索引擎还是全文检索搜索引擎,通常都能实现信息查询的目的。为了提高用户使用的便捷性,许多网站如今同时提供全文检索与分类目录搜索的功能。在互联网上有效搜索信息需要一定的经验积累,用户需要通过实践来掌握这些技巧。需要强调的是,无论是哪种搜索引擎,其本质都是帮助用户链接到相关信息源,而搜索引擎本身并不直接存储这些信息。

值得注意的是,近年来出现了垂直搜索引擎(vertical search engine),它专注于某一特定领域、特定人群或特定需求的搜索服务。垂直搜索引擎同样依赖关键词进行搜索,但其结果通常是在特定行业背景下更具针对性的信息、消息或条目。例如,当前较为热门的垂直搜索领域包括购物、旅游、汽车、求职、房产和交友等。

6.5 电子邮件

6.5.1 电子邮件概述

电子邮件(E-mail)是互联网中最广泛使用且最受欢迎的应用之一。其基本操作模式是将邮件传送至收件人所使用的邮件服务器,并存储在该服务器的收件人邮箱(mailbox)中。收件人可以在方便时连接到互联网,从自己的邮件服务器中读取邮件。这一过程类似于互联网为用户设立了虚拟的邮件信箱,因此,电子邮件有时也被称为"电子信箱"。电子邮件之所以广泛流行,主要得益于其使用的便捷性、传递的迅速性以及低廉的成本。据某些企业报道,引入电子邮件系统后,劳动生产率提升了 30% 以上。如今,电子邮件不仅能够传送文字信息,还支持音频和图像的传递。电子邮件和移动电话的普及,已逐渐迫使传统的电报业务退出市场,因为传统电报费用昂贵、传递缓慢且操作不便。

电子邮件系统的运行依赖于两个核心标准:简单邮件传输协议(Simple Mail Transfer Protocol,SMTP)和互联网文本报文格式。由于 SMTP 仅支持传输 7 位 ASCII 码的可打印邮件,1993 年提出了多用途互联网邮件扩展(Multipurpose Internet Mail Extensions,MIME)标准。MIME 通过在邮件头部声明数据类型(如文本、音频、图像、视频等),使得电子邮件可以同时传送多种类型的数据。这一扩展在多媒体通信环境中尤为重要和实用。

一个完整的电子邮件系统通常包含三个主要组件:用户代理、邮件服务器,以及邮件发送协议(如 SMTP)和邮件读取协议(如 POP3),如图 6-11 所示。POP3 即邮局协议第 3 版(Post Office Protocol Version 3),是用于从邮件服务器中读取邮件的协议。这些组件通过互联网实现通信,尽管邮件服务器之间的距离可能跨越数千千米,但在技术上它们都通过

TCP 连接进行数据传输。为了简洁起见,通常在系统架构图中不会描绘出互联网的网络结构。在整个互联网中,存在大量的邮件服务器,它们共同构成了电子邮件基础设施的核心。

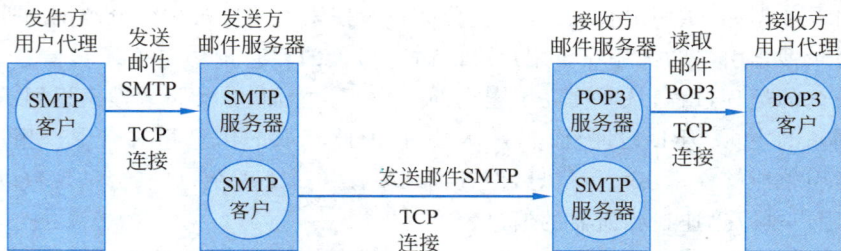

图 6-11 电子邮件组成构件

用户代理(User Agent,UA)是用户与电子邮件系统之间的接口,通常表现为在用户计算机上运行的一个程序。因此,用户代理也被称为电子邮件客户端软件。其主要功能是为用户提供一个友好、直观的界面,用于发送和接收电子邮件。目前,市场上有多种用户代理供用户选择,其中微软的 Outlook Express 和腾讯的 Foxmail 等都因其便捷的操作和丰富的功能而广受欢迎。

作为电子邮件系统的重要组成部分,用户代理应至少具备以下 4 个基本功能。

(1) **撰写功能**:用户代理应为用户提供一个完善的邮件编辑环境。这包括允许用户创建和维护便捷的通讯录,存储常用的联系人姓名和地址。在撰写回信时,用户代理应具备从来信中自动提取发件人地址,并将其准确地填入回信中合适位置的功能。此外,系统还应能够在用户撰写回信的界面中自动复制来信内容,方便用户直接回应来信中的具体问题,减少重复输入的麻烦。

(2) **显示功能**:用户代理应能够在计算机屏幕上清晰、直观地显示电子邮件内容。这不仅包括文本,还应支持来信中附带的多媒体内容,如音频和图像文件,确保用户能够完整地获取所有邮件信息。

(3) **处理功能**:用户代理应提供灵活的邮件处理选项,包括发送和接收邮件。收件人应能够根据个人需求,对来信采取多种处理方式,如阅读后删除、保存至磁盘、打印或转发。此外,用户代理还应允许用户自定义目录,以便对来信进行分类存储,方便日后的查找和管理。

(4) **通信功能**:用户代理需确保邮件的顺利传输。当发件人撰写完邮件后,用户代理应通过邮件发送协议(如 SMTP)将邮件发送至收件人的邮件服务器。收件人则需使用邮件读取协议(如 POP3)从邮件服务器接收并下载邮件,完成邮件的传输过程。

互联网上提供了多种邮件服务器供用户选择,这些服务器通常全天候运行,确保电子邮件服务的持续可用性,并配备了容量较大的邮件信箱以满足用户的存储需求。邮件服务器的核心功能包括发送和接收电子邮件,并且在邮件传输过程中,服务器还负责向发件人反馈邮件传送的状态,如是否成功投递、被拒收或发生丢失等情况。邮件服务器的运作基于 C/S 模式,这一模式确保了邮件的高效传递和管理。在这一体系中,邮件服务器需要依赖两种不同的协议来完成各自的任务。其一是用于用户代理将邮件发送至邮件服务器或在不同邮件服务器之间转发邮件的协议,通常采用 SMTP。其二是用于用户代理从邮件服务器读取邮件的协议,通常采用 POP3。通过这两种协议的协同运作,邮件服务器能够实现电子邮件的可靠传输和有效管理,为用户提供一个稳定、灵活的通信平台。

需要特别指出的是,邮件服务器必须具备同时作为客户端和服务器的能力。例如,当邮件服务器 A 向另一台邮件服务器 B 发送邮件时,A 在此过程中扮演的是 SMTP 客户端的角色,而 B 则充当 SMTP 服务器的角色。相反,当 B 向 A 发送邮件时,B 则成为 SMTP 客户端,而 A 则作为 SMTP 服务器进行邮件接收。

在邮件传输的过程中,涉及的关键步骤如图 6-11 所示。需要注意的是,无论是 SMTP 还是 POP3 或 IMAP,这些协议都是基于 TCP 来实现的。选择 TCP 作为传输基础,旨在确保邮件在网络传输中的可靠性,从而保证电子邮件准确、完整地传递到目的地。

以下是电子邮件在互联网上发送和接收的过程,步骤分为以下几个关键阶段。

邮件撰写与编辑:发件人在其计算机上通过用户代理撰写并编辑电子邮件。用户代理是一个用于管理电子邮件的客户端软件,它为用户提供了友好的界面,以便于邮件的创建和管理。

邮件发送:一旦发件人单击屏幕上的"发送邮件"按钮,邮件的传递过程便由用户代理全权负责。用户代理通过 SMTP 将邮件发送至发送方的邮件服务器。在此过程中,用户代理充当 SMTP 客户端,而发送方邮件服务器则作为 SMTP 服务器。用户并不直接参与这些技术细节,仅仅通过用户代理的界面可能会看到邮件发送的进度。邮件服务器的地理位置对用户来说是透明的,用户也不需要了解。

邮件缓存:当发送方邮件服务器的 SMTP 服务器收到来自用户代理的邮件后,首先将邮件临时存放在邮件缓存队列中,等待进一步的处理。

邮件传输:接下来,发送方邮件服务器的 SMTP 客户端与接收方邮件服务器的 SMTP 服务器建立 TCP 连接,随后将缓存队列中的邮件逐一传输到接收方邮件服务器。需要特别注意的是,邮件在互联网上传输时,不会在任何中间邮件服务器上进行落地存储。如果发送方邮件服务器需要向同一个接收方邮件服务器发送多封邮件,这些邮件可以利用已经建立的 TCP 连接进行传输。如果 SMTP 客户端无法成功建立与接收方 SMTP 服务器的连接,邮件将继续保存在发送方邮件服务器中,并在稍后重新尝试发送。如果超过了规定的时间仍未能成功发送,发送方邮件服务器将通知用户代理。

邮件接收:当接收方邮件服务器的 SMTP 服务器收到邮件后,会将邮件存储在收件人的用户邮箱中,供收件人随时读取。

邮件读取:当收件人准备接收邮件时,其计算机上的用户代理会运行,并通过 POP3 或 IMAP 与接收方邮件服务器通信,从用户邮箱中读取邮件。需要注意的是,POP3 服务器和 POP3 客户端之间的箭头指示了邮件传输的方向,但通信的发起方始终是 POP3 客户端。

电子邮件由两大核心部分构成:信封(envelope)和内容(content)。邮件的传输过程中,信封部分扮演着至关重要的角色,传输程序正是依据信封上的信息来确保邮件的准确投递。这种方式与传统邮政系统通过信封上的信息投递信件的方式极为相似。在电子邮件的信封上,关键的元素就是收件人的地址。

在 TCP/IP 协议框架下,电子邮件系统对电子邮件地址(E-mail address)的格式做出了明确规定。电子邮件地址的标准格式不仅是确保邮件能够成功送达目的地址的基本要求,也在整个通信过程中扮演着不可或缺的角色。电子邮件地址的格式如下:

用户名 @ 邮件服务器的域名

在上式中,符号@读作 at,表示"在"的意思。例如,在电子邮件地址 lcu@xxx.com 中,xxx.com 就是邮件服务器的域名,而 lcu 就是在这个邮件服务器中收件人的用户名,也就是收件人邮箱名,是收件人为自己定义的字符串标识符。但应注意,这个用户名在邮件服务器中必须是唯一的。这样就保证了每一个电子邮件地址在世界范围内是唯一的。这对保证电子邮件能够在整个互联网范围内的准确交付是十分重要的。

6.5.2 SMTP

SMTP(简单邮件传输协议)详细规定了两个相互通信的 SMTP 进程之间的交互方式。在 SMTP 的架构下,邮件发送和接收的过程是通过 C/S 模式实现的。具体而言,负责发送邮件的 SMTP 进程被称为 SMTP 客户,而负责接收邮件的 SMTP 进程则称为 SMTP 服务器。然而,SMTP 并未对邮件的内部格式、存储方式,以及邮件系统的传输速度等方面做出具体的规定。

SMTP 定义了 14 条命令和 21 种应答信息。每条命令由几个字母构成,而每种应答信息通常只包含一行内容,并以一个三位数字代码开头。为了更好地理解这些命令和应答信息的功能,以下通过描述发送方和接收方邮件服务器之间的 SMTP 通信的三个主要阶段,来介绍其中几个最关键的命令和应答信息。

1. 连接建立

当发件人的邮件被送入发送方邮件服务器的邮件缓存后,SMTP 客户进程会定期扫描缓存,以检测是否有待发送的邮件。一旦检测到有邮件,SMTP 客户便会使用 SMTP 规定的熟知端口号 25,与接收方邮件服务器的 SMTP 服务器建立 TCP 连接。成功建立连接后,接收方的 SMTP 服务器会发送一条"服务就绪"的响应信息。

接下来,SMTP 客户向 SMTP 服务器发送 HELLO 命令,并附带发送方主机的名称。如果接收方的 SMTP 服务器能够接收邮件,则会返回"已准备好接收"的响应信息;反之,如果 SMTP 服务器不可用,则会返回"服务不可用"的通知。如果在规定的时间内邮件无法发送,发送方邮件服务器将把这一情况反馈给发件人。

SMTP 明确规定邮件的传输不依赖中间服务器。无论发送方和接收方的邮件服务器之间的物理距离有多远,无论邮件传输过程中经过多少个路由器,TCP 连接始终直接建立在发送方和接收方的邮件服务器之间。如果接收方邮件服务器出现故障,无法正常工作,发送方邮件服务器只能选择等待一段时间后再尝试重新建立 TCP 连接,而无法通过中间邮件服务器进行邮件传输。

2. 邮件传送

邮件传送过程从发件方的 SMTP 客户端发送 **MAIL** 命令开始,该命令后附发件人的电子邮件地址。如果 SMTP 服务器已准备好接收邮件,服务器将响应 250 OK。若服务器无法处理该命令,则会返回相应的错误代码,例如,451(处理错误)、452(存储空间不足)或 500(命令未识别)等。

接下来,SMTP 客户端会发送一个或多个 **RCPT** 命令,用于指定邮件的收件人。**RCPT TO:<收件人地址>**命令的作用是确认接收方系统是否准备好接收邮件。这种做法旨在避免浪费通信资源,确保邮件在发送前收件地址有效。

紧随其后的是 DATA 命令,该命令表示邮件内容的传输即将开始。如果服务器无法接收邮件,它会返回如 421(服务器不可用)或 500 等错误代码。邮件内容的传输完毕后, SMTP 客户端通过发送"<CRLF>.<CRLF>"(即两个回车换行符中间加一个点)来指示邮件内容的结束。服务器端将仅看到一个英文句点作为邮件内容的终结标志。若邮件被成功接收,SMTP 服务器将响应 250 OK,否则返回相应的错误代码。

尽管 SMTP 通过 TCP 连接提供了一定程度的可靠性,"邮件发送成功"并不等同于"收件人已阅读邮件"。邮件一旦到达接收方邮件服务器后,可能面临多种情况:接收方服务器可能出现故障,导致邮件丢失;邮件可能被误判为垃圾邮件而被删除;收件人在清理邮箱时可能删除了尚未阅读的邮件;或者收件人因长期未检查邮箱而未意识到有新邮件。因此,即便邮件状态显示"发送成功",收件人也不一定会读取到该邮件。尽管如此,基于 SMTP 的电子邮件系统通常被认为是具有较高可靠性的。

3. 连接释放

完成邮件发送后,SMTP 客户端应发送 QUIT 命令,SMTP 服务器将返回 221 Service closing 以表示同意释放 TCP 连接,从而结束邮件传送过程。值得注意的是,**电子邮件用户通常无法直接看到上述复杂的通信过程,这些过程均由电子邮件客户端程序在后台处理**。

6.5.3　电子邮件的信息格式

电子邮件的结构主要包括**信封(envelope)**和**内容(content)**两部分。用户在撰写邮件时,通常仅需关注邮件的内容部分,而邮件系统会自动处理信封部分所需的信息,因此用户无须手动填写信封上的相关信息。

邮件内容的首部(header)包含若干关键字段,每个字段后跟一个冒号。关键字段包括以下几个。

To:该字段后面填写一个或多个收件人的电子邮件地址。在现代电子邮件客户端中,用户可以将经常联系的联系人及其电子邮件地址保存在地址簿中。在撰写邮件时,用户只需从地址簿中选择收件人,系统将自动填充相应的电子邮件地址。

Subject:该字段标示邮件的主题,反映了邮件的主要内容。主题类似于文件系统中的文件名,有助于用户快速识别和检索邮件。

Cc:该字段源自 Carbon copy(复写副本),表示邮件的副本应发送给其他人。该字段使得用户可以将邮件抄送给额外的收件人。

Bcc:代表 Blind carbon copy(盲目复写副本),允许发件人将邮件副本发送给某些收件人,而其他收件人无法看到这些抄送的地址。这一功能在需要隐蔽传递邮件副本时尤为重要。

From:表示发件人的电子邮件地址。此字段通常由邮件系统自动填写,以确保发件人信息的准确性。

Date:记录邮件的发送日期和时间。该字段也由邮件系统自动生成,以标识邮件发送的时间。

Reply-To:指定收件人在回复邮件时所使用的地址。这一地址可以不同于发件人原先使用的地址。例如,用户可能在外地使用他人的邮箱发送邮件,但希望回复邮件发送到自己实际的邮箱地址。该字段允许用户预设回复地址,**无须每次发送邮件时进行重新设置**。

6.5.4　POP3 和 IMAP

当前,电子邮件读取协议主要包括 **POP3** 和 **IMAP**。以下分别对这两种协议进行讨论。

POP3 是一种相对简单且功能有限的邮件读取协议。POP3 采用 C/S 模式工作,其中用户计算机上的邮件客户端运行 POP3 客户端程序,而收件人所在的邮件服务器则运行 POP3 服务器程序。该邮件服务器同时还需要运行 SMTP 服务器程序,以接收来自发送方邮件服务器的邮件。POP3 服务器在用户输入有效的认证信息(如用户名和密码)后,才允许访问邮箱。

POP3 协议的一个显著特点是,一旦邮件被用户从 POP3 服务器读取,该邮件将被从服务器中删除。这种特性在某些情况下可能造成不便。例如,用户在办公室的台式计算机上接收了邮件后,若未及时回复便携带笔记本计算机出差,POP3 服务器上的邮件可能已被删除,使得用户无法在笔记本计算机上进行回复。为了应对这一问题,POP3 进行了扩展,允许用户设定邮件在被读取后仍保留在服务器上的时间。

IMAP 相较于 POP3 更为复杂。IMAP 也采用 C/S 模型,但与 POP3 有显著差异。尽管在实际应用中,IMAP 通常被简称为 IMAP,而不加上版本号 4,但其完整名称为 IMAP4,区别于 POP3 的 POP3 版本号。这种协议支持更为丰富的邮件管理功能,包括在服务器上管理邮件的文件夹结构、支持多设备间的邮件同步等,使得用户能够在不同的设备上保持邮件状态的一致性。

在使用 IMAP 时,用户在其计算机上运行 IMAP 客户端程序,并通过该程序与接收方邮件服务器上的 IMAP 服务器程序建立 TCP 连接。IMAP 是一种联机协议,用户能够在本地计算机上操作邮件服务器上的邮箱,就如同操作本地邮箱一样。当用户通过 IMAP 客户端打开 IMAP 服务器上的邮箱时,用户首先查看到的是邮件的首部。若用户选择打开某封邮件,则该邮件的完整内容才会从服务器传输到用户的计算机上。

IMAP 允许用户在邮箱中创建层次化的文件夹结构,以便于邮件的分类管理。此外,用户可以将邮件从一个文件夹移动到另一个文件夹中,或根据设定的条件对邮件进行查找。重要的是,在用户发出删除邮件的命令之前,IMAP 服务器上的邮箱将一直保存邮件内容。

IMAP 的主要优势在于,它允许用户从不同地点的计算机上访问和处理存储在邮件服务器上的邮件。这种灵活性特别适用于经常需要在不同设备上访问邮件的用户。此外,IMAP 还支持用户仅下载邮件的部分内容。例如,用户收到一个包含大附件的邮件时,可以先下载邮件的文本部分,待以后有更好的网络条件时再下载附件,从而有效节省时间。

然而,IMAP 也有其缺点。由于邮件在服务器上持续存储,用户在没有将邮件下载到本地计算机上的情况下,必须保持在线以查阅邮件。这种依赖在线访问的特性可能会在网络条件不佳时影响用户的邮件访问体验。

6.5.5　基于万维网的电子邮件

如前所述,用户使用电子邮件服务通常需要在其计算机上安装 **UA 软件**。然而,当用户在外出时未携带个人计算机,使用其他人的计算机进行电子邮件的发送和接收可能会显得不便。

这一问题在 20 世纪 90 年代中期得到了有效解决。当时,Hotmail 推出了基于万维网的电子邮件服务,即 Webmail。如今,几乎所有知名网站以及许多大学和企业都提供了这种基于网络的电子邮件服务。广泛使用的 Webmail 服务包括谷歌的 Gmail、微软的 Hotmail、雅虎的 Yahoo Mail,以及中国的网易(163 或 126)和新浪等互联网技术公司提供的服务。

Webmail 的主要优势在于其便捷性。用户无须在计算机上安装额外的用户代理软件,只要能够访问互联网并使用浏览器,就可以轻松地发送和接收电子邮件。Webmail 服务通过浏览器提供友好的用户界面,类似于传统用户代理软件的界面,使得用户能够直接在浏览器中高效地处理电子邮件。

在 Webmail 系统中,用户在浏览器中访问电子邮件时使用的是 HTTP。尽管如此,当邮件在不同的邮件服务器之间传输时,仍然依赖 SMTP 进行邮件的发送与接收。

6.5.6　MIME

前述的 SMTP 存在一些显著的局限性。首先,SMTP 无法直接传送可执行文件或其他二进制对象。尽管有尝试通过将二进制文件转换为 SMTP 兼容的 ASCII 文本格式来解决这一问题,但这些尝试并未形成正式标准或普遍认可的事实标准。其次,SMTP 局限于传输 7 位 ASCII 码字符,这使得许多非英语语言字符(如中文、俄文,甚至带有重音符号的法文或德文字符)无法被有效传送。即便 SMTP 网关能够将 EBCDIC 码(扩展的二进制编码交换码)转换为 ASCII 码,仍会遇到兼容性问题。此外,SMTP 服务器对邮件的长度有一定的限制,超出这一限制的邮件将被拒绝。最后,一些 SMTP 的实现并未完全遵循互联网标准,常见的问题包括回车和换行符的处理不当。

在这种背景下,**MIME(多用途互联网邮件扩展)**应运而生。MIME 的目标并非替代SMTP,而是扩展其功能,以支持更广泛的邮件内容格式。MIME 通过增强邮件主体的结构和定义传输非 ASCII 字符的编码规则,实现了在现有电子邮件程序和协议下对邮件内容的扩展。MIME 的设计旨在与现有的 SMTP 兼容,确保能够在原有的邮件传输框架内有效传递更复杂的邮件内容。MIME 与 SMTP 如图 6-12 所示。

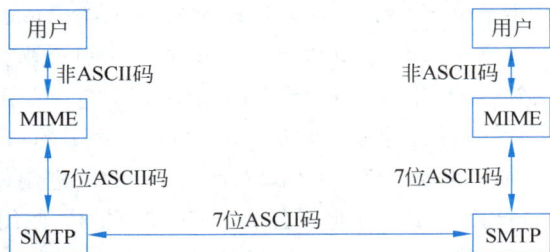

图 6-12　MIME 与 SMTP

MIME 主要包括以下三部分内容。

新增邮件首部字段:MIME 引入了5 个新的邮件首部字段,这些字段可以被包含在原有的邮件首部中,用以提供关于邮件主体的详细信息。这些字段增强了邮件的描述能力,使其能够更精确地传达邮件内容的性质和格式。

邮件内容格式定义:MIME 对多媒体电子邮件的表示方法进行了标准化,定义了多种邮件内容格式。这一标准化过程使得多种类型的邮件内容,如文本、音频、视频等,都可以被一致地编码和解码,从而支持更复杂的电子邮件交换。

传送编码规范:MIME 规定了传送编码的方法,这些编码方式可以将任何内容格式转换为适合在邮件系统中传输的格式。通过这些编码规范,MIME 确保了邮件内容在传输过程中不被系统改变,保持了内容的完整性和一致性。

此外,每个 MIME 报文都包含必要的信息,告知收件人数据的类型和所使用的编码方式,从而使得接收方能够正确地解码和处理邮件内容。这些扩展使得 MIME 能够支持各种数据类型的电子邮件,并提高了邮件系统对多媒体内容的处理能力。

为适应多种数据类型和格式的表示,MIME 在原有邮件首部的基础上增加了若干新的字段。这些新增字段包含在每个 MIME 报文中,用以提供关于邮件内容类型和编码的详细信息。具体而言,MIME 引入了以下 5 个新邮件首部字段及其功能。

(1) MIME-Version:此字段标识 MIME 的版本。若邮件中缺少此字段,则默认邮件为纯英文文本格式。

(2) Content-Description:该字段提供一个可读的字符串,用以描述邮件主体的内容类型,例如是否为图像、音频或视频文件。

(3) Content-Id:用于标识邮件的唯一标识符,确保每封邮件在传输和处理过程中能够被唯一识别。

(4) Content-Transfer-Encoding:此字段描述了邮件主体在传输过程中所采用的编码方式,用于确保邮件在传输过程中数据的完整性。

(5) Content-Type:该字段说明了邮件主体的数据类型及其子类型,如文本、图像、音频等,从而帮助接收方正确地处理和解析邮件内容。

这些新增的 **MIME 首部字段为电子邮件的多样化内容**提供了支持,并使得邮件系统能够更有效地处理各种数据格式。

下面介绍三种常用的**内容传送编码**。

在 MIME 协议中,最基本的编码方式是 7 位 ASCII 码,这种方式无须对邮件主体进行任何转换,并且要求每行字符数不超过 1000 个字符。对于 ASCII 码构成的邮件内容,MIME 直接使用原始格式,不做任何改变。

另一种编码方式是可打印字符引用编码(quoted-printable)。此方法适用于包含少量非 ASCII 字符的数据,如汉字。quoted-printable 编码的核心思想是,对于所有可打印的 ASCII 字符,除了特殊字符等号“=”外,保持其原样。对于等号“=”及不可打印的 ASCII 字符以及非 ASCII 字符的数据,编码方法为:将每个字节的二进制代码用两个十六进制数字表示,并在其前面加上等号“=”。例如,汉字“系统”的二进制编码为 11001111110110101110011011011011,这 4 个字节的十六进制表示为 CFB5CDB3。使用 quoted-printable 编码后,变为=CF=B5=CD=B3,这 12 个字符均为可打印的 ASCII 字符。与原始 32 位的二进制编码相比,其开销增加了 200%。此外,等号“=”的二进制编码为 00111101,即十六进制的 3D,因此等号“=”在 quoted-printable 编码中的表示为“=3D”。

对于任意的二进制文件,可用 Base64 编码。这种编码方法是先把二进制代码划分为一个个 24 位长的单元,然后把每一个 24 位单元划分为 4 个 6 位组。每一个 6 位组按以下方法转换为 ASCII 码。6 位的二进制代码共有 64 种不同的值:从 0 到 63。用 A 表示 0,用 B 表示 1,等等。26 个大写字母排列完毕后,接下去再排 26 个小写字母,再后面是 10 个数字,最后用“+”表示 62,而用“/”表示 63。再用两个连在一起的等号和一个等号分别表示最后一组的代码只有 8 位或 16 位。回车符和换行符都忽略,它们可在任何地方插入。

MIME 协议的内容类型中,multipart 子类型极大地增强了电子邮件的灵活性。MIME 标准定义了 4 种主要的 multipart 子类型,每种子类型提供了特定的功能,以满足不同的邮件需求。

（1）mixed：该子类型允许在单一邮件中包含多个相互独立的子报文,每个子报文可以具有不同的类型和编码。这种报文格式使得用户能够在同一邮件中附加不同类型的数据,如文本、图像和音频,或附加额外的数据段。例如,这种格式类似于商业信函中的附件。在'multipart/mixed'报文中,'Boundary='关键字用于定义分隔各部分子报文的字符串(由邮件系统指定),确保该字符串在邮件内容中不会出现。每个子报文的开始由两个连字符 '--'开头,后跟定义的分隔字符串。

（2）alternative：这种子类型允许在单一邮件中包含同一数据的多种表现形式。此格式非常适合于向不同的收件人发送邮件时,提供多种格式的邮件内容。例如,可以同时发送纯文本和格式化文本,以便那些使用不同硬件和软件系统的收件人都能以最适合其设备的形式查看邮件内容。

（3）parallel：此子类型允许在单一邮件中包含多个可以同时显示的子部分。例如,图像和声音的子部分可以一同播放,使得它们在展示时能够同步。这种格式对于需要同步展示的内容特别有用,如多媒体演示。

（4）digest：该子类型允许将一组报文打包为一个单一邮件。这种格式适用于需要将多个邮件内容整合为一个邮件的场景,如邮件列表的归档或批量处理的邮件集合。

通过这些子类型,MIME 协议显著提高了电子邮件系统的功能性和灵活性,使用户能够以更丰富的方式组织和传输多样化的数据。

6.6 DHCP

为了把协议软件做成通用的和便于移植的,协议软件的创作者不会把所有的细节固定在源代码中,而是把协议软件参数化。在协议软件中给这些参数赋值的动作称为协议配置。例如,连接到互联网上的计算机的协议软件需要配置的项目包括:

（1）IP 地址：这是分配给计算机的唯一网络地址,用于在网络中标识和定位该计算机。

（2）子网掩码：用于确定网络地址的范围,从而将 IP 地址分为网络部分和主机部分,便于路由和网络管理。

（3）默认路由器的 IP 地址：指定计算机的默认网关,其负责将本地网络外的流量转发到其他网络或互联网。

（4）DNS IP 地址：用于将域名解析为 IP 地址,使计算机能够通过域名访问互联网资源。

在每台计算机生产过程中手动配置唯一的 IP 地址,实际上不可行,因为 IP 地址不仅包含主机标识,还包含网络标识。IP 地址的配置依赖于计算机将来连接到的具体网络,而在生产阶段,这一信息尚不明确。因此,为了连接到互联网,计算机必须在使用之前通过协议配置来确定其 IP 地址及其他相关配置项。

手动配置这些参数不仅烦琐,而且容易出错,因此自动化的协议配置机制显得尤为重要。目前,互联网广泛采用的是动态主机配置协议(Dynamic Host Configuration Protocol,DHCP),这一协议提供了自动配置 IP 地址的机制,通常称为即插即用网络(plug-and-play networking)。该机制允许计算机在加入新网络时自动获取所需的 IP 地址,无须人工干预。

DHCP 适用于运行客户端和服务器软件的计算机。在客户端计算机移动到新的网络时,它能够自动通过 DHCP 获取所需的配置参数,而无须用户手动操作。同时,对于运行 DHCP 服务器的软件的计算机,该协议可以为其分配一个固定的 IP 地址,确保在重新启动后地址保持不变。这种方法极大地简化了网络配置过程,提高了网络管理的效率和准确性。

DHCP 采用 C/S 模式进行操作。在主机启动时,该主机(即 DHCP 客户端)会向网络广播一个发现报文(DHCPDISCOVER),其目的 IP 地址设为全 1(即 255.255.255.255),以便查找网络中的 DHCP 服务器。此时,由于主机尚未获得有效的 IP 地址,因此其源 IP 地址设置为全 0。这种广播方式使得本地网络上的所有主机均能接收到此报文,但只有 DHCP 服务器会对其做出响应。DHCP 服务器在收到发现报文后,会首先在其数据库中查找该主机的配置信息。如果服务器在数据库中找到相关配置信息,则将其返回给客户端。若数据库中未存储相关信息,服务器将从其 IP 地址池中分配一个可用的 IP 地址,并将其包括在返回的报文中。DHCP 服务器的响应报文称为提供报文(DHCPOFFER),该报文中包含了分配的 IP 地址及其他配置参数,向客户端"提供"了所需的配置信息。

为了避免在每个网络中配置一个 DHCP 服务器,从而导致 DHCP 服务器数量过多,当前的做法是为每个网络配置至少一个 DHCP 中继代理(relay agent)。该中继代理负责记录 DHCP 服务器的 IP 地址信息。当 DHCP 中继代理收到来自主机 A 的广播发现报文后,会将该报文以单播形式转发给 DHCP 服务器,并等待服务器的响应。收到 DHCP 服务器返回的提供报文后,DHCP 中继代理再将该报文转发回主机 A。需要注意的是,DHCP 报文是 UDP 用户数据报的一部分,还需加上 UDP 首部、IP 数据报首部及以太网 MAC 帧的首部和尾部后才能在链路上传输。图 6-13 展示了 DHCP 中继代理如何以单播方式转发发现报文的示意图。

图 6-13　DHCP 中继代理单播转发发现报文

DHCP 服务器分配给 DHCP 客户端的 IP 地址是临时的,客户端只能在有限的时间内使用该地址。此时间段被称为租用期(lease period),但 DHCP 并未具体规定租用期的长度,这一时间段由 DHCP 服务器自行决定。例如,一个校园网络的 DHCP 服务器可能将租用期设置为 1 小时。租用期的长度在 DHCP 服务器发出的提供报文中通过选项字段指定,租用期的数值用 4 字节的二进制数字表示,单位为秒。因此,租用期的范围从 1 秒到 136 年不等。DHCP 客户端也可以在其发送的报文(例如发现报文)中提出对租用期的要求。

DHCP 的详细工作过程如图 6-14 所示,DHCP 客户使用的 UDP 端口是 68,而 DHCP 服务器使用的 UDP 端口是 67。这两个 UDP

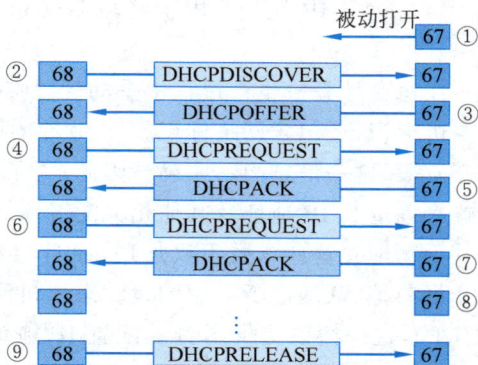

图 6-14　DHCP 的详细工作过程

端口都是熟知端口。

图 6-14 的工作过程如下。

① DHCP 服务器被动打开 UDP 端口 67,等待客户端发来报文。

② DHCP 客户从 UDP 端口 68 发送 DHCP 发现报文。

③ 收到 DHCP 发现报文的 DHCP 服务器发出提供报文。

④ 客户选择一个 DHCP 服务器并发送请求报文。

⑤ 服务器发送确认报文 DHCPACK。此时客户可使用 IP 地址,此时状态为已绑定状态。客户根据租期 T 设置两个时间:$0.5T$ 和 $0.875T$。

⑥ 租期过半,客户发送请求报文 DHCPREQUEST 请求更新租期。

⑦ 服务器同意,发送确认报文,客户获取新租期。

⑧ 服务器不同意,发送否认报文 DHCPNACK。客户停用 IP 需要重新申请。

⑨ 客户提前停用 IP,需要发送释放报文 DHCPRELEASE。

DHCP 适合经常移动位置的计算机,在 Windows 系统下,可以在网络中设置自动获取 IP 地址和 DNS 服务器地址。

6.7 P2P 应用

点对点(P2P)网络是指网络结点之间通过直接信息交换共享计算机资源和服务的工作模式,也被称为"对等计算"技术。提供对等通信功能的网络通常被称为 P2P 网络。目前,P2P 技术已广泛应用于实时通信、协同工作、内容分发和分布式计算等领域。统计数据显示,P2P 流量已占据当前互联网流量的 60% 以上,成为互联网应用的重要形式之一,也是当今网络技术研究的热点之一。

P2P 技术已经成为网络技术中的一个基本术语,其研究内容主要包括三方面:P2P 通信模式、P2P 网络结构以及 P2P 实现技术。P2P 通信模式是指 P2P 网络中对等结点之间直接通信的能力。P2P 网络则是在互联网中由对等结点动态组成的一种逻辑网络。P2P 实现技术涉及设计协议、软件等,以实现对等结点之间的直接通信功能并满足特定应用的需求。因此,P2P 一词通常泛指 P2P 网络及其实现技术。

在传统互联网中,信息资源的共享主要采用以服务器为中心的 C/S 工作模式。例如,在 Web 服务器中,服务器是运行 Web 服务器程序且具备较强计算和存储能力的计算机,所有 Web 页面均存储于服务器中,并为大量 Web 浏览器客户端提供服务。然而,Web 浏览器之间无法直接通信。显然,在这种传统互联网的信息资源共享模式中,服务提供者与服务使用者之间的角色界限十分清晰。

相比之下,P2P 网络则模糊了服务提供者与服务使用者之间的界限,所有结点同时承担服务提供者和服务使用者的双重角色,以进一步扩大网络资源的共享范围和深度,提高网络资源的利用率,实现信息共享的最大化。在 P2P 网络环境中,数以千计的计算机结点处于对等地位,整个网络通常不依赖于专用的集中式服务器。P2P 网络中的每个结点既可以作为网络服务的使用者,也可以向其他结点提供资源和服务。这些资源可以包括数据、存储空间或计算能力等。

从网络体系结构的角度来看,传统互联网的 C/S 模式与 P2P 模式在传输层及以下各层的协议结构上是一致的,二者的主要区别体现在应用层。C/S 工作模式下的应用层协议主要包括 DNS、SMTP、FTP 以及 HTTP(通常用于 Web 服务)等。相应地,P2P 网络中的应用层协议则主要包括支持文件共享的协议,如 Napster 和 BitTorrent,以及支持多媒体传输的协议,如 Skype 等。

由此可见,P2P 网络并不是一种全新的网络结构,而是一种新型的网络应用模式。构成 P2P 网络的结点通常已经是互联网的结点,它们摆脱了传统互联网中基于 C/S 工作模式的依赖,不再依赖集中式网络服务器,而是在 P2P 应用软件的支持下,通过对等的方式共享资源和服务,从而在 IP 网络之上形成一个逻辑性的网络结构。类似于在一所大学中,学生在系、学院、学校等各级组织的管理下开展教学和课外活动的同时,学校也允许学生自发组织社团(如计算机兴趣小组、电子俱乐部、学术论坛)来开展更加契合不同兴趣和爱好的课外活动。这种结构与互联网和 P2P 网络的关系非常相似。因此,P2P 网络实质上是在 IP 网络上构建的一种逻辑覆盖网(overlay network)。

网络操作系统的设计理念基于网络用户资源共享的模式。通过回顾网络操作系统的发展历程,可以发现其经历了从对等结构到不对等结构的演变过程,这一发展为当前实现网络资源共享的 P2P 技术奠定了基础。

在对等结构的网络操作系统中,网络中所有结点安装相同的网络软件,每个结点在资源共享关系上是平等的。每台联网的主机既作为网络服务的提供者,又作为网络服务的使用者。主机在前台为本地用户提供服务的同时,后台也为网络中的其他用户提供服务。

随着联网计算机硬件资源的增强,网络操作系统的设计从"对等结构"发展为"不对等结构"。当计算机的硬件配置提升、运算能力和存储能力增强后,人们可以选择高性能的个人计算机作为网络服务器,为硬件资源较为有限的客户端提供服务。在不对等结构的网络操作系统中,操作系统分为协同运作的两个部分:一部分运行在网络服务器上;另一部分运行在网络客户端上。服务器负责集中管理网络中的共享资源,这些资源主要包括硬件资源(如存储空间、打印机、通信网关等)、软件和数据。服务器上运行的网络操作系统软件的功能和性能,直接决定了网络服务的类型、系统性能和安全性。

6.8　本章重要概念

1. 应用层协议是为了解决某一类应用问题,而问题的解决又是通过位于不同主机中的多个应用进程之间的通信和协同工作来完成的。应用层规定了应用进程在通信时所遵循的协议。应用层的许多协议都是基于客户服务器方式的。客户是服务请求方,服务器是服务提供方。

2. 域名系统(DNS)是互联网使用的命名系统,用来把便于人们使用的机器名字转换为 IP 地址。DNS 是一个联机分布式数据库系统,并采用客户服务器方式。

3. 域名到 IP 地址的解析是由分布在互联网上的许多域名服务器程序(即域名服务器)共同完成的。

4. 互联网采用层次树状结构的命名方法,任何一台连接在互联网上的主机或路由器,都有一个唯一的层次结构的名字,即域名。域名中的点和点分十进制 IP 地址中的点没有关系。

5. 域名服务器分为根域名服务器、顶级域名服务器、权限域名服务器和本地域名服务器。

6. 文件传送协议(FTP)使用 TCP 可靠的运输服务。FTP 使用客户服务器方式。一个 FTP 服务器进程可同时为多个客户进程提供服务。在进行文件传输时,FTP 的客户和服务器之间要建立两个并行的 TCP 连接:控制连接和数据连接。实际用于传输文件的是数据连接。

7. 万维网(WWW)是一个大规模的、联机式的信息储藏场所,可以非常方便地从互联网上的一个站点链接到另一个站点。

8. 万维网的客户程序向互联网中的服务器程序发出请求,服务器程序向客户程序送回客户所要的万维网文档。在客户程序主窗口上显示出的万维网文档称为页面。

9. 万维网使用统一资源定位符(URL)来标志万维网上的各种文档,并使每一个文档在整个互联网的范围内具有唯一的标识符 URL。

10. 万维网客户程序与服务器程序之间进行交互所使用的协议是超文本传送协议(HTTP)。HTTP 使用 TCP 连接进行可靠的传送。但 HTTP 本身是无连接、无状态的。HTTP/1.1 协议使用了持续连接(分为非流水线方式和流水线方式)。

11. 万维网使用超文本标记语言(HTML)来显示各种万维网页面。

12. 万维网静态文档是指在文档创作完毕后就存放在万维网服务器中,在被用户浏览的过程中,内容不会改变。动态文档是指文档的内容是在浏览器访问万维网服务器时才由应用程序动态创建的。

13. 活动文档技术可以使浏览器屏幕连续更新。活动文档程序可与用户直接交互,并可连续地改变屏幕的显示。

14. 在万维网中用来进行搜索的工具叫作搜索引擎。搜索引擎大体上可划分为全文检索搜索引擎和分类目录搜索引擎两大类。

15. 电子邮件是互联网上使用最多的和最受用户欢迎的一种应用。电子邮件把邮件发送到收件人使用的邮件服务器,并放在其中的收件人邮箱中,收件人可随时上网到自己使用的邮件服务器进行读取,相当于"电子信箱"。

16. 一个电子邮件系统有三个主要组成构件,即用户代理、邮件服务器,以及邮件协议(包括邮件发送协议(如 SMTP)和邮件读取协议(如 POP3 和 IMAP))。用户代理和邮件服务器都要运行这些协议。

17. 电子邮件的用户代理就是用户与电子邮件系统的接口,它向用户提供一个很友好的视窗界面来发送和接收邮件。

18. 从用户代理把邮件传送到邮件服务器,以及在邮件服务器之间的传送,都要使用 SMTP。但用户代理从邮件服务器读取邮件时,则要使用 POP3(或 IMAP)。

19. 基于万维网的电子邮件使用户能够利用浏览器收发电子邮件。用户浏览器和邮件服务器之间的邮件传送使用 HTTP,而在邮件服务器之间邮件的传送仍然使用 SMTP。

20. 目前 P2P 工作方式下的文件共享在互联网流量中已占据最大的份额,比万维网应用所占的比例大得多。

6.9 本章知识图谱

6.10 习题

习题答案

1．互联网的域名结构是怎样的？它与目前的电话网的号码结构有何异同之处？

2．域名系统的主要功能是什么？域名系统中的本地域名服务器、根域名服务器、顶级域名服务器以及权限域名服务器有何区别？

3．举例说明域名转换的过程。域名服务器中的高速缓存的作用是什么？

4．FTP的主要工作过程是怎样的？为什么说FTP是带外传送控制信息？主进程和从属进程各起什么作用？

5．TFTP与FTP的主要区别是什么？各用在什么场合？

6．Telnet的主要特点是什么？什么叫作虚拟终端？

7．假定要从已知的URL获得一个万维网文档。若该万维网服务器的IP地址开始时并不知道。试问：除HTTP外，还需要什么应用层协议和运输层协议？

8．什么是动态文档？试举出万维网使用动态文档的一些例子。

9．浏览器同时打开多个TCP连接进行浏览的优缺点如何？请说明理由。

10．当单击一个万维网文档时，若该文档除了有文本外，还有一个本地.gif图像和两个远程.gif图像。试问：需要使用哪个应用程序？需要建立几次UDP连接和几次TCP连接？

11．在浏览器中应当有几个可选解释程序？试给出一些可选解释程序的名称。

12．搜索引擎可分为哪两种类型？各有什么特点？

13．电子邮件的信封和内容在邮件的传送过程中起什么作用？和用户的关系如何？

14．电子邮件系统使用TCP传送邮件。为什么有时我们会遇到邮件发送失败的情况？为什么有时对方会收不到我们发送的邮件？

15．基于万维网的电子邮件系统有什么特点？在传送邮件时使用什么协议？

16．DHCP用在什么情况下？当一台计算机第一次运行引导程序时，其ROM中有没有该主机的IP地址、子网掩码或某个域名服务器的IP地址？

6.11 考研真题

1．（2017年）下列关于FTP的叙述中，错误的是（　　）。

A．数据连接在每次数据传输完毕后就关闭

B．控制连接在整个会话期间保持打开状态

C．服务器与客户端的TCP20端口建立数据连接

D．客户端与服务器端的TCP21端口建立控制连接

2. (2009 年)FTP 客户和服务器之间传递 FTP 命令时,使用的连接是( )。

   A. 建立在 TCP 之上的控制连接   B. 建立在 TCP 之上的数据连接

   C. 建立在 UDP 之上的控制连接   D. 建立在 UDP 之上的数据连接

3. (2014 年)使用浏览器访问某大学 Web 网站主页时,不可能使用到的协议是( )。

   A. PPP   B. ARP   C. UDP   D. SMTP

4. (2022 年)假设主机 H 通过 HTTP/1.1 请求浏览某个 Web 服务器 S 上的 Web 页 news408.html,news408.html 引用了同目录下的一幅图像,news408.html 文件大小为 1MSS,图像文件大小为 3MSS,H 访问 S 的 RTT=10ms,忽略 HTTP 响应报文的首部开销 和 TCP 段传输时延。若 H 已完成域名解析,则从 H 请求与 S 建立 TCP 连接时刻起,到接 收到全部内容止,所需的时间至少是( )。

   A. 30ms   B. 40ms   C. 50ms   D. 60ms

5. (2024 年)若浏览器不支持并行 TCP 连接,使用非持久的 HTTP/1.0 协议请求浏览 1 个 Web 页,该页中引用同一个网站上 7 个小图像文件,则从浏览器传输 Web 页请求建立 TCP 连接开始后,到接收完所有内容为止,所需要的往返时间 RTT 数至少是( )。

   A. 4   B. 9   C. 14   D. 16

6. (2024 年)主机 A 向服务器请求 Web 页面,该页面由一个 HTML 文件以及所引用 的长度大小为 3MSS 的图像文件构成。最长报文段生存时间为 30ms,RTT 为 0.01ms。请 问主机 A 从发送 Web 请求到关闭 TCP 连接,所需的最短时间是( )。

   A. 30.03ms   B. 30.04ms   C. 60.03ms   D. 60.04ms

7. (2023 年)某网络拓扑如图 6-15 所示,主机 H 登录 FTP 服务器后,向服务器上传一 个大小为 18 000B 的文件 F。假设 H 为传输 F 建立数据连接时,选择的初始序号为 100, MSS=1000B,拥塞控制初始阈值为 4MSS,RTT=1ms,忽略 TCP 段的传输时延;在 F 的 传输过程中,H 均以 MSS 段向服务器发送数据,且未发生差错、丢包和乱序现象。

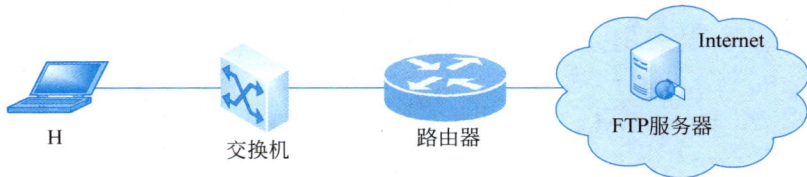

图 6-15 某网络拓扑

请回答下列问题。

(1) FTP 的控制连接是持久的还是非持久的? FTP 的数据连接是持久的还是非持久 的? H 登录 FTP 服务器时,建立的 TCP 连接是控制连接还是数据连接?

(2) H 通过数据连接发送 F 时,F 的第一字节的序号是多少? 在断开数据连接过程中, FTP 服务器发送的第二次握手 ACK 段的确认序号是多少?

(3) H 通过数据连接发送 F 的过程中,当 H 收到确认序号为 2101 的确认段时,H 的拥 塞窗口调整为多少? 收到确认序号为 7101 的确认段时,H 的拥塞窗口调整为多少?

(4) H 从请求建立数据连接开始,到确认 F 已被服务器全部接收为止,至少需要多长时 间? 期间应用层数据平均发送速率是多少?

8. (2011 年)某主机的 MAC 地址为 00-15-C5-C1-5E-28,IP 地址为 10.2.128.100(私

有地址）。图 6-16(a)是网络拓扑，图 6-16(b)是该主机进行 Web 请求的一个以太网数据帧前 80 字节的十六进制及 ASCII 码内容。

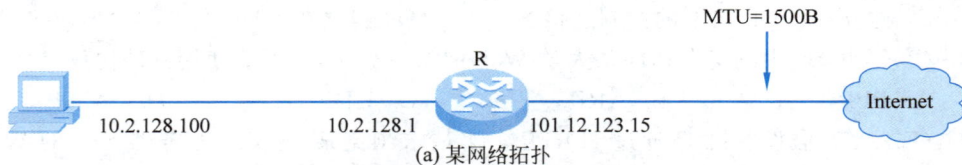

(a) 某网络拓扑

以太网数据帧（前80字节）		
0000	00 21 27 21 51 ee 00 15　c5 c1 5e 28 08 00 45 00	.!'!Q.......^(..E.
0010	01 ef 11 3b 40 00 80 06　ba 9d 0a 02 80 64 40 aa	...;@.....d@.
0020	62 20 04 ff 00 50 e0 e2　00 fa 7b f9 f8 05 50 18	b ...P...{...P.
0030	fa f0 1a c4 00 00 47 45　54 20 2f 72 66 63 2e 68	......GE T /rfc.h
0040	74 6d 6c 20 48 54 54 50　2f 31 2e 31 0d 0a 41 63	tml HTTP /1.1..Ac

(b) 以太网部分数据帧

图 6-16　某网络拓扑与数据帧

请参考图中的数据回答以下问题。

（1）Web 服务器的 IP 地址是什么？该主机的默认网关的 MAC 地址是什么？

（2）该主机在构造图 b 的数据帧时，使用什么协议确定目的 MAC 地址？封装该协议请求报文的以太网帧的目的 MAC 地址是什么？

（3）假设 HTTP/1.1 协议以持续的非流水线方式工作，一次请求响应时间为 RTT，rfc.html 页面引用了 5 个 JPEG 小图像，则从发出图 6-16(b)中的 Web 请求开始到浏览器收到全部内容为止，需要经过多少个 RTT？

（4）该帧所封装的 IP 分组经过路由器 R 转发时，需修改 IP 分组头中的哪些字段？

注：以太网数据帧结构和 IP 分组头结构原题提供，可以参考教材。

第7章

网络安全

【本章主要内容】
    （1）计算机网络所面临的安全威胁及其主要问题的分析。
    （2）对称密钥加密体系与公钥加密体系的特性比较。
    （3）报文鉴别与实体鉴别的概念与方法。
    （4）密钥分配机制。
    （5）系统安全措施，包括防火墙与入侵检测系统的功能与作用。

7.1 网络安全概述

7.1.1 安全性威胁

    计算机网络通信面临的安全性威胁主要包括两大类，即被动攻击和主动攻击。被动攻击是一种网络攻击形式，攻击者通过窃听他人的通信内容来获取信息。这类攻击通常被称为截获。在被动攻击中，攻击者不会直接干扰信息流，而是对协议数据单元（PDU）进行观察和分析。这里使用 PDU 这一术语，是因为这种攻击可能涉及不同的网络层次。即使攻击者无法直接理解数据内容，他仍可以通过分析 PDU 中的协议控制信息部分，获取通信协议实体的地址和身份等信息。通过研究 PDU 的长度、传输频率等特征，攻击者能够推测出所交换数据的某些性质。这种类型的被动攻击通常被称为流量分析（traffic analysis）。

    主动攻击是网络攻击中常见的一种形式，通常包括以下几种方式。

    （1）篡改攻击。在这种攻击中，攻击者故意对网络上传输的报文进行篡改。这不仅包括对报文内容的修改，还可能涉及完全中断报文传输，甚至伪造报文并将其传送给接收方。这类攻击方式有时也被称为更改报文流。

    （2）恶意程序（rogue program）。这是指对网络安全构成重大威胁的多种类型的恶意软件，主要包括以下几类。

    计算机病毒（computer virus）：一种能够感染其他程序的程序，其通过修改其他程序的方式，将自身或其变种复制进去，以实现"传染"效果。

    计算机蠕虫（computer worm）：这种程序通过网络通信功能在不同结点之间传播，并能自动启动运行。

    特洛伊木马（Trojan horse）：这是一种表面上执行正常功能，实则执行恶意任务的程序。例如，一个编译程序在完成编译任务的同时，秘密复制用户的源代码，这种行为便是典型的特洛伊木马。计算机病毒有时也以特洛伊木马的形式出现。

逻辑炸弹(logic bomb)：这是一种在特定条件下激活并执行特殊功能的程序。例如，一个平时正常运行的编辑程序，在系统时间为 13 日且为星期五时，可能会删除系统中的所有文件，这种程序便被称为逻辑炸弹。

后门入侵(backdoor knocking)：这是指利用系统实现中的漏洞，通过网络绕过安全机制进行入侵。类似于夜间窃贼试图闯入住宅，如果某家的门锁有缺陷，窃贼便可轻松进入。2011 年，索尼游戏网络曾因这种攻击导致 7700 万用户的个人信息被盗取。

流氓软件(rogue software)：这种软件未经用户许可便在用户计算机上安装运行，且严重损害用户利益。其典型特征包括强制安装、难以卸载、浏览器劫持、广告弹出、恶意收集用户信息、恶意卸载、恶意捆绑等。如今，流氓软件的泛滥程度已超过了计算机病毒，成为互联网上的主要公害。

(3) 拒绝服务攻击(Denial of Service,DoS)。这是网络攻击中一种常见且具破坏力的方式。攻击者通过持续向目标服务器发送大量数据包，使其超负荷运作，从而无法提供正常的服务，甚至导致服务器完全瘫痪。2000 年 2 月，美国的几家知名网站遭受了此类攻击，导致这些网站的服务器一直处于"忙碌"状态，无法响应用户的请求。这种攻击方式被称为拒绝服务攻击。当上千个网站同时对单一网站发起攻击时，这种行为则被称为分布式拒绝服务攻击(Distributed Denial of Service,DDoS)。这类攻击有时也被称为网络带宽攻击或连通性攻击。

此外，还有其他类似的网络安全问题。例如，在以太网交换机的网络环境中，攻击者可能通过发送大量伪造源 MAC 地址的数据帧，来影响以太网交换机的正常功能。交换机在接收到这些伪造的数据帧后，会将这些虚假地址添加到交换表中。由于伪造的地址数量巨大，交换表很快就会被填满，从而导致交换机无法正常运作，这种现象被称为"交换机中毒"。

针对主动攻击，可以采取适当的措施进行检测，但面对被动攻击通常却难以检测。因此，计算机网络通信安全的目标可以总结如下。

(1) 防止信息内容的泄露与流量分析。

(2) 防范恶意程序的入侵。

(3) 检测报文流的更改和拒绝服务攻击。

为了应对被动攻击，可以采用各种数据加密技术。而对于主动攻击，则需要结合加密技术与适当的鉴别技术，以达到有效防护的目的。

7.1.2 安全网络

人们长期以来一直期望设计出一种完全安全的计算机网络，但遗憾的是，网络的安全性在理论上是不可判定的。在当前的安全协议设计中，通常是针对具体类型的攻击来制定相应的安全通信协议。然而，如何确保设计出的协议真正具备安全性？对此，有两种主要的方法可供选择：一种是形式化方法的证明，另一种是基于经验的安全性分析。

形式化证明方法是理想中的验证手段，但在一般情况下，协议的全面安全性仍然无法判定。形式化方法通常只能针对某种特定类型的攻击来验证协议的安全性。对于复杂的通信协议，形式化证明的难度较大，因此，漏洞的检测主要依赖于人工分析。对于较为简单的协议，可以通过限制攻击者的操作(即假设攻击者不会实施某种特定类型的攻击)，来对一些特定场景进行形式化证明。然而，这种方法的应用范围相当有限，其结果也具有较大的局限性。因此,尽管形式化证明在理论上提供了一种严谨的安全性验证途径,但在实际应用中,尤其是面对复杂的通信协议,经验分析和人工漏洞检测仍然是更为实际和可行的方法。这些方法虽然不如形式化证明那样严谨,但在当前的技术条件下,仍然是保障网络安全的重要手段。

根据前文所述的各种安全性威胁,可以总结出一个安全的计算机网络应当实现以下5个基本目标。

(1) 机密性。保密性要求信息的内容只能被合法的发送方和接收方理解,而任何第三方截获者都无法解读这些信息。保密性是网络安全通信的基础要求,也是抵御被动攻击的关键功能。尽管计算机网络安全不仅仅依赖于保密性,但无法提供保密性的网络显然是不安全的。为了实现网络的保密性,各种密码学技术成为必不可少的手段。

(2) 身份鉴别。在一个安全的计算机网络中,必须能够确认信息发送方和接收方的真实身份。网络通信与面对面的通信有着显著的差别,身份鉴别的重要性在网络环境中尤为突出。例如,频繁发生的网络诈骗事件,往往是由于无法在网络上验证对方的真实身份所导致的。在进行网上交易时,首先需要确认卖方是真正的、有资质的商家,而非犯罪分子冒充的虚假卖家。如果无法解决这一问题,网络的安全性就无法得到保障。身份鉴别对于防御主动攻击至关重要。

(3) 信息完整性。即使发送方的身份已经得到了确认,且传输的信息已被加密,网络的安全性仍然不一定能够得到保障,还必须确保所接收的信息在传输过程中未被篡改。信息的完整性是应对主动攻击时不可或缺的要素。需要注意的是,信息完整性与机密性是两个独立的概念。例如,商品信息不一定需要保密,但如果该信息在传输过程中被恶意修改,可能会造成严重后果。信息完整性与端点鉴别通常是密不可分的。如果能够确认报文的发送方身份无误(即通过了身份鉴别),但所接收的报文却已被篡改(即信息不完整),那么该报文就失去了其应有的价值。因此,提及"鉴别"时,通常包括了发送方的身份鉴别以及报文的完整性鉴别。换言之,既要验证发送方的身份,也要验证报文的完整性。

(4) 运行安全性。随着现代机构对计算机网络依赖性的增加,确保计算机网络的运行安全性显得尤为重要。即便攻击者未能窃取任何有价值的信息,恶意程序和拒绝服务攻击仍然能够严重干扰计算机网络的正常运行,甚至导致其完全瘫痪。因此,保障计算机系统的运行安全性对于关键部门而言至关重要。

(5) 访问控制。访问控制在计算机系统安全中占据重要地位。必须对网络访问权限进行严格控制,并为每个用户规定相应的访问权限。由于网络系统的复杂性,其访问控制机制比操作系统的访问控制机制更为复杂,尤其是在具有多级安全要求的环境中,更是如此。尽管网络的访问控制机制通常建立在操作系统访问控制的基础上,但其复杂性和重要性在安全性要求较高的场景中显得尤为突出。

7.2　密码体制

7.2.1　对称密码体制

所谓对称密码体制,即加密密钥与解密密钥相同的密码体制。例如图7-1所示的情况,通信的双方使用的就是对称密钥。

图 7-1   数据加密方案

数据加密标准(Data Encryption Standard，DES)是一种对称密钥加密体制，由 IBM 公司研发，并于 1977 年被美国联邦政府指定为联邦信息处理标准。DES 属于分组密码算法，其工作原理是先将明文数据划分为若干长度为 64 位的二进制数据块，然后对每个数据块进行加密操作，从而生成相应的 64 位密文数据块。最终，这些密文块依次串联，形成完整的密文输出。DES 所使用的密钥总长度为 64 位，其中实际参与加密的密钥长度为 56 位，额外的 8 位用于奇偶校验。

DES 的保密性仅取决于对密钥的保密，而算法是公开的。DES 的问题是它的密钥长度。56 位长的密钥意味着共有 2^{56} 种可能的密钥。

但现在已经设计出来搜索 DES 密钥的专用芯片。56 位 DES 已不再被认为是安全的。

对于 DES 56 位密钥的问题，学者们提出了三重 DES(Triple DES 或记为 3DES)的方案，把一个 64 位明文用一个密钥加密，再用另一个密钥解密，然后使用第一个密钥加密，即

$$Y = \text{DES}_{K1}(\text{DES}_{K2}^{-1}(\text{DES}_{K1}(X))) \tag{7-1}$$

这里，X 是明文，Y 是密文，$K1$ 和 $K2$ 分别是第一个和第二个密钥，$\text{DES}_{K1}(\cdot)$ 表示用密钥 $K1$ 进行 DES 加密，而 $\text{DES}_{K2}^{-1}(\cdot)$ 表示用密钥 $K2$ 进行 DES 解密。

三重 DES 广泛用于网络、金融、信用卡等系统。

7.2.2   公钥密码体制

公钥密码体制(又称为公开密钥密码体制)的概念是由斯坦福大学的研究人员 Diffie 与 Hellman 于 1976 年提出的。公钥密码体制使用不同的加密密钥与解密密钥。公钥密码体制的产生主要有两方面的原因：一是由于对称密钥密码体制的密钥分配问题；二是由于对数字签名的需求。

在对称密钥密码体制中，加解密的双方使用的是相同的密钥。但怎样才能做到这一点呢？一种是事先约定，另一种是用信使来传送。在高度自动化的大型计算机网络中，用信使来传送密钥显然是不合适的。如果事先约定密钥，就会给密钥的管理和更换带来极大的不便。若使用高度安全的密钥分配中心(Key Distribution Center，KDC)，也会使得网络成本增加。

对数字签名的强烈需要也是产生公钥密码体制的一个原因。在许多应用中，人们需要对纯数字的电子信息进行签名，表明该信息确实是某个特定的人产生的。

在公钥密码体制中，加密密钥(Public Key，PK，即公钥)是向公众公开的，而解密密钥(Secret Key，SK，即私钥或密钥)则是需要保密的。加密算法 E 和解密算法 D 也都是公开的。

公钥密码体制的加密和解密过程如下：密钥对产生器产生出接收者 B 的一对密钥，即加密密钥 PK_B 和解密密钥 SK_B，发送者 A 所用的加密密钥 PK_B 就是接收者 B 的公钥，它向

公众公开。而 B 所用的解密密钥 SK_B 就是接收者 B 的私钥，对其他人都保密。发送者 A 用 B 的公钥通过 E 运算对明文 X 加密，得出密文 Y 发送给 B。B 用自己的私钥 SK_B 通过 D 运算进行解密，恢复出明文。

虽然在计算机上可以容易地产生成对的 PK_B 和 SK_B，但从已知的 PK_B 实际上不可能推导出 SK_B，即从 PK_B 到 SK_B 是"计算上不可能的"。图 7-2 给出了用公钥密码体制进行加密的过程。

图 7-2 用公钥密码体制进行加密的过程

公开密钥加密体制与对称密钥加密体制在通信信道的使用方式上存在显著差异。在对称密钥加密中，通信双方使用相同的密钥，因此能够在通信信道上进行一对一的双向保密通信。每一方可以利用此密钥加密明文，并将加密后的密文发送给对方，同时接收对方发送的密文并使用相同的密钥进行解密。这种保密通信仅限于拥有该密钥的双方，若第三方获取密钥，则保密性将无法得到保障。

相比之下，在公开密钥加密体制中，通信信道的使用可以实现多对一的单向保密通信。例如，多个用户可以同时拥有接收方 B 的公钥，并分别使用该公钥对各自的报文进行加密，之后将加密后的密文发送给 B。由于只有 B 持有与该公钥匹配的私钥，因此只有 B 能够对收到的多个密文逐一解密。然而，这对密钥在反向通信中则无法提供同样的保密性。

在实际应用中，这种多对一的单向保密通信方式具有广泛的应用场景。例如，在网络购物过程中，多个顾客分别将各自的信用卡信息加密并发送至同一网站，这便是公开密钥加密体制在现实生活中的典型应用。

7.3　鉴别

7.3.1　报文鉴别

在网络应用中，鉴别（authentication）是网络安全领域中的关键问题之一。鉴别与加密是两个不同的概念。加密主要关注数据的保密性，而鉴别则旨在验证通信双方的身份，确保通信对象确实是预期的对方，而非冒充者。此外，鉴别还包括对传输报文的完整性验证，确保报文未被第三方篡改。鉴别与授权（authorization）也存在区别。授权涉及的问题是确定某一特定操作是否被允许进行，例如是否允许对某一文件进行读取或写入操作。

鉴别有时可以进一步细分为两种类型：报文鉴别和实体鉴别。报文鉴别指的是确认收到的报文确实是由声明的发送者发出的，而非由他人伪造或篡改的报文。此类鉴别包括端点鉴别和报文完整性验证。实体鉴别则专注于验证发送报文的实体身份，实体可以是一个人或一个进程（如客户端或服务器），这也是端点鉴别的核心内容。

下面举例说明一种报文鉴别的方法，用数字签名进行鉴别。

众所周知，书信或文件的真实性通常可以通过亲笔签名或印章来验证。然而，在计算机网络中传输的报文,其真实性则可以通过数字签名来鉴别。数字签名的过程涉及私钥和公钥的加密与解密操作。

在执行数字签名时,发送方 A 使用其私钥对报文 X 进行 D 运算,如图 7-3 所示。尽管 D 运算通常被称为解密运算,这里却是将报文转换为一种不可读的密文。因此,有时也将其称为对报文的加密操作,尽管这种说法并不完全准确。为了避免混淆,图 7-3 中使用"D 运算"而非"解密运算"这一术语。

图 7-3　数字签名鉴别

接着,A 将通过 D 运算生成的密文传送给接收方 B。B 为了验证 A 的数字签名,使用 A 的公钥对密文进行 E 运算,从而还原出原始的明文。需要注意的是,任何人都可以使用 A 的公钥进行 E 运算,并得到 A 发送的明文。因此,这种通信方式的目的并非保密,而是为了确保报文的真实性和完整性,即确认该明文确实由 A 发送。

7.3.2　实体鉴别

实体鉴别和报文鉴别不同。报文鉴别是对每一个收到的报文都要鉴别报文的发送者,而实体鉴别是在系统接入的全部持续时间内对和自己通信的对方实体只需验证一次。

实体鉴别(常简称为鉴别)是一种验证一方身份真实性的技术,涉及的实体可以是个人、客户端或服务器进程等。在网络通信中,实体鉴别的核心是确保通信对端的身份确实是所预期的实体,而非冒充者。为实现这一目的,必须使用鉴别协议。

鉴别协议通常在传输实际数据或执行访问控制之前运行,作为许多安全协议的重要组成部分或前奏。最基本的实体鉴别方法是使用用户名和口令的组合。然而,直接在网络中传输用户名和口令存在极大的安全风险,因为攻击者可能会在网络传输过程中截获这些信息。因此,在实体鉴别过程中,必须引入加密技术以确保通信的安全性和实体身份的真实性。

如图 7-4 所示,参与者 A 向 B 发送有自己身份信息(如用户名和口令)的报文,并且使用双方共享的对称密钥 K 进行加密。$K(m)$ 表示通过密钥 K 对信息 m 加密。B 收到此报文后,用 K 解密即可验证 A 的身份。

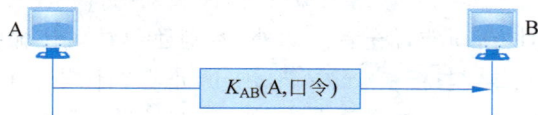

图 7-4　实体鉴别举例

7.4　密钥分配

由于密码算法是公开的,网络的安全性就完全基于密钥的安全保护上。因此在密码学中出现了一个重要的分支——密钥管理。密钥管理包括密钥的产生、分配、注入、验证和使用。本节只讨论密钥的分配。

密钥分配(或密钥分发)是密钥管理中最大的问题。密钥必须通过最安全的通路进行分配。例如,可以派非常可靠的信使携带密钥分配给互相通信的各用户。这种方法称为网外分配方式。但随着用户的增多和网络流量的增大,密钥更换频繁(密钥必须定期更换才能做到可靠),派信使的办法已不再适用,而应采用网内分配方式,即对密钥自动分配。

7.4.1　对称密钥分配

对称密钥的分发问题在于如何让通信双方共享密钥。目前常用的对称密钥分发方式是设立密钥分配中心(Key Distribution Center,KDC)。KDC 是一个大家都信任的机构,其任务就是给需要进行秘密通信的用户临时分发一个会话密钥。图 7-5 是 KDC 进行密钥分发的基本过程。我们假定用户 A 和 B 都是 KDC 的登记用户,他们分别拥有与 KDC 通信的主密钥 KA 和 KB。密钥分发的三个步骤说明如下。

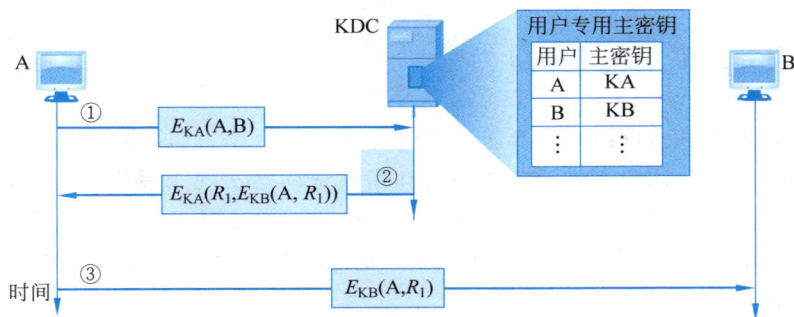

图 7-5　KDC 进行密钥分发的基本过程

(1) 用户 A 向 KDC 发送用自己私有的主密钥 KA 加密的报文,说明想和用户 B 通信。

(2) KDC 用随机数产生一个“一次一密”密钥 R_1,供 A 和 B 这次的通信使用,然后向 A 发送回答报文,这个回答报文用 A 的主密钥 KA 加密,报文中有密钥 R 和请 A 转发给 B 的报文 $E_{KB}(A,R_1)$,但报文 $E_{KB}(A,R_1)$ 是用 B 的私有主密钥 KB 加密的,因此 A 无法知道报文 $E_{KB}(A,R_1)$ 的内容。

(3) 当 B 收到 A 转发的报文 $E_{KB}(A,R_1)$,并使用自己的私有主密钥 KB 解密后,就知道 A 要和它通信,同时也知道和 A 通信时所使用的密钥 R_1。此后,A 和 B 就可使用这个一次一密的密钥 R_1,进行本次通信了。

KDC 还可在报文中加入时间戳,防止报文的截取者利用以前记录下的报文进行重放攻击。密钥 R_1 是一次性的,因此保密性较高。而 KDC 分配给用户的主密钥,如 KA 和 KB,都应定期更换以减少攻击者破译密钥的机会。

7.4.2　公钥的签发

在公钥体制中,如果每个用户都具有其他用户的公钥,就可实现安全通信。这样看来好像可以随意公布用户的公钥,其实不然。设想用户 A 要欺骗用户 B,A 可以向 B 发送一份伪造是 C 发送的报文。A 用自己的私钥进行数字签名,并附上 A 自己的公钥,谎称这公钥是 C 的。B 如何知道这个公钥不是 C 的呢?显然,需要有一个值得信赖的机构将公钥与其对应的实体(人或机器)绑定(binding)。这样的机构就叫作认证中心(CA),它一般由政府出资建立。需要发布公钥的用户可以让 CA 为自己的公钥签发一个证书(certificate),里面有公钥及其拥有者的身份标识信息(人名、公司名或 IP 地址等)。CA 首先通过检查身份证等方式核实用户的真实身份,然后为用户产生私钥公钥对并生成证书,最后用 CA 的私钥对证书进行数字签名。该证书可以通过网络发送给任何希望与之通信的实体或存放在服务器由用户自由下载,当然私钥需要用户自己秘密保存。任何用户都可从可信的地方(如代表政府的报纸)获得 CA 的公钥,并用这个公钥验证某个证书的真伪。一旦证书被鉴别是真实的,则可以相信证书中的公钥确实属于证书中声称的用户。

由一个 CA 来签发全世界所有的证书显然是不切实际的,这会带来负载过重和单点故障问题。一种解决方案就是将许多 CA 组成一个层次结构的基础设施,即公钥基础设施(Public Key Infrastructure,PKI),在全球范围内为所有互联网用户提供证书的签发与认证服务。

7.5　防火墙与入侵检测

恶意用户或软件通过网络对计算机系统进行入侵或攻击,已成为当今计算机安全领域中最严重的威胁之一。用户入侵通常表现为利用系统漏洞实现未授权的登录,或是通过合法用户身份非法获取更高级别的权限。软件入侵则包括通过网络传播病毒、蠕虫、特洛伊木马等恶意程序。此外,拒绝服务攻击也构成了严重的威胁,其目的是阻止合法用户正常访问或使用系统资源。

值得注意的是,前述的各种安全机制在应对这些威胁时并不总是有效。例如,加密技术虽然能够保障数据的保密性,但却无法防止被植入"特洛伊木马"的计算机系统通过网络向攻击者泄露机密信息。因此,应对这些复杂而多样的安全威胁,需要更为综合和多层次的安全策略。

7.5.1　防火墙

防火墙(firewall)作为一种访问控制技术,通过严格控制网络边界处的分组流量,旨在阻止任何不必要的通信,从而减少潜在的入侵行为,并尽可能降低由此产生的安全风险。尽管防火墙能够显著提升网络安全性,但由于其无法完全阻止所有形式的入侵行为,入侵检测系统(Intrusion Detection System,IDS)便作为系统防御的第二道防线,发挥了重要作用。IDS 通过对进入网络的分组流量进行深度分析和检测,以发现可能存在的入侵行为,并发出警报,从而为进一步采取相应的安全措施提供支持。

防火墙实际上是一种经过特殊编程的路由器,通常安装在一个网络结点与其余网络之间,其主要目的是执行特定的访问控制策略。该策略通常由使用防火墙的组织自行制定,以确保其安全需求能够得到最大限度的满足。在网络结构中,防火墙外部连接至互联网的部分被视为"不可信的网络"(untrusted network),而防火墙内部则连接至组织的内部网络,被称为"可信的网络"(trusted network)。这一划分反映了网络安全管理中的信任等级,通过对不同网络区域实施差异化的安全策略,从而有效保护内部网络免受外部威胁的侵害。

防火墙技术通常分为以下两类:分组过滤路由器和应用网关。

　　分组过滤路由器是一种具备分组过滤功能的路由器,其根据预先设定的过滤规则,对进出内部网络的分组进行转发或丢弃。过滤规则主要基于分组的网络层或传输层首部信息,例如源/目的 IP 地址、源/目的端口以及协议类型(如 TCP 或 UDP)。在 TCP 中,端口号用于标识特定的应用层服务。例如,端口号 23 对应 Telnet 服务,端口号 119 对应新闻网 USENET 服务。因此,通过在分组过滤器中阻止所有目的端口号为 23 的入站分组,可以有效禁止外部用户通过 Telnet 登录到内部主机。同样,若某公司希望限制员工在工作时间内访问互联网的 USENET 新闻,则可以通过阻止目的端口号为 119 的出站分组,防止相关流量发送至互联网。

　　分组过滤可以是无状态的,即每个分组独立处理,而不考虑其与其他分组的关系;也可以是有状态的,需跟踪每个连接或会话的通信状态,并基于这些状态信息来决定是否转发分组。例如,一个进入分组过滤路由器的分组,如果其目的端口是某个客户动态分配的,那么该端口无法事先包含在规则中。分组过滤路由器的优点是简单高效,且对于用户是透明的,但不能对高层数据进行过滤。

　　应用网关也称为**代理服务器(proxy server)**,在应用层通信中扮演报文中继的角色。应用网关允许基于应用层数据的过滤和高级用户鉴别。一种网络应用通常需要对应的应用网关。在应用网关中,所有进出网络的应用程序报文都必须经过处理。当某应用客户端进程向服务器发送请求报文时,首先将其发送至应用网关,应用网关在应用层打开报文并检查请求是否合法。若请求合法,应用网关则以客户端进程的身份将请求报文转发至原始服务器;若请求不合法,报文则被丢弃。

　　然而,应用网关也存在一定的局限性。首先,每种应用需要一个独立的应用网关(尽管这些网关可以运行在同一台主机上)。其次,由于在应用层对报文进行转发和处理,系统处理负担较重。此外,应用网关对应用程序不透明,需在客户端配置应用网关地址,这也增加了部署和管理的复杂性。

7.5.2　入侵检测系统

　　防火墙旨在通过预先阻止所有可疑通信,来防范入侵行为的发生。然而,现实情况表明,防火墙无法阻止所有类型的入侵,因此有必要在入侵已经开始但尚未造成损害,或在损害扩大的早期阶段,及时检测到入侵,以便迅速采取措施阻止其进一步发展,将危害降至最低。**入侵检测系统(IDS)**正是用于实现这一目标的关键技术。IDS 对进入网络的分组进行深度分析,当发现可疑分组时,系统会向网络管理员发出警报,或采取阻断操作。然而,由于 IDS 通常存在较高的“误报”率,自动阻断操作在大多数情况下不会执行。IDS 能够检测多种网络攻击行为,包括网络映射、端口扫描、DoS 攻击、蠕虫、病毒以及系统漏洞攻击等。

　　入侵检测方法通常分为**基于特征的入侵检测**和**基于异常的入侵检测**两种类型。

　　基于特征的 IDS 维护着一个包含所有已知攻击标志性特征的数据库。每个特征代表一组与某种入侵活动相关的规则,这些规则可能基于单个分组的首部字段值或数据中的特定比特串,抑或是与一系列分组相关。当检测到与某种攻击特征匹配的分组或分组序列时,系统便可能认定其为某种入侵行为。这些特征和规则通常由网络安全专家制定,并由机构的网络管理员进行定制后添加至数据库中。然而,基于特征的 IDS 只能检测已知攻击,对于未知攻击则无能为力。

　　基于异常的 IDS 通过观察网络正常运行时的流量模式,学习其统计特性和规律。当检测到网络流量的某些统计特性偏离正常情况时,系统可能判断为发生了入侵行为。例如,当攻击者对内网主机进行 ping 扫描时,可能会导致 ICMP ping 报文突然大量增加,这与正常流量的统计规律有明显不同。然而,区分正常流量与统计异常流量是一项极其复杂的任务。至今,大多数部署的 IDS 主要采用基于特征的检测方法,尽管某些 IDS 也结合了一些基于异常的检测特性。

　　无论采用何种检测技术,都难以完全避免"漏报"和"误报"现象。若"漏报"率较高,系统将只能检测到少量入侵,可能产生虚假的安全感。对于特定 IDS,可以通过调整某些阈值来降低"漏报"率,但这通常会伴随着"误报"率的增加。过高的"误报"率会导致大量虚假警报,迫使网络管理员花费大量时间分析警报信息,甚至可能因虚假警报过多而忽视真实警报,最终使 IDS 失去其应有的防护作用。

7.6　本章重要概念

　　1．计算机网络上的通信面临的威胁可分为两大类,即被动攻击(如截获)和主动攻击(如中断、篡改、伪造)。主动攻击的类型有拒绝服务、恶意程序(病毒、蠕虫、木马、逻辑炸弹、后门入侵、流氓软件)等。

　　2．对称密码体制是加密密钥与解密密钥相同的密码体制。这种加密的保密性仅取决于对密钥的保密,而算法是公开的。

　　3．公钥密码体制(又称为公开密钥密码体制)使用不同的加密密钥与解密密钥。加密密钥(即公钥)是向公众公开的,而解密密钥(即私钥或密钥)则是需要保密的。加密算法和解密算法也都是公开的。

　　4．鉴别是要验证通信的对方的确是自己所要通信的对象,而不是其他的冒充者。鉴别与授权是不同的概念。

　　5．防火墙是一种特殊编程的路由器,安装在一个网点和网络的其余部分之间,目的是实施访问控制策略。防火墙里面的网络称为"可信的网络",而把防火墙外面的网络称为"不可信的网络"。防火墙的功能有两个:一个是阻止(主要的);另一个是允许。

　　6．防火墙技术分为:网络级防火墙,用来防止整个网络出现外来非法的入侵(属于这类的有分组过滤和授权服务器);应用级防火墙,用来进行访问控制(用应用网关或代理服务器来区分各种应用)。

　　7．入侵检测系统是在入侵已经开始,但还没有造成危害或在造成更大危害前,及时检测到入侵,以便尽快阻止入侵,把危害降低到最小。

7.7　本章知识图谱

7.8 习题

1. 计算机网络都面临哪几种威胁？主动攻击和被动攻击的区别是什么？对于计算机网络，其安全措施都有哪些？

2. 对称密钥体制与公钥密码体制的特点各是什么？各有何优缺点？

3. 为什么密钥分配是一个非常重要但又十分复杂的问题？试举出一种密钥分配的方法。

4. 公钥密码体制下的加密和解密过程是怎样的？为什么公钥可以公开？如果不公开是否可以提高安全性？

5. 为什么需要进行报文鉴别？鉴别和保密、授权有什么不同？报文鉴别和实体鉴别有什么区别？

6. A 和 B 共同持有一个只有他们二人知道的密钥（使用对称密码）。A 收到了用这个密钥加密的一份报文。A 能否出示此报文给第三方，使 B 不能否认发送了此报文？

7. 试述实现报文鉴别和实体鉴别的方法。

8. 试述防火墙的工作原理和所提供的功能。什么叫作网络级防火墙和应用级防火墙？

习题答案

图书资源支持

感谢您一直以来对清华版图书的支持和爱护。为了配合本书的使用，本书提供配套的资源，有需求的读者请扫描下方的"书圈"微信公众号二维码，在图书专区下载，也可以拨打电话或发送电子邮件咨询。

如果您在使用本书的过程中遇到了什么问题，或者有相关图书出版计划，也请您发邮件告诉我们，以便我们更好地为您服务。

我们的联系方式：

清华大学出版社计算机与信息分社网站：https://www.shuimushuhui.com/

地　　　址：北京市海淀区双清路学研大厦 A 座 714

邮　　　编：100084

电　　　话：010-83470236　　010-83470237

客服邮箱：2301891038@qq.com

QQ：2301891038（请写明您的单位和姓名）

资源下载： 关注公众号"书圈"下载配套资源。

资源下载、样书申请　　　　图书案例

书 圈　　　　清华计算机学堂　　　　观看课程直播